普通高等教育数学与物理类基础课程系列教材
省级一流课程建设配套教材

高 等 数 学

（经管类）

主　编　王利岩　杨盛武
副主编　王　辉　张　磊　吕佳佳　贾晓彤

U0234485

北京理工大学出版社
BEIJING INSTITUTE OF TECHNOLOGY PRESS

内 容 简 介

本书是沈阳航空航天大学理学院编的《高等数学（经管类）》，内容深广度符合"经管类本科数学基础课程教学基本要求"，贯彻教学改革精神，加强对高等数学基础概念、理论、方法和应用实例的介绍，适合高等院校经管类各专业学生使用。

本书包括函数、函数的极限与连续、导数与微分、中值定理与导数的应用、不定积分、定积分及其应用、多元函数微分学及其应用、二重积分、无穷级数、微分方程。

图书在版编目（CIP）数据

高等数学：经管类 / 王利岩，杨盛武主编. --北
京：北京理工大学出版社，2023.7（2023.9 重印）
ISBN 978-7-5763-2611-6

Ⅰ．①高… Ⅱ．①王… ②杨… Ⅲ．①高等数学–高
等学校–教材 Ⅳ．①O13

中国国家版本馆 CIP 数据核字（2023）第 132056 号

责任编辑：多海鹏　　　文案编辑：闫小惠
责任校对：刘亚男　　　责任印制：李志强

出版发行 / 北京理工大学出版社有限责任公司
社　　址 / 北京市丰台区四合庄路 6 号
邮　　编 / 100070
电　　话 / （010）68914026（教材售后服务热线）
　　　　　　（010）68944437（课件资源服务热线）
网　　址 / http://www.bitpress.com.cn

版 印 次 / 2023 年 9 月第 1 版第 2 次印刷
印　　刷 / 三河市天利华印刷装订有限公司
开　　本 / 787 mm×1092 mm　1/16
印　　张 / 17
字　　数 / 399 千字
定　　价 / 48.00 元

前 言
PREFACE

高等数学课程是高等学校理科、工科、管理、经济等各专业学生必修的一门重要公共基础课程。在近20年的积累与建设中，我们一直注重课程内涵的建设。本书的编写，考虑了当前高等学校多数数学老师的专业基础，既注重高等数学课程本身的系统性，又兼顾其他后续课程的需要。

本书共10章，包含函数、函数的极限与连续、导数与微分、中值定理与导数的应用、不定积分、定积分及其应用、多元函数微分学及其应用、二重积分、无穷级数、微分方程等章节。

本书文字叙述力求通顺，定理证明力求详明，并注意用几何图形帮助读者理解定理内容，从而掌握定理的证明方法。本书例题类型丰富、覆盖面广，各章配备的习题数量多，同时兼顾不同层次的读者要求，除了用于巩固知识点的基础题型，书中还添加了一部分考研题型，以帮助考研读者进行复习。

本书可作为高等学校经管类高等数学课程的教材或教学参考书。

本书由沈阳航空航天大学王利岩、杨盛武、王辉、张磊、吕佳佳、贾晓彤等同志编写。限于编者水平，教材中难免存在不妥之处，希望广大读者批评指正。

编 者

目录
CONTENTS

第1章

函 数

函数是微积分学的研究对象，极限是微积分学的基础性概念．本章将介绍函数的基本概念以及相应的一些性质．

§1.1 集合

1. 集合概念

集合：集合是指具有某种特定性质的事物的总体．用 A，B，C，$\cdots$ 表示．

元素：组成集合的事物称为集合的元素．a 是集合 M 的元素，表示为 $a \in M$．

集合的表示：

列举法：把集合的全体元素一一列举出来．例如 $A = \{1, 2, 3, 4\}$．

描述法：若集合 M 是由具有某种性质 P 的元素 x 的全体所组成，则 M 可表示为 $M = \{x \mid x$ 具有性质 $P\}$．例如，$M = \{x \mid x \geqslant -1\}$，$M = \{(x, y) \mid x^2 + y^2 = 9\}$．

下面介绍几个数集．

N 表示所有自然数构成的集合，称为自然数集．

$$\mathbf{N} = \{0, 1, 2, 3, \cdots\}, \quad \mathbf{N}^+ = \{1, 2, 3, \cdots\}.$$

R 表示所有实数构成的集合，称为实数集．

Z 表示所有整数构成的集合，称为整数集．

Q 表示所有有理数构成的集合，称为有理数集．

$$\mathbf{Q} = \left\{ \frac{q}{p} \mid p \in \mathbf{Z}, \ q \in \mathbf{N}^+ \text{ 且 } p \text{ 与 } q \text{ 互质} \right\}.$$

子集：若 $x \in A$，则必有 $x \in B$，则称 A 是 B 的子集，记为 $A \subset B$（读作 A 包含于 B）．如果集合 A 与集合 B 互为子集，$A \subset B$ 且 $B \subset A$，则称集合 A 与集合 B 相等，记作 $A = B$．若 $A \subset B$ 且 $A \neq B$，则称 A 是 B 的真子集，记作 $A \subsetneqq B$．

不含任何元素的集合称为空集，记作 $\varnothing$．规定空集是任何集合的子集．

2. 集合的运算

设 A、B 是两个集合，由所有属于 A 或者属于 B 的元素组成的集合称为 A 与 B 的并集（简称并），记作 $A \cup B$，即

$$A \cup B = \{x \mid x \in A \text{ 或 } x \in B\}.$$

设 A、B 是两个集合，由所有既属于 A 又属于 B 的元素组成的集合称为 A 与 B 的交集（简称交），记作 $A \cap B$，即

$$A \cap B = \{x \mid x \in A \text{ 且 } x \in B\}.$$

设 A、B 是两个集合，由所有属于 A 而不属于 B 的元素组成的集合称为 A 与 B 的差集（简称差），记作 $A \setminus B$，即

$$A \setminus B = \{x \mid x \in A \text{ 且 } x \notin B\}.$$

如果我们研究某个问题限定在一个大的集合 I 中进行，所研究的其他集合 A 都是 I 的子集．此时，我们称集合 I 为全集或基本集．称 $I \setminus A$ 为 A 的余集或补集，记作 A^c．

下面介绍集合运算的法则．

设 A、B、C 为任意三个集合，则

（1）交换律：$A \cup B = B \cup A$，$A \cap B = B \cap A$；

（2）结合律：$(A \cup B) \cup C = A \cup (B \cup C)$，$(A \cap B) \cap C = A \cap (B \cap C)$；

（3）分配律：$(A \cup B) \cap C = (A \cap C) \cup (B \cap C)$，$(A \cap B) \cup C = (A \cup C) \cap (B \cup C)$；

（4）对偶律：$(A \cup B)^c = A^c \cap B^c$，$(A \cap B)^c = A^c \cup B^c$．

直积（笛卡儿乘积）：设 A、B 是任意两个集合，在集合 A 中任意取一个元素 x，在集合 B 中任意取一个元素 y，组成一个有序对 (x, y)，把这样的有序对作为新元素，它们全体组成的集合称为集合 A 与集合 B 的直积，记为 $A \times B$，即

$$A \times B = \{(x, y) \mid x \in A \text{ 且 } y \in B\}.$$

例如，$R \times R = \{(x, y) \mid x \in R \text{ 且 } x \in R\}$ 为 xOy 面上全体点的集合，$R \times R$ 常记作 R^2．

3. 区间和邻域

（1）有限区间：设 $a < b$，称数集 $\{x \mid a < x < b\}$ 为开区间，记为 (a, b)，即

$$(a, b) = \{x \mid a < x < b\}.$$

类似地，$[a, b] = \{x \mid a \leqslant x \leqslant b\}$ 称为闭区间；$[a, b) = \{x \mid a \leqslant x < b\}$，$(a, b] = \{x \mid a < x \leqslant b\}$ 称为半开半闭区间．

其中，a 和 b 称为区间 (a, b)、$[a, b]$、$[a, b)$、$(a, b]$ 的端点；$b - a$ 称为区间的长度．

（2）无限区间：$[a, +\infty) = \{x \mid a \leqslant x\}$，$(-\infty, b] = \{x \mid x \leqslant b\}$，$(-\infty, +\infty) = \{x \mid |x| < +\infty\}$．

区间在数轴上的表示：

（3）邻域：以点 a 为中心的任何开区间称为点 a 的邻域，记作 $U(a)$．设 δ 是一正数，则称开区间 $(a - \delta, a + \delta)$ 为点 a 的 δ 邻域，记作 $U(a, \delta)$，即

$$U(a, \delta) = \{x \mid a - \delta < x < a + \delta\} = \{x \mid |x - a| < \delta\}.$$

其中，点 a 称为邻域的中心；δ 称为邻域的半径．

（4）去心邻域 $\mathring{U}(a, \delta)$：$\mathring{U}(a, \delta) = \{x \mid 0 < |x - a| < \delta\}$．

§1.2 映射

1. 映射的概念

> **定义1** 设 X、Y 是两个非空集合，如果存在一个法则 f，使对 X 中每个元素 x，按法则 f，在 Y 中有唯一确定的元素 y 与之对应，则称 f 为从 X 到 Y 的映射，记作
> $$f: X \to Y,$$
> 其中，y 称为元素 x（在映射 f 下）的像，并记作 $f(x)$，即
> $$y = f(x),$$
> 而元素 x 称为元素 y（在映射 f 下）的一个原像；集合 X 称为映射 f 的定义域，记作 D_f，即 $D_f = X$；X 中所有元素的像所组成的集合称为映射 f 的值域，记为 R_f 或 $f(X)$，即
> $$R_f = f(X) = \{f(x) \mid x \in X\}.$$

应当注意的问题：

（1）构成一个映射必须具备以下三个要素：集合 X，即定义域 $D_f = X$；集合 Y，即值域的范围：$R_f \subset Y$；对应法则 f，使对每个 $x \in X$，有唯一确定的 $y = f(x)$ 与之对应.

（2）对每个 $x \in X$，元素 x 的像 y 是唯一的；对每个 $y \in R_f$，元素 y 的原像不一定是唯一的；映射 f 的值域 R_f 是 Y 的一个子集，即 $R_f \subset Y$，不一定 $R_f = Y$.

例1 设 $f: \mathbf{R} \to \mathbf{R}$，对每个 $x \in \mathbf{R}$，$f(x) = x^4$.

显然，f 是一个映射，f 的定义域 $D_f = \mathbf{R}$，值域 $R_f = \{y \mid y \geqslant 0\}$，它是 $\mathbf{R}$ 的一个真子集. 对于 R_f 中的元素 y，除 $y = 0$ 外，它的原像不是唯一的. 例如 $y = 16$ 的原像就有 $x = 2$ 和 $x = -2$ 两个.

例2 $f: \left[-\dfrac{\pi}{2}, \dfrac{\pi}{2}\right] \to [-1, 1]$，对每个 $x \in \left[-\dfrac{\pi}{2}, \dfrac{\pi}{2}\right]$，$f(x) = \sin x$.

f 是一个映射，定义域 $D_f = \left[-\dfrac{\pi}{2}, \dfrac{\pi}{2}\right]$，值域 $R_f = [-1, 1]$.

满射、单射和双射： 设 f 是从集合 X 到集合 Y 的映射，若 $R_f = Y$，即 Y 中任一元素 y 都是 X 中某元素的像，则称 f 为 X 到 Y 的满射；若对 X 中任意两个不同元素 $x_1 \neq x_2$，它们的像 $f(x_1) \neq f(x_2)$，则称 f 为 X 到 Y 的单射；若映射 f 既是单射，又是满射，则称 f 为一一映射（或双射）.

2. 逆映射与复合映射

设 f 是 X 到 Y 的单射，则由定义，对每个 $y \in R_f$，有唯一的 $x \in X$，适合 $f(x) = y$，于是，我们可定义一个从 R_f 到 X 的新映射 g，即
$$g: R_f \to X.$$
对于每个 $y \in R_f$，规定 $g(y) = x$，x 满足 $f(x) = y$. 这个映射 g 称为 f 的逆映射，记作 f^{-1}，其定义域 $D_{f^{-1}} = R_f$，值域 $R_{f^{-1}} = X$.

按上述定义，只有单射才存在逆映射.

设有两个映射
$$g: X \to Y_1, \quad f: Y_2 \to Z,$$

其中，$Y_1 \subset Y_2$，则由映射 g 和 f 可以定出一个从 X 到 Z 的对应法则，它将每个 $x \in X$ 映射成 $f[g(x)] \in Z$. 显然，这个对应法则确定了一个从 X 到 Z 的映射，这个映射称为映射 g 和 f 构成的复合映射，记作 $f \circ g$，即

$$f \circ g: X \to Z, \quad f \circ g(x) = f[g(x)], \quad x \in X.$$

应当注意的问题：

映射 g 和 f 构成复合映射的条件：g 的值域 R_g 必须包含在 f 的定义域内，即 $R_g \subset D_f$，否则不能构成复合映射. 由此可知，映射 g 和 f 的复合是有顺序的，$f \circ g$ 有意义并不表示 $g \circ f$ 也有意义. 即使 $f \circ g$ 与 $g \circ f$ 都有意义，复合映射 $f \circ g$ 与 $g \circ f$ 也未必相同.

例 3　设有映射 $g: \mathbf{R} \to [-1, 1]$，对每个 $x \in \mathbf{R}$，$g(x) = \sin x$，映射 $f: [-1, 1] \to [0, 1]$，对每个 $u \in [-1, 1]$，$f(u) = \sqrt{1 - u^2}$. 因此，映射 g 和 f 构成复合映射 $f \circ g: \mathbf{R} \to [0, 1]$，对每个 $x \in \mathbf{R}$，有

$$(f \circ g)(x) = f[g(x)] = f(\sin x) = \sqrt{1 - \sin^2 x} = |\cos x|.$$

§1.3　一元函数

1. 函数概念

定义 2　设数集 $D \subset \mathbf{R}$，则称映射 $f: D \to \mathbf{R}$ 为定义在 D 上的函数，通常简记为
$$y = f(x), \quad x \in D.$$
其中，x 称为自变量；y 称为因变量；D 称为定义域，记作 D_f，即 $D_f = D$.

应当注意的问题：

记号 f 和 $f(x)$ 的含义是有区别的，前者表示自变量 x 和因变量 y 之间的对应法则，而后者表示与自变量 x 对应的函数值. 但为了叙述方便，习惯上常用记号"$f(x), x \in D$"或"$y = f(x), x \in D$"来表示定义在 D 上的函数，这时应理解为由它所确定的函数 f.

函数符号：函数 $y = f(x)$ 中表示对应关系的记号 f 也可改用其他字母，如"F""φ"等，此时函数就记作 $y = F(x)$，$y = \varphi(x)$.

函数的两要素：函数是从实数集到实数集的映射，其值域总在 $\mathbf{R}$ 内，因此构成函数的要素是定义域 D_f 及对应法则 f. 如果两个函数的定义域相同，对应法则也相同，那么这两个函数就是相同的，否则就是不同的.

函数的定义域：函数的定义域通常按以下两种情形来确定，即有实际背景的函数或者根据实际背景中变量的实际意义确定.

下面对求定义域进行举例.

例 4　求函数 $y = \dfrac{1}{x} - \sqrt{x^2 - 16}$ 的定义域.

要使函数有意义，必须 $x \neq 0$，且 $x^2 - 16 \geq 0$. 因此，函数的定义域为 $D = \{x \mid |x| \geq 4\}$.

单值函数与多值函数：

在函数的定义中，对每个 $x \in D$，对应的函数值 y 总是唯一的，这样定义的函数称为单值函数. 如果给定一个对应法则，按这个法则，对每个 $x \in D$，总有确定的 y 值与之对应，

但这个 y 不总是唯一的, 我们称这种法则确定了一个多值函数. 例如, 设变量 x 和 y 之间的对应法则由方程 $x^2 + y^2 = 1$ 给出. 显然, 对每个 $x \in [-1, 1]$, 由方程 $x^2 + y^2 = 1$, 可确定出对应的 y 值, 当 $x = -1$ 或 $x = 1$ 时, 对应 $y = 0$ 一个值; 当 x 取 $(-1, 1)$ 内任一个值时, 对应的 y 有两个值. 因此, 这个方程确定了一个多值函数.

对于多值函数, 往往只要附加一些条件, 就可以将它转化为单值函数, 这样得到的单值函数称为多值函数的单值分支. 例如, 在由方程 $x^2 + y^2 = 1$ 给出的对应法则中, 附加 "$y \geqslant 0$" 的条件, 即以 "$x^2 + y^2 = 1$ 且 $y \geqslant 0$" 作为对应法则, 就可得到一个单值分支 $y = y_1(x) = \sqrt{1 - x^2}$; 附加 "$y \leqslant 0$" 的条件, 即以 "$x^2 + y^2 = 1$ 且 $y \leqslant 0$" 作为对应法则, 就可得到另一个单值分支 $y = y_2(x) = -\sqrt{1 - x^2}$.

表示函数的主要方法有三种: 表格法、图形法、解析法(公式法), 这在中学里大家已经熟悉. 其中, 用图形法表示函数是基于函数图形的概念, 即坐标平面上的点集

$$\{P(x, y) \mid y = f(x), x \in D\},$$

称为函数 $y = f(x)$, $x \in D$ 的图形. 图中的 R_f 表示函数 $y = f(x)$ 的值域.

下面对函数进行举例.

例5 函数 $y = |x| = \begin{cases} x & x \geqslant 0 \\ -x & x < 0 \end{cases}$

称为绝对值函数. 其定义域 $D = (-\infty, +\infty)$, 值域 $R_f = [0, +\infty)$.

例6 函数 $y = \operatorname{sgn} x = \begin{cases} 1 & x > 0 \\ 0 & x = 0 \\ -1 & x < 0 \end{cases}$

称为符号函数(见图1-1). 其定义域 $D = (-\infty, +\infty)$, 值域 $R_f = \{-1, 0, 1\}$.

例7 设 x 为任一实数, 不超过 x 的最大整数称为 x 的整数部分, 记作 $[x]$. 函数 $y = [x]$ 称为取整函数(见图1-2). 其定义域 $D = (-\infty, +\infty)$, 值域 $R_f = \mathbf{Z}$. 例如, $\left[\dfrac{5}{7}\right] = 0$, $[\sqrt{2}] = 1$, $[\pi] = 3$, $[-1] = -1$, $[-3.5] = -4$.

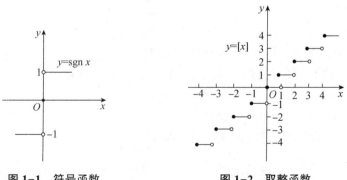

图1-1 符号函数   图1-2 取整函数

分段函数: 在自变量的不同变化范围中, 对应法则用不同式子来表示的函数称为分段函数, 如例8所示.

例8 函数 $y = \begin{cases} 2\sqrt{x} & 0 \leqslant x \leqslant 1 \\ 1 + x & x > 1 \end{cases}$.

这是一个分段函数，其定义域为 $D = [0, +\infty)$. 当 $0 \le x \le 1$ 时，$y = 2\sqrt{x}$；当 $x > 1$ 时，$y = 1 + x$. 例如，$f\left(\dfrac{1}{2}\right) = 2\sqrt{\dfrac{1}{2}} = \sqrt{2}$；$f(1) = 2\sqrt{1} = 2$；$f(3) = 1 + 3 = 4$.

2. 函数的特性

1）函数的有界性

设函数 $f(x)$ 的定义域为 D，数集 $X \subset D$. 如果存在数 K_1，使对任一 $x \in X$，有 $f(x) \le K_1$，则称函数 $f(x)$ 在 X 上有上界，而称 K_1 为函数 $f(x)$ 在 X 上的一个上界. 图形特点是函数 $y = f(x)$ 的图形在直线 $y = K_1$ 的下方.

如果存在数 K_2，使对任一 $x \in X$，有 $f(x) \ge K_2$，则称函数 $f(x)$ 在 X 上有下界，而称 K_2 为函数 $f(x)$ 在 X 上的一个下界. 图形特点是函数 $y = f(x)$ 的图形在直线 $y = K_2$ 的上方.

如果存在正数 M，使对任一 $x \in X$，有 $|f(x)| \le M$，则称函数 $f(x)$ 在 X 上有界. 图形特点是函数 $y = f(x)$ 的图形在直线 $y = -M$ 和 $y = M$ 之间.

如果这样的 M 不存在，则称函数 $f(x)$ 在 X 上无界. 函数 $f(x)$ 无界，就是说对任何 M，总存在 $x_1 \in X$，使 $|f(x_1)| > M$.

举例如下：

函数 $f(x) = \sin x$ 在 $(-\infty, +\infty)$ 上是有界的，即 $|\sin x| \le 1$.

函数 $f(x) = \dfrac{1}{x}$ 在开区间 $(0, 1)$ 内是无上界的，或者说它在 $(0, 1)$ 内有下界，无上界.

这是因为，对于任一 $M > 1$，总有 x_1：$0 < x_1 < \dfrac{1}{M} < 1$，使 $f(x_1) = \dfrac{1}{x_1} > M$，所以函数无上界.

函数 $f(x) = \dfrac{1}{x}$ 在 $(1, 2)$ 内是有界的.

2）函数的单调性

设函数 $y = f(x)$ 的定义域为 D，区间 $I \subset D$. 如果对于区间 I 上任意两点 x_1 及 x_2，当 $x_1 < x_2$ 时，恒有
$$f(x_1) < f(x_2),$$
则称函数 $f(x)$ 在区间 I 上是单调增加的（图 1-3）.

如果对于区间 I 上任意两点 x_1 及 x_2，当 $x_1 < x_2$ 时，恒有
$$f(x_1) > f(x_2),$$
则称函数 $f(x)$ 在区间 I 上是单调减少的（图 1-4）.

单调增加和单调减少的函数统称为单调函数.

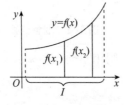
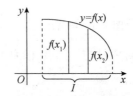

图 1-3　单调增加　　　　　　　图 1-4　单调减少

函数单调性举例如下：

函数 $y = x^2$ 在区间 $(-\infty, 0]$ 上是单调减少的，在区间 $[0, +\infty)$ 上是单调增加的，在 $(-\infty, +\infty)$ 上不是单调的.

3）函数的奇偶性

设函数 $f(x)$ 的定义域 D 关于原点对称（即若 $x \in D$，则 $-x \in D$）.

如果对于任一 $-x \in D$，有 $f(-x) = f(x)$，则称 $f(x)$ 为偶函数.

如果对于任一 $-x \in D$，有 $f(-x) = -f(x)$，则称 $f(x)$ 为奇函数.

偶函数的图形关于 y 轴对称，奇函数的图形关于原点对称.

奇偶函数举例如下：

$y = x^2$，$y = \cos x$ 都是偶函数；$y = x^3$，$y = \sin x$ 都是奇函数；$y = \sin x + \cos x$ 是非奇非偶函数.

4）函数的周期性

设函数 $f(x)$ 的定义域为 D，如果存在一个正数 l，使对于任一 $x \in D$ 有 $(x \pm l) \in D$，且 $f(x + l) = f(x)$，则称 $f(x)$ 为周期函数，l 称为 $f(x)$ 的周期.

周期函数的图形特点：在函数的定义域内，每个长度为 l 的区间上，函数的图形有相同的形状.

3. 反函数与复合函数

(1)反函数：设函数 $f: D \to f(D)$ 是单射，则它存在逆映射 $f^{-1}: f(D) \to D$，称此逆映射 f^{-1} 为函数 f 的反函数.

按此定义，对每个 $y \in f(D)$，有唯一的 $x \in D$，使 $f(x) = y$，于是有 $f^{-1}(y) = x$. 也就是说，反函数 f^{-1} 的对应法则是完全由函数 f 的对应法则所确定的.

一般地，$y = f(x)$，$x \in D$ 的反函数记成 $y = f^{-1}(x)$，$x \in f(D)$.

若 f 是定义在 D 上的单调函数，则 $f: D \to f(D)$ 是单射，于是 f 的反函数 f^{-1} 必定存在，而且容易证明 f^{-1} 也是 $f(D)$ 上的单调函数.

相对于反函数 $y = f^{-1}(x)$ 来说，原来的函数 $y = f(x)$ 称为直接函数. 把函数 $y = f(x)$ 和它的反函数 $y = f^{-1}(x)$ 的图形画在同一坐标平面上，这两个图形关于直线 $y = x$ 是对称的. 这是因为，如果 $P(a, b)$ 是 $y = f(x)$ 图形上的点，则有 $b = f(a)$，按反函数的定义，有 $a = f^{-1}(b)$，故 $Q(b, a)$ 是 $y = f^{-1}(x)$ 图形上的点；反之，若 $Q(b, a)$ 是 $y = f^{-1}(x)$ 图形上的点，因此，$P(a, b)$ 是 $y = f(x)$ 图形上的点，而 $P(a, b)$ 与 $Q(b, a)$ 是关于直线 $y = x$ 对称的.

(2)复合函数：复合函数是复合映射的一种特例，按照通常函数的记号，复合函数的概念可如下表述：

设函数 $y = f(u)$ 的定义域为 D_1，函数 $u = g(x)$ 在 D 上有定义且 $g(D) \subset D_1$，则由下式确定的函数

$$y = f[g(x)], \quad x \in D,$$

称为由函数 $u = g(x)$ 和函数 $y = f(u)$ 构成的复合函数. 它的定义域为 D，变量 u 称为中间变量.

函数 g 与函数 f 构成的复合函数通常记为 $f \circ g$，即

$$f \circ g = f[g(x)].$$

与复合映射一样，g 与 f 构成的复合函数 $f \circ g$ 的条件是：使函数 g 在 D 上的值域 $g(D)$ 必

须含在 f 的定义域 D_f 内，即 $g(D) \subset D_f$，否则不能构成复合函数.

例如，$y = f(u) = \arcsin u$ 的定义域为 $[-1, 1]$，$u = g(x) = 2\sqrt{1-x^2}$ 在 $D = \left[-1, -\dfrac{\sqrt{3}}{2}\right] \cup \left[\dfrac{\sqrt{3}}{2}, 1\right]$ 上有定义，且 $g(D) \subset [-1, 1]$，则 g 与 f 可构成复合函数

$$y = \arcsin(2\sqrt{1-x^2}), \quad x \in D.$$

但函数 $y = \arcsin u$ 和函数 $u = 2 + x^2$ 不能构成复合函数，这是因为对任一 $x \in \mathbf{R}$，$u = 2 + x^2$ 均不在 $y = \arcsin u$ 的定义域 $[-1, 1]$ 内.

4. 函数的运算

设函数 $f(x)$，$g(x)$ 的定义域依次为 D_1，D_2，$D = D_1 \cap D_2 \neq \varnothing$，则我们可以定义这两个函数的下列运算：

和（差）$f \pm g$：$(f \pm g)(x) = f(x) \pm g(x)$，$x \in D$；

积 $f \cdot g$：$(f \cdot g)(x) = f(x) \cdot g(x)$，$x \in D$；

商 $\dfrac{f}{g}$：$\left(\dfrac{f}{g}\right)(x) = \dfrac{f(x)}{g(x)}$，$x \in D \setminus \{x \mid g(x) = 0, \ x \in D\}$.

例9 设函数 $f(x)$ 的定义域为 $(-l, l)$，证明必存在 $(-l, l)$ 上的偶函数 $g(x)$ 及奇函数 $h(x)$，使 $f(x) = g(x) + h(x)$.

分析 如果 $f(x) = g(x) + h(x)$，则 $f(-x) = g(x) - h(x)$，于是

$$g(x) = \frac{1}{2}[f(x) + f(-x)], \quad h(x) = \frac{1}{2}[f(x) - f(-x)].$$

证 作 $g(x) = \dfrac{1}{2}[f(x) + f(-x)]$，$h(x) = \dfrac{1}{2}[f(x) - f(-x)]$，则

$$f(x) = g(x) + h(x),$$

$$g(-x) = \frac{1}{2}[f(-x) + f(x)] = g(x),$$

$$h(-x) = \frac{1}{2}[f(-x) - f(x)] = -\frac{1}{2}[f(x) - f(-x)] = -h(x).$$

5. 初等函数

下面介绍基本初等函数.

幂函数：$y = x^{\mu}$（$\mu \in \mathbf{R}$ 是常数）；

指数函数：$y = a^x$（$a > 0$ 且 $a \neq 1$）；

对数函数：$y = \log_a x$（$a > 0$ 且 $a \neq 1$，特别当 $a = e$ 时，记为 $y = \ln x$）；

三角函数：$y = \sin x$，$y = \cos x$，$y = \tan x$，$y = \cot x$，$y = \sec x$，$y = \csc x$；

反三角函数：$y = \arcsin x$，$y = \arccos x$，$y = \arctan x$，$y = \operatorname{arccot} x$.

初等函数：由常数和基本初等函数经过有限次四则运算和有限次函数复合步骤所构成，并可用一个式子表示的函数，称为初等函数. 例如，$y = \sqrt{1-x^2}$，$y = \sin^3 x$，$y = \sqrt{\cot \dfrac{x}{2}}$ 等都是初等函数.

6. 函数关系的建立

在研究、解决实际问题时，往往会涉及多个变量，这些变量之间存在着相互依赖的关

系，描述这些关系的一个重要方法是，建立相关变量之间的函数关系，并通过所建立的函数关系达到解决问题的目的.

例10 设某厂每天生产 x 件产品的总成本函数为 $C(x) = 400 + 3x$（单位：元）.

（1）假若每天至少能卖出 200 件产品，为了不亏本，该产品的单位售价至少应定为多少元？

（2）假若该厂计划总利润为总成本的 20%，问每天卖出 x 件产品的单位售价应为多少元？

解 （1）为了不亏本，必须每天售出 200 件产品的总收入与总成本相等，设此时的单位售价为 p，则有

$$200p = 400 + 3 \times 200 = 1\,000.$$

由此解得，$p = 5$（元）. 因此，为了不亏本，该产品的单位售价至少应定为 5 元.

（2）设单位售价为 p，则总利润函数为

$$L(x) = R(x) - C(x) \text{（其中 } R(x) = px \text{ 为总收益函数）}.$$

根据假设，总利润为 $0.2C(x)$，于是得

$$0.2C(x) = px - C(x),$$

即

$$px = 1.2C(x) = 1.2(400 + 3x),$$

解得 $p = 3.6 + \dfrac{480}{x}$（元）.

例如，每天卖出 200 件产品时，单位售价为 6 元.

习题一

1. 求函数 $y = \sqrt{1 - 2x} + \dfrac{1}{\ln(1 + x)}$ 的定义域.

2. 设 $f(x)$ 定义域为 $[0, 1]$，求 $f\left(\dfrac{x - 1}{x + 1}\right)$ 的定义域.

3. 设 $g(x) = \begin{cases} 1 - e^{-x} & x \leqslant 0 \\ e^x - 1 & x > 0 \end{cases}$，判断其奇偶性.

4. 设 $f(\cos x) = \dfrac{\sin^2 x}{\cos(2x)}$，求 $f(x)$.

5. 求函数 $y = \sqrt[3]{x + 1}$ 的反函数.

习题一答案

1. $-1 < x \leqslant \dfrac{1}{2}$, $x \neq 0$.

2. $x \geqslant 1$.

3. 奇函数.

4. $f(x) = \dfrac{1 - x^2}{2x^2 - 1}$.

5. $y = x^3 - 1$.

第2章

函数的极限与连续

极限是微积分中最基本的概念和方法，是研究数学学科的手段，核心是研究变量的变化趋势．应用极限方法研究各类变化率问题，就产生了微分学；应用极限方法研究曲边梯形的面积问题，就产生了积分学．因此，微积分是建立在极限理论的基础上的．本章我们将讨论极限的概念、性质与运算；介绍与极限概念密切相关且在运算中广泛应用的无穷小；探讨重要极限解决的实际问题；通过极限引入函数的重要性质——连续性．

§2.1 数列的极限

2.1.1 数列极限的概念

1. 数列极限的引入

什么是数列极限呢？在数学史上，很早就有极限的概念．我国魏晋时期的著名数学家刘徽就提出了用"割圆术"来求解圆的面积，具体方法如下（图2-1）．

设有一圆，首先作内接正六边形，面积记为 A_1；再作内接正十二边形，面积记为 A_2；再作内接正二十四边形，面积记为 A_3；如此下去，随着边数加倍，会得到内接正 $6 \times 2^{n-1}$ 边形的面积，记为 A_n．这样就得到一系列内接正多边形的面积：

$$A_1, A_2, A_3, \cdots, A_n, \cdots$$

设想 n 无限增大（记为 $n \to \infty$，读作 n 趋于无穷大），即内接正多边形的边数无限增加．在这个过程中，内接正多边形无限接近于圆，同时 A_n 也无限接近于某一确定的数值．这个确定的数值就理解为圆的面积，在数学上称为上面有次序的数（数列）$A_1, A_2, A_3, \cdots$，$A_n, \cdots$ 当 $n \to \infty$ 时的极限．

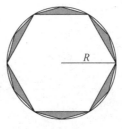

图2-1

2. 数列的概念

如果按照某一法则，使对任何一个正整数 $n(n \in \mathbf{Z}^+)$ 对应于一个确定的数 x_n，则得到一列有次序的数

$$x_1, \ x_2, \ x_3, \ \cdots, \ x_n, \ \cdots$$

这一列有次序的数就称为数列，记为 $\{x_n\}$，其中第 n 项 x_n 称为列的一般项.

数列 $\{x_n\}$ 可以看作自变量为正整数 n 的函数，即

$$x_n = f(n), \ n \in \mathbf{Z}^+.$$

它的定义域是全体正整数，当自变量 n 取 1，2，3，$\cdots$ 一切正整数时，对应的函数值就排列成数列 $\{x_n\}$.

数列的例子：

(1) $1, \ \dfrac{1}{2}, \ \dfrac{1}{3}, \ \cdots, \ \dfrac{1}{n}, \ \cdots$；

(2) $2, \ 4, \ 8, \ \cdots, \ 2^n, \ \cdots$；

(3) $2, \ \dfrac{1}{2}, \ \dfrac{4}{3}, \ \cdots, \ 1 + \dfrac{(-1)^{n-1}}{n}, \ \cdots$；

(4) $1, \ -1, \ 1, \ \cdots, \ (-1)^{n+1}, \ \cdots$.

它们的一般项依次为 $\dfrac{1}{n}$，2^n，$1 + \dfrac{(-1)^{n-1}}{n}$，$(-1)^{n+1}$.

数列可以用图 2-2 表示. 在几何上数列 $\{x_n\}$ 可以看作数轴上的一个动点，如图 2-2 所示，它依次取数轴上的点 x_1，x_2，x_3，$\cdots$，x_n，$\cdots$.

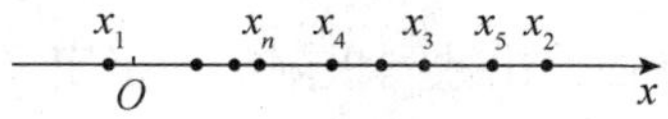

$$\xrightarrow[\ \ O \ ]{\ x_1 \ \ \ \ \ \ \ \ \ x_n \ \ x_4 \ \ \ x_3 \ \ \ x_5 \ x_2 \ \ \ \ x\ }$$

图 2-2

关于数列，我们所关心的主要问题如下：

(1) 给定一个数列后，该数列的变化趋势如何？随着 n 的无限增大，x_n 能否无限接近某个常数？

(2) 如果能无限接近某个确定的数，则该常数是多少？

可以看出，在上面所列的数列中，当 $n \to \infty$ 时，数列 (1) 的一般项 $x_n = \dfrac{1}{n}$ 将无限接近于常数 0；数列 (3) 的一般项 $x_n = 1 + \dfrac{(-1)^{n-1}}{n}$ 将无限接近常数 1；数列 (2) 的一般项 $x_n = 2^n$ 却在无限增大，它不接近于任何确定的数值；数列 (4) 的一般项 $x_n = (-1)^{n+1}$ 始终交替地取 1 和 -1，不接近于任何确定的数值.

通过观察可以看到，数列的一般项变化趋势有两种情况：无限接近于某个确定的常数和不接近于任何确定的常数，这样就可以得到数列的描述性定义.

对于数列 $\{x_n\}$，如果当 n 无限增大时，它的一般项 x_n 无限地接近于某一确定的数值 a，则称常数 a 是数列 $\{x_n\}$ 的极限，或称数列 $\{x_n\}$ 收敛于 a，记为 $\lim\limits_{n \to \infty} x_n = a$. 如果数列没有极限，就说数列是发散的. 例如，$\lim\limits_{n \to \infty} \dfrac{n}{n+1} = 1$，$\lim\limits_{n \to \infty} \dfrac{1}{2^n} = 0$，$\lim\limits_{n \to \infty} \dfrac{n + (-1)^{n-1}}{n} = 1$ 是收敛

的；$\{2^n\}$ 是发散的.

在上述极限的描述性定义中，用"无限增大"和"无限接近"来描述极限概念. 为了给出极限的精确性定义，要对"无限增大"和"无限接近"给予定量的刻画.

我们知道，两个数 a、b 之间的接近程度可以用这两个数之差的绝对值 $|b-a|$ 来度量，下面以数列 $x_n = 1 + \dfrac{(-1)^{n-1}}{n}$ 为例进行介绍.

考虑数列 $|x_n - 1| = \dfrac{1}{n}$，显然，n 越大，x_n 就越"接近" 1. 只要 n 足够大，$|x_n - 1|$ 就可以小于任何给定的正数，从而 x_n 无限接近 1. 如果要求 $|x_n - 1| < \dfrac{1}{100}$，即 $\dfrac{1}{n} < \dfrac{1}{100}$，只要使 $n > 100$，即从第 101 项起，x_{101}，x_{102}，$\cdots$ 均能使不等式 $|x_n - 1| < \dfrac{1}{100}$ 成立. 同样，如果要求 $|x_n - 1| < \dfrac{1}{10\,000}$，即 $\dfrac{1}{n} < \dfrac{1}{10\,000}$，只要使 $n > 10\,000$，即从第 10 001 项起，$x_{10\,001}$，$x_{10\,002}$，$\cdots$ 均能使不等式 $|x_n - 1| < \dfrac{1}{10\,000}$ 成立.

一般地，我们用希腊字母 ε 来刻画 x_n 与 1 的接近程度. 这里，ε 表示任意给定的很小的正数，从而得到精确的刻画.

无论给定多么小的正数 ε，总能找到一个正整数 N，使对于 $n > N$ 时的一切 n，不等式 $|x_n - 1| < \varepsilon$ 均成立，这就是数列 $x_n = 1 + \dfrac{(-1)^{n-1}}{n}$，当 $n \to \infty$ 时无限"接近"于 1 的精确刻画，这个数 1 就是 x_n 的极限. 下面给出数列极限的严格定义.

2.1.2 数列极限的定义

定义 设 $\{x_n\}$ 是一数列，a 为一常数，如果对于任意给定的正数 ε（不论它多么小），总存在正整数 N，使对于 $n > N$ 时的一切 x_n，不等式
$$|x_n - a| < \varepsilon$$
均成立，则称常数 a 是数列 $\{x_n\}$ 的极限，或者称数列 $\{x_n\}$ 收敛于 a，记作
$$\lim_{n \to \infty} x_n = a \text{ 或 } x_n \to a\,(n \to \infty).$$
如果这样的常数 a 不存在，就称数列没有极限，或称数列发散.

为了表达简洁，引入数记号"$\forall$"表示"任意的"，记号"$\exists$"表示"存在"，上述定义表述如下（$\varepsilon - N$ 语言）：

如果 $\forall \varepsilon > 0$，$\exists N \in \mathbf{Z}^+$，当 $n > N$ 时，有 $|x_n - a| < \varepsilon$，则 $\lim\limits_{n \to \infty} x_n = a$.

说明：

（1）ε 刻画了 x_n 与 a 的接近程度，ε 的"任意小"极其重要，这样 $|x_n - a| < \varepsilon$ 才能体现 x_n 与 a 的"无限接近".

（2）N 是在 ε 确定的情况下找到的，依赖于 ε，即 $N = N(\varepsilon)$，但 N 并不唯一，即只要其存在，不必找最小的. 事实上，N 是依赖 ε 而产生的界，它的作用是把数列 $\{x_n\}$ 分割

为 $\{x_1, x_2, \cdots, x_N\}$ 和 $\{x_{N+1}, x_{N+2}, \cdots, x_n, \cdots\}$ 两部分，后者的任意项 $x_n(n > N)$ 都满足 $|x_n - a| < \varepsilon$，而前者未必. 一般来说，ε 越小，N 越大. 在找 N 时，N 越大，越能保证 $|x_n - a| < \varepsilon$.

（3）根据图 2-3，如果 $\lim\limits_{n \to \infty} x_n = a$，那么当 $n > N$ 时，点 x_n 全部落在邻域 $(a - \varepsilon, a + \varepsilon)$ 内，有无穷多项；当 $n < N$ 时，点 x_n 一般落在邻域 $(a - \varepsilon, a + \varepsilon)$ 外，至多有有限项（N 个）.

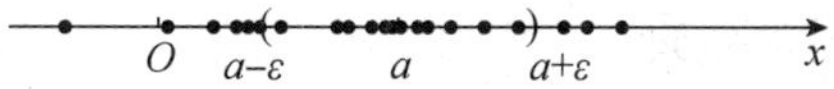

图 2-3

（4）由定义可以看出，x_n 的极限是否存在仅与它的发展趋势有关. 只要从某项 N 开始，$|x_n - a| < \varepsilon$ 成立即可，与前有限项的变化无关.

（5）当 $\lim\limits_{n \to \infty} x_n = a$，在给定 ε 的情况下如何找 $N(\varepsilon)$，一般是从不等式 $|x_n - a| < \varepsilon$ 中倒推分析得到 N，即 $|x_n - a| < \varepsilon \Leftarrow \cdots \Leftarrow n > g(\varepsilon)$，则取 $N = [g(\varepsilon)]$.

定义用于验证极限，但无法用于求极限，下面举例说明极限的概念.

例 1 证明 $\lim\limits_{n \to \infty} \dfrac{1}{n} = 0$.

分析 $|x_n - 0| = \left| \dfrac{1}{n} - 0 \right| = \dfrac{1}{n}$. 对于 $\forall \varepsilon > 0$，要使 $|x_n - 0| < \varepsilon$，只要 $\dfrac{1}{n} < \varepsilon$，即 $n > \dfrac{1}{\varepsilon}$.

证 因为 $\forall \varepsilon > 0$，$\exists N = \left[\dfrac{1}{\varepsilon} \right] + 1$，当 $n > N$ 时，有 $|x_n - 0| = \left| \dfrac{1}{n} - 0 \right| = \dfrac{1}{n} < \varepsilon$，所以 $\lim\limits_{n \to \infty} \dfrac{1}{n} = 0$.

例 2 证明 $\lim\limits_{n \to \infty} \dfrac{\cos n}{(n + 1)^2} = 0$.

分析 $|x_n - 0| = \left| \dfrac{\cos n}{(n + 1)^2} - 0 \right| = \dfrac{|\cos n|}{(n + 1)^2} \leqslant \dfrac{1}{(n + 1)^2} < \dfrac{1}{n + 1}$.

对于 $\forall \varepsilon > 0$，要使 $|x_n - 0| < \varepsilon$，只要 $\dfrac{1}{n + 1} < \varepsilon$，即 $n > \dfrac{1}{\varepsilon} - 1$.

证 因为 $\forall \varepsilon > 0$，$\exists N = \left[\dfrac{1}{\varepsilon} - 1 \right]$，当 $n > N$ 时，有 $|x_n - 0| = \left| \dfrac{\cos n}{(n + 1)^2} - 0 \right| < \dfrac{1}{n + 1} < \varepsilon$，所以 $\lim\limits_{n \to \infty} \dfrac{\cos n}{(n + 1)^2} = 0$.

例 3 设 $|q| < 1$，证明数列 $1, q, q^2, \cdots, q^{n-1}, \cdots$ 的极限是 0.

分析 $\forall \varepsilon > 0$（设 $\varepsilon < 1$），要使 $|x_n - 0| = |q^{n-1} - 0| = |q|^{n-1} < \varepsilon$，取自然对数，只要 $(n - 1)\ln|q| < \ln\varepsilon$，等价于 $n > \dfrac{\ln\varepsilon}{\ln|q|} + 1$，故可取 $N = \left[\dfrac{\ln\varepsilon}{\ln|q|} + 1 \right]$.

证 $\forall \varepsilon > 0$，$\exists N = \left[\dfrac{\ln\varepsilon}{\ln|q|} + 1 \right]$，当 $n > N$ 时，有

$$|x_n - 0| = |q^{n-1} - 0| = |q|^{n-1} < \varepsilon,$$

所以 $\lim\limits_{n\to\infty} q^{n-1} = 0$.

注释：在证明极限时，根据 ε 找到 N 即可．故本题中，为了保证 N 是正整数，从而限制了 $\varepsilon < 1$．

2.1.3　收敛数列的性质

下面是有关收敛数列性质的定理．

定理 1（收敛数列的唯一性）　如果数列 $\{x_n\}$ 收敛，那么它的极限唯一．

证（反证法）　假设同时有 $\lim\limits_{n\to\infty} x_n = a$ 及 $\lim\limits_{n\to\infty} x_n = b$，不妨设 $a < b$．取 $\varepsilon = \dfrac{b-a}{2} > 0$，由 $x_n \to a$ 可知，$\exists N_1 > 0$，当 $n > N_1$ 时，恒有

$$|x_n - a| < \varepsilon = \frac{b-a}{2} \left(x_n < \frac{b+a}{2}\right).$$

由 $x_n \to b$ 可知，$\exists N_2 > 0$，当 $n > N_2$ 时，恒有

$$|x_n - b| < \varepsilon = \frac{b-a}{2} \left(x_n > \frac{b+a}{2}\right).$$

取 $N = \max\{N_1, N_2\}$，使当 $n > N$ 时，同时有 $x_n < \dfrac{b+a}{2}$ 及 $x_n > \dfrac{b+a}{2}$ 成立．

这是不可能的．所以只能有 $a = b$．

先说明数列的有界性概念，然后证明收敛数列必有界．

对于数列 $\{x_n\}$，如果存在正数 M，使对一切 x_n 都满足不等式 $|x_n| \leqslant M$，则称数列 $\{x_n\}$ 是有界的；如果这样的正数 M 不存在，就称数列 $\{x_n\}$ 是无界的．

定理 2（收敛数列的有界性）　如果数列 $\{x_n\}$ 收敛，那么数列 $\{x_n\}$ 一定有界．

证　设数列 $\{x_n\}$ 收敛，且收敛于 a．根据数列极限的定义，对于 $\varepsilon = 1$，存在正整数 N，使对于 $n > N$ 时的一切 x_n，不等式 $|x_n - a| < \varepsilon = 1$ 都成立．于是当 $n > N$ 时，有

$$|x_n| = |(x_n - a) + a| \leqslant |x_n - a| + |a| < 1 + |a|.$$

因此，取 $M = \max\{|x_1|, |x_2|, \cdots, |x_N|, 1 + |a|\}$，那么数列 $\{x_n\}$ 中的一切 x_n 都满足不等式 $|x_n| \leqslant M$．

这就证明了数列 $\{x_n\}$ 是有界的．

由定理可知，无界数列必发散，有界数列未必收敛．例如，数列 $\{(-1)^n\}$ 是有界的，但是发散．由此可知，数列有界是数列收敛的必要条件，但不是充分条件．

定理 3（收敛数列的保号性）　如果数列 $\{x_n\}$ 收敛于 a，且 $a > 0$（或 $a < 0$），那么存在正整数 N，当 $n > N$ 时，均有 $x_n > 0$（或 $x_n < 0$）．

证　就 $a > 0$ 的情形证明．由数列极限的定义可知，对 $\varepsilon = \dfrac{a}{2} > 0$，$\exists N > 0$，当 $n > N$ 时，有

$$|x_n - a| < \frac{a}{2},$$

从而

$$x_n > a - \frac{a}{2} = \frac{a}{2} > 0.$$

以下推论是定理 3 的逆否命题, 因而与它等价.

推论 如果数列 $\{x_n\}$ 从某项起有 $x_n \geq 0$(或 $x_n \leq 0$), 且数列 $\{x_n\}$ 收敛于 a, 那么 $a \geq 0$(或 $a \leq 0$).

证 就 $x_n \geq 0$ 的情形证明. 设数列 $\{x_n\}$ 从 N_1 项起, 即当 $n > N_1$ 时有 $x_n \geq 0$. 现在用反证法证明, 若 $a < 0$, 则由定理 3 可知, $\exists N_2 > 0$, 当 $n > N_2$ 时, 有 $x_n < 0$. 取 $N = \max\{N_1, N_2\}$, 当 $n > N$ 时, 按假定有 $x_n \geq 0$, 按定理 3 有 $x_n < 0$, 这引起矛盾. 因此, 必有 $a \geq 0$.

下面介绍子数列的概念: 在数列 $\{x_n\}$ 中任意抽取无限项并保持这些项在原数列 $\{x_n\}$ 中的先后次序, 由此得到的一个新数列称为原数列 $\{x_n\}$ 的子数列, 记为 $\{x_{n_k}\}$ $(n_k \geq k)$.

例如, 数列 $\{x_n\}$: $1, -1, 1, -1, \cdots, (-1)^{n+1}, \cdots$ 的一个子数列为 $\{x_{2n}\}$, 即 $-1, -1, -1, -1, \cdots, (-1)^{2n+1}, \cdots$

定理 4(收敛数列与其子数列间的关系) 如果数列 $\{x_n\}$ 收敛于 a, 那么它的任一子数列 $\{x_{n_k}\}$ 也收敛, 且极限也是 a.

证 设数列 $\{x_{n_k}\}$ 是数列 $\{x_n\}$ 的任一子数列. 因为数列 $\{x_n\}$ 收敛于 a, 所以 $\forall \varepsilon > 0$, $\exists N$, 当 $n > N$ 时, $|x_n - a| < \varepsilon$.

取 $K = N$, 则当 $k > K$ 时, $n_k > n_K = n_N > N$, 于是 $|x_{n_k} - a| < \varepsilon$. 这就证明了 $\lim\limits_{k \to \infty} x_{n_k} = a$.

由定理 4 可知, 如果数列的某个子数列发散或者存在收敛于不同极限的子数列, 则该数列必发散.

例如, 数列 $\{x_n\}$: $1, -1, 1, -1, \cdots, (-1)^{n+1}, \cdots$ 的奇子数列收敛于 1, 偶子数列收敛于 -1, 可知数列发散.

可以证明: 若数列 $\{x_n\}$ 的奇子数列和偶子数列均收敛于同一常数 a, 则该数列收敛且极限为 a, 反之亦然.

§2.2 函数的极限

上一节我们探讨了数列的极限, 数列的通项可以看成一类特殊的函数. $x_n = f(n)$, $n \in \mathbf{Z}^+$ 反映的是一种"离散型"的无限变化过程, 但是很多问题存在着"连续型"的变化过程. 为此, 我们把函数的定义域扩充到 $\mathbf{R}$, 主要研究自变量趋于无穷大($x \to \infty$)和自变量趋于固定值($x \to x_0$)时的两种极限. 本节我们将建立函数极限的定义, 讨论函数极限的性质, 便于在后续应用.

2.2.1 函数极限的定义

1. 自变量趋于有限值时函数的极限

在考虑自变量 x 无限接近但不等于 x_0 的过程中, 函数 $f(x)$ 的值无限接近常数 A, 则称当 x 趋于 x_0 时, $f(x)$ 以 A 为极限, 记作 $\lim\limits_{x \to x_0} f(x) = A$ 或 $f(x) \to A(x \to x_0)$. 这种类型的极限称为函数在有限点 x_0 处的极限.

观察图 2-4，函数 $f(x) = \dfrac{x^2 - 1}{x - 1}$ 在 $x \neq 1$ 时，$f(x) = x + 1$，容易看出，当 $x \to 1$ 时，$f(x) = x + 1$ 无限接近于 2，此时 $|(x + 1) - 2|$ 无限接近于 0，尽管函数在 $x = 1$ 时无定义，但 $\lim\limits_{x \to 1} f(x) = 2$ 是存在的.

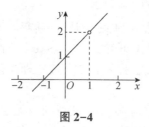

图 2-4

但是，单凭观察得到的函数极限是不可靠的，与数列极限类似，需要寻找精确的数学语言来进行定义.

在 $x \to x_0$ 的过程中，$f(x)$ 无限接近于 A，即 $|f(x) - A|$ 能任意小，可以小于任意给定的很小的正数 ε，即 $|f(x) - A| < \varepsilon$. 此时，自变量 x 也限制在与 x_0 "很近" 但不重合的范围内. 这里，我们引进一个正数 δ 来刻画 x 与 x_0 的接近程度，在事先给定的 ε 的情况下找到 δ 满足 $0 < |x - x_0| < \delta$，于是得到函数极限的 "$\varepsilon - \delta$" 精准定义.

> **定义** 设函数 $f(x)$ 在点 x_0 的某一去心邻域内有定义. 如果存在常数 A，对于任意给定的正数 ε（不论它多么小），总存在正数 δ，使当 x 满足不等式 $0 < |x - x_0| < \delta$ 时，对应的函数值 $f(x)$ 都满足不等式 $|f(x) - A| < \varepsilon$，那么常数 A 就叫作函数 $f(x)$ 当 $x \to x_0$ 时的极限，记为
> $$\lim_{x \to x_0} f(x) = A \text{ 或 } f(x) \to A (x \to x_0).$$
> 定义也可简述为
> $$\lim_{x \to x_0} f(x) = A \Leftrightarrow \forall \varepsilon > 0, \exists \delta > 0, \text{当 } 0 < |x - x_0| < \delta \text{ 时，有 } |f(x) - A| < \varepsilon.$$

$\lim\limits_{x \to x_0} f(x) = A$ 的解释：任意给定的正数 ε，一定存在当 $x \in (x_0 - \delta, x_0 + \delta) (x \neq x_0)$ 时，曲线 $y = f(x)$ 落在两条水平线 $y = A - \varepsilon$ 和 $y = A + \varepsilon$ 之间，如图 2-5 所示.

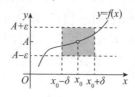

图 2-5

例 1 证明 $\lim\limits_{x \to x_0} c = c.$

证 这里 $|f(x) - A| = |c - c| = 0$，因为 $\forall \varepsilon > 0$，可任取 $\delta > 0$，当 $0 < |x - x_0| < \delta$ 时，有 $|f(x) - A| = |c - c| = 0 < \varepsilon$，所以 $\lim\limits_{x \to x_0} c = c.$

例 2 证明 $\lim\limits_{x \to 0} \sin x = 0.$

分析 $|f(x) - A| = |\sin x - 0| = |\sin x| \leqslant |x|$（此不等式的证明参见 2.5 节），因此 $\forall \varepsilon > 0$，要使 $|f(x) - A| < \varepsilon$，只要 $|x| < \varepsilon$.

证 $\forall \varepsilon > 0$，$\exists \delta = \varepsilon$，当 $0 < |x - 0| < \delta = \varepsilon$ 时，有 $|f(x) - A| = |\sin x - 0| < \varepsilon$，所以 $\lim\limits_{x \to 0} \sin x = 0$.

例3 证明 $\lim\limits_{x \to 1} (2x - 1) = 1$.

分析 $|f(x) - A| = |2x - 1 - 1| = 2|x - 1|$.

$\forall \varepsilon > 0$，要使 $|f(x) - A| < \varepsilon$，只要 $|x - 1| < \dfrac{\varepsilon}{2}$.

证 因为 $\forall \varepsilon > 0$，$\exists \delta = \dfrac{\varepsilon}{2}$，当 $0 < |x - 1| < \delta$ 时，有 $|f(x) - A| = |2x - 1 - 1| = 2|x - 1| < \varepsilon$，所以 $\lim\limits_{x \to 1}(2x - 1) = 1$.

例4 证明 $\lim\limits_{x \to 1}(x^2 - 2x + 5) = 4$.

分析 $|f(x) - A| = |x^2 - 2x + 5 - 4| = |x - 1|^2$. $\forall \varepsilon > 0$，要使 $|f(x) - A| < \varepsilon$，只要 $|x - 1| < \sqrt{\varepsilon}$.

证 因为 $\forall \varepsilon > 0$，$\exists \delta = \sqrt{\varepsilon}$，当 $0 < |x - 1| < \delta$ 时，有 $|f(x) - A| = |x^2 - 2x + 5 - 4| < \varepsilon$，所以 $\lim\limits_{x \to 1}(x^2 - 2x + 5) = 4$.

利用定义可以证明幂函数、指数函数、对数函数、三角函数及反三角函数等基本初等函数，在其定义域内每点处的极限都存在，并且等于函数在该点处的值.

在 $x \to x_0$ 的过程中，可以从左、右两侧趋近，从而引入函数左、右极限，即单侧极限的概念.

若当 $x \to x_0^-$ 时，$f(x)$ 无限接近于某常数 A，则常数 A 叫作函数 $f(x)$ 当 $x \to x_0$ 时的左极限，记为 $\lim\limits_{x \to x_0^-} f(x) = A$ 或 $f(x_0^-) = A$；

若当 $x \to x_0^+$ 时，$f(x)$ 无限接近于某常数 A，则常数 A 叫作函数 $f(x)$ 当 $x \to x_0$ 时的右极限，记为 $\lim\limits_{x \to x_0^+} f(x) = A$ 或 $f(x_0^+) = A$.

简化得到"$\varepsilon - \delta$"精准定义：

$\lim\limits_{x \to x_0^-} f(x) = A \Leftrightarrow \forall \varepsilon > 0$，$\exists \delta > 0$，当 $x_0 - \delta < x < x_0$ 时，有 $|f(x) - A| < \varepsilon$；

$\lim\limits_{x \to x_0^+} f(x) = A \Leftrightarrow \forall \varepsilon > 0$，$\exists \delta > 0$，当 $x_0 < x < x_0 + \delta$ 时，有 $|f(x) - A| < \varepsilon$.

容易证明极限存在的充分必要条件是左、右极限均存在且相等，即 $\lim\limits_{x \to x_0} f(x) = A \Leftrightarrow$ $\lim\limits_{x \to x_0^-} f(x) = A$ 且 $\lim\limits_{x \to x_0^+} f(x) = A$.

如果 $f(x_0^+)$、$f(x_0^-)$ 或其中有一个不存在，或两个虽存在但不相等，则 $\lim\limits_{x \to x_0} f(x)$ 不存在.

例5 证明函数

$$f(x) = \begin{cases} x + 1 & x \leqslant 0 \\ 2 - 2x & x > 0 \end{cases}$$

在 $x = 0$ 处极限不存在.

证 运用单侧极限的定义易得

$$f(0^-) = \lim_{x \to 0^-} f(x) = \lim_{x \to 0^-}(x+1) = 1,$$

$$f(0^+) = \lim_{x \to 0^+} f(x) = \lim_{x \to 0^+}(2-2x) = 2,$$

则 $\lim\limits_{x \to 0^-} f(x) \neq \lim\limits_{x \to 0^+} f(x)$，所以 $\lim\limits_{x \to 0} f(x)$ 极限不存在，如图 2-6 所示.

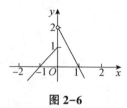

图 2-6

2. 自变量趋于无穷大时函数的极限

如果在 $|x|$ 无限变大的过程中，$f(x)$ 都无限接近于某个常数 A，则称 A 为函数值 $f(x)$ 当 $x \to \infty$ 时的极限，记为 $\lim\limits_{x \to \infty} f(x) = A$，简称为函数在无穷大处的极限. 精确来讲，有如下定义.

> **定义** 如果存在常数 A，对于任意给定的正数 ε，总存在正数 X，使当 x 满足不等式 $|x| > X$，对应的函数值 $f(x)$ 都满足不等式
> $$|f(x) - A| < \varepsilon,$$
> 则常数 A 叫作函数 $f(x)$ 当 $x \to \infty$ 时的极限，记为
> $$\lim_{x \to \infty} f(x) = A \text{ 或 } f(x) \to A(x \to \infty).$$

定义可简述为" $\varepsilon - X$ "语言：

$$\lim_{x \to \infty} f(x) = A \Leftrightarrow \forall \varepsilon > 0,\ \exists X > 0,\ \text{当} |x| > X \text{时，有} |f(x) - A| < \varepsilon.$$

与函数单侧极限类似，在上面的定义中，只要把 $|x| > X$ 分别改为 $x > X$ 及 $x < -X$ 就能得到 $\lim\limits_{x \to -\infty} f(x) = A$ 和 $\lim\limits_{x \to +\infty} f(x) = A$ 的定义.

极限 $\lim\limits_{x \to \infty} f(x) = A$ 定义的几何解释：对于任意给定的正数 ε，总存在正数 X，当 $|x| > X$ 时，曲线 $y = f(x)$ 落在两条水平线 $y = A - \varepsilon$ 和 $y = A + \varepsilon$ 之间，如图 2-7 所示.

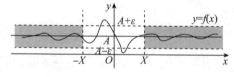

图 2-7

由以上定义，不难证明：$\lim\limits_{x \to \infty} f(x) = A \Leftrightarrow \lim\limits_{x \to -\infty} f(x) = A$ 且 $\lim\limits_{x \to +\infty} f(x) = A$.

从几何解释来看，如果 $\lim\limits_{x \to +\infty} f(x) = c$ 且 $\lim\limits_{x \to -\infty} f(x) = c$，那么函数 $y = f(x)$ 的图形就有水平渐近线 $y = c$.

例 6 证明 $\lim\limits_{x \to \infty} \dfrac{1}{x} = 0$.

分析 $|f(x) - A| = \left| \dfrac{1}{x} - 0 \right| = \dfrac{1}{|x|}.$ $\forall \varepsilon > 0$，要使 $|f(x) - A| < \varepsilon$，只要 $|x| > \dfrac{1}{\varepsilon}$.

证 因为 $\forall \varepsilon > 0$，$\exists X = \dfrac{1}{\varepsilon} > 0$，当 $|x| > X$ 时，有 $|f(x) - A| = \left| \dfrac{1}{x} - 0 \right| = \dfrac{1}{|x|} < \varepsilon$，

所以 $\lim\limits_{x \to \infty} \dfrac{1}{x} = 0$.

故直线 $y = 0$ 是函数 $y = \dfrac{1}{x}$ 的水平渐近线.

思考： $\lim\limits_{x \to \infty} \arctan x$ 是否存在？

不存在，因为 $\lim\limits_{x \to +\infty} \arctan x = \dfrac{\pi}{2}$，$\lim\limits_{x \to -\infty} \arctan x = -\dfrac{\pi}{2}$，直线 $y = \dfrac{\pi}{2}$ 和 $y = -\dfrac{\pi}{2}$ 是函数 $y = \arctan x$ 的水平渐近线.

例 7 证明 $\lim\limits_{x \to \infty} \dfrac{\cos x}{x} = 0$.

分析 $|f(x) - A| = \left| \dfrac{\cos x}{x} - 0 \right| = \dfrac{|\cos x|}{|x|} < \dfrac{1}{|x|}$. $\forall \varepsilon > 0$，要使 $|f(x) - A| < \varepsilon$，只要 $|x| > \dfrac{1}{\varepsilon}$.

证 因为 $\forall \varepsilon > 0$，$\exists X = \dfrac{1}{\varepsilon} > 0$，当 $|x| > X$ 时，有 $|f(x) - A| = \left| \dfrac{\cos x}{x} - 0 \right| < \varepsilon$，所以 $\lim\limits_{x \to \infty} \dfrac{\cos x}{x} = 0$.

2.2.2 函数极限的性质

由于数列极限可以看作是一类特殊的函数极限，那么对比收敛数列的性质，得到函数极限的性质. 下面性质中的极限均为 $x \to x_0$ 时的函数极限，只要稍作修改，便可得到 $x \to \infty$ 时函数极限的类似性质.

定理 1（函数极限的唯一性） 如果极限 $\lim\limits_{x \to x_0} f(x)$ 存在，那么这个极限唯一.

定理 2（函数极限的局部有界性） 如果 $\lim\limits_{x \to x_0} f(x) = A$，那么存在常数 $M > 0$ 和 $\delta > 0$，使当 $0 < |x - x_0| < \delta$ 时，有 $|f(x)| \leqslant M$.

证 因为 $\lim\limits_{x \to x_0} f(x) = A$，所以对于 $\varepsilon = 1$，$\exists \delta > 0$，当 $0 < |x - x_0| < \delta$ 时，有

$$|f(x) - A| < \varepsilon = 1.$$

于是，

$$|f(x)| = |f(x) - A + A| \leqslant |f(x) - A| + |A| < 1 + |A|.$$

取 $M = 1 + |A|$，则有 $|f(x)| \leqslant M$.

这就证明了在 x_0 的去心邻域 $\{x \mid 0 < |x - x_0| < \delta\}$ 内，$f(x)$ 是有界的.

定理 3（函数极限的局部保号性） 如果 $\lim\limits_{x \to x_0} f(x) = A$，而且 $A > 0$（或 $A < 0$），那么存在常数 $\delta > 0$，使当 $0 < |x - x_0| < \delta$ 时，有 $f(x) > 0$（或 $f(x) < 0$）.

证 就 $A > 0$ 的情形证明.

因为 $\lim\limits_{x \to x_0} f(x) = A$，所以对于 $\varepsilon = \dfrac{A}{2}$，$\exists \delta > 0$，当 $0 < |x - x_0| < \delta$ 时，有

$$|f(x) - A| < \varepsilon = \frac{A}{2} \Rightarrow A - \frac{A}{2} < f(x) \Rightarrow f(x) > \frac{A}{2} > 0.$$

同理，可证 $A < 0$ 的情形.

通过定理 3 的证明，可以得到如下推论：

推论 （1）如果 $\lim\limits_{x \to x_0} f(x) = A(A \neq 0)$，那么存在着 x_0 的某一去心邻域内，有 $f(x) > \dfrac{|A|}{2}$.

（2）如果在 x_0 的某一去心邻域内 $f(x) \geq 0$（或 $f(x) \leq 0$），而且 $\lim\limits_{x \to x_0} f(x) = A$，那么 $A \geq 0$（或 $A \leq 0$）.

证 设 $f(x) \geq 0$. 假设上述论断不成立，即设 $A < 0$，那么由定理 3 就有 x_0 的某一去心邻域，在该邻域内 $f(x) < 0$，这与 $f(x) \geq 0$ 的假定矛盾. 因此，$A \geq 0$.

定理 4（函数极限与数列极限的关系） 如果 $\lim\limits_{x \to x_0} f(x)$ 存在，$\{x_n\}$ 为函数 $f(x)$ 的定义域内任一收敛于 x_0 的数列，且满足 $x_n \neq x_0 (n \in \mathbf{N}^+)$，那么相应的函数值数列 $\{f(x_n)\}$ 必收敛，且 $\lim\limits_{n \to \infty} f(x_n) = \lim\limits_{x \to x_0} f(x)$.

证 设 $\lim\limits_{x \to x_0} f(x) = A$，则 $\forall \varepsilon > 0$，$\exists \delta > 0$，当 $0 < |x - x_0| < \delta$ 时，有 $|f(x) - A| < \varepsilon$.

又因为 $\lim\limits_{n \to \infty} x_n = x_0$，故对 $\delta > 0$，$\exists N$，当 $n > N$ 时，有 $|x - x_0| < \delta$.

有假设 $x_n \neq x_0 (n \in \mathbf{N}^+)$，故当 $n > N$ 时，$0 < |x - x_0| < \delta$，从而 $|f(x) - A| < \varepsilon$，即 $\lim\limits_{n \to \infty} f(x_n) = A$.

注：根据本定理，可知取一数列 $x_n \to x_0 (n \to \infty)$，若 $f(x_n)$ 的极限不存在，则 $\lim\limits_{x \to x_0} f(x)$ 不存在，或取两数列 $x_n' \to x_0 (n \to \infty)$，$x_n'' \to x_0 (n \to \infty)$，若 $f(x_n')$、$f(x_n'')$ 的极限不相同，则 $\lim\limits_{n \to \infty} f(x_n)$ 不存在.

例 8 证明函数 $f(x) = \sin \dfrac{1}{x}$，当 $x \to 0$ 时极限不存在.

证 取 $x_n' = \dfrac{1}{2n\pi + \dfrac{\pi}{2}} \to 0 (n \to \infty)$，$\lim\limits_{n \to \infty} f(x_n') = 1$；取 $x_n'' = \dfrac{1}{2n\pi} \to 0 (n \to \infty)$，

$\lim\limits_{n \to \infty} f(x_n'') = 0$. 因此，函数 $f(x) = \sin \dfrac{1}{x}$，当 $x \to 0$ 时极限不存在.

§2.3 无穷小与无穷大

如果函数 $\lim f(x) = A$，那么在 $\lim[f(x) - A] = 0$ 时，即任何极限存在的函数都可以转化为极限为零的函数. 这一类函数具有非常重要的性质，需要单独进行讨论.

2.3.1 无穷小的定义

定义 如果函数 $f(x)$ 当 $x \to x_0$（或 $x \to \infty$）时的极限为零，那么称函数 $f(x)$ 为当 $x \to x_0$（或 $x \to \infty$）时的无穷小（量）.

特别地，以零为极限的数列 $\{x_n\}$ 称为 $n \to \infty$ 时的无穷小（量）.

例如，因为 $\lim\limits_{x \to 1}(\sqrt{x} - 1) = 0$，所以函数 $\sqrt{x} - 1$ 为当 $x \to 1$ 时的无穷小；因为 $\lim\limits_{x \to \infty} \dfrac{1}{x} = 0$，所以函数 $\dfrac{1}{x}$ 为当 $x \to \infty$ 时的无穷小；因为 $\lim\limits_{n \to \infty} \dfrac{1}{n + 1} = 0$，所以数列 $\left\{\dfrac{1}{n + 1}\right\}$ 为当 $n \to \infty$ 时的无穷小.

讨论：很小很小的数是否是无穷小？0 是否为无穷小？

提示：无穷小是极限为零的函数，在 $x \to x_0$（或 $x \to \infty$）的过程中，很小很小的数只要它不是零，作为常数函数在自变量的任何变化过程中，其极限就是这个常数本身，不会为零，则不是无穷小. 常数 0 是唯一一个常数无穷小.

下面关于无穷小与函数极限的关系定理，在推导函数极限运算法则时将会用到.

定理　在自变量的同一变化过程 $x \to x_0$（或 $x \to \infty$）中，函数 $f(x)$ 具有极限 A 的充分必要条件是 $f(x) = A + \alpha$，其中 α 是无穷小.

证　设 $\lim\limits_{x \to x_0} f(x) = A$，则 $\forall \varepsilon > 0$，$\exists \delta > 0$，使当 $0 < |x - x_0| < \delta$ 时，有 $|f(x) - A| < \varepsilon$，因此有 $\lim\limits_{x \to x_0} |f(x) - A| = 0$.

令 $\alpha = f(x) - A$，就有 $|\alpha| < \varepsilon$，则 $\lim\limits_{x \to x_0} |f(x) - A| = |\alpha| = 0$，即 α 是无穷小.

如果 $f(x) = A + \alpha$，$|f(x) - A| = \alpha$，即 $\lim\limits_{x \to x_0} [f(x) - A] = 0$.

从而 $\forall \varepsilon > 0$，$\exists \delta > 0$，使当 $0 < |x - x_0| < \delta$ 时，有 $|\alpha| < \varepsilon$，就有 $|f(x) - A| < \varepsilon$，因此 $\lim\limits_{x \to x_0} f(x) = A$.

类似地，可证明 $x \to \infty$ 时的情形.

例如，因为 $\dfrac{1 + x^3}{2x^3} = \dfrac{1}{2} + \dfrac{1}{2x^3}$，而 $\lim\limits_{x \to \infty} \dfrac{1}{2x^3} = 0$，所以 $\lim\limits_{x \to \infty} \dfrac{1 + x^3}{2x^3} = \dfrac{1}{2}$.

这个定理表明，对函数极限的讨论，可以转化到无穷小上，也为证明极限的四则运算提供基础.

2.3.2　无穷大的定义

如果当 $x \to x_0$（或 $x \to \infty$）时，对应的函数值的绝对值 $|f(x)|$ 无限增大，就称函数 $f(x)$ 为当 $x \to x_0$（或 $x \to \infty$）时的无穷大（量）.

定义　如果对于任意给定的正数 M（不论它多么大），总存在正数 δ（或正数 X），只要 x 适合不等式 $0 < |x - x_0| < \delta$（或 $|x| > X$），对应的函数数值 $f(x)$ 总满足不等式
$$|f(x)| > M,$$
则称函数 $f(x)$ 为当 $x \to x_0$（或 $x \to \infty$）时的无穷大，记为 $\lim\limits_{x \to x_0} f(x) = \infty$（或 $\lim\limits_{x \to \infty} f(x) = \infty$）.

注：(1) 当 $x \to x_0$（或 $x \to \infty$）时为无穷大的函数 $f(x)$，根据函数极限定义，极限是不存在的. 但为了便于叙述函数的这一性态，我们也说"函数的极限是无穷大". 无穷大不是很大的数，是绝对性无限增大的变量.

(2) 把定义中 $|f(x)| > M$ 换成 $f(x) > M$（或 $f(x) < -M$），则上式就记作 $\lim\limits_{\substack{x \to x_0 \\ (x \to \infty)}} f(x) = +\infty$ 或 $\lim\limits_{\substack{x \to x_0 \\ (x \to \infty)}} f(x) = -\infty$.

（3）函数为无穷大，一定无界，反之不成立. 例如，函数 $f(x) = x\sin x$，$x \in (-\infty, +\infty)$，$\lim\limits_{n \to \infty} f\left(\dfrac{\pi}{2} + n\pi\right) = \dfrac{\pi}{2} + n\pi \to \infty$，但 $\lim\limits_{n \to \infty} f(2n\pi) = 0$，所以 $x \to \infty$，$f(x)$ 是无界的，但不是无穷大，如图 2-8 所示.

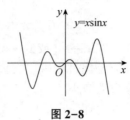

图 2-8

例 1 证明 $\lim\limits_{x \to x_0} \dfrac{1}{x - x_0} = \infty$.

分析 设 $\forall M > 0$. 要使 $\left| \dfrac{1}{x - x_0} \right| > M$，只要 $|x - x_0| < \dfrac{1}{M}$.

证 因为 $\forall \varepsilon > 0$，取 $\delta = \dfrac{1}{M}$，当 $0 < |x - x_0| < \delta$ 时，有 $\left| \dfrac{1}{x - x_0} \right| > M$. 因此，$\lim\limits_{x \to x_0} \dfrac{1}{x - x_0} = \infty$.

在坐标系里可以看出，函数 $y = \dfrac{1}{x - x_0}$ 随着 $x \to x_0$，无限接近直线 $x = x_0$. 一般地，如果 $\lim\limits_{x \to x_0(x_0^{\pm})} f(x) = \infty$，则称直线 $x = x_0$ 是函数 $y = f(x)$ 图形的铅直渐近线，如图 2-9 所示.

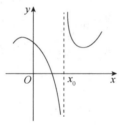

图 2-9

例 2 求曲线 $y = \dfrac{x + 1}{x^2 - 1}$ 的铅直渐近线.

解 因为 $y = \dfrac{x + 1}{x^2 - 1} = \dfrac{1}{x - 1}$，可知 $\lim\limits_{x \to 1} \dfrac{x + 1}{x^2 - 1} = \infty$，$\lim\limits_{x \to -1} \dfrac{x + 1}{x^2 - 1} \neq \infty$，所以 $x = 1$ 是曲线 $y = \dfrac{x + 1}{x^2 - 1}$ 的铅直渐近线.

例 3 求曲线 $y = \dfrac{4x - 1}{(x - 1)^2}$ 的渐近线方程.

解 因为 $\lim\limits_{x \to 1} \dfrac{4x - 1}{(x - 1)^2} = \infty$，所以 $x = 1$ 是曲线 $y = \dfrac{4x - 1}{(x - 1)^2}$ 的铅直渐近线；

因为 $\lim\limits_{x \to \infty} \dfrac{4x - 1}{(x - 1)^2} = 0$，所以 $y = 0$ 是曲线 $y = \dfrac{4x - 1}{(x - 1)^2}$ 的水平渐近线.

例4 求 $\lim\limits_{x \to 0} e^{\frac{2}{x}}$.

解 因为 $\lim\limits_{x \to 0^-} e^{\frac{2}{x}} = 0$，$\lim\limits_{x \to 0^+} e^{\frac{2}{x}} = +\infty$，所以 $\lim\limits_{x \to 0} e^{\frac{2}{x}}$ 的极限不存在.

2.3.3 无穷小与无穷大之间的关系

定理 在自变量的同一变化过程中，如果 $f(x)$ 为无穷大，则 $\dfrac{1}{f(x)}$ 为无穷小；反之，如果 $f(x)$ 为无穷小，且 $f(x) \neq 0$，则 $\dfrac{1}{f(x)}$ 为无穷大.

证 这里仅就 $x \to x_0$ 的情形进行证明，其他情况类似.

$\forall \varepsilon > 0$，由于 $\lim\limits_{x \to x_0} f(x) = \infty$，取 $M = \dfrac{1}{\varepsilon} > 0$，$\exists \delta > 0$，当 $0 < |x - x_0| < \delta$ 时，有 $|f(x)| > M$，即 $\left| \dfrac{1}{f(x)} \right| < \dfrac{1}{M} = \varepsilon$，则 $\lim\limits_{x \to x_0} \dfrac{1}{f(x)} = 0$.

反之，$\forall M > 0$，若 $\lim\limits_{x \to x_0} f(x) = 0$，$f(x) \neq 0$，取 $\varepsilon = \dfrac{1}{M}$，$\exists \delta > 0$，当 $0 < |x - x_0| < \delta$ 时，有 $|f(x)| < \varepsilon$，即 $\left| \dfrac{1}{f(x)} \right| > \dfrac{1}{\varepsilon} = M$，则 $\lim\limits_{x \to x_0} \dfrac{1}{f(x)} = \infty$.

类似地，可证 $x \to x_0$ 时的情形. 根据此定理，可以实现无穷大与无穷小的问题转化.

例5 求 $\lim\limits_{x \to 1} \dfrac{2x + 5}{3x^2 - 2x - 1}$.

解 因为 $\lim\limits_{x \to 1} \dfrac{3x^2 - 2x - 1}{2x + 5} = \dfrac{3 \cdot 1^2 - 2 \cdot 1 - 1}{2 \cdot 1 + 5} = 0$，所以由无穷小和无穷大的关系有

$$\lim\limits_{x \to 1} \dfrac{2x + 5}{3x^2 - 2x - 1} = \infty.$$

§2.4 极限的运算法则

在本节之前我们已经定义了各种基本极限过程和各种极限结果，但是计算极限是尤为重要的，其中最常见的是计算初等函数极限. 由于初等函数是由基本初等函数经过有限次的四则运算和复合运算形成的函数，所以要解决基本初等函数的极限问题，以及和、差、积、商函数和复合函数的极限问题.

2.4.1 无穷小的运算法则

定理1 两个无穷小的和也是无穷小.

证 先证 $x \to x_0$ 的情形，而 $x \to \infty$ 的情形类似.

设 α 和 β 是 $x \to x_0$ 时的无穷小，且有 $\gamma = \alpha + \beta$.

一方面，$\forall \varepsilon > 0$，α 是 $x \to x_0$ 时的无穷小 $\Leftrightarrow$ 对 $\dfrac{\varepsilon}{2} > 0$，$\exists \delta_1 > 0$，使当 $0 < |x - x_0| < \delta_1$

时，有 $|\alpha| < \dfrac{\varepsilon}{2}$.

另一方面，β 是 $x \to x_0$ 时的无穷小 $\Leftrightarrow$ 对 $\dfrac{\varepsilon}{2} > 0$，$\exists \delta_2 > 0$，使当 $0 < |x - x_0| < \delta_2$ 时，有 $|\beta| < \dfrac{\varepsilon}{2}$.

因此，选取 $\delta = \min\{\delta_1, \delta_2\}$，则当 $0 < |x - x_0| < \delta$ 时，有 $|\gamma| = |\alpha + \beta| \leqslant |\alpha| + |\beta| < \dfrac{\varepsilon}{2} + \dfrac{\varepsilon}{2} = \varepsilon$.

因此，$\gamma = \alpha + \beta$ 是当 $x \to x_0$ 时的无穷小.

例如，当 $x \to 0$ 时，x 与 $\sin x$ 都是无穷小，$x + \sin x$ 也是无穷小.

推论 有限个无穷小的和也是无穷小.

思考 无限个无穷小的和结果是什么？

定理 2 有界函数与无穷小的乘积是无穷小.

证 函数 u 在 $\mathring{U}(x_0, \delta_1)$ 内有界 $\Leftrightarrow$ 对 $M > 0$，$\exists \delta_1 > 0$，使 $|u| \leqslant M$ 对一切 $x \in \mathring{U}(x_0, \delta_1)$ 成立.

α 是 $x \to x_0$ 时的无穷小 $\Leftrightarrow$ 对 $\varepsilon > 0$，$\exists \delta_2 > 0$，使当 $0 < |x - x_0| < \delta_2$ 时，有 $|\alpha| < \dfrac{\varepsilon}{M}$.

选取 $\delta = \min\{\delta_1, \delta_2\}$，那么当 $0 < |x - x_0| < \delta$ 时，$|u| \leqslant M$，$|\alpha| < \dfrac{\varepsilon}{M}$ 同时成立，有 $|u\alpha| = |u||\alpha| < M\dfrac{\varepsilon}{M} = \varepsilon$. 这说明 $u\alpha$ 是 $x \to x_0$ 时的无穷小.

此定理在 $x \to \infty$ 时也成立. 例如，当 $x \to \infty$ 时，$\dfrac{1}{x}$ 是无穷小，$\arctan x$ 是有界函数，因此 $\dfrac{1}{x}\arctan x$ 也是 $x \to \infty$ 时的无穷小.

推论 1 常数与无穷小的乘积是无穷小.

推论 2 有限个无穷小的乘积也是无穷小.

例 1 求极限 $\lim\limits_{x \to 0} x\sin\dfrac{1}{x}$.

解 由于 $\left|\sin\dfrac{1}{x}\right| \leqslant 1 (x \neq 0)$，故 $\sin\dfrac{1}{x}$ 在 $x = 0$ 的任一去心邻域内是有界的，而函数 x 当 $x \to 0$ 时是无穷小，由定理 2 可知，函数 $x\sin\dfrac{1}{x}$ 是 $x \to 0$ 的无穷小，即 $\lim\limits_{x \to 0} x\sin\dfrac{1}{x} = 0$.

2.4.2 函数极限的运算法则

在下面的讨论中，只给出函数极限的运算法则，这些法则可相应地应用到数列极限. 若 lim 符号下面未标明自变量的变化趋势，表明对 $x \to x_0$ 及 $x \to \infty$ 均成立，并且在同一命题中，考虑的是 x 的同一变化过程.

定理 3　如果 $\lim f(x) = A$，$\lim g(x) = B$，那么

(1) $\lim[f(x) \pm g(x)] = \lim f(x) \pm \lim g(x) = A \pm B$；

(2) $\lim[f(x)g(x)] = \lim f(x) \cdot \lim g(x) = AB$；

(3) $\lim \dfrac{f(x)}{g(x)} = \dfrac{\lim f(x)}{\lim g(x)} = \dfrac{A}{B}(B \neq 0)$.

证　下面只给出 (1)、(2) 的证明，(3) 请读者自证.

因为 $\lim f(x) = A$，$\lim g(x) = B$，根据极限与无穷小的关系，有 $f(x) = A + \alpha$，$g(x) = B + \beta$，其中 α 及 β 为无穷小. 于是，有

(1) $f(x) \pm g(x) = (A + \alpha) \pm (B + \beta) = (A \pm B) + (\alpha \pm \beta)$，即 $f(x) \pm g(x)$ 可表示为常数 $A \pm B$ 与无穷小 $(\alpha \pm \beta)$ 之和.

因此，$\lim[f(x) \pm g(x)] = \lim f(x) \pm \lim g(x) = A \pm B$.

(2) $f(x)g(x) = (A + \alpha)(B + \beta) = AB + (A\beta + B\alpha + \alpha\beta)$. 可知 $(A\beta + B\alpha + \alpha\beta)$ 是一个无穷小，于是 $\lim[f(x)g(x)] = AB$.

综合定理 3 中的 (1) 和 (2)，可得出如下推论：

推论 1　如果 $\lim f(x)$ 存在，而 C 为常数，则 $\lim[Cf(x)] = C\lim f(x)$.

推论 2　如果 $\lim f(x)$ 存在，而 n 是正整数，则 $\lim[f(x)]^n = [\lim f(x)]^n$.

以上运算性质还可推广到有限个函数的情形；定理 3 及其推论对数列极限也是适用的.

定理 4　设有数列 $\{x_n\}$ 和 $\{y_n\}$. 如果 $\lim\limits_{n \to \infty} x_n = A$，$\lim\limits_{n \to \infty} y_n = B$，那么

(1) $\lim\limits_{n \to \infty}(x_n \pm y_n) = A \pm B$；

(2) $\lim\limits_{n \to \infty}(x_n \cdot y_n) = A \cdot B$；

(3) 当 $y_n \neq 0(n = 1, 2, \cdots)$ 且 $B \neq 0$ 时，$\lim\limits_{n \to \infty} \dfrac{x_n}{y_n} = \dfrac{A}{B}$.

定理 5　如果 $\varphi(x) \geqslant \psi(x)$，而 $\lim \varphi(x) = a$，$\lim \psi(x) = b$，那么 $a \geqslant b$.

证　令 $f(x) = \varphi(x) - \psi(x)$，则 $f(x) \geqslant 0$. 由本节定理 3 有

$$\lim f(x) = \lim[\varphi(x) - \psi(x)] = \lim \varphi(x) - \lim \psi(x) = a - b.$$

由保号性定理，有 $\lim f(x) \geqslant 0$，即 $a - b \geqslant 0$，故 $a \geqslant b$.

例 2　若 $P(x) = a_0 x^n + a_1 x^{n-1} + \cdots + a_{n-1}x + a_n$，求 $\lim\limits_{x \to x_0} P(x)$.

解
$$
\begin{aligned}
\lim_{x \to x_0} P(x) &= \lim_{x \to x_0}(a_0 x^n) + \lim_{x \to x_0}(a_1 x^{n-1}) + \cdots + \lim_{x \to x_0}(a_{n-1}x) + \lim_{x \to x_0} a_n \\
&= a_0 \lim_{x \to x_0}(x^n) + a_1 \lim_{x \to x_0}(x^{n-1}) + \cdots + a_{n-1} \lim_{x \to x_0} x + \lim_{x \to x_0} a_n \\
&= a_0 \left(\lim_{x \to x_0} x\right)^n + a_1 \left(\lim_{x \to x_0} x\right)^{n-1} + \cdots + a_{n-1} \lim_{x \to x_0} x + a_n \\
&= a_0 x_0^n + a_1 x_0^{n-1} + \cdots + a_{n-1}x_0 + a_n = P(x_0).
\end{aligned}
$$

若 $P(x) = a_0 x^n + a_1 x^{n-1} + \cdots + a_{n-1}x + a_n$，则 $\lim\limits_{x \to x_0} P(x) = P(x_0)$.

对于有理分式函数 $\dfrac{P(x)}{Q(x)}$，当 $Q(x_0) \neq 0$ 时，则有 $\lim\limits_{x \to x_0} \dfrac{P(x)}{Q(x)} = \dfrac{P(x_0)}{Q(x_0)}$. 但当 $Q(x_0) = 0$ 时，关于极限商的运算法则失效，需要采用其他方法.

例3 求 $\lim\limits_{x \to 2} \dfrac{3x^2 - 2}{x^3 - x + 4}$.

解 $\lim\limits_{x \to 2} \dfrac{3x^2 - 2}{x^3 - x + 4} = \dfrac{\lim\limits_{x \to 2}(3x^2 - 2)}{\lim\limits_{x \to 2}(x^3 - x + 4)}$

$$= \dfrac{3\lim\limits_{x \to 2} x^2 - \lim\limits_{x \to 2} 2}{\lim\limits_{x \to 2} x^3 - \lim\limits_{x \to 2} x + \lim\limits_{x \to 2} 4} = \dfrac{3 \cdot 2^2 - 2}{2^3 - 2 + 4} = 1.$$

例4 求 $\lim\limits_{x \to 1} \dfrac{x^2 + x - 2}{x^2 - 3x + 2}$.

解 因为 $1^2 - 3 \cdot 1 + 2 = 0$，所以不能直接把 $x = 1$ 代入函数求值，但可在 $x \to 1$，$x \neq 1$ 时对函数化简，利用多项式的因式分解，约去公因式，从而有

$$\lim\limits_{x \to 1} \dfrac{x^2 + x - 2}{x^2 - 3x + 2} = \lim\limits_{x \to 1} \dfrac{(x + 2)(x - 1)}{(x - 2)(x - 1)} = \lim\limits_{x \to 1} \dfrac{x + 2}{x - 2} = \dfrac{1 + 2}{1 - 2} = -3.$$

例5 求 $\lim\limits_{x \to 0} \left(\dfrac{1}{x} + \dfrac{1}{x^2 - x} \right)$.

解 因为 $\lim\limits_{x \to 0} \dfrac{1}{x}$ 与 $\lim\limits_{x \to 0} \dfrac{1}{x^2 - x}$ 不存在，故不能直接运用极限的运算法则，需通分，即

$$\lim\limits_{x \to 0} \left(\dfrac{1}{x} + \dfrac{1}{x^2 - x} \right) = \lim\limits_{x \to 0} \dfrac{x^2}{x(x^2 - x)} = \lim\limits_{x \to 0} \dfrac{1}{x - 1} = -1.$$

例6 求 $\lim\limits_{x \to 1} \dfrac{(1 - \sqrt{x})(1 - \sqrt[3]{x})}{(1 - x)^2}$.

解 因为分母极限为零，要先对函数做必要的变形. 因分子中含有根式，通常用根式有理化，然后约去分子、分母中的公因式，即

$$\lim\limits_{x \to 1} \dfrac{(1 - \sqrt{x})(1 - \sqrt[3]{x})}{(1 - x)^2} = \lim\limits_{x \to 1} \dfrac{(1 - x)(1 - x)}{(1 - x)^2(1 + \sqrt{x})(1 + \sqrt[3]{x} + \sqrt[3]{x^2})}$$

$$= \lim\limits_{x \to 1} \dfrac{1}{(1 + \sqrt{x})(1 + \sqrt[3]{x} + \sqrt[3]{x^2})} = \dfrac{1}{6}$$

例7 求 $\lim\limits_{x \to 1} \dfrac{2x - 3}{x^2 - 5x + 4}$.

解 因为 $\lim\limits_{x \to 1} \dfrac{x^2 - 5x + 4}{2x - 3} = \dfrac{1^2 - 5 \cdot 1 + 4}{2 \cdot 1 - 3} = 0$，所以根据无穷大与无穷小的关系得

$$\lim\limits_{x \to 1} \dfrac{2x - 3}{x^2 - 5x + 4} = \infty.$$

讨论 有理整函数当 $x \to x_0$ 时的极限 $\lim\limits_{x \to x_0} \dfrac{P(x)}{Q(x)}$.

当 $Q(x_0) \neq 0$ 时，$\lim\limits_{x \to x_0} \dfrac{P(x)}{Q(x)} = \dfrac{P(x_0)}{Q(x_0)}$；

当 $Q(x_0) = 0$ 且 $P(x_0) \neq 0$ 时，$\lim\limits_{x \to x_0} \dfrac{P(x)}{Q(x)} = \infty$；

当 $Q(x_0) = P(x_0) = 0$ 时，先将分子、分母的公因式 $(x - x_0)$ 约去.

例 8　求 $\lim\limits_{x \to \infty} \dfrac{4x^3 + 3x^2 + 2}{7x^3 + 5x^2 - 3}$.

解　分子及分母各自均无极限，不能直接用极限的运算法则，可将分子及分母同时除以最高次项 x^3，则

$$\lim_{x \to \infty} \frac{4x^3 + 3x^2 + 2}{7x^3 + 5x^2 - 3} = \lim_{x \to \infty} \frac{4 + \dfrac{3}{x} + \dfrac{2}{x^3}}{7 + \dfrac{5}{x} - \dfrac{3}{x^3}} = \frac{4}{7}.$$

例 9　求 $\lim\limits_{x \to \infty} \dfrac{x^2 + 1}{x^3 + 2x - 1}$.

解　分子及分母各自均无极限，不能直接用定理，将分子及分母同时除以最高次项 x^3，则

$$\lim_{x \to \infty} \frac{x^2 + 1}{x^3 + 2x - 1} = \lim_{x \to \infty} \frac{\dfrac{1}{x} + \dfrac{1}{x^2}}{1 + \dfrac{2}{x^2} - \dfrac{1}{x^3}} = \frac{0 + 0}{1 + 0 - 0} = 0.$$

例 10　求 $\lim\limits_{x \to \infty} \dfrac{2x^3 - x^2 + 5}{3x^2 - 2x - 1}$.

解　因为 $\lim\limits_{x \to \infty} \dfrac{3x^2 - 2x - 1}{2x^3 - x^2 + 5} = 0$，所以 $\lim\limits_{x \to \infty} \dfrac{2x^3 - x^2 + 5}{3x^2 - 2x - 1} = \infty$.

讨论：有理整函数当 $x \to \infty$ 时的极限 $\lim\limits_{x \to \infty} \dfrac{a_0 x^n + a_1 x^{n-1} + \cdots + a_n}{b_0 x^m + b_1 x^{m-1} + \cdots + b_m}$.

提示：抓大头思想

$$\lim_{x \to \infty} \frac{a_0 x^n + a_1 x^{n-1} + \cdots + a_n}{b_0 x^m + b_1 x^{m-1} + \cdots + b_m} = \begin{cases} 0 & n < m \,(\text{例 9}) \\[2mm] \dfrac{a_0}{b_0} & n = m \,(\text{例 8}) \\[2mm] \infty & n > m \,(\text{例 10}) \end{cases}.$$

例 11　设 $\lim\limits_{x \to \infty}\left(5x - \sqrt{ax^2 - bx + c}\right) = 2$，求 a, b.

解　由于左边 $= \lim\limits_{x \to \infty} \dfrac{\left(5x - \sqrt{ax^2 - bx + c}\right)\left(5x + \sqrt{ax^2 - bx + c}\right)}{5x + \sqrt{ax^2 - bx + c}}$

$$= \lim_{x \to \infty} \frac{(25 - a)x^2 + bx - c}{5x + \sqrt{ax^2 - bx + c}}$$

$$= \lim_{x \to \infty} \frac{(25 - a)x + b - \dfrac{c}{x}}{5 + \sqrt{a - \dfrac{b}{x} + \dfrac{c}{x^2}}} = 2.$$

所以
$$\begin{cases} 25 - a = 0 \\[2mm] \dfrac{b}{5 + \sqrt{a}} = 2 \end{cases} \Rightarrow \begin{cases} a = 25 \\ b = 20 \end{cases}.$$

例 12 求 $\lim\limits_{x\to+\infty}\left(\sqrt{x^2+3x}-\sqrt{x^2+1}\right)$.

解 因为 $\lim\limits_{x\to+\infty}\sqrt{x^2+3x}$ 与 $\lim\limits_{x\to+\infty}\sqrt{x^2+1}$ 不存在，故不能直接运用极限的运算法则，需通分，即

$$原式=\lim_{x\to+\infty}\frac{3x-1}{\sqrt{x^2+3x}+\sqrt{x^2+1}}=\lim_{x\to+\infty}\frac{3-\dfrac{1}{x}}{\sqrt{1+\dfrac{3}{x}}+\sqrt{1+\dfrac{1}{x^2}}}=\frac{3}{2}$$

例 13 求 $\lim\limits_{x\to\infty}\dfrac{\sin x}{x}$.

解 当 $x\to\infty$ 时，分子及分母的极限都不存在，故关于商的极限的运算法则不能应用.
因为 $\dfrac{\sin x}{x}=\dfrac{1}{x}\cdot\sin x$，是无穷小与有界函数的乘积，所以 $\lim\limits_{x\to\infty}\dfrac{\sin x}{x}=0$.

下面讨论复合函数的极限运算法则.

定理 6 设函数 $y=f[g(x)]$ 是由函数 $u=g(x)$ 与函数 $y=f(u)$ 复合而成，且 $f[g(x)]$ 在点 x_0 的某一去心邻域内有定义. 若 $\lim\limits_{x\to x_0}g(x)=u_0$，$\lim\limits_{u\to u_0}f(u)=A$，且存在 $\delta_0>0$，当 $x\in \mathring{U}(x_0,\delta_0)$ 时有 $g(x)\neq u_0$，则 $\lim\limits_{x\to x_0}f[g(x)]=\lim\limits_{u\to u_0}f(u)=A$.

证 对于 $\forall\varepsilon>0$，因为 $\lim\limits_{u\to u_0}f(u)=f(u_0)$，所以 $\exists r>0$，使当 $0<|u-u_0|<r$ 时，有 $|f(x)-A|<\varepsilon$.

因为 $\lim\limits_{x\to x_0}g(x)=u_0$，故对于上述 $r>0$，$\exists\delta_1>0$，使当 $0<|x-x_0|<\delta_1$ 时，有 $|g(x)-u_0|<r$.

故选取 $\delta=\min\{\delta_0,\delta_1\}$，那么当 $0<|x-x_0|<\delta$ 时，$0<|g(x)-u_0|<r$，由 $|f(x)-A|<\varepsilon$ 可得 $|f[g(x)]-A|=|f(u)-A|<\varepsilon$.

因此，$\lim\limits_{x\to x_0}f[g(x)]=A$，结合条件 $\lim\limits_{u\to u_0}f(u)=A$，可得 $\lim\limits_{x\to x_0}f[g(x)]=\lim\limits_{u\to u_0}f(u)=A$.

注：把定理中 $g(x)\to u_0(x\to x_0)$ 换成 $g(x)\to\infty\ (x\to x_0)$ 或 $g(x)\to\infty\ (x\to\infty)$，而把 $f(u)\to A(u\to u_0)$ 换成 $f(u)\to A(u\to\infty)$，可得类似结果.

例 14 求 $\lim\limits_{x\to 3}\sqrt{\dfrac{x^2-9}{x-3}}$.

解 $y=\sqrt{\dfrac{x^2-9}{x-3}}$ 是由 $y=\sqrt{u}$ 与 $u=\dfrac{x^2-9}{x-3}$ 复合而成的. 因为 $\lim\limits_{x\to 3}\dfrac{x^2-9}{x-3}=6$，所以 $\lim\limits_{x\to 3}\sqrt{\dfrac{x^2-9}{x-3}}=\lim\limits_{u\to 6}\sqrt{u}=\sqrt{6}$.

例 15 已知 $\lim\limits_{x\to 2}\dfrac{x^2+ax+b}{x^2-x-2}=2$，求 a，b.

解 因为分母 $\lim\limits_{x\to 2}(x^2-x-2)=0$，而分式极限存在，故必有 $\lim\limits_{x\to 2}(x^2+ax+b)=0\Rightarrow b=-2a-4$.

于是，$\lim\limits_{x\to 2}\dfrac{x^2+ax-2a-4}{x^2-x-2}=\lim\limits_{x\to 2}\dfrac{(x-2)(x+2+a)}{(x-2)(x+1)}=\dfrac{4+a}{3}=2$，所以 $a=2$，$b=-8$.

§2.5　极限存在准则以及两个重要极限

本节介绍极限存在的两个准则及由这些准则推得的两个重要极限.

2.5.1　极限存在准则

1. 准则 Ⅰ　夹逼准则

如果数列 $\{x_n\}$、$\{y_n\}$ 及 $\{z_n\}$ 满足下列条件：

(1)从某项起，即 $\exists n_0 \in \mathbf{N}$，当 $n > n_0$ 时，有 $y_n \leqslant x_n \leqslant z_n$；

(2)$\lim\limits_{n\to\infty} y_n = a$，$\lim\limits_{n\to\infty} z_n = a$.

那么数列 $\{x_n\}$ 的极限存在，且 $\lim\limits_{n\to\infty} x_n = a$.

证　$\forall \varepsilon > 0$，由 $\lim\limits_{n\to\infty} y_n = a$ 可知，$\exists N_1 > 0$，当 $n > N_1$ 时，有 $|y_n - a| < \varepsilon$，即 $a - \varepsilon < y_n < a + \varepsilon$.

由 $\lim\limits_{n\to\infty} z_n = a$ 可知，$\exists N_2 > 0$，当 $n > N_2$ 时，有 $|z_n - a| < \varepsilon$，即 $a - \varepsilon < z_n < a + \varepsilon$.

因此，$\forall \varepsilon > 0$，取 $N = \max\{n_0, N_1, N_2\}$ 当 $n > N$ 时，有 $a - \varepsilon < y_n \leqslant x_n \leqslant z_n < a + \varepsilon$，即 $|x_n - a| < \varepsilon$，故 $\lim\limits_{n\to\infty} x_n = a$.

例1　求 $\lim\limits_{n\to\infty} \left[\dfrac{1}{n^2} + \dfrac{1}{(n+1)^2} + \cdots + \dfrac{1}{(n+n)^2} \right]$.

解　设 $x_n = \dfrac{1}{n^2} + \dfrac{1}{(n+1)^2} + \cdots + \dfrac{1}{(n+n)^2}$，为 $n+1$ 项的和，需要先对数列的通项进行适当的"放缩"，即

$$\overbrace{\frac{1}{(n+n)^2} + \frac{1}{(n+n)^2} + \cdots + \frac{1}{(n+n)^2}}^{n+1\text{项}} < \frac{1}{n^2} + \frac{1}{(n+1)^2} + \cdots + \frac{1}{(n+n)^2} < \overbrace{\frac{1}{n^2} + \frac{1}{n^2} + \cdots + \frac{1}{n^2}}^{n+1\text{项}},$$

那么

$$\frac{n+1}{4n^2} = \frac{n+1}{(n+n)^2} < \frac{1}{n^2} + \frac{1}{(n+1)^2} + \cdots + \frac{1}{(n+n)^2} < \frac{n+1}{n^2} = \frac{1}{n} + \frac{1}{n^2}.$$

因为 $\lim\limits_{n\to\infty} \dfrac{n+1}{4n^2} = \lim\limits_{n\to\infty} \left(\dfrac{1}{n} + \dfrac{1}{n^2} \right) = 0$，由夹逼准则得

$$\lim\limits_{n\to\infty} \left[\frac{1}{n^2} + \frac{1}{(n+1)^2} + \cdots + \frac{1}{(n+n)^2} \right] = 0$$

准则 Ⅰ 可推广到函数的极限.

准则 Ⅰ′　如果函数 $f(x)$、$g(x)$ 及 $h(x)$ 满足下列条件：

(1)当 $x \in \mathring{U}(x_0, r)$（或 $|x| > M$）时，$g(x) \leqslant f(x) \leqslant h(x)$；

(2)$\lim\limits_{\substack{x\to x_0 \\ (x\to\infty)}} g(x) = A$，$\lim\limits_{\substack{x\to x_0 \\ (x\to\infty)}} h(x) = A$.

那么 $\lim\limits_{\substack{x\to x_0 \\ (x\to\infty)}} f(x)$ 存在且等于 A.

准则 Ⅰ 及准则 Ⅰ′ 称为夹逼准则.

2. 准则Ⅱ　单调有界收敛准则

如果数列 $\{x_n\}$ 满足条件 $x_1 \leq x_2 \leq x_3 \leq \cdots \leq x_n \leq x_{n+1} \leq \cdots$，就称数列 $\{x_n\}$ 是单调增加的；

如果数列 $\{x_n\}$ 满足条件 $x_1 \geq x_2 \geq x_3 \geq \cdots \geq x_n \geq x_{n+1} \geq \cdots$，就称数列 $\{x_n\}$ 是单调减少的.

单调增加和单调减少数列统称为单调数列.

在2.1节讨论数列极限性质时曾证明：收敛的数列一定有界，但有界的数列不一定收敛.有界是数列收敛的必要条件.如果数列不仅有界，并且是单调的，那么这个数列的极限必定存在，这就是下面的单调有界收敛准则.

定理　（1）若单调增加数列 $\{x_n\}$ 有上界，即存在 M，使 $x_n \leq M(n=1, 2, 3, \cdots)$，则 $\lim\limits_{n\to\infty} x_n$ 存在且不大于 M.

（2）若单调减少数列 $\{x_n\}$ 有下界，即存在 m，使 $x_n \geq m(n=1, 2, 3, \cdots)$，则 $\lim\limits_{n\to\infty} x_n$ 存在且不小于 m.

对于准则Ⅱ我们不予证明，仅给出其几何解释.

准则Ⅱ的几何解释：单调增加数列的点向右一个方向移动，或者无限向右移动，或者无限趋近于某一定点 A，而对有界数列只可能发生后者情况.这样，只能使 $\{x_n\}$ 趋近于某个确定的值，也就是数列极限，如图2-10所示.

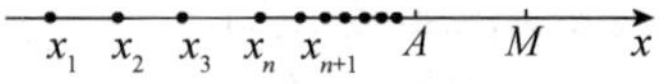

$$\overset{\textstyle x_1 \quad x_2 \quad x_3 \quad x_n \; x_{n+1} \qquad A \qquad M}{\xrightarrow{\hspace{8cm}} x}$$

图2-10

例2　证明数列 $\sqrt{2}$，$\sqrt{2+\sqrt{2}}$，$\sqrt{2+\sqrt{2+\sqrt{2}}}$，$\cdots$ 的极限存在并求其值.

证　设 $x_n = \sqrt{2+\sqrt{2+\cdots+\sqrt{2}}}$（共有 n 个2），则 $x_{n+1} = \sqrt{2+x_n}$.

现假设 $\lim\limits_{n\to\infty} x_n$ 存在（后面再证明），记 $\lim\limits_{n\to\infty} x_n = A$，则 $\lim\limits_{n\to\infty} x_{n+1} = \lim\limits_{n\to\infty}\sqrt{2+x_n} \Rightarrow A = \sqrt{2+A} \Rightarrow A = 2$ 或 $A = -1$（舍去）.

因为 $x_1 = \sqrt{2} < \sqrt{2+\sqrt{2}} = x_2$ 且 $\lim\limits_{n\to\infty} x_n = 2$，所以猜测 $\forall n \in N$，$x_n < x_{n+1}$ 且 $0 < x_n < 2$.

利用数学归纳法，显然 $n=1$ 时猜测成立，设 n 时猜测也成立，则 $n+1$ 时，$x_{n+1} = \sqrt{2+x_n} < \sqrt{2+x_{n+1}} = x_{n+2}$，且 $0 < x_{n+1} = \sqrt{2+x_n} < \sqrt{2+2} = 2$.

故 $\{x_n\}$ 单调有界.因此，证明 $\lim\limits_{n\to\infty} x_n$ 存在，又从前面的推理可知 $\lim\limits_{n\to\infty} x_n = A = 2$.

2.5.2　两个重要极限

下面根据准则Ⅰ′证明第一个重要极限.

1. $\lim\limits_{x\to 0} \dfrac{\sin x}{x} = 1$

证　首先注意到，函数 $\dfrac{\sin x}{x}$ 对于一切 $x \neq 0$ 都有定义.

在图 2-11 所示的单位圆中，设圆心角 $\angle AOB = x\left(0 < x < \dfrac{\pi}{2}\right)$. 点 A 处的切线与 OB 的延长线相交于 D，过 B 点作 $BC \parallel DA$ 交 OA 于 C，则 $DA \perp OA$，$BC \perp OA$，显然 $BC = \sin x$，$\overset{\frown}{AB} = x$，$AD = \tan x$. 因为 $S_{\triangle AOB} < S_{扇形AOB} < S_{\triangle AOD}$，所以 $\dfrac{1}{2}\sin x < \dfrac{1}{2}x < \dfrac{1}{2}\tan x$，即 $\sin x < x < \tan x$.

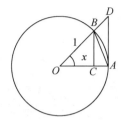

图 2-11

不等号各边都除以 $\sin x$，就有 $1 < \dfrac{x}{\sin x} < \dfrac{1}{\cos x}$，或 $\cos x < \dfrac{\sin x}{x} < 1$.

由于当 x 换成 $-x$ 时，$\cos x$ 与 $\dfrac{\sin x}{x}$ 都不变，故不等式当 $-\dfrac{\pi}{2} < x < 0$ 时也成立.

因为 $0 < |\cos x - 1| = 1 - \cos x = 2\sin^2 \dfrac{x}{2} < 2\left(\dfrac{x}{2}\right)^2 = \dfrac{x^2}{2}$，$\lim\limits_{x \to 0} \dfrac{x^2}{2} = 0$，而由函数夹逼准则得 $\lim\limits_{x \to 0}(1 - \cos x) = 0$，故

$$\lim_{x \to 0} \cos x = 1$$

因此，当 $0 < |x| < \dfrac{\pi}{2}$ 时，$\cos x < \dfrac{\sin x}{x} < 1$，根据准则 I'，可得

$$\lim_{x \to 0} \frac{\sin x}{x} = 1.$$

注：在极限 $\lim \dfrac{\sin \alpha(x)}{\alpha(x)}$ 中，只要 $\alpha(x)$ 是无穷小，就有 $\lim \dfrac{\sin \alpha(x)}{\alpha(x)} = 1$. 这是因为，令 $u = \alpha(x)$，则 $u \to 0$，于是 $\lim \dfrac{\sin \alpha(x)}{\alpha(x)} = \lim\limits_{u \to 0} \dfrac{\sin u}{u} = 1$ 为 $\dfrac{0}{0}$ 型，即 $\lim\limits_{x \to 0} \dfrac{\sin x}{x} = 1$，$\lim \dfrac{\sin \alpha(x)}{\alpha(x)} = 1 (\alpha(x) \to 0)$.

例 3 求 $\lim\limits_{x \to 0} \dfrac{\tan x}{x}$.

解 $\lim\limits_{x \to 0} \dfrac{\tan x}{x} = \lim\limits_{x \to 0} \dfrac{\sin x}{x} \cdot \dfrac{1}{\cos x} = \lim\limits_{x \to 0} \dfrac{\sin x}{x} \cdot \lim\limits_{x \to 0} \dfrac{1}{\cos x} = 1.$

例 4 求 $\lim\limits_{x \to 0} \dfrac{1 - \cos x}{x^2}$.

解 $\lim\limits_{x \to 0} \dfrac{1 - \cos x}{x^2} = \lim\limits_{x \to 0} \dfrac{2\sin^2 \dfrac{x}{2}}{x^2} = \dfrac{1}{2} \lim\limits_{x \to 0} \dfrac{\sin^2 \dfrac{x}{2}}{\left(\dfrac{x}{2}\right)^2} = \dfrac{1}{2} \lim\limits_{x \to 0} \left(\dfrac{\sin \dfrac{x}{2}}{\dfrac{x}{2}}\right)^2 = \dfrac{1}{2} \cdot 1^2 = \dfrac{1}{2}.$

例 5　求 $\lim\limits_{x\to 0}\dfrac{\arcsin x}{x}$.

解　令 $t=\arcsin x$，则 $x=\sin t$. 当 $x\to 0$ 时，有 $t\to 0$，则 $\lim\limits_{x\to 0}\dfrac{\arcsin x}{x}=\lim\limits_{t\to 0}\dfrac{t}{\sin t}=$

$\lim\limits_{t\to 0}\dfrac{1}{\dfrac{\sin t}{t}}=1$.

例 6　求 $\lim\limits_{x\to 3}\dfrac{\sin(x^2-9)}{x-3}$.

解　$\lim\limits_{x\to 3}\dfrac{\sin(x^2-9)}{x-3}=\lim\limits_{x\to 3}\dfrac{\sin(x^2-9)}{x^2-9}\cdot\lim\limits_{x\to 3}(x+3)=1\cdot 6=6$.

例 7　求 $\lim\limits_{x\to 0}\dfrac{2\sin x-\sin(2x)}{x^3}$.

解　$\lim\limits_{x\to 0}\dfrac{2\sin x-\sin(2x)}{x^3}=\lim\limits_{x\to 0}\dfrac{2\sin x-2\sin x\cos x}{x^3}=2\lim\limits_{x\to 0}\left(\dfrac{\sin x}{x}\cdot\dfrac{1-\cos x}{x^2}\right)=2\cdot 1\cdot\dfrac{1}{2}=1$.

例 8　求 $\lim\limits_{x\to a}\dfrac{\sin x-\sin a}{x-a}$.

解　$\lim\limits_{x\to a}\dfrac{\sin x-\sin a}{x-a}=\lim\limits_{x\to a}\dfrac{2\cos\left(\dfrac{x+a}{2}\right)\sin\left(\dfrac{x-a}{2}\right)}{x-a}=\lim\limits_{x\to a}\cos\left(\dfrac{x+a}{2}\right)\cdot\lim\limits_{x\to a}\dfrac{\sin\left(\dfrac{x-a}{2}\right)}{\dfrac{x-a}{2}}=\cos a$.

根据准则 Ⅱ，可以证明极限 2 存在.

2. $\lim\limits_{n\to\infty}\left(1+\dfrac{1}{n}\right)^n$

证　设 $x_n=\left(1+\dfrac{1}{n}\right)^n$，现证明数列 $\{x_n\}$ 是单调有界的.

①证明单调性.

$$x_n=\left(1+\dfrac{1}{n}\right)^n$$

$$=1+\dfrac{n}{1!}\dfrac{1}{n}+\dfrac{n(n-1)}{2!}\dfrac{1}{n^2}+\cdots+\dfrac{n(n-1)\cdots(n-(n-1))}{n!}\dfrac{1}{n^n}$$

$$=1+1+\dfrac{1}{2!}\left(1-\dfrac{1}{n}\right)+\cdots+\dfrac{1}{n!}\left(1-\dfrac{1}{n}\right)\left(1-\dfrac{2}{n}\right)\left(1-\dfrac{n-1}{n}\right);$$

$$x_{n+1}=1+1+\dfrac{1}{2!}\left(1-\dfrac{1}{n+1}\right)+\cdots+\dfrac{1}{n!}\left(1-\dfrac{1}{n+1}\right)\left(1-\dfrac{2}{n+1}\right)\left(1-\dfrac{n-1}{n+1}\right)+$$

$$\dfrac{1}{(n+1)!}\left(1-\dfrac{1}{n+1}\right)\left(1-\dfrac{2}{n+1}\right)\left(1-\dfrac{n}{n+1}\right).$$

比较 x_{n+1} 与 x_n 发现，前两项相等，第 3 项到第 n 项，x_n 的每一项都小于 x_{n+1}，并且 x_{n+1} 比 x_n 多出一个正项，因此 $x_{n+1}>x_n$. 这说明数列 x_n 是单调增加的.

②证明有界性.

$$x_n \leqslant 1 + \left(1 + \frac{1}{2!} + \cdots + \frac{1}{n!}\right)$$

$$\leqslant 1 + \left(1 + \frac{1}{2} + \cdots + \frac{1}{2^n}\right)$$

$$= 3 - \frac{1}{2^{n-1}} < 3.$$

这说明数列 x_n 是有上界的.

因此，由单调有界准则知 $\lim\limits_{n\to\infty}\left(1 + \frac{1}{n}\right)^n$ 存在，并且记为 $\lim\limits_{n\to\infty}\left(1 + \frac{1}{n}\right)^n = \mathrm{e}$.

下面证明 $\lim\limits_{x\to\infty}\left(1 + \frac{1}{x}\right)^x = \mathrm{e}$.

证 设 $n \leqslant x < n + 1$，那么当 n 与 x 同时趋于 $+\infty$，并且

$$\left(1 + \frac{1}{n+1}\right)^n < \left(1 + \frac{1}{x}\right)^x < \left(1 + \frac{1}{n}\right)^{n+1}.$$

由于 $\lim\limits_{n\to\infty}\left(1 + \frac{1}{n}\right)^{n+1} = \lim\limits_{n\to\infty}\left[\left(1 + \frac{1}{n}\right)^n \cdot \left(1 + \frac{1}{n}\right)\right] = \lim\limits_{n\to\infty}\left(1 + \frac{1}{n}\right)^n \cdot \lim\limits_{n\to\infty}\left(1 + \frac{1}{n}\right) = \mathrm{e} \cdot 1 = \mathrm{e}$;

$\lim\limits_{n\to\infty}\left(1 + \frac{1}{n+1}\right)^n = \lim\limits_{n\to\infty}\left[\left(1 + \frac{1}{n+1}\right)^{n+1} \div \left(1 + \frac{1}{n+1}\right)\right] = \lim\limits_{n\to\infty}\left(1 + \frac{1}{n+1}\right)^{n+1} \div \lim\limits_{n\to\infty}\left(1 + \frac{1}{n+1}\right) = \mathrm{e} \div$

$1 = \mathrm{e}$.

利用夹逼准则得

$$\lim\limits_{x\to+\infty}\left(1 + \frac{1}{x}\right)^x = \mathrm{e};$$

然后，令 $x = -(t + 1)$，则当 $x \to -\infty$ 时，$t \to +\infty$，利用换元可得

$$\lim\limits_{x\to-\infty}\left(1 + \frac{1}{x}\right)^x = \lim\limits_{t\to+\infty}\left(1 - \frac{1}{t+1}\right)^{-(t+1)}$$

$$= \lim\limits_{t\to+\infty}\left(1 + \frac{1}{t}\right)^{t+1}$$

$$= \lim\limits_{t\to+\infty}\left[\left(1 + \frac{1}{t}\right)^t \cdot \left(1 + \frac{1}{t}\right)\right] = \mathrm{e}.$$

结合上述，可得

$$\lim\limits_{x\to\infty}\left(1 + \frac{1}{x}\right)^x = \mathrm{e}.$$

e 是个无理数，它的值是 $\mathrm{e} = 2.718\ 281\ 828\ 459\ 045\cdots$. 指数函数 $y = \mathrm{e}^x$ 以及对数函数 $y = \ln x$ 中的底 e 就是这个常数.

注：(1)类型 $(1 + 0)^\infty$.

(2)等价形式 $\lim\limits_{x\to 0}(1 + x)^{\frac{1}{x}} = \mathrm{e}$，令 $t = \frac{1}{x}$ 可以证明.

(3)变量替换 $\lim\limits_{\alpha(x)\to 0}(1 + \alpha(x))^{\frac{1}{\alpha(x)}} = \mathrm{e}$，当 $\alpha(x)$ 是无穷小时.

(4)在求函数极限，形如幂指函数 $u(x)^{v(x)}(u(x) > 0, u(x) \neq 1)$ 的极限时，有如下公

式：如果 $\lim u(x) = a > 0$，$\lim v(x) = b$，那么 $\lim u(x)^{v(x)} = a^b$.

例 9　求 $\lim\limits_{x \to \infty} \left(1 - \dfrac{1}{x}\right)^x$.

解　令 $t = -x$，则 $x \to \infty$ 时，$t \to \infty$. 于是

$$\lim\limits_{x \to \infty} \left(1 - \frac{1}{x}\right)^x = \lim\limits_{t \to \infty} \left(1 + \frac{1}{t}\right)^{-t} = \lim\limits_{t \to \infty} \frac{1}{\left(1 + \dfrac{1}{t}\right)^t} = \frac{1}{e}.$$

或

$$\lim\limits_{x \to \infty} \left(1 - \frac{1}{x}\right)^x = \lim\limits_{x \to \infty} \left(1 + \frac{1}{-x}\right)^{-x(-1)} = \left[\lim\limits_{x \to \infty} \left(1 + \frac{1}{-x}\right)^{-x}\right]^{-1} = e^{-1}.$$

例 10　求 $\lim\limits_{x \to 0} (1 + 2x)^{\frac{1}{x}}$.

解　$\lim\limits_{x \to 0} (1 + 2x)^{\frac{1}{x}} = \lim\limits_{x \to 0} \left[(1 + 2x)^{\frac{1}{2x}}\right]^2 = e^2.$

例 11　求 $\lim\limits_{n \to \infty} \left(1 + \dfrac{3}{n}\right)^{n+2}$

解　$\lim\limits_{n \to \infty} \left(1 + \dfrac{3}{n}\right)^{n+2} = \lim\limits_{n \to \infty} \left(1 + \dfrac{3}{n}\right)^n \cdot \left(1 + \dfrac{3}{n}\right)^2 = \lim\limits_{n \to \infty} \left[\left(1 + \dfrac{3}{n}\right)^{\frac{n}{3}}\right]^3 \cdot \lim\limits_{n \to \infty} \left(1 + \dfrac{3}{n}\right)^2 =$

$e^3 \cdot 1^2 = e^3.$

例 12　求 $\lim\limits_{x \to 0} (\cos x)^{\frac{1}{x^2}}$.

解　$\lim\limits_{x \to 0} (\cos x)^{\frac{1}{x^2}} = \lim\limits_{x \to 0} \left[(1 + \cos x - 1)^{\frac{1}{\cos x - 1}}\right]^{\frac{\cos x - 1}{x^2}} = e^{-\frac{1}{2}}.$

例 13　求 $\lim\limits_{x \to \infty} \left(\dfrac{3x + 4}{3x - 1}\right)^{x+1}$.

解　$\lim\limits_{x \to \infty} \left(\dfrac{3x + 4}{3x - 1}\right)^{x+1} = \lim\limits_{x \to \infty} \left[\left(1 + \dfrac{5}{3x - 1}\right)^{\frac{3x-1}{5}}\right]^{\frac{5}{3x-1} \cdot (x+1)} = e^{\lim\limits_{x \to \infty} \frac{5(x+1)}{3x-1}} = e^{\frac{5}{3}}.$

下面举例说明重要极限在经济问题中的应用.

连续复利问题：设一笔本金 A_0 存入银行，年复利率为 r，在下列情况下，分别计算 t 年后的本利和：

(a)一年结算一次；

(b)一年分 n 期计息，每期利率按 r/n 计算；

(c)银行连续不断地向顾客付利息，此种计息方式称为连续复利.

解　(a)一年结算一次时，一年后的本利为 $A_1 = A_0 + A_0 r = A_0(1 + r)$，第二年后的本利和为 $A_2 = A_1(1 + r) = A_0(1 + r)^2$，依此递推关系，$t$ 年后的本利和为 $A_t = A_0(1 + r)^t$.

(b)一年结算 n 次，t 年共结算 nt 次，每期利率为 $\dfrac{r}{n}$，则 t 年后的本利和为 $\overline{A}_t = A_0 \left(1 + \dfrac{r}{n}\right)^{nt}$.

(c)计算连续复利时，t 年后的本利和 $\widetilde{A}_t$ 为(b)中结果 $\overline{A}_t$ 在 $n \to \infty$ 时的极限

$$\widetilde{A}_t = \lim\limits_{n \to \infty} \overline{A}_t = \lim\limits_{n \to \infty} A_0 \left(1 + \frac{r}{n}\right)^{nt} = A_0 \lim\limits_{n \to \infty} \left[\left(1 + \frac{r}{n}\right)^{\frac{n}{r}}\right]^{rt} = A_0 e^{rt}.$$

类似于连续复利问题的数学模型，在研究人口增长、林木生长、设备折旧等问题时都会

遇到，具有重要的实际意义.

例 14 某企业计划发行期限为 10 年的企业债券，规定以年利率 6.5% 的连续复利计息，每份债券本金 500 元. 到期后，每份债券应一次偿还本息多少元？

解 连续复利公式为 $\widetilde{A}_n = A_0 e^{rn}$. 在本题中，$n = 10$，$r = 0.065$，$A_0 = 500$，于是 $\widetilde{A}_{10} = A_0 e^{rn} = 500 e^{10 \times 0.065} = 500 e^{0.65} \approx 957.77$（元）.

§2.6 无穷小的比较

由前述内容可知，有限多个无穷小的代数和与积仍然是无穷小，而两个无穷小的商则会出现各种不同的情况. 在自变量的同一变化过程中，比较两个无穷小趋于零的快慢程度是很有意义的，特别是在处理未定式极限问题时，利用无穷小的比较会带来很多方便.

2.6.1 无穷小比较的定义

由无穷小的运算可知，两个无穷小的和、差、积仍为无穷小，那么两个无穷小的商又会出现什么情形？

例如，$\lim\limits_{x \to 0} \dfrac{x^2}{3x} = 0$，$\lim\limits_{x \to 0} \dfrac{3x}{x^2} = \infty$，$\lim\limits_{x \to 0} \dfrac{\sin x}{3x} = \dfrac{1}{3}$，而 $\lim\limits_{x \to 0} \dfrac{x \sin \dfrac{1}{x}}{x} = \lim\limits_{x \to 0} \sin \dfrac{1}{x}$ 不存在.

可见，在自变量的同一变化过程中，两个无穷小之比的极限通常为 $\dfrac{0}{0}$ 型未定式极限. 极限的不同情况，反映了作为分子、分母的两个无穷小趋于零的"快慢程度".

我们就无穷小之比的极限存在或无穷大时来说明两个无穷小之间的比较. 如果用精确的数学语言来描述"快"与"慢"的程度，则有下面的定义：

定义 1 设 α 和 β 为自变量在同一个变化过程中的无穷小，且 $\alpha \neq 0$，则

如果 $\lim \dfrac{\beta}{\alpha} = 0$，就说 β 是比 α 高阶的无穷小，记作 $\beta = o(\alpha)$；

如果 $\lim \dfrac{\beta}{\alpha} = \infty$，就说 β 是比 α 低阶的无穷小；

如果 $\lim \dfrac{\beta}{\alpha} = c \neq 0$，就说 β 与 α 是同阶无穷小；

如果 $\lim \dfrac{\beta}{\alpha} = 1$，就说 β 与 α 是等价无穷小，记作 $\alpha \sim \beta$；

如果 $\lim \dfrac{\beta}{\alpha^k} = c \neq 0 (k > 0)$，就说 β 是关于 α 的 k 阶无穷小.

由上面定义可以得到下面一些常见的无穷小比较的例子：

$\lim\limits_{x \to 0} \dfrac{3x^2}{x} = 0$，当 $x \to 0$ 时，$3x^2$ 是比 x 高阶的无穷小，记作 $3x^2 = o(x)(x \to 0)$；

$\lim\limits_{n \to \infty} \dfrac{\dfrac{1}{n}}{\dfrac{1}{n^2}} = \infty$，当 $n \to \infty$ 时，$\dfrac{1}{n}$ 是比 $\dfrac{1}{n^2}$ 低阶的无穷小；

$\lim\limits_{x \to 3} \dfrac{x^2 - 9}{x - 3} = 6$，当 $x \to 3$ 时，$x^2 - 9$ 与 $x - 3$ 是同阶无穷小；

$\lim\limits_{x \to 0} \dfrac{1 - \cos x}{x^2} = \dfrac{1}{2}$，当 $x \to 0$ 时，$1 - \cos x$ 是关于 x 的二阶无穷小；

$\lim\limits_{x \to 0} \dfrac{\sin x}{x} = 1$，当 $x \to 0$ 时，$\sin x$ 与 x 是等价无穷小，即 $\sin x \sim x(x \to 0)$.

例 1 证明：当 $x \to 0$ 时，$\sqrt[n]{1 + x} - 1 \sim \dfrac{1}{n} x$.

证 $\lim\limits_{x \to 0} \dfrac{\sqrt[n]{1 + x} - 1}{\dfrac{1}{n} x} = \lim\limits_{x \to 0} \dfrac{(\sqrt[n]{1 + x} - 1)(\sqrt[n]{(1 + x)^{n-1}} + \sqrt[n]{(1 + x)^{n-2}} + \cdots + 1)}{\dfrac{1}{n} x (\sqrt[n]{(1 + x)^{n-1}} + \sqrt[n]{(1 + x)^{n-2}} + \cdots + 1)} = 1 \Rightarrow$

$\sqrt[n]{1 + x} - 1 \sim \dfrac{1}{n} x.$

定理 1 设 α 和 β 为无穷小，则 $\alpha \sim \beta \Leftrightarrow \beta - \alpha = o(\alpha)$.

$\Rightarrow$ 若 $\alpha \sim \beta$，则 $\lim \dfrac{\beta - \alpha}{\alpha} = \lim\left(\dfrac{\beta}{\alpha} - 1\right) = \lim \dfrac{\beta}{\alpha} - 1 = 1 - 1 = 0$，因此 $\beta - \alpha = o(\alpha)$.

$\Leftarrow$ 若 $\beta - \alpha = o(\alpha)$，则 $\beta = \alpha + o(\alpha)$，则 $\lim \dfrac{\beta}{\alpha} = \lim \dfrac{\alpha + o(\alpha)}{\alpha} = \lim\left[1 + \dfrac{o(\alpha)}{\alpha}\right] = 1$，因此 $\alpha \sim \beta$.

因为当 $x \to 0$ 时，$\sin x \sim x$，，$\tan x \sim x$，$\arcsin x \sim x$，$1 - \cos x \sim \dfrac{1}{2} x^2$，所以当 $x \to 0$ 时，有 $\sin x = x + o(x)$，$\tan x = x + o(x)$，$\arcsin x = x + o(x)$，$1 - \cos x = \dfrac{1}{2} x^2 + o(x^2)$.

2.6.2 等价无穷小的替换

定理 2 设 $\alpha \sim \tilde{\alpha}$，$\beta \sim \tilde{\beta}$，且 $\lim \dfrac{\tilde{\beta}}{\tilde{\alpha}}$ 存在，则 $\lim \dfrac{\beta}{\alpha} = \lim \dfrac{\tilde{\beta}}{\tilde{\alpha}}$.

证 $\lim \dfrac{\beta}{\alpha} = \lim\left(\dfrac{\beta}{\tilde{\beta}} \cdot \dfrac{\tilde{\beta}}{\tilde{\alpha}} \cdot \dfrac{\tilde{\alpha}}{\alpha}\right) = \lim \dfrac{\beta}{\tilde{\beta}} \cdot \lim \dfrac{\tilde{\beta}}{\tilde{\alpha}} \cdot \lim \dfrac{\tilde{\alpha}}{\alpha} = \lim \dfrac{\tilde{\beta}}{\tilde{\alpha}}$.

重要应用：等价无穷小用于简化极限的计算.

例 2 求 $\lim\limits_{x \to 0} \dfrac{\tan(2x)}{\sin(5x)}$.

解 当 $x \to 0$ 时，$\tan(2x) \sim 2x$，$\sin(5x) \sim 5x$. 故

$$\lim\limits_{x \to 0} \dfrac{\tan(2x)}{\sin(5x)} = \lim\limits_{x \to 0} \dfrac{2x}{5x} = \dfrac{2}{5}.$$

从这个例子可见，在求某些 $\dfrac{0}{0}$ 型未定式的极限时，应用等价无穷小的替换可以使未定式的形式变得简洁易解，从而简化运算．此外，在进行等价无穷小的替换时，应注意以下结论：若未定式的分子或分母为若干个因子的乘积，则可对其中的任意一个或几个无穷小因子作等价无穷小替换，不会改变原式的极限．

例 3　求 $\lim\limits_{x \to 0} \dfrac{(x+1)\sin x}{\arcsin(5x)}$.

解　当 $x \to 0$ 时，$\sin x \sim x$，$\arcsin(5x) \sim 5x$，可以作等价无穷小替换，故

$$\lim\limits_{x \to 0} \frac{(x+1)\sin x}{\arcsin(5x)} = \lim\limits_{x \to 0} \frac{(x+1)x}{5x} = \frac{1}{5}.$$

例 4　求 $\lim\limits_{x \to 0} \dfrac{\tan x - \sin x}{x^3}$.

解　由于 $\dfrac{\tan x - \sin x}{x^3} = \dfrac{1}{\cos x} \cdot \dfrac{\sin x}{x} \cdot \dfrac{1 - \cos x}{x^2}$，故

$$\lim\limits_{x \to 0} \frac{\tan x - \sin x}{x^3} = \lim\limits_{x \to 0} \frac{1}{\cos x} \cdot \lim\limits_{x \to 0} \frac{\sin x}{x} \cdot \lim\limits_{x \to 0} \frac{1 - \cos x}{x^2} = 1 \cdot 1 \cdot \frac{1}{2} = \frac{1}{2}.$$

注：如果分子或分母是若干项的代数和，则一般不能对其中某个加项作等价无穷小替换．若当 $x \to 0$ 时，$\tan x \sim x$，$\sin x \sim x$，在这里将 $\tan x$、$\sin x$ 换成 x，则分子为 0，从而极限为 0，显然 0 与 $\tan x - \sin x$ 不等价，就会得到错误结果，即

$$\lim\limits_{x \to 0} \frac{x - x}{x^3} = \lim\limits_{x \to 0} \frac{0}{x^3} = 0.$$

例 5　求 $\lim\limits_{x \to 0} \dfrac{\ln(x+1)}{x}$.

解　$\lim\limits_{x \to 0} \dfrac{\ln(x+1)}{x} = \lim\limits_{x \to 0} \ln(x+1)^{\frac{1}{x}} = \ln e = 1$，当 $x \to 0$ 时，$\ln(x+1) \sim x$.

例 6　求 $\lim\limits_{x \to 0} \dfrac{e^x - 1}{x}$.

解　令 $e^x - 1 = u$，则 $x = \ln(u+1)$．当 $x \to 0$ 时，有 $u \to 0$，利用例 5 的结果可得

$$\lim\limits_{x \to 0} \frac{e^x - 1}{x} = \lim\limits_{u \to 0} \frac{u}{\ln(u+1)} = 1.$$

即当 $x \to 0$ 时，$e^x - 1 \sim x$.

一般地，当 $x \to 0$ 时，$a^x - 1 \sim x \ln a$.

常见的等价无穷小如下：

当 $x \to 0$ 时，$\sin x \sim x$，$\arcsin x \sim x$，$\tan x \sim x$，$\arctan x \sim x$，$\ln(1+x) \sim x$，$e^x - 1 \sim x$，$a^x - 1 \sim x \ln a \, (a > 0,\ a \neq 1)$，$1 - \cos x \sim \dfrac{1}{2}x^2$，$(1+x)^a - 1 \sim ax \, (a \neq 0)$，$\sqrt[n]{1+x} - 1 \sim \dfrac{1}{n}x$.

注：在上述等价无穷小中，用无穷小 $\alpha(x)$ 代替 x 也成立，如 $\sin(3x) \sim 3x \, (x \to 0)$.

例 7　求 $\lim\limits_{x \to 0} \dfrac{\sin x}{x^3 + 3x}$

解 当 $x \to 0$ 时，$x^3 = o(3x) \Rightarrow x^3 + 3x = o(3x) + 3x \sim 3x$，又 $\sin x \sim x$，故

$$\lim_{x \to 0} \frac{\sin x}{x^3 + 3x} = \lim_{x \to 0} \frac{x}{3x} = \frac{1}{3}.$$

例 8 求 $\lim\limits_{x \to 0} \dfrac{x\ln(1 + x)}{\cos x - 1}$.

解 当 $x \to 0$ 时，$\ln(1 + x) \sim x$，$1 - \cos x \sim \dfrac{1}{2}x^2$，故

$$\lim_{x \to 0} \frac{x\ln(1 + x)}{\cos x - 1} = \lim_{x \to 0} \frac{x^2}{-\dfrac{1}{2}x^2} = -2.$$

例 9 求 $\lim\limits_{x \to a} \dfrac{e^x - e^a}{x - a}$.

解 $\lim\limits_{x \to a} \dfrac{e^x - e^a}{x - a} = \lim\limits_{x \to a} \dfrac{e^a(e^{x-a} - 1)}{x - a} = e^a \lim\limits_{x \to a} \dfrac{e^{x-a} - 1}{x - a} = e^a \cdot 1 = e^a.$

例 10 当 $x \to 0$ 时，$(1 + \alpha x^2)^{\frac{1}{3}} - 1$ 与 $\cos x - 1$ 为等价无穷小，求常数 α 的值.

解 由 $\lim\limits_{x \to 0} \dfrac{(1 + \alpha x^2)^{\frac{1}{3}} - 1}{\cos x - 1} = \lim\limits_{x \to 0} \dfrac{\dfrac{1}{3}\alpha x^2}{-\dfrac{1}{2}x^2} = -\dfrac{2}{3}\alpha = 1$，得 $\alpha = -\dfrac{3}{2}$.

§2.7 函数的连续性、间断点及其运算

"连续性"这个概念在日常生活中处处存在，如气温的变化、地球的转动、动植物的生长等均是连续变化的。就植物的生长来看，当时间变化很微小时，植物也相应发生微小的变化，这种特点就是所谓的连续性。反映在函数关系上，就是"函数的连续性"。本节要运用极限概念来定义函数的连续性，并讨论连续函数的运算及其性质。

2.7.1 函数的连续性

1. 变量的增量

设变量 u 从它的一个初值 u_1 变到终值 u_2，终值与初值的差 $u_2 - u_1$ 就叫作变量 u 的增量，记作 Δu，即 $\Delta u = u_2 - u_1$. 可见，增量即改变量，它可以是正的，也可以是负的，或者为零。

现假设函数 $y = f(x)$ 在点 x_0 的某一个邻域内是有定义的。当自变量 x 在这个邻域内从 x_0 变到 $x_0 + \Delta x$ 时，函数 y 相应地从 $f(x_0)$ 变到 $f(x_0 + \Delta x)$，因此函数 y 的对应增量为 $\Delta y = f(x_0 + \Delta x) - f(x_0)$，如图 2-12 所示.

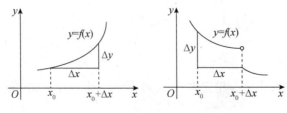

图 2-12

2. 函数连续的定义

> **定义 1**　设函数 $y = f(x)$ 在点 x_0 的某一个邻域内有定义，如果
> $$\lim_{\Delta x \to 0} \Delta y = \lim_{\Delta x \to 0} [f(x_0 + \Delta x) - f(x_0)] = 0,$$
> 那么就称函数 $y = f(x)$ 在点 x_0 处连续. 即当自变量的增量 $\Delta x = x - x_0$ 趋于零时，对应函数的增量 $\Delta y = f(x_0 + \Delta x) - f(x_0)$ 也趋于零.

设 $x = x_0 + \Delta x$，则当 $\Delta x \to 0$ 时，$x \to x_0$，$\lim\limits_{\Delta x \to 0} \Delta y = 0 \Leftrightarrow \lim\limits_{x \to x_0} [f(x) - f(x_0)] = 0 \Leftrightarrow \lim\limits_{x \to x_0} f(x) = f(x_0)$，从而得到等价定义.

> **定义 2**　设函数 $y = f(x)$ 在点 x_0 的某一个邻域内有定义，如果 $\lim\limits_{x \to x_0} f(x) = f(x_0)$，那么就称函数 $y = f(x)$ 在点 x_0 处连续.

按极限的定义，函数 $y = f(x)$ 在点 x_0 处连续的定义也可用 $\varepsilon - \delta$ 语言来表述：

> **定义 3**　设函数 $y = f(x)$ 在点 x_0 的某一个邻域内有定义，如果对于 $\forall \varepsilon > 0$，$\exists \delta > 0$，使当 $|x - x_0| < \delta$ 时，恒有 $|f(x) - f(x_0)| < \varepsilon$，那么就称函数 $y = f(x)$ 在点 x_0 处连续.

由定义可以看出，连续是用极限来表述的，本质上就是一个特殊的极限. 因此，函数称 $f(x)$ 在点 x_0 处连续，则在此点必有极限 $[$即$f(x_0)]$，反之不一定成立. 和极限概念中有左、右极限一样，函数也有左、右连续的概念.

3. 左、右连续性

如果 $\lim\limits_{x \to x_0^-} f(x) = f(x_0^-) = f(x_0)$，则称 $y = f(x)$ 在点 x_0 处左连续；如果 $\lim\limits_{x \to x_0^+} f(x) = f(x_0^+) = f(x_0)$，则称 $y = f(x)$ 在点 x_0 处右连续.

由于 $\lim\limits_{x \to x_0} f(x)$ 存在的充分必要条件是 $\lim\limits_{x \to x_0^-} f(x) = \lim\limits_{x \to x_0^+} f(x)$，则根据函数连续的定义可以得到以下推论：函数 $f(x)$ 在点 x_0 处连续 $\Leftrightarrow$ 函数 $f(x)$ 在点 x_0 处左连续且右连续，即
$$\lim_{x \to x_0} f(x) = f(x_0) \Leftrightarrow f(x_0^-) = f(x_0^+) = f(x_0).$$

从这个定义可以看出，函数 $y = f(x)$ 在点 x_0 处连续，必须满足以下三个条件：

(1) 函数 $f(x)$ 在点 x_0 处有定义；

(2) 极限 $\lim\limits_{x \to x_0} f(x)$ 存在，即 $\lim\limits_{x \to x_0^-} f(x) = \lim\limits_{x \to x_0^+} f(x)$；

(3) $\lim\limits_{x \to x_0} f(x) = f(x_0)$.

例 1　用连续性定义证明 $y = x^2$ 在 x_0 处连续.

证　当自变量 x 的增量为 Δx 时，函数 $y = x^2$ 对应的增量 $\Delta y = (x_0 + \Delta x)^2 - x_0^2 = 2x_0 \Delta x + (\Delta x)^2$.

由于 $\lim\limits_{\Delta x \to 0} \Delta y = \lim\limits_{\Delta x \to 0} [2x_0 \Delta x + (\Delta x)^2] = 0$，因此 $y = x^2$ 在 x_0 处连续.

例 2　证明函数 $y = \sin x$ 在区间 $(-\infty, +\infty)$ 内是连续的.

证　根据和差化积公式有

$$\Delta y = \sin\left(x + \Delta x\right) - \sin x = 2\cos\left(x + \frac{\Delta x}{2}\right)\sin\frac{\Delta x}{2}.$$

由于 $\left|\cos\left(x + \dfrac{\Delta x}{2}\right)\right| \leqslant 1$，因此 $|\Delta y| = \left|2\cos\left(x + \dfrac{\Delta x}{2}\right)\sin\dfrac{\Delta x}{2}\right| \leqslant 2\left|\sin\dfrac{\Delta x}{2}\right| \leqslant 2\left|\dfrac{\Delta x}{2}\right| = |\Delta x|$，即 $0 \leqslant |\Delta y| \leqslant |\Delta x|$.

当 $\Delta x \to 0$ 时，由夹逼准则知 $|\Delta y| \to 0$，从而 $\Delta y \to 0$，故 $y = \sin x$ 在 $(-\infty, +\infty)$ 内连续.

例 3 若函数

$$f(x) = \begin{cases} 2x + 1 & x \geqslant \pi \\ -2a\cos x & x < \pi \end{cases}$$

在 $x = \pi$ 处连续，求 a.

解 由于 $f(\pi^-) = \lim\limits_{x \to \pi^-}(-2a\cos x) = 2a$，$f(\pi^+) = \lim\limits_{x \to \pi^+}(2x + 1) = 2\pi + 1$，所以 $a = \pi + \dfrac{1}{2}$.

4. 函数在区间上的连续性

在区间上每一点都连续的函数，叫作在该区间上的连续函数，或者说函数在该区间上连续.

若函数 $f(x)$ 在区间 $[a, b]$ 上连续，则

(1)函数在开区间 (a, b) 内连续；

(2)在左端点 $x = a$ 处右连续；

(3)在右端点 $x = b$ 处左连续.

从几何直观上来看，连续函数的图形是区间上一条连续而不间断的曲线.

由 2.2 节知，基本初等函数在其定义域的每点处的极限存在并且等于该点处的函数值，这实际上就是说基本初等函数在其定义域内的任一区间上是连续的. 例如，如果 $f(x) = P_n(x)$ 是多项式函数，则函数 $f(x)$ 在区间 $(-\infty, +\infty)$ 内是连续的，即 $f(x)$ 在 $(-\infty, +\infty)$ 内任意一点 x_0 处有定义，且 $\lim\limits_{x \to x_0} P_n(x) = P_n(x_0)$.

2.7.2 函数的间断点

设函数 $f(x)$ 在点 x_0 的某去心邻域内有定义，如果 x_0 不是函数 $f(x)$ 的连续点，就称 x_0 是函数 $f(x)$ 的间断点，可见，如果函数 $f(x)$ 有下列三种情形之一：

(1)在 $x = x_0$ 处没有定义；

(2)虽在 $x = x_0$ 处有定义，但 $\lim\limits_{x \to x_0} f(x)$ 不存在（$f(x_0^+)$、$f(x_0^-)$ 之一不存在，或两者存在但不相等）；

(3)虽在 $x = x_0$ 处有定义且 $\lim\limits_{x \to x_0} f(x)$ 存在，但 $\lim\limits_{x \to x_0} f(x) \neq f(x_0)$；

则函数 $f(x)$ 在点 x_0 处间断（不连续），x_0 称为函数 $f(x)$ 的间断点或不连续点.

定义 (1)若 $f(x_0^-)$ 及 $f(x_0^+)$ 都存在,那么 x_0 称为函数 $f(x)$ 的第一类间断点.

如果 $f(x_0^+) = f(x_0^-)(\lim\limits_{x \to x_0} f(x)$ 存在$)$,则称 x_0 为函数 $f(x)$ 的可去间断点.

这时可能出现:函数 $f(x)$ 在 $x = x_0$ 处无定义,或有定义但 $\lim\limits_{x \to x_0} f(x) \neq f(x_0)$,故可通过补充或修改该点的函数值,使函数在该点处连续.

如果 $f(x_0^+) \neq f(x_0^-)$,则称 x_0 为函数 $f(x)$ 的跳跃间断点.

(2)若 $f(x_0^-)$ 及 $f(x_0^+)$ 中至少有一个不存在,则称 x_0 为第二类间断点.

下面介绍无穷间断点和振荡间断点.

例4 讨论正切函数 $y = \tan x$ 的间断点.

解 因为在 $x = \dfrac{\pi}{2}$ 处没有定义,所以 $x = \dfrac{\pi}{2}$ 是函数的间断点.同时,$\lim\limits_{x \to \frac{\pi}{2}} \tan x = \infty$,故称 $x = \dfrac{\pi}{2}$ 为函数 $\tan x$ 的无穷间断点,如图 2-13 所示.

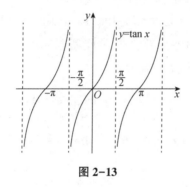

图 2-13

例5 讨论函数 $y = \sin\dfrac{1}{x}$ 的间断点.

解 因为在点 $x = 0$ 处没有定义,所以点 $x = 0$ 是函数的间断点.当 $x \to 0$ 时,函数值在 -1 与 1 之间变动无限多次,因此点 $x = 0$ 称为函数 $\sin\dfrac{1}{x}$ 的振荡间断点,如图 2-14 所示.

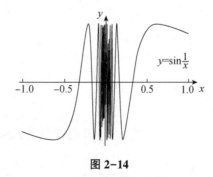

图 2-14

例6 讨论函数 $y = \dfrac{x^2 - 1}{x - 1}$ 的间断点.

解 因为在 $x = 1$ 处没有定义，所以点 $x = 1$ 是函数的间断点．又因为 $\lim\limits_{x \to 1} \dfrac{x^2 - 1}{x - 1} =$ $\lim\limits_{x \to 1}(x + 1) = 2$，如果补充定义令 $x = 1$ 时 $y = 2$，则所给函数在 $x = 1$ 处连续．因此，$x = 1$ 称为该函数的可去间断点，如图 2-4 所示．

例 7 讨论函数 $y = f(x) = \begin{cases} x & x \ne 1 \\ \dfrac{1}{2} & x = 1 \end{cases}$ 的间断点．

解 因为 $\lim\limits_{x \to 1} f(x) = \lim\limits_{x \to 1} x = 1$，$f(1) = \dfrac{1}{2}$，$\lim\limits_{x \to 1} f(x) \ne f(1)$，所以 $x = 1$ 是函数 $f(x)$ 的间断点．

如果改变函数 $f(x)$ 在 $x = 1$ 处的定义：令 $f(1) = 1$，则函数 $f(x)$ 在 $x = 1$ 处连续，所以 $x = 1$ 也称为该函数的可去间断点．

例 8 讨论函数 $f(x) = \begin{cases} x - 1 & x < 0 \\ 0 & x = 0 \\ x + 1 & x > 0 \end{cases}$ 的间断点．

解 因为 $\lim\limits_{x \to 0^-} f(x) = \lim\limits_{x \to 0^-}(x - 1) = -1$，$\lim\limits_{x \to 0^+} f(x) = \lim\limits_{x \to 0^+}(x + 1) = 1$，$\lim\limits_{x \to 0^-} f(x) \ne \lim\limits_{x \to 0^+} f(x)$，所以极限 $\lim\limits_{x \to 0} f(x)$ 不存在，$x = 0$ 是函数 $f(x)$ 的间断点．因函数 $f(x)$ 的图形在 $x = 0$ 处产生跳跃现象，我们称 $x = 0$ 为函数 $f(x)$ 的跳跃间断点．

例 9 讨论函数 $f(x) = \lim\limits_{n \to \infty} \dfrac{x^n}{1 + x^n}$ $(x \geqslant 0)$ 的连续性和间断点．

解 当 $x \in [0, 1)$ 时，$\lim\limits_{n \to \infty} x^n = 0$，$f(x) = \lim\limits_{n \to \infty} \dfrac{x^n}{1 + x^n} = 0$；

当 $x = 1$ 时，$f(x) = \dfrac{1}{2}$；

当 $x \in (1, \infty)$ 时，$f(x) = \lim\limits_{n \to \infty} \dfrac{x^n}{1 + x^n} = \lim\limits_{n \to \infty} \dfrac{1}{\dfrac{1}{x^n} + 1} = 1$，即

$$f(x) = \begin{cases} 0 & x \in [0, 1) \\ \dfrac{1}{2} & x = 1 \\ 1 & x \in (1, +\infty) \end{cases}.$$

因此 $f(x)$ 在 $[0, 1)$，$(1, +\infty)$ 内连续，$x = 1$ 是 $f(x)$ 的跳跃间断点．

例 10 讨论函数 $f(x) = \dfrac{1}{1 - e^{\frac{x}{1-x}}}$ 的间断点．

解 当 $x = 0$ 时，$\lim\limits_{x \to 0} \dfrac{1}{1 - e^{\frac{x}{1-x}}} = \infty$，所以 $x = 0$ 是函数的无穷间断点．

当 $x = 1$ 时，$f(1^-) = \lim\limits_{x \to 1^-} \dfrac{1}{1 - e^{\frac{x}{1-x}}} = 0$，$f(1^+) = \lim\limits_{x \to 1^+} \dfrac{1}{1 - e^{\frac{x}{1-x}}} = 1$，所以 $x = 1$ 是函数的跳跃间断点．

例 11 讨论函数 $f(x) = \begin{cases} \cos\left(\dfrac{\pi}{2}x\right) & |x| \leq 1 \\ |x-1| & |x| > 1 \end{cases}$ 的间断点.

解 当 $x = -1$ 时, $f(-1^-) = \lim\limits_{x \to -1^-} f(x) = \lim\limits_{x \to -1^-} |x-1| = 2$, $f(-1^+) = \lim\limits_{x \to -1^+} f(x) = \lim\limits_{x \to -1^+} \cos\left(\dfrac{\pi}{2}x\right) = 0$. 因此, $x = -1$ 是 $f(x)$ 的跳跃间断点.

当 $x = 1$ 时, $f(1^-) = \lim\limits_{x \to 1^-} f(x) = \lim\limits_{x \to 1^-}\cos\left(\dfrac{\pi}{2}x\right) = 0$; 当 $x = 1$ 时, $f(1^+) = \lim\limits_{x \to 1^+} f(x) = \lim\limits_{x \to 1^+} |x-1| = 0$. 因此, $x = 1$ 是 $f(x)$ 的连续点.

2.7.3 连续函数的运算

1. 函数和、差、积、商的连续性

由函数在一点处的连续性定义和极限的四则运算法则, 可以得到下面的定理.

定理 1 设函数 $f(x)$ 和 $g(x)$ 在点 $x = x_0$ 处连续, 则函数 $f(x) \pm g(x)$, $f(x) \cdot g(x)$, $\dfrac{f(x)}{g(x)}$ (当 $g(x_0) \neq 0$ 时)都在点 x_0 处连续.

利用极限的四则运算法则容易证明.

$f(x) \pm g(x)$ 连续性的证明:

令 $F(x) = f(x) \pm g(x)$, 则 $\lim\limits_{x \to x_0} F(x) = \lim\limits_{x \to x_0}[f(x) \pm g(x)] = \lim\limits_{x \to x_0} f(x) \pm \lim\limits_{x \to x_0} g(x) = f(x_0) \pm g(x_0) = F(x_0)$. 根据连续性的定义, 则 $f(x) \pm g(x)$ 在点 x_0 处连续.

例如, $\sin x$ 和 $\cos x$ 都在区间 $(-\infty, +\infty)$ 内连续, 故由定理 1 知 $\tan x$ 和 $\cot x$ 在它们的定义域内是连续的.

三角函数 $\sin x$, $\cos x$, $\sec x$, $\csc x$, $\tan x$, $\cot x$ 在其有定义的区间内都是连续的.

2. 反函数的连续性

定理 2 如果函数 $f(x)$ 在区间 I_x 上单调增加(或单调减少)且连续, 那么它的反函数 $x = f^{-1}(y)$ 也在对应的区间 $I_y = \{y \mid y = f(x), x \in I_x\}$ 上单调增加(或单调减少)且连续.

定理 2 的严格证明略, 我们从第 1 章可以知道, 如果函数 $y = f(x)$ 的图形是一条连续不间断上升的曲线, 则由图形的对称性可以看出, 它的反函数 $y = f^{-1}(x)$ 的图形也是连续不间断上升的曲线, 并关于 $y = x$ 对称.

例如, 由于 $y = \sin x$ 在区间 $\left[-\dfrac{\pi}{2}, \dfrac{\pi}{2}\right]$ 上单调增加且连续, 所以它的反函数 $y = \arcsin x$ 在区间 $[-1, 1]$ 上也是单调增加且连续的.

同样, $y = \cos x$ 在区间 $[0, \pi]$ 上单调减少且连续, 故 $y = \arccos x$ 在区间 $[-1, 1]$ 上也是单调减少且连续的.

$y = \tan x$ 在区间 $\left(-\dfrac{\pi}{2}, \dfrac{\pi}{2}\right)$ 上单调增加且连续, 故 $y = \arctan x$ 在区间 $(-\infty, +\infty)$ 内单调增加且连续; 同理, $y = \text{arccot } x$ 在区间 $(-\infty, +\infty)$ 内单调减少且连续.

总之, 反三角函数 $\arcsin x$、$\arccos x$、$\arctan x$、$\text{arccot } x$ 在它们的定义域内都是连续的.

例如，当 $a > 0$，$a \neq 1$ 时，$\lim_{x \to x_0} a^x = \lim_{x \to x_0} a^{x_0} a^{x - x_0} = a^{x_0} \lim_{x \to x_0} a^{x - x_0}$．令 $u = x - x_0$，则当 $x \to x_0$ 时，$u \to 0$，故由极限复合运算法则可知，$\lim_{x \to x_0} a^x = a^{x_0} \lim_{u \to 0} a^u = a^{x_0}$，从而 $y = a^x$ 在 $(-\infty, +\infty)$ 内连续，因此它的反函数 $y = \log_a x$ 连续，故指数函数与对数函数在其定义域内连续．

3. 复合函数的连续性

定理 3 设函数 $y = f[g(x)]$ 由函数 $y = f(u)$ 与函数 $u = g(x)$ 复合而成，$\mathring{U}(x_0) \subset D_{f \circ g}$．若 $\lim_{x \to x_0} g(x) = u_0$，而函数 $y = f(u)$ 在 u_0 连续，则 $\lim_{x \to x_0} f[g(x)] = \lim_{u \to u_0} f(u) = f(u_0)$．也可记为 $\lim_{x \to x_0} f[g(x)] = f[\lim_{x \to x_0} g(x)]$．

注：在定理 3 条件下，即 $y = f(u)$ 连续且 $\lim_{x \to x_0} g(x)$ 存在，函数符号 f 与极限符号 $\lim_{x \to x_0}$ 可以交换次序．

例 12 求 $\lim_{x \to 3} \sqrt{\dfrac{x - 3}{x^2 - 9}}$．

分析 $y = \sqrt{\dfrac{x - 3}{x^2 - 9}}$ 是由 $y = \sqrt{u}$ 与 $u = \dfrac{x - 3}{x^2 - 9}$ 复合而成的．由于 $\lim_{x \to 3} \dfrac{x - 3}{x^2 - 9} = \dfrac{1}{6}$，则函数 $y = \sqrt{u}$ 在点 $u = \dfrac{1}{6}$ 处连续．

解 $\lim_{x \to 3} \sqrt{\dfrac{x - 3}{x^2 - 9}} = \sqrt{\lim_{x \to 3} \dfrac{x - 3}{x^2 - 9}} = \sqrt{\dfrac{1}{6}}$．

定理 4 设函数 $y = f[g(x)]$ 由函数 $y = f(u)$ 与函数 $u = g(x)$ 复合而成，$U(x_0) \subset D_{f \circ g}$，若函数 $u = g(x)$ 在点 x_0 处连续，函数 $y = f(u)$ 在点 $u_0 = g(x_0)$ 处连续，则复合函数 $y = f[g(x)]$ 在点 x_0 处也连续．

例 13 讨论函数 $y = \sin \dfrac{1}{x}$ 的连续性．

解 函数 $y = \sin \dfrac{1}{x}$ 是由 $y = \sin u$ 及 $u = \dfrac{1}{x}$ 复合而成的．

因为 $\sin u$ 当 $-\infty < u < +\infty$ 时是连续的，而 $\dfrac{1}{x}$ 当 $-\infty < x < 0$ 和 $0 < x < +\infty$ 时是连续的，所以根据定理 4，函数 $\sin \dfrac{1}{x}$ 在无限区间 $(-\infty, 0)$ 和 $(0, +\infty)$ 内是连续的．

再比如，幂函数 $y = x^\mu$ 的定义域随 μ 的值变化，定义域为 $(0, +\infty)$，由 $y = x^\mu = a^{\mu \log_a x}(a > 0, a \neq 1)$，那么可将幂函数 $y = x^\mu$ 看成是指数函数 $y = a^u$ 与对数函数 $u = \mu \log_a x$ 复合而成的．

因为 $y = a^u$ 在 $(-\infty, +\infty)$ 内连续，而 $u = \mu \log_a x$ 在 $(0, +\infty)$ 内连续，因此幂函数 $y = x^\mu$ 在 $(0, +\infty)$ 内总连续．

4. 初等函数的连续性

在基本初等函数中，我们已经证明了三角函数与反三角函数、指数函数及对数函数、幂函数在它们的定义域内是连续的．因此，基本初等函数在它们的定义域内都是连续的．

根据初等函数的定义及连续函数和、差、积、商的连续性，以及复合函数的连续性的相关结论，可得下面重要结论：一切初等函数在其定义域的任一区间内都是连续的.

但初等函数在其定义域的某点却不连续，例如，初等函数 $f(x)=\sqrt{x^2(x-1)^3}$ 的定义域为 $D=\{0\}\cup[1,+\infty)$，$f(x)$ 在 D 中的点 $x=0$ 的很小去心邻域内无定义. 按照连续性定义，就不能讨论 $f(x)$ 在该点处的连续性，因此不能说 $f(x)$ 在 $x=0$ 处连续.

注：（1）定义区间，就是包含在定义域内的区间.

（2）分段函数不作为初等函数处理，它在分界点的连续性一般按照定义讨论.

（3）如果 $f(x)$ 是初等函数，且 x_0 是 $f(x)$ 定义区间内的点，则 $\lim\limits_{x\to x_0}f(x)=f(x_0)$.

（4）幂指函数 $u(x)^{v(x)}$（$u(x)>0$，$u(x)\neq1$），如果 $\lim u(x)=a>0$，$\lim v(x)=b$，那么 $\lim u(x)^{v(x)}=a^b$.

下面介绍初等函数的连续性在求函数极限中的应用.

例 14　求 $\lim\limits_{x\to0}\sqrt{1-x^2}$.

解　由于初等函数 $f(x)=\sqrt{1-x^2}$ 在点 $x_0=0$ 处是有定义的，所以 $\lim\limits_{x\to0}\sqrt{1-x^2}=\sqrt{1}=1$.

例 15　求 $\lim\limits_{x\to\frac{\pi}{2}}\ln\sin x$.

解　由于初等函数 $f(x)=\ln\sin x$ 在点 $x_0=\dfrac{\pi}{2}$ 处是有定义的，所以 $\lim\limits_{x\to\frac{\pi}{2}}\ln\sin x=\ln\sin\dfrac{\pi}{2}=0$.

例 16　求 $\lim\limits_{x\to0}\dfrac{\sqrt{1+x^2}-1}{x}$.

解
$$\lim_{x\to0}\frac{\sqrt{1+x^2}-1}{x}=\lim_{x\to0}\frac{(\sqrt{1+x^2}-1)(\sqrt{1+x^2}+1)}{x(\sqrt{1+x^2}+1)}$$
$$=\lim_{x\to0}\frac{x}{\sqrt{1+x^2}+1}=\frac{0}{2}=0.$$

例 17　求 $\lim\limits_{x\to0}\dfrac{\log_a(1+x)}{x}$.

解
$$\lim_{x\to0}\frac{\log_a(1+x)}{x}=\lim_{x\to0}\log_a(1+x)^{\frac{1}{x}}=\log_a e=\frac{1}{\ln a}.$$

特殊地，当 $a=e$ 时，$\lim\limits_{x\to0}\dfrac{\log_a(1+x)}{x}=\lim\limits_{x\to0}\dfrac{\ln(1+x)}{x}=\dfrac{1}{\ln e}=1$.

例 18　求 $\lim\limits_{x\to0}\dfrac{a^x-1}{x}$.

解　令 $a^x-1=t$，则 $x=\log_a(1+t)$. 当 $x\to0$ 时 $t\to0$，则
$$\lim_{x\to0}\frac{a^x-1}{x}=\lim_{t\to0}\frac{t}{\log_a(1+t)}=\ln a.$$

例 19　$\lim\limits_{x\to0}(1+2x)^{\frac{3}{\sin x}}$.

解　$\lim\limits_{x\to0}(1+2x)^{\frac{3}{\sin x}}=\lim\limits_{x\to0}(1+2x)^{\frac{1}{2x}\cdot\frac{x}{\sin x}\cdot6}=e^6$，或者

$$\lim_{x\to 0}(1+2x)^{\frac{3}{\sin x}} = = e^{\lim_{x\to 0}\left[6\cdot\frac{x}{\sin x}\ln(1+2x)\frac{1}{2x}\right]} = e^6.$$

§2.8 闭区间上连续函数的性质

闭区间上连续函数有很多重要的性质，很多性质的几何直观是比较明显的，但定理证明却比较困难，需要用到实数理论，因此下面以定理的形式把这些性质叙述出来，证明略去.

2.8.1 有界性与最大值、最小值定理

对于在区间 I 上有定义的函数 $f(x)$，如果有 $x_0 \in I$，使对于任意一个不等于 x_0 的 $x \in I$，都有 $f(x) \leqslant f(x_0)(f(x) \geqslant f(x_0))$，则称 $f(x_0)$ 是函数 $f(x)$ 在区间 I 上的最大值（最小值）.

注意：按照定义，函数 $f(x)$ 在区间 I 上的最大值和最小值可以是相等的.

例如，函数 $f(x) = x - [x]$ 在区间 $[0,1]$ 上有最小值 0，但没有最大值；函数 $f(x) = \dfrac{1}{x}$ 在区间 $(0,1)$ 内既没有最大值，也没有最小值；函数 $f(x) = c$ 在任一区间的最大值和最小值均为常数 c.

那么在什么条件下，函数必有最大值、最小值，或必有界呢？

定理 1 若函数 $f(x)$ 在闭区间上连续，则函数在该区间上有界且一定能取得它的最大值和最小值.

如果函数 $f(x) \in C[a,b]$，那么至少有一点 $\xi_1 \in [a,b]$，使 $M = f(\xi_1) \geqslant f(x)$（最大值），又至少有一点 $\xi_2 \in [a,b]$，使 $m = f(\xi_2) \leqslant f(x)$（最小值）.

从而有 $m \leqslant f(x) \leqslant M$，则取 $K = \max\{|m|, |M|\}$，使 $|f(x)| \leqslant K$，$x \in [a,b]$，即 $f(x)$ 在 $[a,b]$ 上有界，如图 2-15 所示.

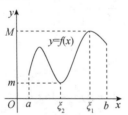

图 2-15

注意：如果函数在开区间内连续，或函数在闭区间上有间断点，那么函数在该区间上就不一定有最大值或最小值，也不一定有界.

例如，函数 $y = \tan x$ 在 $\left(-\dfrac{\pi}{2}, \dfrac{\pi}{2}\right)$ 内连续但无界，且无最大值、最小值.

又如，函数

$$y = f(x) = \begin{cases} 1+x & -1 \leqslant x < 0 \\ 0 & x = 0 \\ 1-x & 0 < x \leqslant 1 \end{cases},$$

在闭区间 $[-1, 1]$ 上有间断点，有界但无最大值，有最小值.

2.8.2 零点定理与介值定理

零点：如果 x_0 使 $f(x_0) = 0$，则 x_0 称为函数 $f(x)$ 的零点.

定理2(零点定理) 设函数 $f(x)$ 在闭区间 $[a, b]$ 上连续，且 $f(a)$ 与 $f(b)$ 异号(即 $f(a) \cdot f(b) < 0$)，那么在开区间 (a, b) 内至少有一点 ξ，使 $f(\xi) = 0$.

几何意义：如果连续曲线弧的两个端点位于 x 轴的不同侧，那么这段弧与 x 轴至少有一个交点，如图2-16所示.

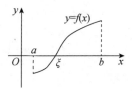

图2-16

定理3(介值定理) 设函数 $f(x)$ 在闭区间 $[a, b]$ 上连续，且在这区间的端点取不同的函数值 $f(a) = A$ 及 $f(b) = B(A \neq B)$，那么对于 A 与 B 之间的任意一个数 C，在开区间 (a, b) 内至少有一点 ξ，使 $f(\xi) = C$. 函数值必取得介于最小值 m 和最大值 M 之间的任何值.

证 利用零点定理.

设 $\varphi(x) = f(x) - C$，则 $\varphi(x)$ 在闭区间 $[a, b]$ 上连续，且 $\varphi(a) = A - C$ 与 $\varphi(b) = B - C$ 异号. 根据零点定理，在开区间 (a, b) 内至少有一点 ξ 使 $\varphi(\xi) = 0(a < \xi < b)$.

但 $\varphi(\xi) = f(\xi) - C$，因此由上式即得 $f(\xi) = C(a < \xi < b)$.

几何意义：连续曲线弧 $y = f(x)$ 与水平直线 $y = C$ 至少交于一点，如图2-17所示.

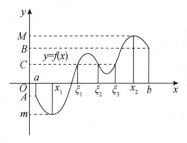

图2-17

推论 在闭区间上连续的函数必取得介于最大值 M 与最小值 m 之间的任何值.

例1 证明方程 $x \cdot 2^x = 1$ 至少有一个小于1的正根.

证 设函数 $f(x) = x \cdot 2^x - 1$，它在闭区间 $[0, 1]$ 上连续，又 $f(0) = -1 < 0$，$f(1) = 2 - 1 = 1 > 0$，即 $f(0) \cdot f(1) < 0$.

根据零点定理，在 $(0, 1)$ 内至少有一点 ξ，使 $f(\xi) = 0$，即方程 $x \cdot 2^x = 1$ 至少有一个小于1的正根.

例2 设函数 $f(x)$ 在区间 $[a, b]$ 上连续，且 $f(a) < a$，$f(b) > b$. 证明至少 $\exists \xi \in (a, b)$，使 $f(\xi) = \xi$.

证 令 $F(x) = f(x) - x$，则 $F(x)$ 在 $[a, b]$ 上连续，且 $F(a) = f(a) - a < 0$，$F(b) =$

$f(b) - b > 0$，由零点定理知，至少 $\exists \xi \in (a, b)$，使 $F(\xi) = f(\xi) - \xi = 0$，即 $f(\xi) = \xi$.

例 3 估计方程 $x^3 - 6x + 2 = 0$ 根的位置.

解 令 $f(x) = x^3 - 6x + 2$，又 $f(-3) = -7 < 0$，$f(-2) = 6 > 0$，$f(0) = 2 > 0$，$f(1) = -3 < 0$，$f(2) = -2 < 0$，$f(3) = 11 > 0$，即 $f(0) \cdot f(1) < 0$.

由于三次方程至多有三个实根，因此方程 $x^3 - 6x + 2 = 0$ 在 $(-3, -2)$，$(0, 1)$，$(2, 3)$ 内各有一个实根.

▌习题二

1. 求下列数列的极限.

(1) $\lim\limits_{n \to \infty} \dfrac{3n + 5}{\sqrt{n^2 + n + 4}}$；

(2) $\lim\limits_{n \to \infty} \left(1 + \dfrac{1}{2} + \dfrac{1}{2^2} + \cdots + \dfrac{1}{2^n} \right)$；

(3) $\lim\limits_{n \to \infty} (\sqrt{n^2 - n} - n)$.

2. 求下列函数的极限.

(1) $\lim\limits_{x \to 1} \dfrac{x^2 + x - 2}{\sqrt{3 - x} - \sqrt{1 + x}}$；

(2) $\lim\limits_{x \to 0} \left(\dfrac{2 + e^{\frac{1}{x}}}{1 + e^{\frac{4}{x}}} + \dfrac{\sin x}{|x|} \right)$；

(3) $\lim\limits_{x \to -1} \dfrac{x^2 + 2x + 2}{x^2 + 1}$；

(4) $\lim\limits_{x \to 2} \dfrac{x - 2}{\sqrt{x + 2}}$；

(5) $\lim\limits_{x \to \infty} \dfrac{x^2 - 1}{2x^2 - x}$；

(6) $\lim\limits_{x \to a} \dfrac{\sin x - \sin a}{\sin(x - a)} (a \neq 0)$；

(7) $\lim\limits_{x \to a^+} \dfrac{\sqrt{x} - \sqrt{a}}{\sqrt{x - a}} (a > 0)$.

3. 设 $\lim\limits_{x \to \infty} \left(\dfrac{x^2 + 2}{x - 1} - ax - b \right) = 0$，求 a，b.

4. 设 $\lim\limits_{x \to 2} \dfrac{x^2 + ax + b}{x^2 - 3x + 2} = -1$，求 a，b.

5. 设 $\lim\limits_{x \to \infty} (\sqrt[3]{1 - x^3} - ax + b) = 0$，求 a，b.

6. 求极限 $\lim\limits_{n \to \infty} n \cdot \left(\dfrac{1}{n^2 + \pi} + \dfrac{1}{n^2 + 2\pi} + \cdots + \dfrac{1}{n^2 + n\pi} \right)$.

7. 设 $x_{n+1} = \dfrac{1}{2} \left(x_n + \dfrac{a}{x_n} \right)$，其中 $a > 0$，$x_0 > 0$. 证明 $\{x_n\}$ 极限存在，并求 $\lim\limits_{n \to \infty} x_n$.

8. 求下列函数的极限.

(1) $\lim\limits_{x \to \infty} \left(1 + \dfrac{1}{3x} \right)^{-\frac{x}{2}}$；

(2) $\lim\limits_{x \to 0} (1 - 2x)^{\frac{1}{3\sin x}}$；

(3) $\lim\limits_{x \to \infty} x \cdot [\ln(x + a) - \ln x]$；

(4) $\lim\limits_{x \to \infty} \left(\dfrac{1 + x}{x} \right)^{2x + 1}$；

(5) $\lim\limits_{x \to 0^+} \sqrt[x]{\cos \sqrt{x}}$.

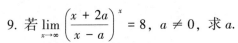

9. 若 $\lim\limits_{x\to\infty}\left(\dfrac{x+2a}{x-a}\right)^x = 8$，$a\neq 0$，求 a.

10. 求下列函数的极限.

（1）$\lim\limits_{x\to 0}\dfrac{x^2\cdot\sin\frac{1}{x}}{\sin x}$；

（2）$\lim\limits_{x\to 0}\dfrac{(e^{2x}-1)\cdot\ln(1+3x)}{(\arcsin x)^2}$；

（3）$\lim\limits_{x\to 0}\dfrac{\sin x^3\cdot\tan x}{1-\cos x^2}$；

（4）$\lim\limits_{x\to 0}\dfrac{\sin x-\tan x}{\sin^3 x}$；

（5）$\lim\limits_{x\to 0}\dfrac{\sin x^n}{(\sin x)^m}$；

（6）$\lim\limits_{x\to\infty}(e^{\frac{2}{x}}-1)\cdot x$；

（7）$\lim\limits_{x\to 0}\dfrac{e^x-e^{-x}}{x}$；

（8）$\lim\limits_{x\to 0}\dfrac{e^x+e^{-x}-2}{x^2}$.

11. 当 $x\to 0$ 时，判断两个无穷小 $\sqrt{1+x}-\sqrt{1-x}$ 与 x 的关系.

12. 当 $x\to 1$ 时，判断两个无穷小 $f(x)=\dfrac{1-x}{1+x}$ 与 $g(x)=1-\sqrt[3]{x}$ 的关系.

13. 设函数 $f(x)=\begin{cases}\dfrac{1-e^{\tan x}}{\arcsin\frac{x}{2}} & x>0 \\[2mm] ae^{2x} & x\leqslant 0\end{cases}$ 在 $x=0$ 处连续，求 a.

14. 设函数 $f(x)=\dfrac{x^2-1}{x^2-3x+2}$，求其间断点并判断类型.

15. 设函数 $f(x)=\sin x\cdot\sin\dfrac{1}{x}$，求其间断点并判断类型.

16. 设函数 $f(x)=\dfrac{x}{2-e^{\frac{1}{x}}}$，求其间断点并判断类型.

17. 讨论函数 $f(x)=\lim\limits_{n\to\infty}\dfrac{x^2+x^3e^{nx}}{x+e^{nx}}$ 的连续性.

18. 证明：方程 $x=a\sin x+b$，$a>0$，$b>0$，至少有一个正根，且不超过 $a+b$.

19. 设 $f(x)$ 在 $[0,2a]$ 连续，且 $f(0)=f(2a)$，证明：$\exists\xi\in[0,a]$，$f(\xi)=f(\xi+a)$.

20. 求 $f(x)=\dfrac{4}{2-x^2}$ 的渐近线.

习题二答案

1.（1）3；　　（2）2；　　（3）$-\dfrac{1}{2}$.

2.（1）$-3\sqrt{2}$；　　（2）1；

（3）$\dfrac{1}{2}$；　　（4）0；

（5）$\dfrac{1}{2}$；　　（6）$\cos a$；

（7）0.

3. $a = b = 1$.

4. $a = -5$，$b = 6$.

5. $a = -1$，$b = 0$.

6. 提示：夹逼准则，1.

7. $x_{n+1} \geqslant \sqrt{a}$，$\dfrac{x_{n+1}}{x_n} \leqslant 1$，$\lim\limits_{n \to \infty} x_n = \sqrt{a}$.

8. （1）$e^{-\frac{1}{6}}$；　　　　　（2）$e^{-\frac{2}{3}}$；　　　　　（3）a；　　　　　（4）e^2；

（5）令 $y = \sqrt{x}$，利用重要极限得函数的极限为 $e^{-\frac{1}{2}}$.

9. $a = \ln 2$.

10. （1）0；　　　　　（2）6；　　　　　（3）2；　　　　　（4）$-\dfrac{1}{2}$；

（5）$\begin{cases} 0 & n > m \\ 1 & n = m \\ \infty & n < m \end{cases}$；　（6）2；　　　　　（7）2；　　　　　（8）1.

11. 等价无穷小.

12. 同阶，非等价.

13. $a = -2$.

14. $x = 1$ 是 $f(x)$ 的可去间断点，$x = 2$ 是 $f(x)$ 的无穷间断点.

15. $x = 0$ 是 $f(x)$ 的可去间断点.

16. $x = 0$ 是 $f(x)$ 的可去间断点；$x = \dfrac{1}{\ln 2}$ 是 $f(x)$ 的无穷间断点.

17. 提示 $f(x) = \begin{cases} x & x < 0 \\ 0 & x = 0 \\ x^3 & x > 0 \end{cases}$，则 $f(x)$ 在定义域内连续.

18. 构造 $f(x) = a\sin x + b$，讨论利用零点定理证明.

19. 构造 $F(x) = f(x + a) - f(x)$，讨论利用零点定理证明.

20. $y = 0$，水平渐近线；$x = \pm\sqrt{2}$，铅直渐近线.

第3章 | 导数与微分

本章将通过对实际问题的分析，引出微分学中两个最重要的基本概念——导数与微分，然后再建立求导数与微分的运算公式和法则，从而解决有关变化率的计算问题.

§3.1 导数的概念

3.1.1 引例

1. 切线问题

设有曲线 L 及 L 上的一点 M，在点 M 外另取 L 上一点 N，作割线 MN. 当点 N 沿曲线 L 趋于点 M 时，如果割线 MN 绕点 M 旋转而趋于极限位置 MT，直线 MT 就称为曲线 L 在点 M 处的切线.

设曲线 L 是函数 $y = f(x)$ 的图形，如图 3-1 所示，现在要求曲线 L 在点 $M(x_0, y_0)$（$y_0 = f(x_0)$）处的切线，关键在于求出切线的斜率.

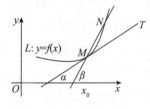

图 3-1

为此，在点 M 外另取 L 上一点 $N(x, y)$，于是割线 MN 的斜率为

$$\tan \beta = \frac{y - y_0}{x - x_0} = \frac{f(x) - f(x_0)}{x - x_0},$$

其中，β 为割线 MN 的倾角. 当点 N 沿曲线 L 趋于点 M 时，$x \to x_0$. 如果当 $x \to x_0$ 时，上式的极限存在，设为 k，即

$$k = \lim_{x \to x_0} \frac{f(x) - f(x_0)}{x - x_0}, \tag{3.1}$$

则此极限 k 是割线斜率的极限，也就是切线的斜率. 这里 $k = \tan \alpha$，其中 α 是切线 MT 的倾角. 于是，通过点 $M(x_0, y_0)$ 且以 k 为斜率的直线 MT 便是曲线 L 在点 M 处的切线.

2. 瞬时速度

设某物体做非匀速直线运动，时刻 t 物体的坐标为 s，s 是 t 的函数，则

$$s = f(t),$$

求物体在时刻 t_0 的瞬时速度.

考虑比值

$$\frac{s - s_0}{t - t_0} = \frac{f(t) - f(t_0)}{t - t_0},$$

这个比值可认为是物体在时间间隔 $t - t_0$ 内的平均速度. 当 $t - t_0 \to 0$ 时，取比值的极限，如果这个极限存在，设为 v，即

$$v = \lim_{t \to t_0} \frac{f(t) - f(t_0)}{t - t_0}. \tag{3.2}$$

这时，就把这个极限值 v 称为物体在时刻 t_0 的瞬时速度.

3.1.2 导数概念

1. 函数在一点处的导数

从上面所讨论的实际问题可以看出，非匀速直线运动的瞬时速度和切线的斜率都归结为如下极限：

$$\lim_{x \to x_0} \frac{f(x) - f(x_0)}{x - x_0}.$$

令 $\Delta x = x - x_0$，则 $\Delta y = f(x_0 + \Delta x) - f(x_0) = f(x) - f(x_0)$，$x \to x_0$ 相当于 $\Delta x \to 0$，于是 $\lim\limits_{x \to x_0} \dfrac{f(x) - f(x_0)}{x - x_0}$ 成为

$$\lim_{\Delta x \to 0} \frac{\Delta y}{\Delta x} \ \text{或} \ \lim_{\Delta x \to 0} \frac{f(x_0 + \Delta x) - f(x_0)}{\Delta x}.$$

> **定义** 设函数 $y = f(x)$ 在点 x_0 的某个邻域内有定义，当自变量 x 在 x_0 处取得增量 Δx（点 $x_0 + \Delta x$ 仍在该邻域内）时，相应地，函数 y 取得增量 $\Delta y = f(x_0 + \Delta x) - f(x_0)$，如果 Δy 与 Δx 之比当 $\Delta x \to 0$ 时的极限存在，则称函数 $y = f(x)$ 在点 x_0 处可导（或存在导数），并称这个极限为函数 $y = f(x)$ 在点 x_0 处的导数，记为 $y' \big|_{x = x_0}$，即
>
> $$f'(x_0) = \lim_{\Delta x \to 0} \frac{\Delta y}{\Delta x} = \lim_{\Delta x \to 0} \frac{f(x_0 + \Delta x) - f(x_0)}{\Delta x}, \tag{3.3}$$
>
> 也可记为 $y' \big|_{x = x_0}$，$\dfrac{\mathrm{d}y}{\mathrm{d}x} \Big|_{x = x_0}$ 或 $\dfrac{\mathrm{d}f(x)}{\mathrm{d}x} \Big|_{x = x_0}$.

若极限式（3.3）不存在，则称函数 $y = f(x)$ 在点 x_0 处不可导.

有时为了方便，也将极限式（3.3）改写为下列形式：

$$f'(x_0) = \lim_{h \to 0} \frac{f(x_0 + h) - f(x_0)}{h}, \ (\Delta x = h);$$

$$f'(x_0) = \lim_{x \to x_0} \frac{f(x) - f(x_0)}{x - x_0}, \ (x = x_0 + \Delta x).$$

2. 单侧导数

定义 若极限 $\lim\limits_{\Delta x \to 0^-} \dfrac{f(x + \Delta x) - f(x)}{\Delta x}$ 及 $\lim\limits_{\Delta x \to 0^+} \dfrac{f(x + \Delta x) - f(x)}{\Delta x}$ 都存在，则分别称为函数 $f(x)$ 在点 x_0 处的左可导与右可导，其极限分别称为函数 $f(x)$ 在点 x_0 处的左导数与右导数，记为

$$f'_-(x_0) = \lim_{\Delta x \to 0^-} \frac{f(x + \Delta x) - f(x)}{\Delta x}, \tag{3.4}$$

$$f'_+(x_0) = \lim_{\Delta x \to 0^+} \frac{f(x + \Delta x) - f(x)}{\Delta x}. \tag{3.5}$$

根据左、右极限的性质，有

定理 1 函数 $f(x)$ 在点 x_0 处可导的充分必要条件是左导数 $f'_-(x_0)$ 和右导数 $f'_+(x_0)$ 都存在且相等.

3. 导函数

如果函数 $y = f(x)$ 在开区间 I 内的每点处都可导，就称函数 $f(x)$ 在开区间 I 内可导. 这时，对于任一 $x \in I$，都对应着 $f(x)$ 的一个确定的导数值. 这样就构成了一个新的函数，这个函数叫作原来函数 $y = f(x)$ 的导函数，简称导数，记作 y', $f'(x)$, $\dfrac{\mathrm{d}y}{\mathrm{d}x}$ 或 $\dfrac{\mathrm{d}f(x)}{\mathrm{d}x}$.

由函数在一点处的导数定义可以得到导函数的定义式为

$$y' = \lim_{\Delta x \to 0} \frac{f(x + \Delta x) - f(x)}{\Delta x} \tag{3.6}$$

如果函数 $f(x)$ 在开区间 (a, b) 内可导，且左导数 $f'_-(b)$ 和右导数 $f'_+(a)$ 都存在，就是说 $f(x)$ 在闭区间 $[a, b]$ 上可导.

$f'(x_0)$ 与 $f'(x)$ 之间的关系：函数 $f(x)$ 在点 x_0 处的导数 $f'(x_0)$ 就是导函数 $f'(x)$ 在点 $x = x_0$ 处的函数值，即

$$f'(x_0) = f'(x) \big|_{x = x_0}.$$

实际中，需要讨论各种具有不同意义变量的变化"快慢"问题，而在数学上就是所谓函数的变化率问题. 导数概念就是函数变化率这一概念的精确描述.

例 1 求函数 $f(x) = C$（C 为常数）的导数.

解 $f'(x) = \lim\limits_{\Delta x \to 0} \dfrac{f(x + \Delta x) - f(x)}{\Delta x} = \lim\limits_{\Delta x \to 0} \dfrac{C - C}{\Delta x} = 0$，即 $(C)' = 0$.

例 2 求函数 $f(x) = x^n$（n 为正整数）在 $x = a$ 处的导数.

解 $f'(a) = \lim\limits_{x \to a} \dfrac{f(x) - f(a)}{x - a} = \lim\limits_{x \to a} \dfrac{x^n - a^n}{x - a} = \lim\limits_{x \to a}(x^{n-1} + ax^{n-2} + \cdots + a^{n-1}) = na^{n-1}$.

把以上结果中的 a 换成 x 得 $f'(x) = nx^{n-1}$，即 $(x^n)' = nx^{n-1}$. 例如，$\left(\dfrac{1}{x}\right)' = -\dfrac{1}{x^2}$，$(\sqrt{x})' = \dfrac{1}{2\sqrt{x}}$.

更一般地，有 $(x^\mu)' = \mu \cdot x^{\mu-1}$，其中 μ 为常数.

例3 求函数 $f(x) = \sin x$ 的导数.

解 $f'(x) = \lim\limits_{\Delta x \to 0} \dfrac{f(x + \Delta x) - f(x)}{\Delta x} = \lim\limits_{\Delta x \to 0} \dfrac{\sin(\Delta x + x) - \sin x}{\Delta x}$

$\qquad = \lim\limits_{\Delta x \to 0} \dfrac{1}{\Delta x} \cdot 2\cos\left(x + \dfrac{\Delta x}{2}\right) \sin \dfrac{\Delta x}{2}$

$\qquad = \lim\limits_{\Delta x \to 0} \cos\left(x + \dfrac{\Delta x}{2}\right) \cdot \dfrac{\sin \dfrac{\Delta x}{2}}{\dfrac{\Delta x}{2}} = \cos x,$

则 $(\sin x)' = \cos x.$

用类似的方法，可求得 $(\cos x)' = -\sin x.$

例4 求函数 $f(x) = a^x (a > 0, \ a \neq 1)$ 的导数.

解 $f'(x) = \lim\limits_{\Delta x \to 0} \dfrac{f(x + \Delta x) - f(x)}{\Delta x} = \lim\limits_{\Delta x \to 0} \dfrac{a^{x + \Delta x} - a^x}{\Delta x}$

$\qquad = a^x \lim\limits_{\Delta x \to 0} \dfrac{a^{\Delta x} - 1}{\Delta x} = a^x \lim\limits_{\Delta x \to 0} \dfrac{e^{\Delta x \cdot \ln a} - 1}{\Delta x}$

$\qquad = a^x \ln a.$

则 $(a^x)' = a^x \ln a.$

特殊地，有 $(e^x)' = e^x.$

例5 求函数 $f(x) = \log_a x (a > 0, \ a \neq 1)$ 的导数.

解 $f'(x) = \lim\limits_{\Delta x \to 0} \dfrac{f(x + \Delta x) - f(x)}{\Delta x} = \lim\limits_{\Delta x \to 0} \dfrac{\log_a(x + \Delta x) - \log_a x}{\Delta x}$

$\qquad = \lim\limits_{\Delta x \to 0} \dfrac{1}{\Delta x} \log_a \dfrac{x + \Delta x}{x} = \dfrac{1}{x} \lim\limits_{\Delta x \to 0} \dfrac{x}{\Delta x} \log_a \left(1 + \dfrac{\Delta x}{x}\right)$

$\qquad = \dfrac{1}{x} \lim\limits_{\Delta x \to 0} \log_a \left(1 + \dfrac{\Delta x}{x}\right)^{\frac{x}{\Delta x}} = \dfrac{1}{x} \log_a e = \dfrac{1}{x \ln a}.$

则 $(\log_a x)' = \dfrac{1}{x \ln a}.$

特殊地，有 $(\ln x)' = \dfrac{1}{x}.$

例6 已知 $f'(a) = 2$，求 $\lim\limits_{h \to 0} \dfrac{f(a - h) - f(a)}{2h}.$

解 $\lim\limits_{h \to 0} \dfrac{f(a - h) - f(a)}{2h} = -\dfrac{1}{2} \lim\limits_{h \to 0} \dfrac{f(a - h) - f(a)}{-h} = -\dfrac{1}{2} f'(a) = -1.$

例7 求函数 $f(x) = |x|$ 在 $x = 0$ 处的导数.

解 由题可知，

$$f'_-(0) = \lim\limits_{\Delta x \to 0^-} \dfrac{f(0 + \Delta x) - f(0)}{\Delta x} = \lim\limits_{\Delta x \to 0^-} \dfrac{|\Delta x|}{\Delta x} = -1,$$

$$f'_+(0) = \lim\limits_{\Delta x \to 0^+} \dfrac{f(0 + \Delta x) - f(0)}{\Delta x} = \lim\limits_{\Delta x \to 0^+} \dfrac{|\Delta x|}{\Delta x} = 1.$$

因为 $f'_-(0) \neq f'_+(0)$，所以函数 $f(x) = |x|$ 在 $x = 0$ 处不可导.

3.1.3 导数的几何意义

函数 $y = f(x)$ 在点 x_0 处的导数 $f'(x_0)$ 在几何上表示曲线 $y = f(x)$ 在点 $M(x_0, f(x_0))$ 处的切线的斜率，即

$$f'(x_0) = k = \tan\alpha.$$

其中，α 为切线的倾角.

由直线的点斜式方程可知，曲线 $y = f(x)$ 在点 $M(x_0, y_0)$ 处的切线方程为

$$y - y_0 = f'(x_0)(x - x_0).$$

过切点 $M(x_0, y_0)$ 且与切线垂直的直线叫作曲线 $y = f(x)$ 在点 $M(x_0, y_0)$ 处的法线.

如果 $f'(x_0) \neq 0$，法线的斜率为 $-\dfrac{1}{f'(x_0)}$，从而法线方程为

$$y - y_0 = -\frac{1}{f'(x_0)}(x - x_0).$$

例 8 求等边双曲线 $y = \dfrac{1}{x}$ 在点 $\left(\dfrac{1}{3}, 3\right)$ 处的切线的斜率，并写出在该点处的切线方程和法线方程.

解 所求切线及法线的斜率分别为

$$k_1 = f'(x_0) = \left(-\frac{1}{x^2}\right)\bigg|_{x=\frac{1}{3}} = -9, \quad k_2 = -\frac{1}{k_1} = \frac{1}{9},$$

因此，所求切线方程为

$$y - 3 = -9\left(x - \frac{1}{3}\right), \quad 即 \quad 9x + y - 6 = 0;$$

所求法线方程为

$$y - 3 = \frac{1}{9}\left(x - \frac{1}{3}\right), \quad 即 \quad 3x - 27y + 80 = 0.$$

例 9 求曲线 $y = x\sqrt{x}$ 通过点 $(0, -4)$ 的切线方程.

解 设切点的横坐标为 x_0，则切线的斜率为

$$k = f'(x_0) = (x^{\frac{3}{2}})' = \frac{3}{2}x^{\frac{1}{2}}\big|_{x=x_0} = \frac{3}{2}\sqrt{x_0},$$

于是所求切线的方程可设为

$$y - x_0\sqrt{x_0} = \frac{3}{2}\sqrt{x_0}(x - x_0).$$

根据题目条件，点 $(0, -4)$ 在切线上，因此

$$-4 - x_0\sqrt{x_0} = \frac{3}{2}\sqrt{x_0}(0 - x_0),$$

解得 $x_0 = 4$. 于是所求切线的方程为

$$y - 4\sqrt{4} = \frac{3}{2}\sqrt{4}(x - 4), \quad 即 \quad 3x - y - 4 = 0.$$

3.1.4 函数的可导性与连续性的关系

设函数 $y = f(x)$ 在点 x_0 处可导，即 $\lim\limits_{\Delta x \to 0} \dfrac{\Delta y}{\Delta x} = f'(x_0)$ 存在，于是有

$$\lim_{\Delta x \to 0} \Delta y = \lim_{\Delta x \to 0} \frac{\Delta y}{\Delta x} \cdot \Delta x = \lim_{\Delta x \to 0} \frac{\Delta y}{\Delta x} \cdot \lim_{\Delta x \to 0} \Delta x = f'(x_0) \cdot 0 = 0.$$

由函数连续的定义可知，函数 $y = f(x)$ 在点 x_0 处是连续的. 因此，如果函数 $y = f(x_0)$ 在点 x 处可导，则函数在该点必连续.

注意：一个函数在某点连续却不一定在该点处可导.

例 10 证明函数 $f(x) = \begin{cases} x\sin\dfrac{1}{x} & x \neq 0 \\ 0 & x = 0 \end{cases}$ 在 $x = 0$ 处连续，但不可导.

证 因为 $\lim\limits_{x \to 0} f(x) = \lim\limits_{x \to 0} x\sin\dfrac{1}{x} = 0 = f(0)$，所以 $f(x)$ 在 $x = 0$ 连续.

但是，$\lim\limits_{\Delta x \to 0} \dfrac{f(0 + \Delta x) - f(0)}{\Delta x} = \lim\limits_{\Delta x \to 0} \dfrac{\Delta x\sin\dfrac{1}{\Delta x} - 0}{\Delta x} = \lim\limits_{\Delta x \to 0} \sin\dfrac{1}{\Delta x}$ 不存在，因此 $f(x)$ 在 $x = 0$ 处不可导.

例 11 证明函数 $f(x) = \sqrt[3]{x}$ 在点 $x = 0$ 处不可导.

解 因为 $\lim\limits_{\Delta x \to 0} \dfrac{f(0 + \Delta x) - f(0)}{\Delta x} = \lim\limits_{\Delta x \to 0} \dfrac{\sqrt[3]{\Delta x} - 0}{\Delta x} = \lim\limits_{\Delta x \to 0} \dfrac{1}{\sqrt[3]{\Delta x^2}} = +\infty$，所以函数 $f(x) = \sqrt[3]{x}$ 在点 $x = 0$ 处不可导.

§3.2 函数的求导法则

3.2.1 导数的四则运算

求导运算是研究函数性质经常用到的基本运算之一，要求读者迅速、准确求出函数的导数. 如果总是按照导数定义去求函数的导数，计算量很大，费时费力. 为此要将求导运算公式化，这样就需要求导法则和基本初等函数的导数公式.

定理 1 如果函数 $u = u(x)$ 及 $v = v(x)$ 在点 x 处具有导数，那么它们的和、差、积、商（除分母为零的点外）都在点 x 处具有导数，且

（1）$[u(x) \pm v(x)]' = u'(x) \pm v'(x)$；

（2）$[u(x) \cdot v(x)]' = u'(x)v(x) + u(x)v'(x)$；

（3）$\left[\dfrac{u(x)}{v(x)}\right]' = \dfrac{u'(x)v(x) - u(x)v'(x)}{v^2(x)} (v(x) \neq 0)$.

证 （1）$[u(x) \pm v(x)]' = \lim\limits_{\Delta x \to 0} \dfrac{[u(x + \Delta x) \pm v(x + \Delta x)] - [u(x) \pm v(x)]}{\Delta x}$

$$= \lim_{\Delta x \to 0} \left[\frac{u(x + \Delta x) - u(x)}{\Delta x} \pm \frac{v(x + \Delta x) - v(x)}{\Delta x}\right]$$

$$= u'(x) \pm v'(x).$$

$$(2)\ [u(x) \cdot v(x)]' = \lim_{\Delta x \to 0} \frac{u(x + \Delta x)v(x + \Delta x) - u(x)v(x)}{\Delta x}$$

$$= \lim_{\Delta x \to 0} \frac{1}{\Delta x}[u(x + \Delta x)v(x + \Delta x) - u(x)v(x + \Delta x) + u(x)v(x + \Delta x) - u(x)v(x)]$$

$$= \lim_{\Delta x \to 0}\left[\frac{u(x + \Delta x) - u(x)}{\Delta x}v(x + \Delta x) + u(x)\frac{v(x + \Delta x) - v(x)}{\Delta x}\right]$$

$$= \lim_{\Delta x \to 0}\frac{u(x + \Delta x) - u(x)}{\Delta x} \cdot \lim_{\Delta x \to 0}v(x + \Delta x) + u(x) \cdot \lim_{\Delta x \to 0}\frac{v(x + \Delta x) - v(x)}{\Delta x}$$

$$= u'(x)v(x) + u(x)v'(x).$$

其中, $\lim_{\Delta x \to 0}v(x + \Delta x) = v(x)$ 由于 $v'(x)$ 存在, 故 $v(x)$ 在点 x 处连续.

$$(3)\ \left[\frac{u(x)}{v(x)}\right]' = \lim_{\Delta x \to 0}\frac{\dfrac{u(x + \Delta x)}{v(x + \Delta x)} - \dfrac{u(x)}{v(x)}}{\Delta x} = \lim_{\Delta x \to 0}\frac{u(x + \Delta x)v(x) - u(x)v(x + \Delta x)}{v(x + \Delta x)v(x)\Delta x}$$

$$= \lim_{\Delta x \to 0}\frac{[u(x + \Delta x) - u(x)]v(x) - u(x)[v(x + \Delta x) - v(x)]}{v(x + \Delta x)v(x)\Delta x}$$

$$= \lim_{\Delta x \to 0}\frac{\dfrac{u(x + \Delta x) - u(x)}{\Delta x}v(x) - u(x)\dfrac{v(x + \Delta x) - v(x)}{\Delta x}}{v(x + \Delta x)v(x)}$$

$$= \frac{u'(x)v(x) - u(x)v'(x)}{v^2(x)}.$$

定理 1 中的法则(1)、(2)可推广到任意有限个可导函数的情形. 例如, 设 $u = u(x)$, $v = v(x)$, $w = w(x)$ 均可导, 则有

$$[u(x) + v(x) - w(x)]' = u'(x) + v'(x) - w'(x);$$
$$[u(x) \cdot v(x) \cdot w(x)]' = u'(x)v(x)w(x) + u(x)v'(x)w(x) + u(x)v(x)w'(x);$$
$$[Cu(x)]' = Cu'(x)\,(C\text{ 为常数}).$$

例 1 $y = x^3 + 4x^2 - 3x + 1$, 求 y'.

解 $y' = (x^3)' + (4x^2)' - (3x)' + (1)' = 3x^2 + 8x - 3.$

例 2 $f(x) = 2x^3 + 4\cos x - \sin\dfrac{\pi}{2}$, 求 $f'(x)$ 及 $f'\left(\dfrac{\pi}{2}\right)$.

解 $f'(x) = (2x^3)' + (4\cos x)' - \left(\sin\dfrac{\pi}{2}\right)' = 6x^2 - 4\sin x$, $f'\left(\dfrac{\pi}{2}\right) = \dfrac{3}{2}\pi^2 - 4.$

例 3 $y = e^x(\sin x + \cos x)$, 求 y'.

解 $y' = (e^x)'(\sin x + \cos x) + e^x(\sin x + \cos x)'$

$\qquad = e^x(\sin x + \cos x) + e^x(\cos x - \sin x)$

$\qquad = 2e^x\cos x.$

例 4 $y = \tan x$, 求 y'.

解 $y' = (\tan x)' = \left(\dfrac{\sin x}{\cos x}\right)' = \dfrac{(\sin x)'\cos x - \sin x(\cos x)'}{\cos^2 x}$

$$= \frac{\cos^2 x + \sin^2 x}{\cos^2 x} = \frac{1}{\cos^2 x} = \sec^2 x.$$

即

$$(\tan x)' = \sec^2 x.$$

例 5 $y = \sec x$，求 y'.

解 $y' = (\sec x)' = \left(\frac{1}{\cos x}\right)' = \frac{(1)'\cos x - 1 \cdot (\cos x)'}{\cos^2 x} = \frac{\sin x}{\cos^2 x} = \sec x \tan x$

即

$$(\sec x)' = \sec x \tan x.$$

用类似方法，还可求得余切函数及余割函数的导数公式如下：

$$(\cot x)' = -\csc^2 x, \quad (\csc x)' = -\csc x \cot x.$$

3.2.2 反函数的求导法则

为了求反三角函数（三角函数的反函数）的导数，首先给出反函数的求导法则.

定理 2 如果函数 $x = f(y)$ 在某区间 I_y 内单调、可导且 $f'(y) \neq 0$，那么它的反函数 $y = f^{-1}(x)$ 在对应区间 $I_x = \{x \mid x = f(y), y \in I_y\}$ 内也可导，并且

$$[f^{-1}(x)]' = \frac{1}{f'(y)} \quad \text{或} \quad \frac{dy}{dx} = \frac{1}{\dfrac{dx}{dy}}.$$

证 由于 $x = f(y)$ 在 I_y 内单调、可导（从而连续），所以 $x = f(y)$ 的反函数 $y = f^{-1}(x)$ 存在，且 $y = f^{-1}(x)$ 在 I_x 内也单调、连续.

任取 $x \in I_x$，给 x 以增量 $\Delta x (\Delta x \neq 0, x + \Delta x \in I_x)$，由 $y = f^{-1}(x)$ 的单调性可知

$$\Delta y = f^{-1}(x + \Delta x) - f^{-1}(x) \neq 0,$$

于是，

$$\frac{\Delta y}{\Delta x} = \frac{1}{\dfrac{\Delta x}{\Delta y}}.$$

因为 $y = f^{-1}(x)$ 连续，故

$$\lim_{x \to 0} \Delta y = 0$$

从而，

$$[f^{-1}(x)]' = \lim_{\Delta x \to 0} \frac{\Delta y}{\Delta x} = \lim_{\Delta y \to 0} \frac{1}{\dfrac{\Delta x}{\Delta y}} = \frac{1}{f'(y)}.$$

上述结论可简单地描述为反函数的导数等于直接函数导数的倒数.

例 6 设 $x = \sin y$ 为直接函数，$y \in \left[-\dfrac{\pi}{2}, \dfrac{\pi}{2}\right]$，则 $y = \arcsin x$ 是它的反函数. 函数 $x = \sin y$ 在开区间 $\left(-\dfrac{\pi}{2}, \dfrac{\pi}{2}\right)$ 内单调、可导，且

$$(\sin y)' = \cos y > 0.$$

因此，由反函数的求导法则，在对应区间 $I_x = (-1, 1)$ 内有

$$(\arcsin x)' = \frac{1}{(\sin y)'} = \frac{1}{\cos y} = \frac{1}{\sqrt{1 - \sin^2 y}} = \frac{1}{\sqrt{1 - x^2}}.$$

类似地, 有 $(\arccos x)' = -\dfrac{1}{\sqrt{1-x^2}}$.

例 7 设 $x = \tan y$ 为直接函数, $y \in \left(-\dfrac{\pi}{2}, \dfrac{\pi}{2}\right)$, 则 $y = \arctan x$ 是它的反函数. 函数 $x = \tan y$ 在区间 $\left(-\dfrac{\pi}{2}, \dfrac{\pi}{2}\right)$ 内单调、可导, 且

$$(\tan y)' = \sec^2 y \neq 0.$$

因此, 由反函数的求导法则, 在对应区间 $I_x = (-\infty, +\infty)$ 内有

$$(\arctan x)' = \frac{1}{(\tan y)'} = \frac{1}{\sec^2 y} = \frac{1}{1 + \tan^2 y} = \frac{1}{1 + x^2}.$$

类似地, 有 $(\operatorname{arccot} x)' = -\dfrac{1}{1 + x^2}$.

例 8 设 $x = a^y (a > 0, a \neq 1)$ 为直接函数, 则 $y = \log_a x$ 是它的反函数. 函数 $x = a^y$ 在区间 $(-\infty, \infty)$ 内单调、可导, 且

$$(a^y)' = a^y \ln a \neq 0.$$

因此, 由反函数的求导法则, 在对应区间 $I_x = (0, +\infty)$ 内有

$$(\log_a x)' = \frac{1}{(a^y)'} = \frac{1}{a^y \ln a} = \frac{1}{x \ln a}.$$

到目前为止, 所有基本初等函数的导数都求出来了, 那么由基本初等函数构成的较复杂的初等函数的导数如何求呢?

3.2.3 复合函数的求导法则

定理 3 如果 $u = g(x)$ 在点 x 处可导, 函数 $y = f(u)$ 在点 $u = g(x)$ 处可导, 则复合函数 $y = f[g(x)]$ 在点 x 处可导, 且其导数为

$$\frac{\mathrm{d}y}{\mathrm{d}x} = f'(u) \cdot g'(x) \ \text{或} \ \frac{\mathrm{d}y}{\mathrm{d}x} = \frac{\mathrm{d}y}{\mathrm{d}u} \cdot \frac{\mathrm{d}u}{\mathrm{d}x}.$$

证 当 $u = g(x)$ 在 x 的某邻域内为常数时, $y = f[g(x)]$ 也是常数, 此时导数为零, 结论自然成立.

当 $u = g(x)$ 在 x 的某邻域内不等于常数时, $\Delta u \neq 0$, 此时有

$$\frac{\Delta y}{\Delta x} = \frac{f[g(x + \Delta x)] - f[g(x)]}{\Delta x} = \frac{f[g(x + \Delta x)] - f[g(x)]}{g(x + \Delta x) - g(x)} \cdot \frac{g(x + \Delta x) - g(x)}{\Delta x}$$

$$= \frac{f(u + \Delta u) - f(u)}{\Delta u} \cdot \frac{g(x + \Delta x) - g(x)}{\Delta x},$$

$$\frac{\mathrm{d}y}{\mathrm{d}x} = \lim_{\Delta x \to 0} \frac{\Delta y}{\Delta x} = \lim_{\Delta u \to 0} \frac{f(u + \Delta u) - f(u)}{\Delta u} \cdot \lim_{\Delta x \to 0} \frac{g(x + \Delta x) - g(x)}{\Delta x} = f'(u) \cdot g'(x).$$

例 9 设 $y = \mathrm{e}^{x^4}$, 求 $\dfrac{\mathrm{d}y}{\mathrm{d}x}$.

解 函数 $y = \mathrm{e}^{x^4}$ 可看作是由 $y = \mathrm{e}^u$, $u = x^4$ 复合而成的, 因此

$$\frac{dy}{dx} = \frac{dy}{du} \cdot \frac{du}{dx} = e^u \cdot 4x^3 = 4x^3 e^{x^4}.$$

例 10　设 $y = \sin\dfrac{3x}{1+x^2}$，求 $\dfrac{dy}{dx}$.

解　函数 $y = \sin\dfrac{3x}{1+x^2}$ 是由 $y = \sin u$，$u = \dfrac{3x}{1+x^2}$ 复合而成的，因此

$$\frac{dy}{dx} = \frac{dy}{du} \cdot \frac{du}{dx} = \cos u \cdot \frac{3(1+x^2)-3x\cdot 2x}{(1+x^2)^2} = \frac{3(1-x^2)}{(1+x^2)^2} \cdot \cos\frac{3x}{1+x^2}.$$

对复合函数的导数比较熟练后，就不必再写出中间变量.

例 11　设 $y = \ln\cos x$，求 $\dfrac{dy}{dx}$.

解　$\dfrac{dy}{dx} = (\ln\cos x)' = \dfrac{1}{\cos x} \cdot (\cos x)' = \dfrac{1}{\cos x} \cdot (-\sin x) = -\tan x.$

例 12　设 $y = \sqrt[3]{1-4x^2}$，求 $\dfrac{dy}{dx}$.

解　$\dfrac{dy}{dx} = [(1-4x^2)^{\frac{1}{3}}]' = \dfrac{1}{3}(1-4x^2)^{-\frac{2}{3}} \cdot (1-4x^2)' = \dfrac{-8x}{3\sqrt[3]{(1-4x^2)^2}}.$

应用归纳法，复合函数的求导法则可以推广到多个中间变量的情形. 例如，设 $y = f(u)$，$u = \varphi(v)$，$v = \psi(x)$，则

$$\frac{dy}{dx} = \frac{dy}{du} \cdot \frac{du}{dx} = \frac{dy}{du} \cdot \frac{du}{dv} \cdot \frac{dv}{dx}.$$

例 13　设 $y = \ln[\ln(\ln x)]$，求 $\dfrac{dy}{dx}$.

解　$\dfrac{dy}{dx} = \dfrac{1}{\ln(\ln x)}[\ln(\ln x)]'$

$= \dfrac{1}{\ln(\ln x)} \cdot \dfrac{1}{\ln x} \cdot (\ln x)' = \dfrac{1}{x \cdot \ln x \cdot \ln(\ln x)}.$

例 14　设 $y = e^{2\sin\frac{1}{x}}$，求 $\dfrac{dy}{dx}$.

解　$\dfrac{dy}{dx} = (e^{2\sin\frac{1}{x}})' = e^{2\sin\frac{1}{x}} \cdot (2\sin\frac{1}{x})' = e^{2\sin\frac{1}{x}} \cdot 2\cos\frac{1}{x} \cdot (\frac{1}{x})'$

$= -\dfrac{2}{x^2} \cdot e^{2\sin\frac{1}{x}} \cdot \cos\frac{1}{x}.$

3.2.4　基本求导法则与导数公式

1. 基本初等函数的导数

(1) $(C)' = 0$;

(2) $(x^\mu)' = \mu \cdot x^{\mu-1}$;

(3) $(\sin x)' = \cos x$;

(4) $(\cos x)' = -\sin x$;

(5) $(\tan x)' = \sec^2 x$;

(6) $(\cot x)' = -\csc^2 x$;

(7) $(\sec x)' = \sec x \tan x$;

(8) $(\csc x)' = -\csc x \cot x$;

(9) $(a^x)' = a^x \ln a$;

(10) $(\mathrm{e}^x)' = \mathrm{e}^x$;

(11) $(\log_a x)' = \dfrac{1}{x \ln a}$;

(12) $(\ln x)' = \dfrac{1}{x}$;

(13) $(\arcsin x)' = \dfrac{1}{\sqrt{1 - x^2}}$;

(14) $(\arccos x)' = -\dfrac{1}{\sqrt{1 - x^2}}$;

(15) $(\arctan x)' = \dfrac{1}{1 + x^2}$;

(16) $(\operatorname{arccot} x)' = -\dfrac{1}{1 + x^2}$.

2. 函数的和、差、积、商的求导法则

设函数 $u = u(x)$ 及 $v = v(x)$ 在点 x 处具有导数，则

(1) $[u(x) \pm v(x)]' = u'(x) \pm v'(x)$;

(2) $[u(x) \cdot v(x)]' = u'(x)v(x) + u(x)v'(x)$;

(3) $\left[\dfrac{u(x)}{v(x)}\right]' = \dfrac{u'(x)v(x) - u(x)v'(x)}{v^2(x)} \ (v(x) \neq 0)$.

3. 反函数的求导法则

如果函数 $x = f(y)$ 在某区间 I_y 内单调、可导且 $f'(y) \neq 0$，那么它的反函数 $y = f^{-1}(x)$ 在对应区间 $I_x = \{x \mid x = f(y), \ y \in I_y\}$ 内也可导，且

$$[f^{-1}(x)]' = \frac{1}{f'(y)} \ \text{或} \ \frac{\mathrm{d}y}{\mathrm{d}x} = \frac{1}{\dfrac{\mathrm{d}x}{\mathrm{d}y}}.$$

4. 复合函数的求导法则

如果 $u = g(x)$ 在点 x 处可导，函数 $y = f(u)$ 在点 $u = g(x)$ 处可导，则复合函数 $y = f[g(x)]$ 在点 x 处可导，且其导数为

$$\frac{\mathrm{d}y}{\mathrm{d}x} = f'(u) \cdot g'(x) \ \text{或} \ \frac{\mathrm{d}y}{\mathrm{d}x} = \frac{\mathrm{d}y}{\mathrm{d}u} \cdot \frac{\mathrm{d}u}{\mathrm{d}x}.$$

§3.3 高阶导数

3.3.1 高阶导数的定义

定义 函数 $y = f(x)$ 的导数 $f'(x)$ 在点 x 处的导数，称为函数 $f(x)$ 的二阶导数，记作 y''、$f''(x)$ 或 $\dfrac{d^2 y}{dx^2}$，即

$$y'' = (y')', \quad f''(x) = [f'(x)]', \quad \frac{d^2 y}{dx^2} = \frac{d}{dx}\left(\frac{dy}{dx}\right).$$

相应地，把 $y = f(x)$ 的导数 $f'(x)$ 叫作函数 $y = f(x)$ 的一阶导数.

类似地，二阶导数的导数叫作三阶导数，三阶导数的导数叫作四阶导数，…，一般地，$(n-1)$ 阶导数的导数叫作 n 阶导数，分别记作

$$y''', \quad y^{(4)}, \quad \cdots, \quad y^{(n)} \quad \text{或} \quad \frac{d^3 y}{dx^3}, \quad \frac{d^4 y}{dx^4}, \quad \cdots, \quad \frac{d^n y}{dx^n}.$$

函数 $f(x)$ 具有 n 阶导数，也常说成函数 $f(x)$ 为 n 阶可导. 如果函数 $f(x)$ 在点 x 处具有 n 阶导数，那么函数 $f(x)$ 在点 x 的某一邻域内必定具有一切低于 n 阶的导数.

二阶及二阶以上的导数统称为高阶导数. 由函数的高阶导数的定义可知，求函数的 n 阶导数就是按求导法则和求导公式逐阶进行 n 次.

例 1 设 $y = \sin(3x)$，求 y''.

解 $y' = 3\cos(3x)$，$y'' = -9\sin(3x)$.

例 2 设 $y = e^{\cos x}$，求 y''.

解 $y' = e^{\cos x} \cdot (-\sin x)$，$y'' = e^{\cos x} \cdot \sin^2 x + e^{\cos x} \cdot (-\cos x)$.

例 3 证明函数 $y = \sqrt{2x - x^2}$ 满足关系式 $y^3 y'' + 1 = 0$.

证 因为 $y' = \dfrac{2 - 2x}{2\sqrt{2x - x^2}} = \dfrac{1 - x}{\sqrt{2x - x^2}}$，

$$y'' = \frac{-\sqrt{2x - x^2} - (1 - x)\dfrac{2 - 2x}{2\sqrt{2x - x^2}}}{2x - x^2}$$

$$= \frac{-2x + x^2 - (1 - x)^2}{(2x - x^2)\sqrt{(2x - x^2)}} = -\frac{1}{(2x - x^2)^{\frac{3}{2}}} = -\frac{1}{y^3},$$

所以，$y^3 y'' + 1 = 0$.

例 4 求指数函数 $y = e^x$ 的 n 阶导数.

解 $y' = e^x$，$y'' = e^x$，$y''' = e^x$，

一般地，可得

$$y^{(n)} = e^x \quad \text{即} \quad (e^x)^{(n)} = e^x.$$

例 5 求正弦函数 $y = \sin x$ 与余弦函数 $y = \cos x$ 的 n 阶导数.

解 $y = \sin x$；

$$y' = \cos x = \sin\left(x + \frac{\pi}{2}\right);$$

$$y'' = \cos\left(x + \frac{\pi}{2}\right) = \sin\left(x + \frac{\pi}{2} + \frac{\pi}{2}\right) = \sin\left(x + 2 \cdot \frac{\pi}{2}\right);$$

$$y''' = \cos\left(x + 2 \cdot \frac{\pi}{2}\right) = \sin\left(x + 2 \cdot \frac{\pi}{2} + \frac{\pi}{2}\right) = \sin\left(x + 3 \cdot \frac{\pi}{2}\right);$$

$$y^{(4)} = \cos\left(x + 3 \cdot \frac{\pi}{2}\right) = \sin\left(x + 4 \cdot \frac{\pi}{2}\right),$$

一般地，可得

$$y^{(n)} = \sin\left(x + n \cdot \frac{\pi}{2}\right),$$

即

$$(\sin x)^{(n)} = \sin\left(x + n \cdot \frac{\pi}{2}\right).$$

用类似方法，可得

$$(\cos x)^{(n)} = \cos\left(x + n \cdot \frac{\pi}{2}\right).$$

例 6 求对数函数 $y = \ln(1 + x)$ 的 n 阶导数.

解 $y = \ln(1 + x)$，$y' = (1 + x)^{-1}$，$y'' = -(1 + x)^{-2}$，
$y''' = (-1)(-2)(1 + x)^{-3}$，$y^{(4)} = (-1)(-2)(-3)(1 + x)^{-4}$.
一般地，可得

$$y^{(n)} = (-1)(-2)\cdots(-n + 1)(1 + x)^{-n} = (-1)^{n-1}\frac{(n - 1)!}{(1 + x)^n},$$

即

$$[\ln(1 + x)]^{(n)} = (-1)^{n-1}\frac{(n - 1)!}{(1 + x)^n}.$$

例 7 求幂函数 $y = x^\mu$（μ 是任意常数）的 n 阶导数.

解 $y = x^\mu$，
$y' = \mu x^{\mu-1}$，
$y'' = \mu(\mu - 1)x^{\mu-2}$，
$y''' = \mu(\mu - 1)(\mu - 2)x^{\mu-3}$，
$y^{(4)} = \mu(\mu - 1)(\mu - 2)(\mu - 3)x^{\mu-4}$.
一般地，可得

$$y^{(n)} = \mu(\mu - 1)(\mu - 2)\cdots(\mu - n + 1)x^{\mu-n},$$

即

$$(x^\mu)^{(n)} = \mu(\mu - 1)(\mu - 2)\cdots(\mu - n + 1)x^{\mu-n}.$$

特殊地，当 $\mu = n$ 时，得

$$(x^n)^{(n)} = n(n - 1)(n - 2)\cdots(n - n + 1)x^{n-n} = n!,$$

而 $(x^n)^{(n+1)} = 0$.

3.3.2 高阶导数的求导法则

如果函数 $u = u(x)$ 及 $v = v(x)$ 都在点 x 处具有 n 阶导数，则函数 $u(x) \pm v(x)$ 和 $u(x) \cdot$

$v(x)$ 也在点 x 处具有 n 阶导数，且

(1) $(u \pm v)^{(n)} = u^{(n)} \pm v^{(n)}$；

(2) $(uv)^{(n)} = \sum_{k=0}^{n} C_n^k u^{(n-k)} v^{(k)}$.

其中，式(1)显然成立，而式(2)可用数学归纳法加以证明，这一公式称为莱布尼茨公式.

例 8 设 $y = x^2 e^{2x}$，求 $y^{(20)}$.

解 设 $u = e^{2x}$，$v = x^2$，则

$$(u)^{(k)} = 2^k e^{2x} (k = 1, 2, \cdots, 20),$$

$$v' = 2x, \quad v'' = 2, \quad (v)^{(k)} = 0 (k = 3, 4, \cdots, 20).$$

代入莱布尼茨公式，得

$$y^{(20)} = (uv)^{(20)} = u^{(20)} \cdot v + C_{20}^1 u^{(19)} \cdot v' + C_{20}^2 u^{(18)} \cdot v''$$

$$= 2^{20} e^{2x} \cdot x^2 + 20 \cdot 2^{19} e^{2x} \cdot 2x + \frac{20 \cdot 19}{2!} \cdot 2^{18} e^{2x} \cdot 2$$

$$= 2^{20} e^{2x} (x^2 + 20x + 95).$$

§3.4 隐函数的导数

3.4.1 隐函数的求导法则

何谓隐函数？表示函数 f（对应关系）有多种不同的方法，其中有这样一种方法，自变量 x 与因变量 y 的对应关系 f 是由二元方程 $F(x, y) = 0$ 所确定的.

> **定义** 如果在方程 $F(x, y) = 0$ 中，当 x 取某区间内的任一值时，相应地总有满足该方程的唯一的 y 值存在，那么就说方程 $F(x, y) = 0$ 在该区间内确定了一个隐函数 $y = f(x)$.
>
> 例如，方程 $xy + 4x^3 - 6y + 7 = 0$ 确定一个隐函数为 $y = f(x)$.

由此可见，所谓隐函数就是对应关系 f 不明显地隐含在二元方程之中. 相对隐函数来说，对应关系 f "明显" 的函数，如 $y = x^2 - 1$、$y = 2\sin x$、$y = \ln(4x)$ 等，就是显函数. 在本节之前，所遇到的函数绝大多数都是显函数.

把一个隐函数化成显函数，叫作隐函数的显化. 但值得注意的是，有些二元方程 $F(x, y) = 0$ 确定的隐函数 $y = f(x)$ 并不能用代数方法从中解出来，换句话说，隐函数不是初等函数或不能化为显函数. 但在实际问题中，有时需要计算隐函数的导数. 因此，我们希望有一种方法，不管隐函数能否显化，都能直接由方程算出它所确定的隐函数的导数.

由二元方程 $F(x, y) = 0$ 确定的隐函数 $y = f(x)$，有 $F[x, f(x)] \equiv 0$. 应用复合函数求导法则对恒等式两端求导数，即可求得隐函数的导数. 下面举例说明隐函数的求导方法.

例 1 求由方程 $xy + 4x^3 - 6y + 7 = 0$ 所确定的隐函数 $y = f(x)$ 在 $x = 0$ 处的导数 $y'|_{x=0}$.

解 把方程两边分别对 x 求导，得 $(y + xy') + 12x^2 - 6y' = 0$，由此得 $y' = -\dfrac{y + 12x^2}{x - 6}$.

因为当 $x = 0$ 时，从原方程得 $y = \dfrac{7}{6}$，所以

$$y' \big|_{x=0} = -\frac{y + 12x^2}{x - 6} \bigg|_{x=0} = \frac{7}{36}.$$

例 2 求由方程 $e^y + xy - 2e = 0$ 所确定的隐函数 $y = f(x)$ 的导数 y'.

解 把方程两边分别对 x 求导，得

$$e^y \cdot y' + (y + xy') = 0,$$

由此得

$$y' = -\frac{y}{x + e^y}.$$

例 3 求椭圆 $\dfrac{x^2}{16} + \dfrac{y^2}{9} = 1$ 在 $\left(2, \dfrac{3}{2}\sqrt{3}\right)$ 处的切线方程.

解 把椭圆方程的两边分别对 x 求导，得

$$\frac{x}{8} + \frac{2}{9}y \cdot y' = 0,$$

从而

$$y' = -\frac{9x}{16y},$$

当 $x = 2$ 时，$y = \dfrac{3}{2}\sqrt{3}$，代入上式得所求切线的斜率为

$$k = y' \big|_{x=2} = -\frac{\sqrt{3}}{4},$$

所求的切线方程为

$$y - \frac{3}{2}\sqrt{3} = -\frac{\sqrt{3}}{4}(x - 2), \quad 即 \sqrt{3}x + 4y - 8\sqrt{3} = 0.$$

例 4 求由方程 $x - 2y + \dfrac{1}{3}\sin y = 0$ 所确定的隐函数 $y = f(x)$ 的二阶导数 y''.

解 把方程两边分别对 x 求导，得

$$1 - 2y' + \frac{1}{3}\cos y \cdot y' = 0,$$

于是

$$y' = \frac{3}{6 - \cos y},$$

从而有

$$y'' = \left(\frac{3}{6 - \cos y}\right)' = \frac{-3 \cdot \sin y \cdot y'}{(6 - \cos y)^2} = \frac{-9\sin y}{(6 - \cos y)^3}.$$

3.4.2 对数求导法

求某些显函数的导数，直接求它的导数比较烦琐，这时可将它化为隐函数，用隐函数求导法则求其导数，比较简单. 将显函数化为隐函数常用的方法是等号两端取对数，称为对数求导法.

设函数 $y = u(x)^{v(x)}$，求其导数 y'. 首先两边取对数，有

$$\ln y = v(x)\ln u(x),$$

然后两边对 x 求导，得

$$\frac{1}{y}y' = v'(x)\cdot\ln u(x) + v(x)\cdot\frac{1}{u(x)}\cdot u'(x),$$

从而可得

$$y' = u(x)^{v(x)}\cdot\left[v'(x)\cdot\ln u(x) + v(x)\cdot\frac{1}{u(x)}\cdot u'(x)\right].$$

例5 求 $y = x^{\sin x}(x > 0)$ 的导数.

解 两边取对数，得

$$\ln y = \sin x\ln x,$$

上式两边对 x 求导，得

$$\frac{1}{y}y' = \cos x\cdot\ln x + \sin x\cdot\frac{1}{x},$$

于是

$$y' = y\left(\cos x\cdot\ln x + \sin x\cdot\frac{1}{x}\right)$$

$$= x^{\sin x}\left(\cos x\cdot\ln x + \frac{\sin x}{x}\right).$$

例6 求函数 $y = \sqrt{\dfrac{(x-1)(x-2)}{(x-3)(x-4)}}$ 的导数.

解 先在两边取对数（假定 $x > 4$），得

$$\ln y = \frac{1}{2}\left[\ln(x-1) + \ln(x-2) - \ln(x-3) - \ln(x-4)\right],$$

上式两边对 x 求导，得

$$\frac{1}{y}y' = \frac{1}{2}\left(\frac{1}{x-1} + \frac{1}{x-2} - \frac{1}{x-3} - \frac{1}{x-4}\right),$$

于是

$$y' = \frac{y}{2}\left(\frac{1}{x-1} + \frac{1}{x-2} - \frac{1}{x-3} - \frac{1}{x-4}\right),$$

当 $x < 1$ 时，$y = \sqrt{\dfrac{(1-x)(2-x)}{(3-x)(4-x)}}$；当 $2 < x < 3$ 时，$y = \sqrt{\dfrac{(x-1)(x-2)}{(3-x)(4-x)}}$.

用同样方法可得与上面相同的结果.

§3.5 函数的微分

3.5.1 微分的概念

先看一个具体的例子. 一块正方形金属薄片受温度变化的影响，其边长由 x_0 变到 $x_0 + \Delta x$（图 3-2），问此薄片的面积改变了多少?

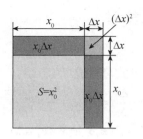

图 3-2

设此正方形的边长为 x，面积为 S，则 S 是 x 的函数：$S = x^2$. 金属薄片的面积改变量为

$$\Delta S = (x_0 + \Delta x)^2 - x_0^2 = 2x_0 \Delta x + (\Delta x)^2.$$

由上式可知，面积改变量 ΔS 由两部分构成：一部分为 $2x_0 \Delta x$，是 Δx 的线性函数，当 $|\Delta x|$ 很微小时，是 ΔS 的主要部分，称为 ΔS 的线性主部；另一部分是 $(\Delta x)^2$，当 $\Delta x \to 0$ 时，它是较 Δx 高阶的无穷小．显然，当 $|\Delta x|$ 很微小时，面积改变量 ΔS 可由它的线性主部近似代替，即 $\Delta S \approx 2x_0 \Delta x$.

对于一般函数 $y = f(x)$，若存在上述近似公式，则无论在理论分析还是实际应用中，都有十分重要的意义．

定义　设函数 $y = f(x)$ 在某区间内有定义，x_0 及 $x_0 + \Delta x$ 在这个区间内，如果函数的增量

$$\Delta y = f(x_0 + \Delta x) - f(x_0)$$

可表示为

$$\Delta y = A \Delta x + o(\Delta x),$$

其中，A 为不依赖于 Δx 的常数，那么称函数 $y = f(x)$ 在点 x_0 处是可微的，而 $A \Delta x$ 叫作函数 $y = f(x)$ 在点 x_0 处相应于自变量增量 Δx 的微分，记作 dy，即

$$dy = A \Delta x.$$

如果改变量 Δy 不能表示为相应的形式，则称函数 $y = f(x)$ 在点 x_0 处不可微或微分不存在．

"可微"与"可导"有如下关系：

定理　函数 $f(x)$ 在点 x_0 处可微的充分必要条件是函数 $f(x)$ 在点 x_0 处可导，且有公式

$$dy = f'(x_0) \Delta x.$$

证　设函数 $f(x)$ 在点 x_0 处可微，则按定义有

$$\Delta y = A \Delta x + o(\Delta x),$$

上式两边除以 Δx，得

$$\frac{\Delta y}{\Delta x} = A + \frac{o(\Delta x)}{\Delta x},$$

于是，当 $\Delta x \to 0$ 时，由上式可得

$$A = \lim_{\Delta x \to 0} \frac{\Delta y}{\Delta x} = f'(x_0).$$

因此，如果函数 $f(x)$ 在点 x_0 处可微，则 $f(x)$ 在点 x_0 处也一定可导，且 $A = f'(x_0)$，即 $dy = f'(x_0) \Delta x$.

反之，如果 $f(x)$ 在点 x_0 处可导，即

$$\lim_{\Delta x \to 0} \frac{\Delta y}{\Delta x} = f'(x_0)$$

存在. 根据极限与无穷小的关系，上式可写成

$$\frac{\Delta y}{\Delta x} = f'(x_0) + \alpha,$$

其中，$\alpha \to 0$（当 $\Delta x \to 0$ 时），且 $A = f'(x_0)$ 是常数，$\alpha \Delta x = o(\Delta x)$. 由此又有

$$\Delta y = f'(x_0)\Delta x + \alpha \Delta x,$$

且 $f'(x_0)$ 不依赖于 Δx，故上式相当于

$$\Delta y = A\Delta x + o(\Delta x),$$

所以，$f(x)$ 在点 x_0 处也是可导的.

特别地，当 $y = x$ 时，$dy = dx = (x)'\Delta x = \Delta x$，因此通常把自变量 x 的增量 Δx 称为自变量的微分，记作 dx，即 $dx = \Delta x$. 于是函数 $y = f(x)$ 的微分又可记作

$$dy = f'(x)\Delta x = f'(x)dx.$$

从而有

$$\frac{dy}{dx} = f'(x).$$

这就是说，函数的微分 dy 与自变量的微分 dx 的商等于该函数的导数. 因此，导数也称为"微商".

例 1 求函数 $y = x^2$ 在 $x = 1$ 和 $x = 4$ 处的微分.

解 函数 $y = x^2$ 在 $x = 1$ 处的微分为

$$dy = (x^2)'\big|_{x=1}\Delta x = 2\Delta x,$$

函数 $y = x^2$ 在 $x = 4$ 处的微分为

$$dy = (x^2)'\big|_{x=4}\Delta x = 8\Delta x.$$

例 2 求函数 $y = x^3$ 当 $x = 2$，$\Delta x = 0.01$ 时的微分.

解 先求函数在任意点 x 处的微分，即

$$dy = (x^3)'\Delta x = 3x^2\Delta x,$$

再求函数当 $x = 2$，$\Delta x = 0.01$ 时的微分，即

$$dy\big|_{x=2,\,\Delta x=0.01} = 3x^2\Delta x\big|_{x=2,\,\Delta x=0.01} = 0.12.$$

3.5.2 微分的几何意义

当 Δy 是曲线 $y = f(x)$ 上的点的纵坐标增量时，dy 就是曲线切线上点的纵坐标的相应增量（图 3-3）. 当 $|\Delta x|$ 很小时，$|\Delta y - dy|$ 比 $|\Delta x|$ 小得多. 因此在点 M 邻近，我们可以用切线段来近似代替曲线段.

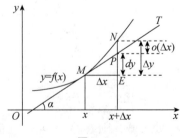

图 3-3

3.5.3 微分的基本公式与运算法则

从函数的微分表达式

$$\mathrm{d}y = f'(x)\mathrm{d}x$$

可以看出，要计算函数的微分，只要计算函数的导数，再乘以自变量的微分. 因此，可得以下微分公式和微分运算法则.

1. 基本初等函数的微分公式

（1）$\mathrm{d}(C) = 0$；

（2）$\mathrm{d}(x^{\mu}) = \mu x^{\mu-1}\mathrm{d}x$；

（3）$\mathrm{d}(\sin x) = \cos x\mathrm{d}x$；

（4）$\mathrm{d}(\cos x) = -\sin x\mathrm{d}x$；

（5）$\mathrm{d}(\tan x) = \sec^2 x\mathrm{d}x$；

（6）$\mathrm{d}(\cot x) = -\csc^2 x\mathrm{d}x$；

（7）$\mathrm{d}(\sec x) = \sec x\tan x\mathrm{d}x$；

（8）$\mathrm{d}(\csc x) = -\csc x\cot x\mathrm{d}x$；

（9）$\mathrm{d}(a^x) = a^x\ln a\mathrm{d}x$；

（10）$\mathrm{d}(\mathrm{e}^x) = \mathrm{e}^x\mathrm{d}x$；

（11）$\mathrm{d}(\log_a x) = \dfrac{1}{x\ln a}\mathrm{d}x$；

（12）$\mathrm{d}(\ln x) = \dfrac{1}{x}\mathrm{d}x$；

（13）$\mathrm{d}(\arcsin x) = \dfrac{1}{\sqrt{1-x^2}}\mathrm{d}x$；

（14）$\mathrm{d}(\arccos x) = -\dfrac{1}{\sqrt{1-x^2}}\mathrm{d}x$；

（15）$\mathrm{d}(\arctan x) = \dfrac{1}{1+x^2}\mathrm{d}x$；

（16）$\mathrm{d}(\operatorname{arccot} x) = -\dfrac{1}{1+x^2}\mathrm{d}x$.

2. 函数和、差、积、商的微分法则

设函数 $u = u(x)$ 及 $v = v(x)$ 在点 x 处可微分，则

（1）$\mathrm{d}[u(x) \pm v(x)] = \mathrm{d}u(x) \pm \mathrm{d}v(x)$；

（2）$\mathrm{d}[u(x) \cdot v(x)] = v(x)\mathrm{d}u(x) + u(x)\mathrm{d}v(x)$；

（3）$\mathrm{d}\left[\dfrac{u(x)}{v(x)}\right] = \dfrac{v(x)\mathrm{d}u(x) - u(x)\mathrm{d}v(x)}{v^2(x)}(v(x) \neq 0)$.

3. 复合函数的微分法则

设 $y = f(u)$ 是可微函数，若 u 是自变量，则有 $\mathrm{d}y = f'(u)\mathrm{d}u$；若 $u = u(x)$ 也是可微函数，则复合函数 $y = f[u(x)]$ 的微分为

$$dy = \{f[u(x)]\}'dx = f'[u(x)] \cdot u'(x)dx = f'(u)du.$$

由上述分析可知，若函数 $y = f(u)$ 可微，则不论 u 是自变量，或 u 是另一自变量 x 的可微函数 $u = u(x)$，其微分形式 $dy = f'(u)du$ 保持不变．微分的这一性质称为一阶微分形式的不变性，简称为微分形式不变性．

例 3　设 $y = \cos(2x + 1)$，求 dy.

解　$dy = f'(x)dx = -2\sin(2x + 1)dx.$

例 4　设 $y = \ln(1 + e^{x^2})$，求 dy.

解　$dy = f'(x)dx = \dfrac{1}{1 + e^{x^2}} \cdot e^{x^2} \cdot 2xdx.$

例 5　设 $y = e^{1-2x}\sin x$，求 dy.

解　本题应用积的微分法则，得

$$\begin{aligned}
dy = d(e^{1-2x}\sin x) &= \sin x d(e^{1-2x}) + e^{1-2x}d(\sin x)\\
&= \sin x e^{1-2x}(-2dx) + e^{1-2x}(\cos xdx)\\
&= e^{1-2x}(-2\sin x + \cos x)dx.
\end{aligned}$$

例 6　在括号中填入适当的函数，使等式成立．

(1) $d(\quad\quad) = xdx$；

(2) $d(\quad\quad) = \sin(\omega t)dt$.

解　(1) 因为 $d(x^2) = 2xdx$，所以

$$xdx = \frac{1}{2}d(x^2) = d\left(\frac{1}{2}x^2\right)，\quad 即\ d\left(\frac{1}{2}x^2\right) = xdx.$$

一般地，有 $d\left(\dfrac{1}{2}x^2 + C\right) = xdx$（$C$ 为任意常数）．

(2) 因为 $d[\cos(\omega t)] = -\omega\sin(\omega t)dt$，所以

$$\sin(\omega t)dt = -\frac{1}{\omega}d[\cos(\omega t)] = d\left[-\frac{1}{\omega}\cos(\omega t)\right],$$

因此，$d\left[-\dfrac{1}{\omega}\cos(\omega t) + C\right] = \sin(\omega t)dt$（$C$ 为任意常数）．

3.5.4　微分在近似计算中的应用

1. 函数的近似计算

在实际问题中，经常会遇到一些复杂的计算公式．如果直接用这些公式进行计算，那是很费力的．利用微分往往可以把一些复杂的计算公式改用简单的近似公式来代替．

如果函数 $y = f(x)$ 在点 x_0 处的导数 $f'(x) \neq 0$，且 $|\Delta x|$ 很小，则有

$$\Delta y \approx dy = f'(x_0)\Delta x,$$
$$\Delta y = f(x_0 + \Delta x) - f(x_0) \approx dy = f'(x_0)\Delta x,$$
$$f(x_0 + \Delta x) \approx f(x_0) + f'(x_0)\Delta x.$$

若令 $x = x_0 + \Delta x$，即 $\Delta x = x - x_0$，那么又有

$$f(x) \approx f(x_0) + f'(x_0)(x - x_0).$$

特别地，当 $x_0 = 0$ 时，有

$$f(x) \approx f(0) + f'(0)x.$$

例 7 利用微分计算 $\sin 30°30'$ 的近似值.

解 已知 $30°30' = \dfrac{\pi}{6} + \dfrac{\pi}{360}$，则 $x_0 = \dfrac{\pi}{6}$，$\Delta x = \dfrac{\pi}{360}$.

$$\sin 30°30' = \sin(x_0 + \Delta x) \approx \sin x_0 + \Delta x \cos x_0$$

$$= \sin \frac{\pi}{6} + \cos \frac{\pi}{6} \cdot \frac{\pi}{360}$$

$$= \frac{1}{2} + \frac{\sqrt{3}}{2} \cdot \frac{\pi}{360} = 0.507\,6.$$

例 8 计算 $\sqrt[5]{30}$ 的近似值.

解 已知 $\sqrt[5]{30} = (2^5 - 2)^{\frac{1}{5}} = 2\left(1 - \dfrac{1}{16}\right)^{\frac{1}{5}}$，故由 $(1+x)^\alpha \approx 1 + \alpha x$，可得

$$\sqrt[5]{30} \approx 2 + \frac{2}{5} \times \left(-\frac{1}{16}\right) = \frac{79}{40} = 1.975.$$

直接开方的结果是 $\sqrt[5]{30} = 1.974\,35\cdots$.

2. 误差估计

设 $y = f(x)$ 为可微函数. 若根据测量值 x 计算 y 的值，测量值 x 的绝对误差上界为 $\delta_x > 0$，即 $|x| < \delta_x$. 根据近似计算公式可知，Δy 的绝对误差为

$$|\Delta y| \approx |\mathrm{d}y| = |f'(x)||\Delta x| < |f'(x)|\delta_x;$$

相对误差为

$$\left|\frac{\Delta y}{y}\right| \approx \left|\frac{f'(x)}{f(x)}\Delta x\right| < \left|\frac{f'(x)}{f(x)}\right|\delta_x \, (f(x) \neq 0).$$

通常，称 $|f'(x)|\delta_x$，$\left|\dfrac{f'(x)}{f(x)}\right|\delta_x$ 为 y 的绝对误差界、相对误差界，简称为 y 的绝对误差、相对误差.

例 9 设圆半径 r 的测量值为 $(100 \pm 0.5)\,\mathrm{mm}$，求圆面积 S 的绝对误差和相对误差.

解 圆面积 $S = \pi r^2$，依题设有 $r = 100$，$\delta_r = 0.5$. 于是，S 的绝对误差为

$$\delta_S \approx |S'|\delta_r = 2\pi \times 100 \times 0.5 \approx 314.16\,\mathrm{mm}^2;$$

S 的相对误差为

$$\frac{\delta_S}{S} \approx \frac{S'}{S}\delta_r = \frac{2\pi r}{\pi r^2}\delta_r = \frac{2\delta_r}{r} = \frac{2 \times 0.5}{100} = 1\%.$$

§3.6 导数在经济学中的简单应用

边际分析和弹性分析是微观经济学、管理经济学等经济学的基本分析方法，也是现代企业进行经营决策的基本方法. 本节介绍这两个分析方法的基本知识和简单应用.

3.6.1　边际与边际分析

边际概念是经济学中的一个重要概念，通常指经济变量的变化率，即经济函数的导数称为边际．利用导数研究经济变量的边际变化的方法，称为边际分析方法．

1. 总成本、平均成本和边际成本

总成本是生产一定量的产品所需要的成本总额，通常由固定成本和可变成本两部分构成，用 $C(x)$ 表示当产量为 x 时的总成本．

不生产时，$x = 0$，这时 $C(x) = C(0)$，$C(0)$ 表示固定成本．

平均成本是平均每个单位产品的成本，若产量由 x_0 变化到 $x_0 + \Delta x$，则

$$\frac{C(x_0 + \Delta x) - C(x_0)}{\Delta x}$$

称为 $C(x)$ 在 $(x_0, x_0 + \Delta x)$ 内的平均成本，它表示总成本函数 $C(x)$ 在 $(x_0, x_0 + \Delta x)$ 内的平均变化率．

$C(x)/x$ 称为平均成本函数，表示在产量为 x 时平均每个单位产品的成本．

例 1　设某种商品的成本函数为

$$C(x) = 4\,000 + 12x + 30\sqrt{x}.$$

其中，x 为产量（单位：吨）；$C(x)$ 为产量为 x 吨时的总成本（单位：元）．当产量为 100 吨时的总成本及平均成本分别为

$$C(x)\big|_{x=100} = 4\,000 + 12 \times 100 + 30 \times \sqrt{100} = 5\,500(\text{元}),$$

$$\frac{C(x)}{x}\bigg|_{x=100} = \frac{5\,500}{100} = 55(\text{元／吨}).$$

假如产量由 100 吨增加到 120 吨，即产量增加 $\Delta x = 20$ 吨时，相应的总成本增加量为

$$\Delta C(x) = C(120) - C(100) = 5\,768.6 - 5\,500 = 268.6(\text{元}),$$

$$\frac{\Delta C(x)}{\Delta x} = \frac{C(x + \Delta x) - C(x)}{\Delta x}\bigg|_{\substack{x=100 \\ \Delta x=20}} = \frac{268.6}{20} = 13.43(\text{元／吨}).$$

这表示产量由 100 吨增加到 120 吨时，总成本的平均变化率，即产量由 100 吨增加到 120 吨时，平均每吨增加成本 13.43 元．

类似运算可得，当产量为 100 吨时再增加 1 吨，即 $\Delta x = 1$ 时，总成本的变化为

$$\Delta C(x) = C(101) - C(100) = 13.496(\text{元}),$$

$$\frac{\Delta C(x)}{\Delta x}\bigg|_{\substack{x=100 \\ \Delta x=1}} = \frac{13.496}{1} = 13.496(\text{元／吨}),$$

这表示在产量为 100 吨时，再增加 1 吨产量所增加的成本．

产量由 100 吨减少 1 吨，即 $\Delta x = -1$ 时，总成本的变化为

$$\Delta C(x) = C(99) - C(100) = -13.496(\text{元}),$$

$$\frac{\Delta C(x)}{x}\bigg|_{\substack{x=100 \\ \Delta x=-1}} = \frac{13.496}{-1} = -13.496(\text{元／吨}).$$

这表示产量在 100 吨时，减少 1 吨产量所减少的成本．

定义 设总成本函数 $C(x)$ 为可导函数, 称

$$C'(x_0) = \lim_{\Delta x \to 0} \frac{C(x_0 + \Delta x) - C(x_0)}{\Delta x}$$

为产量是 x_0 时的边际成本.

边际成本的经济意义: $C'(x_0)$ 等于产量为 x_0 时再增加(减少)一个单位产品所增加(减少)的总成本.

若成本函数 $C(x)$ 在区间 I 内可导, 则 $C'(x)$ 为 $C(x)$ 在区间 I 内的边际成本函数, 产量为 x_0 时的 $C'(x_0)$ 为边际成本函数 $C'(x)$ 在 x_0 处的函数值.

例 2 已知某商品的成本函数为

$$C(x) = 400 + \frac{1}{4}x^2. \quad (x \text{ 表示产量})$$

求: (1) 当 $x = 10$ 时的平均成本;

(2) 当 $x = 10$ 时的边际成本并说明其经济意义.

解 (1) 由 $C(x) = 400 + \frac{1}{4}x^2$, 得平均成本函数为

$$\frac{C(x)}{x} = \frac{400 + \frac{1}{4}x^2}{x} = \frac{400}{x} + \frac{1}{4}x,$$

当 $x = 10$ 时, $\left. \frac{C(x)}{x} \right|_{x=10} = \frac{400}{10} + \frac{1}{4} \times 10 = 42.5.$

(2) 由 $C(x) = 400 + \frac{1}{4}x^2$, 得边际成本函数为

$$C'(x) = \frac{1}{2}x,$$

当 $x = 10$ 时, $C'(x)|_{x=10} = \frac{1}{2} \times 10 = 5$, 即当产量 $x = 10$ 时的边际成本为 5. 其经济意义为: 当产量为 10 时, 若再增加(减少)一个单位产品, 总成本将近似地增加(减少) 5 个单位.

2. 总收益、平均收益和边际收益

总收益是生产者出售一定量产品所得的全部收入, 表示为 $R(x)$, 其中 x 表示销售量 (在以下的讨论中, 我们总是假设销售量、产量、需求量均相等).

平均收益函数为 $R(x)/x$, 表示销售量为 x 时单位销售量的平均收益.

在经济学中, 边际收益指生产者每多(少)销售一个单位产品所增加(减少)的销售总收入.

按照上文对边际成本的讨论, 可得如下定义.

定义 若总收益函数 $R(x)$ 可导, 称

$$R'(x_0) = \lim_{\Delta x \to 0} \frac{R(x_0 + \Delta x) - R(x_0)}{\Delta x}$$

为销售量为 x_0 时该产品的边际收益.

其经济意义为：当销售量为 x_0 时，再增加(减少)一个单位的销售量，总收益将近似地增加(减少) $R'(x_0)$ 个单位.

$R'(x)$ 称为边际收益函数，且 $R'(x_0) = R'(x)\big|_{x=x_0}$.

3. 总利润、平均利润和边际利润

总利润是指销售 x 个单位的产品所获得的净收入，即总收益与总成本之差，记 $L(x)$ 为总利润，则

$$L(x) = R(x) - C(x). \ (x \text{ 表示销售量})$$

$L(x)/x$ 称为平均利润函数.

定义　若总利润函数 $L(x)$ 为可导函数，称

$$L'(x_0) = \lim_{\Delta x \to 0} \frac{L(x_0 + \Delta x) - L(x_0)}{\Delta x}$$

为 $L(x)$ 在 x_0 处的边际利润.

边际利润的经济意义为：当销售量为 x_0 时，再多(少)销售一个单位产品所增加(减少)的利润.

例 3　设某产品的总成本函数为 $C(x) = 0.1x^2 + 10x + 1\,000$，需求函数为 $x = 200 - 5P$，其中 P 为价格，x 为需求量(即销售量). 求边际利润函数，以及 $x = 10$、50、70 时的边际利润，并说明所得结果的经济意义.

解　由题设有 $P = \dfrac{1}{5}(200 - x)$，因此，总收益函数为

$$R(x) = xP = x \cdot \frac{1}{5}(200 - x) = 40x - 0.2x^2.$$

因此，总利润函数为

$$L(x) = R(x) - C(x) = -0.3x^2 + 30x - 1\,000;$$

边际利润函数为

$$L'(x) = -0.6x + 30,$$
$$L'(10) = 24, \ L'(50) = 0, \ L'(70) = -12.$$

由所得结果可知，当销售量为 10 个单位时，再增加销售可使总利润增加，多销售一个单位产品，总利润增加 24 个单位；当销售量为 50 个单位时，总利润的变化率为零，这时总利润达到最大值；当销售量为 70 个单位时，再多销售一个单位产品，反而使总利润减少 12 个单位.

3.6.2　弹性与弹性分析

弹性概念是经济学中的另一个重要概念，用来定量地描述一个经济变量对另一个经济变量变化的敏感程度，即一个经济变量变动百分之一会使另一个经济变量变动百分之几.

先给出一般函数的弹性定义，如下：

定义 1 设函数 $y = f(x)$ 在点 $x_0 (x_0 \neq 0)$ 的某邻域内有定义，且 $f(x_0) \neq 0$，假如极限

$$\lim_{\Delta x \to 0} \frac{\Delta y / f(x_0)}{\Delta x / x_0} = \lim_{\Delta x \to 0} \frac{[f(x_0 + \Delta x) - f(x_0)] / f(x_0)}{\Delta x / x_0}$$

存在，则称此极限值为函数 $y = f(x)$ 在点 x_0 处的点弹性，记为 $\left. \dfrac{E_y}{E_x} \right|_{x = x_0}$；

称比值

$$\frac{\Delta y / f(x_0)}{\Delta x / x_0} = \frac{[f(x_0 + \Delta x) - f(x_0)] / f(x_0)}{\Delta x / x_0}$$

为函数 $y = f(x)$ 在 x_0 与 $x_0 + \Delta x$ 之间的平均相对变化率，经济上也叫作点 x_0 与 $x_0 + \Delta x$ 之间的弧弹性．

由定义可知，$\left. \dfrac{E_y}{E_x} \right|_{x = x_0} = \left. \dfrac{x_0}{f(x_0)} \dfrac{\mathrm{d}y}{\mathrm{d}x} \right|_{x = x_0}$，且当 $|\Delta x| \ll 1$ 时，有

$$\left. \frac{E_y}{E_x} \right|_{x = x_0} \approx \frac{\Delta y / f(x_0)}{\Delta x / x_0},$$

即点弹性近似地等于弧弹性．

假如函数 $y = f(x)$ 在区间 (a, b) 内可导，且 $f(x) \neq 0$，则称 $\dfrac{E_y}{E_x} = \dfrac{x}{f(x)} f'(x)$ 为函数 $y = f(x)$ 在区间 (a, b) 内的点弹性函数，简称弹性函数．

函数 $y = f(x)$ 在点 x_0 处的点弹性与 $f(x)$ 在 x_0 与 $x_0 + \Delta x$ 之间的弧弹性的数值可以是正数，也可以是负数，取决于变量 y 与变量 x 是同方向变化（正数）还是反方向变化（负数）．弹性数值绝对值的大小表示变量变化程度的大小，且弹性数值与变量的度量单位无关．

下面介绍几个常用的经济函数的弹性．

定义 2 设某商品的市场需求量为 Q，价格为 P，需求函数 $Q = Q(P)$ 可导，则称

$$\frac{E_Q}{E_P} = \frac{P}{Q} \cdot \frac{\mathrm{d}Q}{\mathrm{d}P}$$

为该商品的需求价格弹性，简称需求弹性，通常记为 ε_P．

需求弹性 ε_P 表示商品需求量 Q 对价格 P 变动的反应强度．由于需求量与价格 P 反方向变动，即需求函数为价格的减函数，故需求弹性为负值，即 $\varepsilon_P < 0$．因此，需求价格弹性说明当商品的价格上涨（下降）1% 时，其需求量将减少（增加）约 $|\varepsilon_P|\%$．

在经济学中，为了便于比较需求弹性的大小，通常取 ε_P 的绝对值 $|\varepsilon_P|$，并依照 $|\varepsilon_P|$ 的大小将需求弹性化分为以下几个范畴．

(1) 当 $|\varepsilon_P| = 1$（即 $\varepsilon_P = -1$）时，称为单位弹性．这时，当商品价格增加（减少）1% 时，需求量相应地减少（增加）1%，即需求量与价格变动的百分比相等．

(2) 当 $|\varepsilon_P| > 1$（即 $\varepsilon_P < -1$）时，称为高弹性（或富于弹性）．这时，当商品的价格变动 1% 时，需求量变动的百分比大于 1%，价格的变动对需求量的阻碍较大．

(3) 当 $|\varepsilon_P| < 1$（即 $-1 < \varepsilon_P < 0$）时，称为低弹性（或缺乏弹性）．这时，当商品的价格

变动 1% 时，需求量变动的百分比小于 1%，价格的变动对需求量的阻碍不大.

（4）当 $|\varepsilon_P| = 0$（即 $\varepsilon_P = 0$）时，称为完全缺乏弹性. 这时，不论价格如何变动，需求量固定不变，即需求函数的形式为 $Q = K$（K 为任何既定常数）. 假如以纵坐标表示价格，横坐标表示需求量，则需求曲线是垂直于横坐标轴的一条直线.

（5）当 $|\varepsilon_P| = \infty$（即 $\varepsilon_P = -\infty$）时，称为完全富于弹性. 这表示在既定价格下，需求量能够任意变动，即需求函数的形式是 $P = K$（K 为任何既定常数）. 这时，需求曲线是与横坐标轴平行的一条直线.

在商品经济中，商品经营者关注的是提价（$\Delta P > 0$）或降价（$\Delta P < 0$）对总收益的阻碍. 下面我们就利用弹性的概念来分析需求的价格弹性与销售者的总收益之间的关系.

事实上，由于

$$\varepsilon_P = \frac{P}{Q} \cdot \frac{\mathrm{d}Q}{\mathrm{d}P}, \text{ 或者 } P\mathrm{d}Q = \varepsilon_P Q \mathrm{d}P,$$

可见，由价格 P 的微小变化而引起的销售总收益 $R = PQ$ 的改变量为

$$\Delta R \approx \mathrm{d}R = \mathrm{d}(PQ) = Q\mathrm{d}P + P\mathrm{d}Q = Q\mathrm{d}P + \varepsilon_P Q\mathrm{d}P = (1 + \varepsilon_P)Q\mathrm{d}P.$$

由 $\varepsilon_P < 0$ 可知，$\varepsilon_P = -|\varepsilon_P|$，因此

$$\Delta R \approx (1 - |\varepsilon_P|)Q\mathrm{d}P.$$

当 $|\varepsilon_P| = 1$ 时（单位弹性），收益的改变量 ΔR 是较价格改变量 ΔP 的高阶无穷小，价格的变动对总收益没有明显阻碍. 当 $|\varepsilon_P| > 1$ 时（高弹性），需求量增加（减少）的幅度百分比大于价格下降（上浮）的百分比，降低价格（$\Delta P < 0$）会使需求量增加，购买商品的支出增加，即销售者总收益增加（$\Delta R > 0$），能够采取薄利多销多收益的经济策略；提高价格（$\Delta P > 0$）会使消费者用于购买商品的支出减少，即销售总收益减少（$\Delta R < 0$）. 当 $|\varepsilon_P| < 1$ 时（低弹性），需求量增加（减少）的百分比小于价格下降（上浮）的百分比，降低价格（$\Delta P < 0$）会使消费者用于购买商品的支出减少，即销售总收益减少（$\Delta R < 0$）；提高价格会使总收益增加（$\Delta R > 0$）.

例 4 设某商品的需求函数 $Q = f(P) = 12 - \frac{1}{2}P$. 求需求弹性函数及 $P = 6$ 时的需求弹性，并给出经济说明.

解 $\varepsilon_P = -\frac{E_Q}{E_P} = \frac{P}{Q} \cdot \frac{\mathrm{d}Q}{\mathrm{d}P} = \frac{P}{12 - \frac{1}{2}P} \cdot \left(-\frac{1}{2}\right) = -\frac{P}{24 - P}.$

当 $P = 6$ 时，有

$$\varepsilon(6) = -\frac{6}{24 - 6} = -\frac{1}{3},$$

$$|\varepsilon(6)| = \frac{1}{3} < 1 \text{（低弹性）}.$$

经济意义为：当价格 $P = 6$ 时，若增加 1%，则需求量下降 1/3%，而总收益增加（$\Delta R > 0$）.

例 5 已知在某企业某种产品的需求弹性为 1.3 ~ 2.1，假如该企业预备明年将价格降低 10%，问这种商品的需求量预期会增加多少？总收益预期会增加多少？

解 由前面的分析可知，

$$\frac{\Delta Q}{Q} \approx \varepsilon_P \frac{\Delta P}{P},$$

$$\frac{\Delta R}{R} \approx (1 - |\varepsilon_P|) \frac{\Delta P}{P},$$

因此，当 $|\varepsilon_P| = 1.3$ 时，

$$\frac{\Delta Q}{Q} \approx (-1.3) \times (-0.1) = 13\%,$$

$$\frac{\Delta R}{R} \approx (1 - 1.3) \times (-0.1) = 3\%;$$

当 $|\varepsilon_P| = 2.1$ 时，

$$\frac{\Delta Q}{Q} \approx (-2.1) \times (-0.1) = 21\%,$$

$$\frac{\Delta R}{R} \approx (1 - 2.1) \times (-0.1) = 11\%.$$

可见，明年降价 10% 时，企业销售量预期将增加 13% ~ 21%，总收益预期将增加 3% ~ 11%.

3.6.3 供给价格弹性

定义3 设某商品供给函数 $Q = Q(P)$ 可导（其中 P 表示价格，Q 表示供给量），则称

$$\frac{E_Q}{E_P} = \frac{P}{Q} \cdot \frac{dQ}{dP}$$

为该商品的供给价格弹性，简称供给弹性，通常用 ε_S 表示.

由于 ΔP 和 ΔQ 同方向变化，故 $\varepsilon_S > 0$. 它说明当商品价格上涨 1% 时，供给量将增加 $\varepsilon_S\%$.

对 ε_S 的讨论，完全类似于需求弹性 ε_P，不再重复.

至于其他经济变量的弹性，读者可依照上面介绍的需求弹性与供给弹性，进行类似的讨论.

习题三

1. 求下列曲线在指定点处的切线方程与法线方程.

(1) $y = \dfrac{1}{x}$，在点 $(1, 1)$ 处；   (2) $y = x^3$，在点 $(2, 8)$ 处；

(3) $y = 2x - x^3$，在点 $(-1, -1)$ 处.

2. 设函数 $f(x)$ 在点 $x = a$ 处可导，求下列极限.

(1) $\lim\limits_{h \to 0} \dfrac{f(a + 3h) - f(a)}{h}$；   (2) $\lim\limits_{h \to 0} \dfrac{f(a) - f(a - h)}{h}$；

(3) $\lim\limits_{h \to 0} \dfrac{f(a + 2h) - f(a + h)}{2h}$.

3. 设函数 $f(x)$ 可导，且 $\lim\limits_{x \to 0} \dfrac{4 + f(1 - x)}{2x} = -1$，求 $y = f(x)$ 在点 $(1, f(1))$ 处的切线

方程.

4. 设 $\varphi(x)$ 在 $x = a$ 处连续，且 $f(x) = (x^2 - a^2) \cdot \varphi(x)$，求 $f'(a)$.

5. 设函数 $f(x) = \begin{cases} \dfrac{1 - e^{-x^2}}{x} & x \neq 0 \\ 0 & x = 0 \end{cases}$，求 $f'(0)$.

6. 设函数 $f(x) = \begin{cases} \sin x & x < 0 \\ 2x & x \geq 0 \end{cases}$，讨论 $f(x)$ 在 $x = 0$ 处的连续性与可导性.

7. 求下列函数的导数.

(1) $y = x^4 + 3x^2 - 6$;

(2) $y = x\sin x + \cos x$;

(3) $y = \dfrac{1 - \ln x}{1 + \ln x}$;

(4) $y = \dfrac{\arctan x}{x}$;

(5) $y = x \, 10^x$;

(6) $y = x\sin x \ln x$.

8. 求下列函数的导数.

(1) $y = \sqrt{x^2 + a^2}$;

(2) $y = \sqrt{x + \sqrt{x + \sqrt{x}}}$;

(3) $y = \tan(ax + b)$;

(4) $y = a \sin^3 \dfrac{x}{3}$;

(5) $y = \ln(\ln x)$;

(6) $y = e^{\sin x}$;

(7) $y = \arctan \dfrac{2x}{1 - x^2}$;

(8) $y = \arccos x^2$;

(9) $y = \ln(x + \sqrt{x^2 + a^2}) - \dfrac{\sqrt{x^2 + a^2}}{x}$;

(10) $y = \dfrac{1}{3}\ln \dfrac{x + 1}{\sqrt{x^2 - x + 1}} + \dfrac{1}{\sqrt{3}}\arctan \dfrac{2x - 1}{\sqrt{3}}$.

9. 设函数 $f(t) = \lim\limits_{x \to \infty} t \cdot \left(1 + \dfrac{1}{x}\right)^{2tx}$，求 $f'(t)$.

10. 求下列函数的二阶导数.

(1) $y = \sin(ax) + \cos(bx)$;

(2) $y = e^{\sqrt{x}} + e^{-\sqrt{x}}$;

(3) $y = \dfrac{x^2 + 1}{(x + 1)^3}$;

(4) $y = \arctan \dfrac{e^x - e^{-x}}{2}$.

11. 求下列函数的 n 阶导数.

(1) $y = x e^x$;

(2) $y = \dfrac{1 - x}{1 + x}$;

(3) $y = x\sin x$;

(4) $y = (x^2 + 2x + 2) e^{-x}$.

12. 求下列方程确定的隐函数 $y = f(x)$ 的导数.

(1) $x^3 + y^3 - 3axy = 0$;

(2) $\sin(xy) = x$;

(3) $1 + xy - e^x + e^{-y} = 0$.

13. 求曲线 $xy + 2\ln x = y^4$ 在点 $(1, 1)$ 处的切线方程.

14. 求方程 $\arctan \dfrac{y}{x} = \ln \sqrt{x^2 + y^2}$ 确定的隐函数 $y = f(x)$ 的二阶导数.

15. 已知 $e^{xy} = a^x b^y$，证明：$(y - \ln a)y'' - 2(y')^2 = 0$.

16. 应用对数求导法，求下列函数的导数.

(1) $y = (\cos x)^{\frac{1}{x}}$;

(2) $y = \left(\dfrac{x}{1+x}\right)^x$;

(3) $y = x \cdot \sqrt{\dfrac{1-x}{1+x}}$;

(4) $y = \sqrt[5]{\dfrac{x-5}{\sqrt[5]{x^2+2}}}$.

17. 求下列函数的微分.

(1) $y = x^2 \sin x$;

(2) $y = \dfrac{x}{1+x^2}$;

(3) $y = \ln(\tan x)$;

(4) $y = \arcsin\sqrt{1-x^2}$.

18. 求 $\dfrac{\mathrm{d}}{\mathrm{d}(x^2)}\left(\dfrac{\sin x}{x}\right)$.

19. 已知某产品的总成本函数和总收益函数分别为 $C(x) = 5 + 2\sqrt{x}$ 和 $R(x) = \dfrac{5x}{x+2}$，其中 x 为该产品的销售量，求该产品的边际成本、边际收益和边际利润.

20. 求下列函数的弹性(其中 A，α 为正常数).

(1) $y = Ax^\alpha$; (2) $y = Ae^{\alpha x}$.

习题三答案

1. (1) $x + y = 2$，$y = x$; (2) $12x - y = 16$，$x + 12y = 98$;

(3) $x + y + 2 = 0$，$y = x$.

2. (1) $3f'(a)$; (2) $f'(a)$; (3) $\dfrac{f'(a)}{2}$.

3. $2x - y - 6 = 0$.

4. $f'(a) = 2a \cdot \varphi(a)$.

5. $f'(0) = 1$.

6. 连续，但不可导.

7. (1) $y' = 4x^3 + 6x$; (2) $y' = x\cos x$;

(3) $y' = \dfrac{-2}{x(1+\ln x)^2}$; (4) $y' = \dfrac{1}{x^2}\left(\dfrac{x}{1+x^2} - \arctan x\right)$;

(5) $y' = 10^x(1 + x\ln 10)$; (6) $y' = \sin x\ln x + x\cos x\ln x + \sin x$.

8. (1) $y' = \dfrac{x}{\sqrt{x^2 + a^2}}$;

(2) $y' = \dfrac{1}{2\sqrt{x + \sqrt{x + \sqrt{x}}}}\left[1 + \dfrac{1}{2\sqrt{x+\sqrt{x}}}\left(1 + \dfrac{1}{2\sqrt{x}}\right)\right]$;

(3) $y' = \dfrac{a}{\cos^2(ax+b)}$; (4) $y' = a\sin^2\dfrac{x}{3}\cos\dfrac{x}{3}$;

(5) $y' = \dfrac{1}{x\ln x}$; (6) $y' = \cos xe^{\sin x}$;

(7) $y' = \dfrac{2}{1 + x^2}$;

(8) $y' = \dfrac{-2x}{\sqrt{1 - x^4}}$;

(9) $y' = \dfrac{\sqrt{x^2 + a^2}}{x^2}$;

(10) $y' = \dfrac{1}{x^3 + 1}$.

9. $f'(t) = (1 + 2t) \cdot e^{2t}$.

10. (1) $y'' = -[a^2 \sin(ax) + b^2 \cos(bx)]$; (2) $y'' = \dfrac{1}{4x}(e^{\sqrt{x}} + e^{-\sqrt{x}}) - \dfrac{1}{4\sqrt{x^3}}(e^{\sqrt{x}} - e^{-\sqrt{x}})$;

(3) $y'' = \dfrac{2(x^2 - 4x + 7)}{(x + 1)^5}$;

(4) $y'' = -2\dfrac{e^x - e^{-x}}{(e^x + e^{-x})^2}$.

11. (1) $y^{(n)} = (x + n)e^x$;

(2) $y^{(n)} = (-1)^n \cdot \dfrac{2 \cdot n!}{(1 + x)^{n+1}}$;

(3) $y^{(n)} = x\sin\left(x + n \cdot \dfrac{\pi}{2}\right) - n \cdot \cos\left(x + n \cdot \dfrac{\pi}{2}\right)$;

(4) $y^{(n)} = (-1)^n e^{-x}[x^2 - 2(n - 1)x + (n - 1)(n - 2)]$.

12. (1) $y' = \dfrac{ay - x^2}{y^2 - ax}$;

(2) $y' = \dfrac{1}{x[\cos(xy)]} - \dfrac{y}{x}$;

(3) $y' = \dfrac{y - e^y}{e^{-y} - x}$.

13. $y = x$.

14. $y'' = \dfrac{2(x^2 + y^2)}{(x - y)^3}$.

15. 略.

16. (1) $y' = y \cdot \left[-\dfrac{1}{x^2} \cdot \ln(\cos x) + \dfrac{1}{x} \cdot \dfrac{1}{\cos x} \cdot (-\sin x)\right]$;

(2) $y' = y \cdot \left(\ln\dfrac{x}{1 + x} + \dfrac{1}{1 + x}\right)$;

(3) $y' = y \cdot \left(\dfrac{1}{x} - \dfrac{1}{1 - x^2}\right)$;

(4) $y' = \dfrac{1}{5}y \cdot \left(\dfrac{1}{x - 5} - \dfrac{2x}{5(x^2 + 2)}\right)$.

17. (1) $dy = (2x\sin x + x^2\cos x)dx$;

(2) $dy = \dfrac{1 - x^2}{(1 + x^2)^2}dx$;

(3) $dy = \dfrac{2}{\sin(2x)}dx$;

(4) $dy = \dfrac{-x}{|x|\sqrt{1 - x^2}}dx$.

18. $\dfrac{x\cos x - \sin x}{2x^3}$.

19. $C'(x) = \dfrac{1}{\sqrt{x}}$, $R'(x) = \dfrac{10}{(x + 2)^2}$, $L'(x) = \dfrac{10}{(x + 2)^2} - \dfrac{1}{\sqrt{x}}$.

20. (1) α;

(2) αx.

第4章

中值定理与导数的应用

导数是研究函数性态的重要工具，但仅从导数概念出发并不能充分体现这种工具的作用．本章将介绍微分学的几个基本中值定理，以及导数在求未定式极限、函数几何特性的判别与作图、经济极值问题等方面的应用．

§4.1 中值定理

我们先讨论罗尔（Rolle）中值定理，然后根据它推出拉格朗日（Lagrange）中值定理、柯西（Cauchy）中值定理和泰勒（Taylor）中值定理．

4.1.1 罗尔中值定理

为了应用方便，先介绍费马（Fermat）引理．

费马引理　设函数 $f(x)$ 在点 x_0 的某邻域 $U(x_0)$ 内有定义，并且在 x_0 处可导，如果对任意 $x \in U(x_0)$，有 $f(x) \leqslant f(x_0)$（或 $f(x) \geqslant f(x_0)$），那么 $f'(x_0) = 0$，如图 4-1 所示．

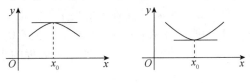

图 4-1

证　不妨设 $x \in U(x_0)$ 时，$f(x) \leqslant f(x_0)$（若 $f(x) \geqslant f(x_0)$，可以类似地证明）．

于是对于 $x_0 + \Delta x \in U(x_0)$，有 $f(x_0 + \Delta x) \leqslant f(x_0)$，从而当 $\Delta x > 0$ 时，$\dfrac{f(x_0 + \Delta x) - f(x_0)}{\Delta x} \leqslant 0$；而当 $\Delta x < 0$ 时，$\dfrac{f(x_0 + \Delta x) - f(x_0)}{\Delta x} \geqslant 0$；根据函数 $f(x)$ 在 x_0 处可导及极限的保号性得 $f'(x_0) = f'_+(x_0) = \lim\limits_{\Delta x \to 0^+} \dfrac{f(x_0 + \Delta x) - f(x_0)}{\Delta x} \leqslant 0$，$f'(x_0) = f'_-(x_0) = \lim\limits_{\Delta x \to 0^-} \dfrac{f(x_0 + \Delta x) - f(x_0)}{\Delta x} \geqslant 0$，

因此，$f'(x_0) = 0$．

通常称导数等于零的点为函数的驻点（或稳定点、临界点）．

定理 1（罗尔中值定理）　如果函数 $f(x)$ 满足：在闭区间 $[a, b]$ 上连续，在开区间

(a, b) 内可导，在区间端点处的函数值相等，即 $f(a) = f(b)$，那么在 (a, b) 内至少存在一点 $\xi(a < \xi < b)$，使函数 $f(x)$ 在该点的导数等于零，即 $f'(\xi) = 0$.

证 由于 $f(x)$ 在 $[a, b]$ 上连续，因此必有最大值 M 和最小值 m，于是有两种可能的情形：

（1）$M = m$，此时 $f(x)$ 在 $[a, b]$ 上必然取相同的数值 M，即 $f(x) = M$. 因此，得 $f'(x) = 0$. 因此，任取 $\xi \in (a, b)$，有 $f'(\xi) = 0$.

（2）$M > m$，由于 $f(a) = f(b)$，所以 M 和 m 至少有一个不等于 $f(x)$ 在区间 $[a, b]$ 端点处的函数值. 不妨设 $M \neq f(a)$（若 $m \neq f(a)$，可类似证明），则必定在 (a, b) 有一点 ξ 使 $f(\xi) = M$. 因此，任取 $x \in [a, b]$ 有 $f(x) \leqslant f(\xi)$，从而由费马引理有 $f'(\xi) = 0$.

罗尔中值定理的几何意义：对于在 $[a, b]$ 上每一点都有不垂直于 x 轴的切线，且两端点的连线与 x 轴平行的不间断的曲线 $f(x)$ 来说，至少存在一点 C，使其切线平行于 x 轴，如图 4-2 所示.

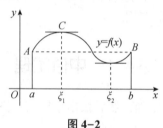

图 4-2

例 1 验证罗尔中值定理对 $f(x) = x^2 - 2x - 3$ 在区间 $[-1, 3]$ 上的正确性.

解 显然 $f(x) = x^2 - 2x - 3 = (x - 3)(x + 1)$ 在 $[-1, 3]$ 上连续，在 $(-1, 3)$ 上可导，且 $f(-1) = f(3) = 0$，又 $f'(x) = 2(x - 1)$，取 $\xi = 1$，$(1 \in (-1, 3))$，有 $f'(\xi) = 0$.

说明：（1）若罗尔中值定理的三个条件中有一个不满足，其结论可能不成立；

（2）使定理成立的 ξ 可能多于一个，也可能只有一个.

例 2 证明方程 $f(x) = x^5 - 5x + 1$ 有且仅有一个小于 1 的正实根.

证 设 $f(x) = x^5 - 5x + 1$，则 $f(x)$ 在 $[0, 1]$ 上连续，且 $f(0) = 1$，$f(1) = -3$.

由零点定理，存在 $x_0 \in (0, 1)$ 使 $f(x_0) = 0$，即 x_0 为方程的小于 1 的正实根.

设另有 $x_1 \in (0, 1)$，$x_1 \neq x_0$，使 $f(x_1) = 0$.

因为 $f(x)$ 在 x_0，x_1 之间满足罗尔中值定理的条件，所以至少存在一个 ξ（在 x_0，x_1 之间）使 $f'(\xi) = 0$.

但 $f'(x) = 5(x^4 - 1) < 0(x \in (0, 1))$，矛盾. 因此，$x_0$ 为方程的唯一实根.

例 3 若方程 $a_0 x^n + a_1 x^{n-1} + \cdots + a_{n-1} x = 0$ 有一个正根 $x = x_0$，证明方程 $a_0 n x^{n-1} + a_1(n - 1)x^{n-2} + \cdots + a_{n-1} = 0$ 必有一个小于 x_0 的正根.

证 令 $f(x) = a_0 x^n + a_1 x^{n-1} + \cdots + a_{n-1} x$，在闭区间 $[0, x_0]$ 上满足罗尔中值定理的三个条件，故 $f'(\xi) = 0(0 < \xi < x_0)$，又 $f'(x) = a_0 n x^{n-1} + a_1(n - 1)x^{n-2} + \cdots + a_{n-1}$，则可得

$$a_0 n \xi^{n-1} + a_1(n - 1)\xi^{n-2} + \cdots + a_{n-1} = 0.$$

上式表明，$x = \xi(0 < \xi < x_0)$ 即方程 $a_0 x^n + a_1 x^{n-1} + \cdots + a_{n-1} x = 0$ 的根.

4.1.2 拉格朗日中值定理

在罗尔中值定理中，第三个条件要求 $f(a) = f(b)$，然而对一般的函数，此条件不满足，

现将该条件去掉，但仍保留前两个条件，这样结论也相应地要改变，这就是拉格朗日中值定理.

定理 2(拉格朗日中值定理)　如果函数 $f(x)$ 满足：在闭区间 $[a, b]$ 上连续，在开区间 (a, b) 内可导，那么在 (a, b) 内至少存在一点 $\xi(a < \xi < b)$，使等式

$$f'(\xi) = \frac{f(b) - f(a)}{b - a}, \quad \text{即} \quad f(b) - f(a) = f'(\xi)(b - a)$$

成立.

拉格朗日中值定理的几何意义：如果曲线 $y = f(x)$ 在除端点外的每一点都有不平行于 y 轴的切线，则曲线上至少存在一点，该点的切线平行于两端点的连线，如图 4-3 所示.

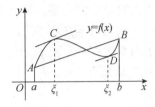

图 4-3

若拉格朗日中值定理中 $f(x)$ 还满足 $f(a) = f(b)$，则此时定理变为罗尔中值定理. 可见，罗尔中值定理是拉格朗日中值定理的一个特殊情况，因而用罗尔中值定理来证明.

证　引进辅函数.

令 $F(x) = f(x) - \dfrac{f(b) - f(a)}{b - a}(x - a)$，

容易验证函数 $F(x)$ 满足在 $[a, b]$ 上连续，在 (a, b) 上可导，且

$$F(a) = f(a) - \frac{f(b) - f(a)}{b - a}(a - a) = f(a),$$

$$F(b) = f(b) - \frac{f(b) - f(a)}{b - a}(b - a) = f(a)$$

$$\Rightarrow F(a) = F(b).$$

根据罗尔中值定理，在 (a, b) 内至少存在一点 ξ，使 $F'(\xi) = 0$，又因 $F'(x) = f'(x) - \dfrac{f(b) - f(a)}{b - a}$，故 $f'(\xi) - \dfrac{f(b) - f(a)}{b - a} = 0 \Rightarrow f'(\xi) = \dfrac{f(b) - f(a)}{b - a}$.

说明：(1)拉格朗日中值定理是罗尔中值定理的推广.

(2)拉格朗日中值定理的结论，可以写成 $f(b) - f(a) = f'(\xi)(b - a)(a < \xi < b)$，此式也称为拉格朗日公式，其中 ξ 可写成 $\xi = a + \theta(b - a)(0 < \theta < 1) \Rightarrow f(b) - f(a) = f'[a + \theta(b - a)](b - a)$.

若令 $b = a + h$，则 $f(a + h) - f(a) = f'(a + \theta h)h$.

上式中的 h 不论正负，只要 $f(x)$ 满足条件就成立.

(3)若 $a > b$，定理中的条件相应地改为 $f(x)$ 在 $[b, a]$ 上连续，在 (b, a) 内可导，则结论为

$$f(a) - f(b) = f'(\xi)(a - b).$$

可见，不论 a，b 哪个大，其拉格朗日公式总是一样的. 这时，ξ 为介于 a，b 之间的一

个数.

（4）设在点 x 处有一个增量 Δx，得到点 $x + \Delta x$，在以 x 和 $x + \Delta x$ 为端点的区间上应用拉格朗日中值定理，有

$$f(x + \Delta x) - f(x) = f'(x + \theta \Delta x) \cdot \Delta x \quad (0 < \theta < 1),$$

即 $\Delta y = f'(x + \theta \Delta x) \cdot \Delta x$，这准确地表达了 Δy 和 Δx 这两个增量间的关系，故拉格朗日中值定理又称为微分中值定理.

作为拉格朗日中值定理的一个应用，我们来导出以后讲积分学时很有用的一个推论. 我们知道，如果函数 $f(x)$ 在某一区间上是一个常数，那么 $f(x)$ 在该区间上的导数恒为零. 它的逆命题也是成立的.

推论 如果函数 $f(x)$ 在区间 I 上的导数恒为零，那么 $f(x)$ 在区间 I 上是一个常数.

证 在 I 中任取两点 x_1，$x_2(x_1 < x_2)$，$y = f(x)$ 在 $[x_1, x_2]$ 连续，在 (x_1, x_2) 可导，由拉格朗日中值定理，则在 (x_1, x_2) 内至少存在一点 ξ，使 $f(x_2) - f(x_1) = f'(\xi)(x_2 - x_1)$.

由假设可知在 I 上，$f'(x) \equiv 0$，从而在 (x_1, x_2) 上，$f'(x) \equiv 0$，故 $f'(\xi) = 0$，所以 $f(x) - f(x_0) = 0 \Rightarrow f(x) = f(x_0)$.

可见，$f(x)$ 在 I 上的每一点都有 $f(x) = f(x_0)$（常数）.

例 4 证明 $\arcsin x + \arccos x = \dfrac{\pi}{2}$ $(-1 \leqslant x \leqslant 1)$.

证 令 $f(x) = \arcsin x + \arccos x$，则 $f'(x) = \dfrac{1}{\sqrt{1 - x^2}} - \dfrac{1}{\sqrt{1 - x^2}} = 0$.

由推论可知，$f(x)$ 为一个常数，再由 $f(0) = \dfrac{\pi}{2}$，故 $\arcsin x + \arccos x = \dfrac{\pi}{2}$.

例 5 证明当 $x > 0$ 时，$\dfrac{x}{1 + x} < \ln(1 + x) < x$.

证 设 $f(x) = \ln(1 + x)$，显然 $f(x)$ 在区间 $[0, x]$ 上满足拉格朗日中值定理的条件，根据定理，有

$$f(x) - f(0) = f'(\xi)(x - 0)(0 < \xi < x),$$

由于 $f(0) = 0$，$f'(x) = \dfrac{1}{1 + x}$，因此上式为

$$\ln(1 + x) = \dfrac{x}{1 + \xi}.$$

又由 $0 < \xi < x$，有 $\dfrac{x}{1 + x} < \ln(1 + x) < x$.

4.1.3 柯西中值定理

定理 3（柯西中值定理） 若 $f(x)$，$F(x)$ 满足：在 $[a, b]$ 上连续，在 (a, b) 内可导，$\forall x \in (a, b)$，$F'(x) \neq 0$，则在 (a, b) 内至少存在一点 ξ，使 $\dfrac{f'(\xi)}{F'(\xi)} = \dfrac{f(b) - f(a)}{F(b) - F(a)}$.

证 令 $\varphi(x) = \dfrac{f(b) - f(a)}{F(b) - F(a)} F(x) - f(x)$，显然，$\varphi(x)$ 在 $[a, b]$ 上连续，且 $\varphi(x)$ 在 (a, b) 内可导，更进一步还有 $\varphi(a) = \varphi(b)$，事实上，

$$\varphi(b) - \varphi(a) = \frac{f(b) - f(a)}{F(b) - F(a)} F(b) - f(b) - \frac{f(b) - f(a)}{F(b) - F(a)} F(a) + f(a)$$

$$= \frac{f(b) - f(a)}{F(b) - F(a)} [F(b) - F(a)] - [f(b) - f(a)] = 0.$$

因此 $\varphi(x)$ 满足罗尔中值定理的条件，故在 (a, b) 内至少存在一点 ξ，使 $\varphi'(\xi) = 0$，又

$$\varphi'(x) = \frac{f(b) - f(a)}{F(b) - F(a)} F'(x) - f'(x) \Rightarrow \frac{f(b) - f(a)}{F(b) - F(a)} F'(\xi) - f'(\xi) = 0,$$

$$F'(\xi) \neq 0 \Rightarrow \frac{f'(\xi)}{F'(\xi)} = \frac{f(b) - f(a)}{F(b) - F(a)}.$$

说明：(1)柯西中值定理是拉格朗日中值定理的推广，事实上令 $F(x) = x$，就得到拉格朗日中值定理.

(2)柯西中值定理的几何意义：设曲线弧 C 由参数方程

$$\begin{cases} X = F(x) \\ Y = f(x) \end{cases} \quad (a \leqslant x \leqslant b)$$

表示，其中 x 为参数. 如果曲线 C 上除端点外处处具有不垂直于横轴的切线，那么在曲线 C 上必有一点 $x = \xi$，使曲线上该点的切线平行于连接曲线端点的弦 AB.

4.1.4 泰勒中值定理

对于一些较复杂的函数，为了便于研究，往往希望用一些简单的函数来近似表达. 由于用多项式表示的函数，只要对自变量进行有限次加、减、乘三种运算，便能求出它的函数值，因此我们经常用多项式来近似表达函数，因而引入下面泰勒中值定理.

定理4(泰勒中值定理) 如果函数 $f(x)$ 在含有 x_0 的某个开区间 (a, b) 内具有直到 $(n + 1)$ 阶的导数，则当 x 在 (a, b) 内时，$f(x)$ 可以表示为 $(x - x_0)$ 的一个 n 次多项式与一个余项 $R_n(x)$ 之和，即

$$f(x) = f(x_0) + f'(x_0)(x - x_0) + \frac{f''(x_0)}{2!}(x - x_0)^2 + \cdots + \frac{f^{(n)}(x_0)}{n!}(x - x_0)^n + R_n(x),$$

其中，$R_n(x) = \frac{f^{(n+1)}(\xi)}{(n + 1)!}(x - x_0)^{n+1}$ （ξ 介于 x_0 与 x 之间）.

这里，多项式

$$P_n(x) = f(x_0) + f'(x_0)(x - x_0) + \frac{f''(x_0)}{2!}(x - x_0)^2 + \cdots + \frac{f^{(n)}(x_0)}{n!}(x - x_0)^n$$

称为函数 $f(x)$ 按 $(x - x_0)$ 的幂展开的 n 次近似多项式；公式

$$f(x) = f(x_0) + f'(x_0)(x - x_0) + \frac{f''(x_0)}{2!}(x - x_0)^2 + \cdots + \frac{f^{(n)}(x_0)}{n!}(x - x_0)^n + R_n(x)$$

称为 $f(x)$ 按 $(x - x_0)$ 的幂展开的 n 阶泰勒公式，而 $R_n(x)$ 的表达式

$$R_n(x) = \frac{f^{(n+1)}(\xi)}{(n + 1)!}(x - x_0)^{n+1} \quad （\xi 介于 x_0 与 x 之间）$$

称为拉格朗日型余项.

当 $n = 0$ 时，泰勒公式变成拉格朗日公式，即

$$f(x) = f(x_0) + f'(\xi)(x - x_0) \quad (\xi \text{介于} x_0 \text{与} x \text{之间}).$$

因此，泰勒中值定理是拉格朗日中值定理的推广.

如果对于某个固定的 n，当 x 在区间 (a, b) 内变动时，$|f^{(n+1)}(x)|$ 总不超过一个常数 M，则有误差估计式

$$|R_n(x)| = \left| \frac{f^{(n+1)}(\xi)}{(n+1)!}(x - x_0)^{n+1} \right| \leqslant \frac{M}{(n+1)!}|x - x_0|^{n+1}$$

和

$$\lim_{x \to x_0} \frac{R_n(x)}{(x - x_0)^n} = 0.$$

可见，当 $x \to x_0$ 时，误差 $|R_n(x)|$ 是比 $(x - x_0)^n$ 高阶的无穷小，即

$$R_n(x) = o[(x - x_0)^n].$$

在不需要余项的精确表达式时，n 阶泰勒公式也可写成

$$f(x) = f(x_0) + f'(x_0)(x - x_0) + \frac{f''(x_0)}{2!}(x - x_0)^2 + \cdots +$$

$$\frac{f^{(n)}(x_0)}{n!}(x - x_0)^n + o[(x - x_0)^n].$$

当 $x_0 = 0$ 时的泰勒公式称为麦克劳林公式，即

$$f(x) = f(0) + f'(0)x + \frac{f''(0)}{2!}x^2 + \cdots + \frac{f^{(n)}(0)}{n!}x^n + R_n(x),$$

或

$$f(x) = f(0) + f'(0)x + \frac{f''(0)}{2!}x^2 + \cdots + \frac{f^{(n)}(0)}{n!}x^n + o(x^n),$$

其中，$R_n(x) = \dfrac{f^{(n+1)}(\xi)}{(n+1)!}x^{n+1}.$

由此得近似公式为

$$f(x) \approx f(0) + f'(0)x + \frac{f''(0)}{2!}x^2 + \cdots + \frac{f^{(n)}(0)}{n!}x^n;$$

误差估计式变为

$$|R_n(x)| = \frac{M}{(n+1)!}|x|^{n+1}.$$

§4.2 洛必达法则

约定用"0"表示无穷小，用"∞"表示无穷大. 已知两个无穷小之比 $\dfrac{0}{0}$ 或两个无穷大之比 $\dfrac{\infty}{\infty}$ 的极限可能有各种不同的情况. 因此，求 $\dfrac{0}{0}$ 或 $\dfrac{\infty}{\infty}$ 形式的极限都要根据函数的不同类型选用相应的方法，洛必达法则是求 $\dfrac{0}{0}$ 或 $\dfrac{\infty}{\infty}$ 形式极限的简便方法.

$\dfrac{0}{0}$ 或 $\dfrac{\infty}{\infty}$ 都称为未定式，类似的未定式还有 $0 \cdot \infty$，$\infty - \infty$，1^∞，0^0，∞^0. 下面将根据

柯西中值定理来推出求解这类极限的洛必达法则(以 $x \to a$ 的情形为例).

4.2.1 $\dfrac{0}{0}$ 和 $\dfrac{\infty}{\infty}$ 型未定式

定理1 若函数 $f(x)$ 与 $g(x)$ 满足:

(1) $\lim\limits_{x \to a} f(x) = \lim\limits_{x \to a} g(x) = 0$;

(2) 在点 a 的某去心邻域内, $f'(x)$ 与 $g'(x)$ 都存在且 $g'(x) \neq 0$;

(3) $\lim\limits_{x \to a} \dfrac{f'(x)}{g'(x)}$ 存在(或为无穷大),

则 $\lim\limits_{x \to a} \dfrac{f(x)}{g(x)} = \lim\limits_{x \to a} \dfrac{f'(x)}{g'(x)}$.

这种在一定条件下通过分子、分母分别求导再求极限来确定未定式值的方法称为洛必达(L'Hospital)法则.

证 因为求 $\lim\limits_{x \to a} \dfrac{f(x)}{g(x)}$ 时, 与 $f(a)$ 和 $g(a)$ 无关, 所以可以假定 $f(a) = g(a) = 0$, 于是由条件(1)、(2)可知, $f(x)$ 与 $g(x)$ 在点 a 的某一邻域内是连续的. 设 x 是这个邻域内的一点, 那么在以 x 和 a 为端点的区间上, 满足柯西中值定理的条件, 因此有

$$\frac{f(x)}{g(x)} = \frac{f(x) - f(a)}{g(x) - g(a)} = \frac{f'(\xi)}{g'(\xi)} \quad (\xi \text{ 在 } x \text{ 与 } a \text{ 之间}).$$

令 $x \to a$, 并对上式两端求极限, 注意到 $x \to a$ 时 $\xi \to a$, 再根据条件(3)便得到要证明的结论.

说明: (1)应用洛必达法则之前, 必须判定所求极限为 $\dfrac{0}{0}$ 型未定式.

(2)将定理1中的极限过程 $x \to a$ 换为 $x \to a^-$, $x \to a^+$, $x \to \infty$, $x \to -\infty$, $x \to +\infty$ 时, 只需将定理中条件(2)做适当修改, 则定理仍成立.

(3)若极限 $\lim\limits_{x \to a} \dfrac{f'(x)}{g'(x)}$ 仍为 $\dfrac{0}{0}$ 型未定式, 并且相应地还满足洛必达法则的条件, 则可再次运用洛必达法则, 即

$$\lim_{x \to a} \frac{f(x)}{g(x)} = \lim_{x \to a} \frac{f'(x)}{g'(x)} = \lim_{x \to a} \frac{f''(x)}{g''(x)}.$$

(4)在应用洛必达法则之前或求解过程中, 应尽可能用其他方法简化所求极限. 例如, 有极限为非零常数的因子应先求出或运用等价无穷小替换以简化求导过程.

例1 求 $\lim\limits_{x \to 1} \dfrac{2x^3 - 6x + 4}{x^3 - x^2 - x + 1}$. $\left(\dfrac{0}{0} \text{ 型}\right)$

解 $\lim\limits_{x \to 1} \dfrac{2x^3 - 6x + 4}{x^3 - x^2 - x + 1} = \lim\limits_{x \to 1} \dfrac{6x^2 - 6}{3x^2 - 2x - 1} = \lim\limits_{x \to 1} \dfrac{12x}{6x - 2} = 3.$

例2 求 $\lim\limits_{x \to 0^+} \dfrac{\sqrt{x}}{1 - e^{2\sqrt{x}}}$. $\left(\dfrac{0}{0} \text{ 型}\right)$

解 $\lim\limits_{x\to 0^+}\dfrac{\sqrt{x}}{1-e^{2\sqrt{x}}}=\lim\limits_{x\to 0^+}\dfrac{\dfrac{1}{2\sqrt{x}}}{-\dfrac{1}{\sqrt{x}}e^{2\sqrt{x}}}=-\dfrac{1}{2}.$

例 3 求 $\lim\limits_{x\to 0}\dfrac{\tan x-x}{x-\sin x}.$ $\left(\dfrac{0}{0}\text{ 型}\right)$

解 $\lim\limits_{x\to 0}\dfrac{\tan x-x}{x-\sin x}=\lim\limits_{x\to 0}\dfrac{\sec^2 x-1}{1-\cos x}=\lim\limits_{x\to 0}\dfrac{\tan^2 x}{1-\cos x}=\lim\limits_{x\to 0}\dfrac{x^2}{\dfrac{1}{2}x^2}=2.$

例 4 求 $\lim\limits_{x\to 0}\dfrac{e^x-(1+2x)^{1/2}}{\ln(1+x^2)}.$ $\left(\dfrac{0}{0}\text{ 型}\right)$

解 $\lim\limits_{x\to 0}\dfrac{e^x-(1+2x)^{1/2}}{\ln(1+x^2)}=\lim\limits_{x\to 0}\dfrac{e^x-(1+2x)^{1/2}}{x^2}$

$=\lim\limits_{x\to 0}\dfrac{e^x-\dfrac{1}{2}(1+2x)^{-1/2}\cdot 2}{2x}=\lim\limits_{x\to 0}\dfrac{e^x+\dfrac{1}{2}(1+2x)^{-3/2}\cdot 2}{2}=1.$

定理 2 若函数 $f(x)$ 与 $g(x)$ 满足：

(1) $\lim\limits_{x\to a}f(x)=\lim\limits_{x\to a}g(x)=\infty$；

(2) 在点 a 的某去心邻域内，$f'(x)$ 与 $g'(x)$ 都存在且 $g'(x)\neq 0$；

(3) $\lim\limits_{x\to a}\dfrac{f'(x)}{g'(x)}$ 存在（或为无穷大）；

则 $\lim\limits_{x\to a}\dfrac{f(x)}{g(x)}=\lim\limits_{x\to a}\dfrac{f'(x)}{g'(x)}.$

证明与注意事项与本节定理 1 类似。

例 5 求 $\lim\limits_{x\to +\infty}\dfrac{\ln x}{x^\alpha}(\alpha>0).$ $\left(\dfrac{\infty}{\infty}\text{ 型}\right)$

解 $\lim\limits_{x\to +\infty}\dfrac{\ln x}{x^\alpha}=\lim\limits_{x\to +\infty}\dfrac{x^{-1}}{\alpha x^{\alpha-1}}=\lim\limits_{x\to +\infty}\dfrac{1}{\alpha x^\alpha}=0.$

例 6 求 $\lim\limits_{x\to \frac{\pi}{2}^+}\dfrac{\ln\left(x-\dfrac{\pi}{2}\right)}{\tan x}.$ $\left(\dfrac{\infty}{\infty}\text{ 型}\right)$

解 $\lim\limits_{x\to \frac{\pi}{2}^+}\dfrac{\ln\left(x-\dfrac{\pi}{2}\right)}{\tan x}=\lim\limits_{x\to \frac{\pi}{2}^+}\dfrac{\dfrac{1}{x-\dfrac{\pi}{2}}}{\sec^2 x}=\lim\limits_{x\to \frac{\pi}{2}^+}\dfrac{\cos^2 x}{x-\dfrac{\pi}{2}}=\lim\limits_{x\to \frac{\pi}{2}^+}\dfrac{2\cos x(-\sin x)}{1}=0.$

例 7 求 $\lim\limits_{x\to \infty}\dfrac{x+\sin x}{x-\sin x}.$ $\left(\dfrac{\infty}{\infty}\text{ 型}\right)$

解 由于 $\lim\limits_{x\to \infty}\dfrac{x+\sin x}{x-\sin x}=\lim\limits_{x\to \infty}\dfrac{1+\cos x}{1-\cos x}$ 时，右边的极限不存在，也不是无穷大，故洛必达

法则不能用. 注意到 $\lim\limits_{x\to\infty}\dfrac{\sin x}{x}=0$, 则有

$$\lim_{x\to\infty}\frac{x+\sin x}{x-\sin x}=\lim_{x\to\infty}\frac{1+\dfrac{\sin x}{x}}{1-\dfrac{\sin x}{x}}=1.$$

此例说明，若极限 $\lim\dfrac{f'(x)}{g'(x)}$ 不存在，也不是无穷大，则洛必达法则失效，这时，极限 $\lim\dfrac{f(x)}{g(x)}$ 是否存在，需要用其他方法判断或求解.

4.2.2　其他类型的未定式

其他类型的未定式包括 $0\cdot\infty$、$\infty-\infty$、1^{∞}、0^{0}、∞^{0}. 求解这些类型未定式极限的关键是，先将它们转化为 $\dfrac{0}{0}$ 型或 $\dfrac{\infty}{\infty}$ 型的未定式，然后再利用洛必达法则或其他方法求解. 下面通过例题说明求解方法.

（1）对于 $0\cdot\infty$ 型未定式，通常利用 $uv=\dfrac{u}{v^{-1}}$ 或 $uv=\dfrac{v}{u^{-1}}$ 将其转化为 $\dfrac{0}{0}$ 型或 $\dfrac{\infty}{\infty}$ 型未定式.

例 8　求 $\lim\limits_{x\to 0^{+}}x\cdot\mathrm{e}^{\frac{1}{x}}$. $(0\cdot\infty$ 型$)$

解　$\lim\limits_{x\to 0^{+}}x\cdot\mathrm{e}^{\frac{1}{x}}=\lim\limits_{x\to 0^{+}}\dfrac{\mathrm{e}^{\frac{1}{x}}}{\dfrac{1}{x}}=\lim\limits_{x\to 0^{+}}\dfrac{\mathrm{e}^{\frac{1}{x}}\cdot\left(-\dfrac{1}{x^{2}}\right)}{-\dfrac{1}{x^{2}}}=+\infty.$

（2）对于 $\infty-\infty$ 型未定式，通常利用 $u-v$（通分）将其化为分式，从而将原极限转化为 $\dfrac{0}{0}$ 型或 $\dfrac{\infty}{\infty}$ 型未定式.

例 9　求 $\lim\limits_{x\to 1}\left(\dfrac{1}{\ln x}-\dfrac{1}{x-1}\right)$. $(\infty-\infty$ 型$)$

解　$\lim\limits_{x\to 1}\left(\dfrac{1}{\ln x}-\dfrac{1}{x-1}\right)=\lim\limits_{x\to 1}\dfrac{x-1-\ln x}{(x-1)\ln x}=\lim\limits_{x\to 1}\dfrac{1-\dfrac{1}{x}}{\ln x+(x-1)\cdot\dfrac{1}{x}}$

$=\lim\limits_{x\to 1}\dfrac{x-1}{x\ln x+x-1}=\lim\limits_{x\to 1}\dfrac{1}{\ln x+x\cdot\dfrac{1}{x}+1}=\dfrac{1}{2}.$

例 10　求 $\lim\limits_{x\to 0}\left(\dfrac{1}{x^{2}}-\dfrac{1}{x\tan x}\right)$. $(\infty-\infty$ 型$)$

解　$\lim\limits_{x\to 0}\left(\dfrac{1}{x^{2}}-\dfrac{1}{x\tan x}\right)=\lim\limits_{x\to 0}\dfrac{\tan x-x}{x^{2}\tan x}=\lim\limits_{x\to 0}\dfrac{\tan x-x}{x^{3}}$

$$= \lim_{x \to 0} \frac{\sec^2 x - 1}{3x^2} = \lim_{x \to 0} \frac{\tan^2 x}{3x^2} = \frac{1}{3}.$$

（3）对于 1^∞、0^0、∞^0 型未定式，通常利用公式 $u^v = e^{v \ln u}$（换底）将原极限转化为 $0 \cdot \infty$ 型未定式，然后再转化为 $\dfrac{0}{0}$ 型或 $\dfrac{\infty}{\infty}$ 型未定式.

例 11　求 $\lim\limits_{x \to 0^+} \left(\dfrac{1}{x} \right)^x$.（$\infty^0$ 型）

解　$\lim\limits_{x \to 0^+} \left(\dfrac{1}{x} \right)^x = \lim\limits_{x \to 0^+} e^{x \ln \frac{1}{x}} = \lim\limits_{x \to 0^+} e^{\frac{\ln \frac{1}{x}}{\frac{1}{x}}} = e^{\lim\limits_{x \to 0^+} \frac{\ln \frac{1}{x}}{\frac{1}{x}}} = e^{\lim\limits_{x \to 0^+} \frac{x \cdot (-\frac{1}{x^2})}{-\frac{1}{x^2}}} = e^0 = 1.$

例 12　求 $\lim\limits_{x \to 0^+} x^{\sin x}$.（$0^0$ 型）

解　$\lim\limits_{x \to 0^+} x^{\sin x} = \lim\limits_{x \to 0^+} e^{\sin x \ln x} = \lim\limits_{x \to 0^+} e^{\frac{\ln x}{\frac{1}{\sin x}}} = e^{\lim\limits_{x \to 0^+} \frac{\frac{1}{x}}{\frac{-\cos x}{\sin^2 x}}} = e^{\lim\limits_{x \to 0^+} \frac{-\sin^2 x}{x \cos x}} = e^0 = 1.$

例 13　求 $\lim\limits_{x \to +\infty} \left(\dfrac{2}{\pi} \arctan x \right)^x$.（$1^\infty$ 型）

解　$\lim\limits_{x \to +\infty} \left(\dfrac{2}{\pi} \arctan x \right)^x = \lim\limits_{x \to +\infty} e^{x \ln(\frac{2}{\pi} \arctan x)} = e^{\lim\limits_{x \to +\infty} \frac{\ln(\frac{2}{\pi} \arctan x)}{\frac{1}{x}}}$

$$= e^{\lim\limits_{x \to +\infty} \frac{\frac{1}{\frac{2}{\pi} \arctan x} \cdot \frac{2}{\pi} \cdot \frac{1}{1+x^2}}{-\frac{1}{x^2}}} = e^{\lim\limits_{x \to +\infty} \frac{-x^2}{1+x^2} \cdot \frac{1}{\arctan x}} = e^{-\frac{2}{\pi}}.$$

例 14　求 $\lim\limits_{x \to 0} \left(\dfrac{a_1^x + a_2^x + \cdots + a_n^x}{n} \right)^{\frac{1}{x}}$，$a_1$，$a_2$，$\cdots$，$a_n$ 为正数.（1^∞ 型）

解　$\lim\limits_{x \to 0} \left(\dfrac{a_1^x + a_2^x + \cdots + a_n^x}{n} \right)^{\frac{1}{x}} = \lim\limits_{x \to 0} e^{\frac{1}{x} \ln \frac{a_1^x + a_2^x + \cdots + a_n^x}{n}} = e^{\lim\limits_{x \to 0} \frac{\frac{a_1^x \ln a_1 + \cdots + a_n^x \ln a_n}{a_1^x + a_2^x + \cdots + a_n^x}}{1}}$

$$= e^{\frac{\ln a_1 + \ln a_2 + \cdots + \ln a_n}{n}} = \sqrt[n]{a_1 a_2 \cdots a_n}.$$

最后，我们指出，洛必达法则是求解未定式极限的一个有效方法，但不是万能的. 再次强调，只有 $\dfrac{0}{0}$ 型或 $\dfrac{\infty}{\infty}$ 型可考虑用洛必达法则求解；当极限 $\lim \dfrac{f'(x)}{g'(x)}$ 不存在，也不是无穷大时，不能使用洛必达法则；在使用洛必达法则时，应该注意与其他方法相结合，以便简化求解过程.

§4.3　函数的单调性、曲线的凹凸性与渐近线

4.3.1　函数的单调性

我们在第 1 章已给出函数单调性的定义. 一般来说，直接按单调性的定义判别函数的单调性是不容易的，本节将介绍一种方便、有效判别函数单调性的方法，即利用导数符号来判

别函数的单调性.

如图 4-4 所示，如果函数 $y = f(x)$ 在 $[a, b]$ 上单调增加（单调减少），那么它的图形是一条沿 x 轴正向上升（下降）的曲线．这时，曲线各点处的切线斜率是非负的（是非正的），即 $y' = f'(x) \geq 0 (y' = f'(x) \leq 0)$．由此可见，函数的单调性与导数的符号有着密切的关系．

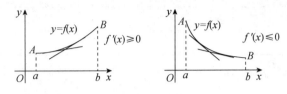

图 4-4

定理 1（函数单调性判定定理） 设函数 $y = f(x)$ 在 $[a, b]$ 上连续，在 (a, b) 内可导：

(1) 如果在 (a, b) 内 $f'(x) > 0$，那么函数 $y = f(x)$ 在 $[a, b]$ 上单调增加；

(2) 如果在 (a, b) 内 $f'(x) < 0$，那么函数 $y = f(x)$ 在 $[a, b]$ 上单调减少．

证 只证 (1)．在 $[a, b]$ 上任取两点 x_1，$x_2 (x_1 < x_2)$，应用拉格朗日中值定理，得到

$$f(x_2) - f(x_1) = f'(\xi)(x_2 - x_1)(x_1 < \xi < x_2).$$

由于在上式中，$x_2 - x_1 > 0$，因此如果在 (a, b) 内导数 $f'(x)$ 保持正号，即 $f'(x) > 0$，那么也有 $f'(\xi) > 0$．于是，

$$f(x_2) - f(x_1) = f'(\xi)(x_2 - x_1) > 0,$$

即

$$f(x_2) > f(x_1),$$

因此，函数 $y = f(x)$ 在 $[a, b]$ 上单调增加．

注意：(1) 将定理 1 中区间 $[a, b]$ 换成其他各种区间（包括无穷区间），定理的结论仍然成立．

(2) 判断一个函数 $y = f(x)$ 的单调区间的基本步骤如下：

（ⅰ）求导数 $f'(x)$，并求出所有驻点和导数不存在的点；

（ⅱ）以（ⅰ）中求出的点作为 $f(x)$ 定义域（自然定义域或指定定义域）的分界点，将 $f(x)$ 的定义域划分为若干个子区间；

（ⅲ）讨论 $f'(x)$ 在各子区间的符号，从而由定理 1 确定 $f(x)$ 在各子区间的单调性．

例 1 判定函数 $y = 2x - 2\sin x$ 在 $[0, 2\pi]$ 上的单调性.

解 因为在 $(0, 2\pi)$ 内，$y' = 2(1 - \cos x) > 0$，所以由判定定理可知，函数 $y = 2x - 2\sin x$ 在 $[0, 2\pi]$ 上单调增加．

例 2 讨论函数 $y = e^x - x - 1$ 的单调性.

解 函数 $y = e^x - x - 1$ 的定义域为 $(-\infty, +\infty)$，且 $y' = e^x - 1$．因为在 $(-\infty, 0)$ 内 $y' < 0$，所以函数 $y = e^x - x - 1$ 在 $(-\infty, 0]$ 上单调减少；在 $(0, +\infty)$ 内 $y' > 0$，所以函数 $y = e^x - x - 1$ 在 $[0, +\infty)$ 上单调增加．

例 3 确定函数 $f(x) = 2x^3 - 9x^2 + 12x - 3$ 的单调区间.

解 这个函数的定义域为 $(-\infty, +\infty)$，导数为 $f'(x) = 6x^2 - 18x + 12 = 6(x - 1)(x - 2)$，所以导数为零的点有两个：$x_1 = 1$，$x_2 = 2$．以 x_1，x_2 为分界点，将定义域 $(-\infty, +\infty)$

分为三个子区间：$(-\infty, 1]$、$[1, 2]$、$[2, +\infty)$，然后分别讨论在这三个子区间内 $f'(x)$ 的符号和 $f(x)$ 的单调性，如表 4-1 所示.

表 4-1

x	$(-\infty, 1]$	$[1, 2]$	$[2, +\infty)$
$f'(x)$	+	−	+
$f(x)$	↗	↘	↗

由表 4-1 可知，函数 $f(x)$ 在区间 $(-\infty, 1]$ 和 $[2, +\infty)$ 上单调增加，在区间 $[1, 2]$ 上单调减少.

例 4　确定函数 $y = (x - 1) \cdot \sqrt[3]{x^2}$ 的单调区间.

解　这个函数的定义域为 $(-\infty, +\infty)$，导数为 $f'(x) = \dfrac{5}{3}x^{\frac{2}{3}} - \dfrac{2}{3}x^{-\frac{1}{3}} = \dfrac{5}{3}x^{-\frac{1}{3}}\left(x - \dfrac{2}{5}\right)$，所以导数为零的点有一个：$x_1 = \dfrac{2}{5}$；导数不存在的点有一个：$x_2 = 0$. 以 x_1，x_2 为分界点，将定义域 $(-\infty, +\infty)$ 分为三个子区间：$(-\infty, 0]$、$\left[0, \dfrac{2}{5}\right]$、$\left[\dfrac{2}{5}, +\infty\right)$，然后分别讨论在这三个子区间内 $f'(x)$ 的符号和 $f(x)$ 的单调性，如表 4-2 所示.

表 4-2

x	$(-\infty, 0]$	$\left[0, \dfrac{2}{5}\right]$	$\left[\dfrac{2}{5}, +\infty\right)$
$f'(x)$	+	−	+
$f(x)$	↗	↘	↗

由表 4-2 可知，函数 $f(x)$ 在区间 $(-\infty, 0]$ 和 $\left[\dfrac{2}{5}, +\infty\right)$ 上单调增加，在区间 $\left[0, \dfrac{2}{5}\right]$ 上单调减少.

例 5　讨论函数 $y = x^3$ 的单调性.

解　这个函数的定义域为 $(-\infty, +\infty)$，导数为 $y' = 3x^2$，除当 $x = 0$ 时，$y' = 0$ 外，在其余各点处均有 $y' > 0$. 因此函数 $y = x^3$ 在区间 $(-\infty, 0]$ 及 $[0, +\infty)$ 内都是单调增加的，从而在整个定义域 $(-\infty, +\infty)$ 内是单调增加的. 在 $x = 0$ 处曲线有一条水平切线.

一般地，如果 $f'(x)$ 在某区间内的有限个点处为零，在其余各点处均为正（或负）时，那么 $f(x)$ 在该区间上仍旧是单调增加（或单调减少）的.

例 6　证明当 $x > 1$ 时，$2\sqrt{x} > 3 - \dfrac{1}{x}$.

证　令 $f(x) = 2\sqrt{x} - \left(3 - \dfrac{1}{x}\right)$，则

$$f'(x) = \dfrac{1}{\sqrt{x}} - \dfrac{1}{x^2} = \dfrac{1}{x^2}(x\sqrt{x} - 1).$$

因为当 $x > 1$ 时，$f'(x) > 0$，因此 $f(x)$ 在 $[1, +\infty)$ 上单调增加，从而当 $x > 1$ 时，$f(x) > f(1) = 0$，即 $2\sqrt{x} - \left(3 - \dfrac{1}{x}\right) > 0$，也就是 $2\sqrt{x} > 3 - \dfrac{1}{x}$.

4.3.2 曲线的凹凸性

由函数 $f(x)$ 的单调性，可知曲线 $y = f(x)$ 的升降情况．但是，如果不知道曲线的弯曲特性，仍然不能准确描绘出曲线的变化．下面将研究曲线的弯曲特性，即凹凸性．

定义 设 $f(x)$ 在区间 I 上连续，如果对 I 上任意两点 x_1，x_2，恒有

$$f\left(\frac{x_1 + x_2}{2}\right) < \frac{f(x_1) + f(x_2)}{2},$$

那么称 $f(x)$ 在 I 上的图形是（向下）凹的（或凹弧）；如果恒有

$$f\left(\frac{x_1 + x_2}{2}\right) > \frac{f(x_1) + f(x_2)}{2},$$

那么称 $f(x)$ 在 I 上的图形是（向上）凸的（或凸弧），如图 4-5 所示．

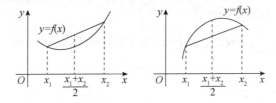

图 4-5

定义 设函数 $f(x)$ 在区间 I 上连续，如果函数的曲线位于其上任意一点的切线的上方，则称该曲线在区间 I 上是凹的；如果函数的曲线位于其上任意一点的切线的下方，则称该曲线在区间 I 上是凸的．

如何判别曲线的凹凸性呢？对此，有如下的充分性定理．

定理 2（曲线凹凸性判定定理） 设函数 $y = f(x)$ 在 $[a, b]$ 上连续，在 (a, b) 内具有一阶和二阶导数，那么

(1) 若在 (a, b) 内 $f''(x) > 0$，则 $f(x)$ 在 $[a, b]$ 上的图形是凹的；

(2) 若在 (a, b) 内 $f''(x) < 0$，则 $f(x)$ 在 $[a, b]$ 上的图形是凸的．

证 只证 (1)．设有两点 x_1，$x_2 \in [a, b]$，且 $x_1 < x_2$，记 $x_0 = \dfrac{x_1 + x_2}{2}$.

由拉格朗日公式，得

$$f(x_1) - f(x_0) = f'(\xi_1)(x_1 - x_0) = f'(\xi_1)\frac{x_1 - x_2}{2}, \quad x_1 < \xi_1 < x_0,$$

$$f(x_2) - f(x_0) = f'(\xi_2)(x_2 - x_0) = f'(\xi_2)\frac{x_2 - x_1}{2}, \quad x_0 < \xi_2 < x_2,$$

两式相加并应用拉格朗日公式得

$$f(x_1) + f(x_2) - 2f(x_0) = [f'(\xi_2) - f'(\xi_1)] \frac{x_2 - x_1}{2}$$

$$= f''(\xi)(\xi_2 - \xi_1) \frac{x_2 - x_1}{2} > 0 \ (\xi_1 < \xi < \xi_2),$$

即 $\frac{f(x_1) + f(x_2)}{2} > f\left(\frac{x_1 + x_2}{2}\right)$. 因此，$f(x)$ 在 $[a, b]$ 上的图形是凹的.

拐点的定义：连续曲线 $y = f(x)$ 上凹弧与凸弧的分界点称为这条曲线的拐点.

确定曲线 $y = f(x)$ 的凹凸区间和拐点的一般步骤为：

（ⅰ）求导数 $f'(x)$，$f''(x)$，并求出所有 $f''(x) = 0$ 及 $f''(x)$ 不存在的点；

（ⅱ）以（ⅰ）中求出的点作为 $f(x)$ 定义域（自然定义域或指定定义域）的分界点，将 $f(x)$ 的定义域划分为若干个子区间；

（ⅲ）讨论 $f''(x)$ 在各子区间的符号，从而由定理 2 确定曲线 $y = f(x)$ 在各子区间的凹凸性；

（ⅳ）讨论拐点：若 $f''(x)$ 在分界点 x_0 的左、右两侧异号，则点 $(x_0, f(x_0))$ 为曲线 $y = f(x)$ 的拐点；若同号，则点 $(x_0, f(x_0))$ 不是拐点.

例 7 判断曲线 $y = \ln x$ 的凹凸性.

解 $y' = \frac{1}{x}$，$y'' = -\frac{1}{x^2}$，因为在函数 $y = \ln x$ 的定义域 $(0, +\infty)$ 内，$y'' < 0$，所以曲线 $y = \ln x$ 是凸的.

例 8 判断曲线 $y = 2x^3$ 的凹凸性.

解 $y' = 6x^2$，$y'' = 12x$，由 $y'' = 0$，得 $x = 0$.

因为当 $x < 0$ 时，$y'' < 0$，所以曲线在 $(-\infty, 0]$ 内是凸的；

因为当 $x > 0$ 时，$y'' > 0$，所以曲线在 $[0, +\infty)$ 内是凹的.

例 9 求曲线 $y = 3x^4 - 4x^3 + 1$ 的拐点及凹凸区间.

解 函数 $y = 3x^4 - 4x^3 + 1$ 的定义域为 $(-\infty, +\infty)$，导数为 $y' = 12x^3 - 12x^2$，$y'' = 36x^2 - 24x = 36x\left(x - \frac{2}{3}\right)$.

令 $y'' = 0$，解得 $x_1 = 0$，$x_2 = \frac{2}{3}$. 以 x_1，x_2 为分界点，将定义域 $(-\infty, +\infty)$ 分为三个子区间：$(-\infty, 0]$、$\left[0, \frac{2}{3}\right]$、$\left[\frac{2}{3}, +\infty\right)$，然后分别讨论在这三个子区间内 y'' 的符号和曲线的凹凸性及拐点，如表 4-3 所示.

表 4-3

x	$(-\infty, 0]$	0	$\left[0, \frac{2}{3}\right]$	$\frac{2}{3}$	$\left[\frac{2}{3}, +\infty\right)$
$f''(x)$	+	0	−	0	+
$f(x)$	$\cup$	1	$\cap$	$\frac{11}{27}$	$\cup$

由表 4-3 可知，曲线在区间 $(-\infty, 0]$ 和 $\left[\frac{2}{3}, +\infty\right)$ 上是凹的，在区间 $\left[0, \frac{2}{3}\right]$ 上

是凸的，点 $(0, 1)$ 和 $\left(\dfrac{2}{3}, \dfrac{11}{27}\right)$ 是曲线的拐点.

例 10 求曲线 $y = (x - 1) \cdot \sqrt[3]{x^2}$ 的拐点及凹凸区间.

解 函数 $y = (x - 1) \cdot \sqrt[3]{x^2}$ 的定义域为 $(-\infty, +\infty)$，导数为 $f'(x) = \dfrac{5}{3}x^{\frac{2}{3}} - \dfrac{2}{3}x^{-\frac{1}{3}} = \dfrac{5}{3}x^{-\frac{1}{3}}\left(x - \dfrac{2}{5}\right)$，$y'' = \dfrac{10}{9}x^{-\frac{1}{3}} + \dfrac{2}{9}x^{-\frac{4}{3}} = \dfrac{10}{9}x^{-\frac{4}{3}}\left(x + \dfrac{1}{5}\right)$.

令 $y'' = 0$，解得 $x_1 = -\dfrac{1}{5}$，且有一个二阶导数不存在的点 $x_2 = 0$. 以 x_1，x_2 为分界点，将定义域 $(-\infty, +\infty)$ 分为三个子区间：$\left(-\infty, -\dfrac{1}{5}\right]$、$\left[-\dfrac{1}{5}, 0\right]$、$[0, +\infty)$，然后分别讨论在这三个子区间内 y'' 的符号和曲线的凹凸性及拐点，如表 4-4 所示.

表 4-4

x	$\left(-\infty, -\dfrac{1}{5}\right]$	$-\dfrac{1}{5}$	$\left[-\dfrac{1}{5}, 0\right]$	0	$[0, +\infty)$
$f''(x)$	$-$	0	$+$	不存在	$+$
$f(x)$	$\cap$	$-\dfrac{6}{5\sqrt[3]{25}}$	$\cup$	不是拐点	$\cup$

由表 4-4 可知，曲线在区间 $\left[-\dfrac{1}{5}, 0\right]$ 和 $[0, +\infty)$ 上是凹的，在区间 $\left(-\infty, -\dfrac{1}{5}\right]$ 上是凸的，点 $\left(-\dfrac{1}{5}, -\dfrac{6}{5\sqrt[3]{25}}\right)$ 是曲线的拐点.

4.3.3 曲线的渐近线

定义 如果曲线 $y = f(x)$ 上一动点沿曲线无限远离原点时，该动点与直线 L 的距离趋于 0，则称直线 L 为曲线 $y = f(x)$ 的渐近线.

曲线的渐近线分为水平渐近线、铅直渐近线和斜渐近线三种情况.

（1）如果 $\lim\limits_{x \to \infty (\pm \infty)} f(x) = A$，则称 $y = A$ 为曲线 $y = f(x)$ 的水平渐近线.

例如，因为 $\lim\limits_{x \to \infty} \dfrac{1}{x} = 0$，所以直线 $y = 0$ 为双曲线 $y = \dfrac{1}{x}$ 的水平渐近线.

（2）如果 $\lim\limits_{x \to x_0 (x_0^{\pm})} f(x) = \infty$，则称 $x = x_0$ 为曲线 $y = f(x)$ 的铅直渐近线.

例如，因为 $\lim\limits_{x \to 0} \dfrac{1}{x} = \infty$，所以直线 $x = 0$ 为双曲线 $y = \dfrac{1}{x}$ 的铅直渐近线.

（3）设 k，b 为常数，且 $k \ne 0$. 如果 $\lim\limits_{x \to \infty (\pm \infty)} [f(x) - (kx + b)] = 0$，则称 $y = kx + b$ 为曲线 $y = f(x)$ 的斜渐近线.

由第 2 章极限的知识，可以推导得到求曲线 $y = f(x)$ 的斜渐近线 $y = kx + b$ 的两组公式：

$$k = \lim\limits_{x \to \infty (\pm \infty)} \dfrac{f(x)}{x}, \quad b = \lim\limits_{x \to \infty (\pm \infty)} [f(x) - kx].$$

例 11 求曲线 $y = \dfrac{4}{2 - x^2}$ 的渐近线.

解 因为 $\lim\limits_{x \to \infty} \dfrac{4}{2 - x^2} = 0$，所以直线 $y = 0$ 为水平渐近线；因为 $\lim\limits_{x \to -\sqrt{2}} \dfrac{4}{2 - x^2} = \infty$，

$\lim\limits_{x \to \sqrt{2}} \dfrac{4}{2 - x^2} = \infty$，所以直线 $x = \pm\sqrt{2}$ 为铅直渐近线.

例 12 求曲线 $y = \dfrac{(x + 1)^3}{(x - 1)^2}$ 的渐近线.

解 因为 $\lim\limits_{x \to \infty} \dfrac{(x + 1)^3}{(x - 1)^2} = \infty$，所以曲线无水平渐近线；

因为 $\lim\limits_{x \to 1} \dfrac{(x + 1)^3}{(x - 1)^2} = \infty$，所以直线 $x = 1$ 为铅直渐近线.

令曲线的斜渐近线为 $y = kx + b$，则

$$k = \lim_{x \to \infty} \frac{f(x)}{x} = \lim_{x \to \infty} \frac{(x + 1)^3}{x(x - 1)^2} = 1,$$

$$b = \lim_{x \to \infty} [f(x) - kx] = \lim_{x \to \infty} \left[\frac{(x + 1)^3}{(x - 1)^2} - x \right] = \lim_{x \to \infty} \frac{5x^2 + 2x + 1}{x^2 - 2x + 1} = 5,$$

所以曲线的斜渐近线为 $y = x + 5$.

§4.4 函数的极值与最值

极值和最值问题是自然科学、工程技术和生活实践中经常遇到的问题，也是数学家长期、深入研究过的问题. 本节将根据微分学的思想，介绍关于极值和最值的基本内容.

4.4.1 函数的极值及其求法

在 4.3 节例 3 中，点 $x_1 = 1$ 和 $x_2 = 2$ 将函数 $f(x)$ 的定义域（$-\infty$，$+\infty$）分为三个子区间：（$-\infty$，1]、[1，2]、[2，$+\infty$）. 从点 $x_1 = 1$ 的左侧到右侧，曲线 $y = f(x)$ 先升后降，点（1，$f(1)$）处是曲线的"峰顶". 这说明，对点 $x_1 = 1$ 的某邻域内的任意点 $x \neq 1$，恒有 $f(x) < f(1)$. 通常，称 $f(1)$ 为 $f(x)$ 的极大值，点 $x_1 = 1$ 为 $f(x)$ 的极大值点. 类似地分析，点（2，$f(2)$）处于曲线 $y = f(x)$ 的"谷底"，称 $f(2)$ 为 $f(x)$ 的极小值，点 $x_2 = 2$ 为 $f(x)$ 的极小值点. 一般地，有如下定义：

> **定义** 设函数 $f(x)$ 在点 x_0 的某邻域内有定义，则
>
> （1）若对该邻域内任意一点 $x \neq x_0$，恒有 $f(x) < f(x_0)$，则称 $f(x_0)$ 为函数 $f(x)$ 的一个极大值，点 x_0 为 $f(x)$ 的极大值点；
>
> （2）若对该邻域内任意一点 $x \neq x_0$，恒有 $f(x) > f(x_0)$，则称 $f(x_0)$ 为函数 $f(x)$ 的一个极小值，点 x_0 为 $f(x)$ 的极小值点.
>
> 函数的极大值与极小值统称为函数的极值，极大值点与极小值点统称为极值点.

函数的极大值和极小值概念是局部性的. 如果 $f(x_0)$ 是函数 $f(x)$ 的一个极大值, 那只是就 x_0 附近的一个局部范围来说, $f(x_0)$ 是 $f(x)$ 的一个最大值; 如果就 $f(x)$ 的整个定义域来说, $f(x_0)$ 不一定是最大值. 关于极小值也有类似的讨论.

由 4.1 节费马引理可知, 如果函数 $f(x)$ 在点 x_0 处可导, 且 $f(x)$ 在点 x_0 处取得极值, 那么 $f'(x_0) = 0$, 即在函数取得极值处, 对应曲线上的切线是水平的, 但曲线上有水平切线的地方, 函数不一定取得极值. 这就是可导函数取得极值的必要条件. 现将此结论叙述成如下定理:

定理 1(极值的必要条件) 设函数 $f(x)$ 在点 x_0 处可导, 且在 x_0 处取得极值, 那么这个函数在 x_0 处的导数为零, 即 $f'(x_0) = 0$.

定理 1 说明, 可导函数 $f(x)$ 的极值点必定是函数的驻点. 但反过来, 函数 $f(x)$ 的驻点却不一定是极值点. 例如, 函数 $f(x) = x^3$ 的导数 $f'(x) = 3x^2$, $f'(0) = 0$, 因此 $x = 0$ 是这个可导函数的驻点, 但 $x = 0$ 却不是这个函数的极值点. 因此, 函数的驻点只是可能的极值点. 此外, 函数在它的导数不存在的点处也可能取得极值. 例如, 函数 $f(x) = |x|$ 在点 $x = 0$ 处不可导, 但函数在该点取得极小值.

怎样判定函数在驻点或不可导的点处究竟是否取得极值? 如果是的话, 究竟是取得极大值还是极小值? 下面给出两个判定极值的充分条件.

定理 2(极值的第一充分条件) 设函数 $f(x)$ 在点 x_0 处连续, 且在点 x_0 的某去心邻域内可导, 那么

(1) 如果在点 x_0 的左邻域内 $f'(x) > 0$, 在点 x_0 的右邻域内 $f'(x) < 0$, 那么函数 $f(x)$ 在 x_0 处取得极大值;

(2) 如果在点 x_0 的左邻域内 $f'(x) < 0$, 在点 x_0 的右邻域内 $f'(x) > 0$, 那么函数 $f(x)$ 在 x_0 处取得极小值;

(3) 如果点 x_0 的去心邻域内 $f'(x)$ 不改变符号, 那么函数 $f(x)$ 在点 x_0 处没有极值.

证 根据函数单调性判别法, 由(1)中条件可知, $f(x)$ 在点 x_0 的左邻域内单调增加, 在点 x_0 的右邻域内单调减少, 而且 $f(x)$ 在点 x_0 处连续, 故由极大值的定义可知, $f(x_0)$ 是 $f(x)$ 的极大值, 即 x_0 是 $f(x)$ 的极大值点. 同理可证(2). 至于(3), 因为 $f(x)$ 在点 x_0 的左、右邻域内同为单调增加或单调减少, 故 x_0 不可能为极值点, 如图 4-6 所示.

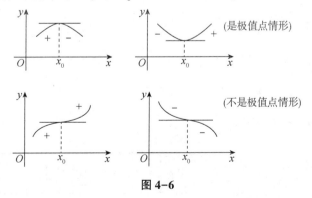

图 4-6

定理 2 也可简单地描述为: 当 x 在 x_0 的邻近渐增地经过 x_0 时, 如果 $f'(x)$ 的符号由正变负, 那么 $f(x)$ 在 x_0 处取得极大值; 如果 $f'(x)$ 的符号由负变正, 那么 $f(x)$ 在 x_0 处取得极小

值；如果 $f'(x)$ 的符号不改变，那么 $f(x)$ 在 x_0 处没有极值．

根据上面的两个定理，如果函数 $f(x)$ 在所讨论的区间内连续，除个别点外处处可导，那么就可以确定如下求函数 $f(x)$ 的极值点和极值的基本步骤：

（ⅰ）求导数 $f'(x)$，并求出所有驻点和导数不存在的点；

（ⅱ）以（ⅰ）中求出的点作为 $f(x)$ 定义域（自然定义域或指定定义域）的分界点，将 $f(x)$ 的定义域划分为若干个子区间；

（ⅲ）考察 $f'(x)$ 的符号在每个驻点和不可导点左右邻近的情况，以便确定该点是否是极值点，如果是极值点，还要按定理 2 确定对应的函数值是极大值还是极小值；

（ⅳ）求出函数的所有极值点和极值．

例 1 求函数 $f(x) = (x - 4)\sqrt[3]{(x + 1)^2}$ 的极值．

解 函数 $f(x)$ 在 $(-\infty, +\infty)$ 内连续，除 $x = -1$ 外处处可导，且

$$f'(x) = \frac{5(x - 1)}{3\sqrt[3]{x + 1}},$$

令 $f'(x) = 0$，得驻点 $x_1 = 1$，且 $f(x)$ 有一个不可导点 $x_2 = -1$．

以 x_1，x_2 为分界点，将定义域 $(-\infty, +\infty)$ 分为三个子区间：$(-\infty, -1]$、$[-1, 1]$、$[1, +\infty)$，然后分别讨论在这三个子区间内 $f'(x)$ 的符号，从而判别函数的极值情况，如表 4-5 所示．

表 4-5

x	$(-\infty, -1]$	-1	$[-1, 1]$	1	$[1, +\infty)$
$f'(x)$	$+$	不可导	$-$	0	$+$
$f(x)$	↗	极大值	↘	极小值	↗

由表 4-5 可知，$x_1 = 1$ 为极小值点，$x_2 = -1$ 为极大值点，且极小值为 $f(1) = -3\sqrt[3]{4}$，极大值为 $f(-1) = 0$．

例 2 求函数 $f(x) = \sqrt[3]{x^7} + \sqrt[3]{x^4} - 3\sqrt[3]{x}$ 的极值．

解 函数 $f(x)$ 在 $(-\infty, +\infty)$ 内连续，除 $x = 0$ 外处处可导，且

$$f'(x) = \frac{7}{3}x^{\frac{4}{3}} + \frac{4}{3}x^{\frac{1}{3}} - x^{-\frac{2}{3}} = \frac{(7x - 3)(x + 1)}{3x^{\frac{2}{3}}},$$

令 $f'(x) = 0$，得驻点 $x_1 = -1$，$x_2 = \dfrac{3}{7}$，且 $f(x)$ 有一个不可导点 $x_3 = 0$．

以 x_1、x_2、x_3 为分界点，将定义域 $(-\infty, +\infty)$ 分为 4 个子区间：$(-\infty, -1]$、$[-1, 0]$、$\left[0, \dfrac{3}{7}\right]$，$\left(\dfrac{3}{7}, +\infty\right)$，然后分别讨论在这 4 个子区间内 $f'(x)$ 的符号，从而判别函数的极值情况，如表 4-6 所示．

表 4-6

x	$(-\infty, -1]$	-1	$[-1, 0]$	0	$\left[0, \dfrac{3}{7}\right]$	$\dfrac{3}{7}$	$\left[\dfrac{3}{7}, +\infty\right)$
$f'(x)$	$+$	0	$-$	不可导	$-$	0	$+$
$f(x)$	↗	极大值	↘	不是极值	↘	极小值	↗

由表 4-6 可知, $x_1 = -1$ 为极大值点, $x_2 = \dfrac{3}{7}$ 为极小值点, 且极大值为 $f(-1) = 3$, 极大

值为 $f\left(\dfrac{3}{7}\right) = \sqrt[3]{\left(\dfrac{3}{7}\right)^7} + \sqrt[3]{\left(\dfrac{3}{7}\right)^4} - 3\sqrt[3]{\dfrac{3}{7}}$.

定理 3(极值的第二充分条件)　设函数 $f(x)$ 在点 x_0 处具有二阶导数, 且 $f'(x_0) = 0$, $f''(x_0) \neq 0$, 那么

(1) 当 $f''(x_0) < 0$ 时, 函数 $f(x)$ 在 x_0 处取得极大值;

(2) 当 $f''(x_0) > 0$ 时, 函数 $f(x)$ 在 x_0 处取得极小值.

证　在情形 (1), 由于 $f''(x_0) < 0$, 按二阶导数的定义有

$$f''(x_0) = \lim_{x \to x_0} \frac{f'(x) - f'(x_0)}{x - x_0} < 0,$$

根据函数极限的局部保号性, 当 x 在 x_0 的足够小的去心邻域内时, 有

$$\frac{f'(x) - f'(x_0)}{x - x_0} < 0,$$

但 $f'(x_0) = 0$, 所以上式为

$$\frac{f'(x)}{x - x_0} < 0,$$

由此, 对于这个去心邻域内的 x 来说, $f'(x)$ 与 $x - x_0$ 符号相反. 因此, 当 $x - x_0 < 0$ 即 $x < x_0$ 时, $f'(x) > 0$; 当 $x - x_0 > 0$ 即 $x > x_0$ 时, $f'(x) < 0$. 根据定理 2, $f(x)$ 在点 x_0 处取得极大值.

类似地, 可以证明情形 (2).

定理 3 表明, 如果函数 $f(x)$ 在驻点 x_0 处的二阶导数 $f''(x_0) \neq 0$, 那么该点 x_0 一定是极值点, 并且可以按二阶导数 $f''(x_0)$ 的符号来判定 $f(x_0)$ 是极大值还是极小值. 但是如果 $f''(x_0) = 0$, 定理 3 就不能应用, 需作进一步判别.

例 3　求函数 $f(x) = 3x^4 - 4x^3 - 24x^2 + 48x + 10$ 的极值.

解　求函数的导数, 得

$$f'(x) = 12x^3 - 12x^2 - 48x + 48 = 12(x + 2)(x - 1)(x - 2),$$
$$f''(x) = 36x^2 - 24x - 48 = 12(3x^2 - 2x - 4),$$

令 $f'(x) = 0$, 得驻点 $x_1 = -2$, $x_2 = 1$, $x_3 = 2$.

二阶导数在驻点的值为

$$f''(-2) = 144 > 0, \quad f''(1) = -36 < 0, \quad f''(2) = 48 > 0.$$

于是, 由第二充分条件可知, $x_1 = -2$, $x_3 = 2$ 为极小值点, $x_2 = 1$ 为极大值点, 且极小值为 $f(-2) = -102$、$f(2) = 26$, 极大值为 $f(1) = 33$.

例 4　求函数 $f(x) = (x^2 - 1)^3 + 1$ 的极值.

解　求函数的导数, 得

$$f'(x) = 6x(x^2 - 1)^2,$$
$$f''(x) = 6(x^2 - 1)(5x^2 - 1),$$

令 $f'(x) = 0$, 得驻点 $x_1 = -1$, $x_2 = 0$, $x_3 = 1$.

二阶导数在驻点的值为

$$f''(0) = 6 > 0.$$

于是，由第二充分条件可知，$x_2 = 0$ 为极小值点，且极小值为 $f(0) = 0$.

因为 $f''(-1) = f''(1) = 0$，第二充分条件失效，所以用第一充分条件. 因为在 $x_1 = -1$ 的左右邻域内 $f'(x) < 0$，所以函数 $f(x)$ 在 $x_1 = -1$ 处没有极值. 同理，函数 $f(x)$ 在 $x_3 = 1$ 处也没有极值.

4.4.2 函数的最值及其求法

在许多理论和应用问题中，常常会遇到这样一类问题：在一定条件下，怎样使"利润最大""效率最高""成本最低""用料最省"等. 这类问题在数学上有时可归结为求某一函数（通常称为目标函数）的最大值或最小值问题.

一般来说，函数的最值与极值是两个不同的概念. 最值是对整个区间而言的，是全局性的；极值是对极值点的邻域而言的，是局部性的. 此外，最值可以在区间的端点取得，而按定义极值只能在区间的内点取得.

由闭区间上连续函数的性质可知，若函数 $f(x)$ 在闭区间 $[a, b]$ 上连续，则函数的最大值和最小值一定存在. 函数的最大值和最小值有可能在区间的端点取得，如果最大值不在区间的端点取得，则必在开区间 (a, b) 内取得，在这种情况下，最大值一定是函数的极大值. 因此，函数在闭区间 $[a, b]$ 上的最大值一定是函数的所有极大值和函数在区间端点的函数值中的最大者. 同理，函数在闭区间 $[a, b]$ 上的最小值一定是函数的所有极小值和函数在区间端点的函数值中的最小者.

因此，可用如下方法求 $f(x)$ 在闭区间 $[a, b]$ 上的最大值与最小值.

(1)求出 $f(x)$ 在区间 (a, b) 内的驻点和不可导点；

(2)计算 $f(x)$ 在上述驻点、不可导点处的函数值及端点值 $f(a)$、$f(b)$；

(3)比较(2)中各值的大小，其中最大的便是 $f(x)$ 在区间 $[a, b]$ 上的最大值，最小的便是 $f(x)$ 在区间 $[a, b]$ 上的最小值.

例 5 求函数 $f(x) = |x^2 - 3x + 2|$ 在 $[-3, 4]$ 上的最大值与最小值.

解 $f(x) = \begin{cases} x^2 - 3x + 2 & x \in [-3, 1] \cup [2, 4] \\ -x^2 + 3x - 2 & x \in (1, 2) \end{cases}$，

则 $\qquad f'(x) = \begin{cases} 2x - 3 & x \in (-3, 1) \cup (2, 4) \\ -2x + 3 & x \in (1, 2) \end{cases}$.

在 $(-3, 4)$ 内，$f(x)$ 的驻点为 $x = \dfrac{3}{2}$，不可导点为 $x = 1$ 和 $x = 2$.

由于 $f(-3) = 20$，$f(1) = 0$，$f\left(\dfrac{3}{2}\right) = \dfrac{1}{4}$，$f(2) = 0$，$f(4) = 6$，比较可得 $f(x)$ 在 $x = -3$ 处取得它在 $[-3, 4]$ 上的最大值 20，在 $x = 1$ 和 $x = 2$ 处取得它在 $[-3, 4]$ 上的最小值 0.

在求解实际最值问题时，经常会遇到仅有一个极值点的情形. 设函数 $f(x)$ 在闭区间 $[a, b]$ 上连续，且 $f(x)$ 在开区间 (a, b) 内仅有一个极值点 x_0，则当 x_0 是 $f(x)$ 的极大值点（极小值点）时，$f(x_0)$ 就是 $f(x)$ 在闭区间 $[a, b]$ 上的最大值（最小值），而 $f(x)$ 在闭区间 $[a, b]$ 上的最小值（最大值）将在 $[a, b]$ 的两个端点之一取得.

说明：(1)上述性质中的唯一极值点，可以是驻点，也可以是导数不存在的点. 例如，

$f(x) = |x|$ 在 $[-1, 1]$ 上有唯一的极小值点 $x_0 = 0$，所以 $f(0) = 0$ 是 $f(x) = |x|$ 在 $[-1, 1]$ 上的最小值，但 $f(x) = |x|$ 在 $x_0 = 0$ 处不可导.

（2）上述性质中的闭区间改为其他形式的区间时，结论仍然成立.

例6　要做一个容积为 V 的圆柱形罐头筒，怎样设计才能使用料最省？

解　设圆柱形罐头筒的底面半径为 r，高为 h，则 $V = \pi r^2 h$，因此圆柱形罐头筒的表面积为 $S = 2\pi r^2 + 2\pi rh = 2\pi r^2 + \dfrac{2V}{r}\ (r > 0)$.

令 $S' = 4\pi r - \dfrac{2V}{r^2} = 0$，解得 $r = \sqrt[3]{\dfrac{V}{2\pi}}$. 唯一驻点且 $S'' = 4\pi + \dfrac{4V}{r^3} > 0$，即 $r = \sqrt[3]{\dfrac{V}{2\pi}}$ 是极小值点.

因此，当 $r = \sqrt[3]{\dfrac{V}{2\pi}}$ 时，圆柱形罐头筒的表面积最小，即用料最省.

例7　求内接于半径为 R 的球的圆柱体的最大体积.

解　设圆柱体的底面半径为 r，高为 $2h$，如图 4-7 所示，有 $R^2 = h^2 + r^2$.

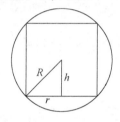

图 4-7

因此，圆柱体的体积为 $V = \pi r^2 \cdot 2h = 2\pi \cdot (R^2 - h^2) \cdot h\ \ (0 < h < r)$.

令 $V' = 2\pi \cdot (R^2 - 3h^2) = 0$，解得 $h = \dfrac{R}{\sqrt{3}}\left(h = -\dfrac{R}{\sqrt{3}}\ 舍去\right)$.

唯一驻点且 $V''\left(\dfrac{R}{\sqrt{3}}\right) = -\dfrac{12\pi R}{\sqrt{3}} < 0$，即 $h = \dfrac{R}{\sqrt{3}}$ 是极大值点.

因此，当 $h = \dfrac{R}{\sqrt{3}}$ 时，圆柱体的体积最大，且 $V_{\max} = \dfrac{4\pi}{3\sqrt{3}}R^3$.

例8　设某企业的产品市场需求量 D 与其价格 P 的关系为 $D(P) = 12\,000 - 80P$，在产销平衡下总成本函数 $C(D) = 25\,000 + 50D$，又每件产品纳税 1 元. 求当价格 P 为多少时，利润最大？最大利润为多少？

解　最大利润 $L = P \cdot D - C(D) - 1 \cdot D = -80P^2 + 16\,080P - 637\,000\ (P > 0)$.

令 $L' = -160P + 16\,080 = 0$，解得 $P = 100.5$.

唯一驻点且 $L''(100.5) = -160 < 0$，即 $P = 100.5$ 是极大值点.

因此，当 $P = 100.5$ 时，利润最大，且 $L_{\max} = 171\,020$.

例9　设某厂每批生产某种产品 x 个单位的总成本为 $C(x) = ax^2 + bx + c$，其中 a、b、c 为正常数. 求每批生产多少单位产品时，其平均成本最小？并求出最小平均成本和相应的边际成本.

解 平均成本为 $\overline{C}(x) = \dfrac{C(x)}{x} = ax + b + \dfrac{c}{x}$.

令 $\overline{C}'(x) = a - \dfrac{c}{x^2} = 0$，解得 $x_0 = \sqrt{\dfrac{c}{a}}$（负根舍去）.

唯一驻点且 $\overline{C}''\left(\sqrt{\dfrac{c}{a}}\right) = \dfrac{2c}{x^3} > 0$，即 $x_0 = \sqrt{\dfrac{c}{a}}$ 是极小值点.

因此，当 $x_0 = \sqrt{\dfrac{c}{a}}$ 时，平均成本最小，且最小平均成本 $\overline{C}_{\min}(x_0) = 2\sqrt{ac} + b$.

又边际成本为 $C'(x) = 2ax + b$，故相应于 $x_0 = \sqrt{\dfrac{c}{a}}$ 的边际成本 $C'(x_0) = 2a \cdot \sqrt{\dfrac{c}{a}} + b = 2\sqrt{ac} + b = \overline{C}_{\min}(x_0)$，即最小平均成本等于相应的边际成本.

一般地，如果平均成本 $\overline{C}(x) = \dfrac{C(x)}{x}$ 可导，则 $\overline{C}(x)$ 取得极小值时，必有 $\overline{C}'(x) = \dfrac{1}{x^2}\left[xC'(x) - C(x)\right] = 0$，由此得 $C'(x) = \dfrac{C(x)}{x}$，即 $C'(x) = \overline{C}(x)$.

可见，对于一般的成本函数，当平均成本取得最小值时，最小平均成本必等于相应的边际成本.

§4.5　函数图形的描绘

利用微分学的知识，描绘函数 $y = f(x)$ 图形的一般步骤如下：

(1)确定函数 $y = f(x)$ 的定义域、奇偶性和周期性，并求出一阶和二阶导数；

(2)求出使 $f'(x) = 0$ 与 $f''(x) = 0$ 的点，以及 $f'(x)$ 与 $f''(x)$ 不存在的点；

(3)以(2)中求出的点为分界点，将 $f(x)$ 的定义域划分为若干个子区间，并列表讨论 $f'(x)$ 与 $f''(x)$ 在各子区间的符号，从而确定出曲线 $y = f(x)$ 在各子区间内的升降与极值点、凹凸性与拐点；

(4)确定曲线 $y = f(x)$ 的渐近线；

(5)确定并描出曲线上极值对应的点、拐点、与坐标轴的交点等特殊点，并根据(1)～(4)得出的曲线特征作图.

例 1　作函数 $f(x) = x^3 - x^2 - x + 1$ 的图形.

解　函数的定义域为 $(-\infty, +\infty)$，$f'(x) = 3x^2 - 2x - 1 = (3x + 1)(x - 1)$，$f''(x) = 6x - 2 = 2(3x - 1)$.

令 $f'(x) = 0$，解得 $x_1 = -\dfrac{1}{3}$，$x_2 = 1$；

令 $f''(x) = 0$，解得 $x_3 = \dfrac{1}{3}$.

列表分析，如表 4-7 所示.

表4-7

x	$\left(-\infty, -\dfrac{1}{3}\right]$	$-\dfrac{1}{3}$	$\left[-\dfrac{1}{3}, \dfrac{1}{3}\right]$	$\dfrac{1}{3}$	$\left[\dfrac{1}{3}, 1\right]$	1	$[1, +\infty)$
$f'(x)$	$+$	0	$-$	$-$	$-$	0	$+$
$f''(x)$	$-$	$-$	$-$	0	$+$	$+$	$+$
$f(x)$	$\cap\nearrow$	极大	$\cap\searrow$	拐点	$\cup\searrow$	极小	$\cup\nearrow$

又当 $x \to +\infty$ 时, $y \to +\infty$; 当 $x \to -\infty$ 时, $y \to -\infty$.

计算特殊点: $f\left(-\dfrac{1}{3}\right) = \dfrac{32}{27}$, $f\left(\dfrac{1}{3}\right) = \dfrac{16}{27}$, $f(1) = 0$, $f(0) = 1$, $f(-1) = 0$, $f\left(\dfrac{3}{2}\right) = \dfrac{5}{8}$.

最后, 描点连线画出图形, 如图4-8所示.

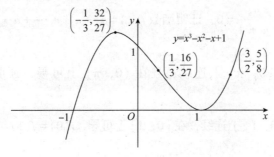

图4-8

例2 作函数 $f(x) = \dfrac{1}{\sqrt{2\pi}} e^{-\frac{1}{2}x^2}$ 的图形.

解 函数为偶函数, 定义域为 $(-\infty, +\infty)$, 图形关于 y 轴对称, 且

$$f'(x) = -\frac{x}{\sqrt{2\pi}} e^{-\frac{1}{2}x^2}, \quad f''(x) = \frac{(x+1)(x-1)}{\sqrt{2\pi}} e^{-\frac{1}{2}x^2}.$$

令 $f'(x) = 0$, 解得 $x_1 = 0$;

令 $f''(x) = 0$, 解得 $x_2 = -1$, $x_3 = 1$.

列表分析, 如表4-8所示.

表4-8

x	$(-\infty, -1]$	-1	$[-1, 0)$	0	$[0, 1]$	1	$[1, +\infty)$
$f'(x)$	$+$	$+$	$+$	0	$-$	$-$	$-$
$f''(x)$	$+$	0	$-$	$-$	$-$	0	$+$
$f(x)$	$\cup\nearrow$	拐点	$\cap\nearrow$	极大值	$\cap\searrow$	拐点	$\cup\searrow$

又 $\lim\limits_{x \to \infty} f(x) = 0$, 所以曲线有水平渐近线 $y = 0$.

计算特殊点: $f(-1) = \dfrac{1}{\sqrt{2\pi}} e^{-\frac{1}{2}}$, $f(0) = \dfrac{1}{\sqrt{2\pi}}$, $f(1) = \dfrac{1}{\sqrt{2\pi}} e^{-\frac{1}{2}}$.

最后, 先作出区间 $(0, +\infty)$ 内的图形, 然后利用对称性作出区间 $(-\infty, 0)$ 内的图形, 如图4-9所示.

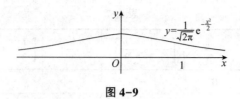

图 4-9

习题四

1. 证明方程 $x^7 + 2x - 1 = 0$ 只有一个正根.

2. 设 $f(x)$ 在 $[0, 1]$ 上可微，且 $\forall x \in [0, 1]$，$f(x) \in (0, 1)$，又 $f'(x) \neq 1$，证明存在唯一 $x \in (0, 1)$，使 $f(x) = x$.

3. 设 $a_0 + \dfrac{a_1}{2} + \cdots + \dfrac{a_n}{n+1} = 0$，证明函数 $f(x) = a_0 + a_1 x + \cdots + a_n x^n$ 在 $(0, 1)$ 内至少有一个零点.

4. 设函数 $f(x)$ 在 $[0, \pi]$ 上连续，且在 $(0, \pi)$ 上可导，证明 $\exists \xi \in (0, \pi)$，使 $f'(\xi) = -f(\xi) \cdot \cot \xi$.

5. 设函数 $f(x)$ 在 $[0, 1]$ 上连续，在 $[0, 1]$ 上可导，$f(0) = f(1) = 0$，$\lim\limits_{x \to \frac{1}{2}} \dfrac{f(x) - 1}{\left(x - \dfrac{1}{2}\right)^2} = 1$.

证明：

(1) $\exists \eta \in \left(\dfrac{1}{2}, 1\right)$，使 $f(\eta) = \eta$;　　　(2) $\exists \xi \in (0, 1)$，使 $f'(\xi) = 1$;

(3) $\forall \lambda \in R$，$\exists \gamma \in (0, \eta)$，使 $f'(\gamma) - \lambda[f(\gamma) - \gamma] = 1$.

6. 若 $f(x)$ 在 (a, b) 内具有二阶导数，且 $f(x_1) = f(x_2) = f(x_3)$，又 $a < x_1 < x_2 < x_3 < b$，证明 $\exists \xi \in (x_1, x_3)$，使 $f''(\xi) = 0$.

7. 设函数 $f(x)$ 在 $[a, b]$ 上连续，在 (a, b) 内二阶可导，且 $f(a) = f(b) = 0$，$f(c) > 0 (a < c < b)$，证明 $\exists \xi \in (a, b)$，使 $f''(\xi) < 0$.

8. 设 $f(x)$ 在 $[a, b]$ 上二阶可导，过点 $A(a, f(a))$、$B(b, f(b))$ 的直线与 $y = f(x)$ 相交于 $C(c, f(c))$，$a < c < b$，证明 $\exists \xi \in (a, b)$，使 $f''(\xi) = 0$.

9. 设 $a > b > 0$，证明 $\dfrac{a - b}{a} < \ln \dfrac{a}{b} < \dfrac{a - b}{b}$.

10. 设 $0 < a < b$，$f(x)$ 在 $[a, b]$ 上连续，在 (a, b) 上可导，证明 $\exists \xi \in (a, b)$，使 $f(\xi) - \xi f'(\xi) = \dfrac{bf(a) - af(b)}{b - a}$.

11. 求下列极限.

(1) $\lim\limits_{x \to a} \dfrac{a^x - x^a}{x - a}$;　　　　　　(2) $\lim\limits_{x \to 0} \dfrac{e^x - e^{-x}}{\sin x}$;

(3) $\lim\limits_{x \to 0} \dfrac{x - \arcsin x}{e^{x^3} - 1}$;　　　　　(4) $\lim\limits_{x \to 0} \dfrac{x - \arctan x}{\tan^3 x}$;

$(5) \lim\limits_{x \to 0^+} \dfrac{\ln\left[\sin(3x)\right]}{\ln(\sin x)}$;

$(6) \lim\limits_{x \to +\infty} \dfrac{\ln\left(1 + \dfrac{1}{x}\right)}{\operatorname{arccot} x}$;

$(7) \lim\limits_{x \to 1}(1 - x)\tan\dfrac{\pi x}{2}$;

$(8) \lim\limits_{x \to +\infty} x(\mathrm{e}^{\frac{1}{x}} - 1)$;

$(9) \lim\limits_{x \to 1}\left(\dfrac{2}{x^2 - 1} - \dfrac{1}{x - 1}\right)$;

$(10) \lim\limits_{x \to 1}\left(\dfrac{x}{x - 1} - \dfrac{1}{\ln x}\right)$;

$(11) \lim\limits_{x \to \frac{\pi}{2}}(\sec x - \tan x)$;

$(12) \lim\limits_{x \to 0^+}(\tan x)^{\sin x}$;

$(13) \lim\limits_{x \to 0^+} x^{\ln(1+x)}$;

$(14) \lim\limits_{x \to 0^+}\left(\dfrac{1}{x}\right)^{\sin x}$;

$(15) \lim\limits_{x \to 0^+}\left(\dfrac{\sin x}{x}\right)^{\frac{1}{x^2}}$;

$(16) \lim\limits_{x \to 0}\left[\dfrac{(1 + x)^{\frac{1}{x}}}{\mathrm{e}}\right]^{\frac{1}{x}}$.

12. 设 $f(x)$ 具有二阶连续导数，求极限 $\lim\limits_{h \to 0} \dfrac{\dfrac{1}{h}[f(a + h) - f(a)] - f'(a)}{h}$.

13. 求下列函数的单调区间与极值.

$(1) f(x) = x^3 - 3x + 1$;

$(2) f(x) = (x + 1)^4 (x - 3)^3$;

$(3) f(x) = \dfrac{x}{1 + x^2}$;

$(4) f(x) = \dfrac{\ln x}{x}$.

14. 证明下列不等式.

(1) 当 $x > 0$ 时，$x - \dfrac{x^2}{2} < \ln(1 + x) < x$;

(2) 当 $x > 0$ 时，$x - \dfrac{x^3}{6} < \sin x < x$.

15. 讨论下列曲线的凹凸区间与拐点.

$(1) y = x^4 + 6x^3 + 12x^2 - 10x + 10$;　　$(2) y = \dfrac{2x}{1 + x^2}$;

16. 设函数 $f(x) = ax^3 + bx^2 + cx + d$，$-1$ 是极大值点，极大值为8，2是极小值点，极小值为 -19，求 a，b，c，d.

17. 求下列函数在指定区间的最大值与最小值：

$(1) f(x) = 2x^3 - 3x^2$，$x \in [-1, 4]$;　　$(2) f(x) = 2^x$，$x \in [-1, 5]$;

$(3) f(x) = x + \sqrt{1 - x}$，$x \in [-5, 1]$.

18. 已知等腰三角形的周长为 $2l$，求它的腰多长时面积最大？最大面积为多少？

19. 半径为 a 的球内接直圆柱，求直圆柱的底面半径与高多大能使直圆柱的体积最大？最大体积为多少？

20. 某种商品价格函数 $P(x) = T - 0.2x$，x 为销售量，商品的成本函数 $C(x) = 3x + 1$，则

(1) 若每销售1吨，征税 t（元），求最大利润时的销售量 x;

$(2) t$ 为何值时，税收最大？

21. 求下列曲线的渐近线.

(1) $y = \dfrac{1}{x^2 - 4x - 5}$;

(2) $y = \dfrac{x^2}{x^2 - 1}$;

(3) $y = xe^{\frac{1}{x^2}}$;

(4) $y = x\ln\left(e + \dfrac{1}{x}\right)$.

22. 作下列函数的图像.

(1) $y = x + \dfrac{1}{x}$;

(2) $y = \ln\dfrac{1 + x}{1 - x}$;

(3) $y = x\arctan x$;

(4) $y = e^{-x}\sin x$.

习题四答案

1. 令 $f(x) = x^7 + 2x - 1$, 用零点定理及罗尔中值定理.

2. 令 $F(x) = f(x) - x$, 用零点定理及罗尔中值定理.

3. 令 $f(x) = a_0 x + \dfrac{a_1}{2}x^2 + \cdots + \dfrac{a_n}{n + 1}x^{n+1}$, 用罗尔中值定理.

4. 令 $F(x) = f(x) \cdot \sin x$, 用罗尔中值定理.

5. (1) 令 $g(x) = f(x) - x$, 用零点定理;

(2) 令 $g(x) = f(x) - x$, 用罗尔中值定理;

(3) 令 $F(x) = e^{-\lambda x}[f(x) - x]$, 用罗尔中值定理.

6. 用三次罗尔中值定理.

7. 用三次拉格朗日中值定理.

8. 用两次拉格朗日中值定理和一次罗尔中值定理.

9. 令 $f(x) = \ln x \, (b \leqslant x \leqslant a)$, 用拉格朗日中值定理.

10. 令 $F(x) = \dfrac{f(x)}{x}$, $G(x) = \dfrac{1}{x}$, 用柯西中值定理.

11. (1) $a^a(\ln a - 1)$;

(2) 2;

(3) $-\dfrac{1}{6}$;

(4) $\dfrac{1}{3}$;

(5) 1;

(6) 1;

(7) $\dfrac{2}{\pi}$;

(8) 1;

(9) $-\dfrac{1}{2}$;

(10) $\dfrac{1}{2}$;

(11) 0;

(12) 1;

(13) 1;

(14) 1;

(15) $\dfrac{1}{\sqrt[6]{e}}$;

(16) $\dfrac{1}{\sqrt{e}}$.

12. $\dfrac{f''(a)}{2}$.

13. (1) $\uparrow$: $(-\infty, -1)$, $(1, +\infty)$; $\downarrow$: $(-1, 1)$; 极大值 $f(-1) = 3$, 极小值 $f(1) = -1$;

(2) $\uparrow$: $(-\infty, -1)$, $\left(\dfrac{9}{7}, 3\right)$, $(3, +\infty)$; $\downarrow$: $\left(-1, \dfrac{9}{7}\right)$; 极大值 $f(-1) = 0$,

极小值 $f\left(\dfrac{9}{7}\right) = -\dfrac{16^4 \cdot 12^3}{7^7}$;

(3) ↑: $(-1, 1)$; ↓: $(-\infty, -1)$, $(1, +\infty)$; 极大值 $f(1) = \dfrac{1}{2}$, 极小值 $f(-1) = -\dfrac{1}{2}$;

(4) ↑: $(0, e)$; ↓: $(e, +\infty)$; 极大值 $f(e) = \dfrac{1}{e}$.

14. 利用函数的单调性.

15. (1)凹区间: $(-\infty, -2]$, $[-1, +\infty)$; 凸区间: $[-2, -1]$; 拐点: $(-2, 46)$, $(-1, 27)$.

(2)凹区间: $(-\infty, -\sqrt{3}]$, $[0, \sqrt{3}]$; 凸区间: $[-\sqrt{3}, 0]$, $[\sqrt{3}, +\infty)$; 拐点: $\left(-\sqrt{3}, -\dfrac{\sqrt{3}}{2}\right)$, $(0, 0)$, $\left(\sqrt{3}, \dfrac{\sqrt{3}}{2}\right)$.

16. $a = 2$, $b = -3$, $c = -12$, $d = 1$.

17. (1)最大值为 $f(4) = 80$, 最小值为 $f(-1) = -5$;

(2)最大值为 $f(5) = 32$, 最小值为 $f(-1) = \dfrac{1}{2}$;

(3)最大值为 $f\left(\dfrac{3}{4}\right) = \dfrac{5}{4}$, 最小值为 $f(-5) = -5 + \sqrt{6}$.

18. 腰长为 $\dfrac{2}{3}l$, 最大面积为 $\dfrac{l^2}{3\sqrt{3}}$.

19. 高为 $h = \dfrac{2a}{\sqrt{3}}$, 底面半径为 $r = \sqrt{\dfrac{2}{3}}a$, 最大体积为 $V = \dfrac{4}{3\sqrt{3}}\pi a^3$.

20. (1)当 $x = \dfrac{5}{2}(4 - t)$ 时, 利润最大; (2)当 $t = 2$ 时, 税收最大.

21. (1) $y = 0$, $x = -1$, $x = 5$;   (2) $y = 1$, $x = -1$, $x = 1$;

(3) $x = 0$, $y = x$;   (4) $x = -\dfrac{1}{e}$, $y = x + \dfrac{1}{e}$.

22. 略.

第5章

不定积分

§5.1 不定积分的概念与性质

5.1.1 原函数与不定积分的概念

一元函数微分学的基本问题是求已知函数的导数或微分. 在生产实践和科学技术领域中, 往往还会遇到与此相反的问题, 即已知一个函数的导数或微分, 求这个函数.

引例 1 已知物体由静止开始做变速直线运动, 在 $t\,\text{s}$ 时的速度 $v(t) = 3t^2\,\text{m/s}$, 求路程函数 $s = s(t)$.

解 由题意知 $v(t) = s'(t) = 3t^2$.

因为 $(t^3 + C)' = 3t^2$, 所以 $s = t^3 + C$.

因为 $t = 0$, $s = 0$, 所以 $C = 0$, 即 $s = t^3$.

引例 2 已知某产品产量的变化率是时间 t 的函数 $q(t) = \dfrac{1}{5}t + 1$, 设此产品在时间 t 时的产量为 $Q(t)$, 且 $Q(0) = 0$, 求 $Q(t)$.

解 $Q'(t) = q(t) = \dfrac{1}{5}t + 1$.

因为 $\left(\dfrac{1}{10}t^2 + t + C\right)' = \dfrac{1}{5}t + 1$, 所以 $Q(t) = \dfrac{1}{10}t^2 + t + C$.

因为 $Q(0) = 0$, 所以 $C = 0$, 所以 $Q(t) = \dfrac{1}{10}t^2 + t$.

这类问题是求导数或微分的逆运算, 称为不定积分. 这是一元函数积分学的一个重要内容. 本节将从原函数与不定积分的概念及性质出发, 着重学习求不定积分的基本方法.

1. 原函数的定义

> **定义 1** 如果在区间 I 上, 可导函数 $F(x)$ 的导函数为 $f(x)$, 即对任一 $x \in I$, 都有
> $$F'(x) = f(x) \text{ 或 } \mathrm{d}F(x) = f(x)\,\mathrm{d}x,$$
> 那么函数 $F(x)$ 就称为 $f(x)$ (或 $f(x)\,\mathrm{d}x$) 在区间 I 上的一个原函数.

例如, $(\sin x)' = \cos x$, 即 $\sin x$ 是 $\cos x$ 的一个原函数.

$\left[\ln(x + \sqrt{1 + x^2})\right]' = \dfrac{1}{\sqrt{1 + x^2}}$, 即 $\ln(x + \sqrt{1 + x^2})$ 是 $\dfrac{1}{\sqrt{1 + x^2}}$ 的一个原函数.

2. 原函数的性质

原函数存在定理　如果函数 $f(x)$ 在区间 I 上连续, 那么在区间 I 上存在可导函数 $F(x)$, 使对任一 $x \in I$ 都有 $F'(x) = f(x)$.

注1: 如果 $f(x)$ 有一个原函数, 则 $f(x)$ 就有无穷多个原函数.

设 $F(x)$ 是 $f(x)$ 的原函数, 则 $[F(x) + C]' = f(x)$, 即 $F(x) + C$ 也是 $f(x)$ 的原函数, 其中 C 为任意常数.

注2: 如果 $F(x)$ 与 $G(x)$ 都为 $f(x)$ 在区间 I 上的原函数, 则 $F(x)$ 与 $G(x)$ 的差为常数, 即

$$F(x) - G(x) = C \quad (C \text{ 为常数}).$$

注3: 如果 $F(x)$ 为 $f(x)$ 在区间 I 上的一个原函数, 则 $F(x) + C (C$ 为任意常数) 可表达 $f(x)$ 的任意一个原函数.

例1　验证 $-\dfrac{1}{2}\cos(2x) + \dfrac{1}{3}$, $\sin^2 x - 2$, $-\cos^2 x + \sqrt{2}$ 都是 $\sin(2x)$ 的原函数.

证　由于 $\left(-\dfrac{1}{2}\cos(2x) + \dfrac{1}{3}\right)' = \sin(2x)$, $(\sin^2 x - 2)' = \sin(2x)$, $(-\cos^2 x + \sqrt{2})' = \sin(2x)$, 故三个函数都是 $\sin(2x)$ 的原函数.

3. 不定积分定义

> **定义2**　在区间 I 上, 函数 $f(x)$ 的带有任意常数项的原函数称为 $f(x)$ (或 $f(x)\mathrm{d}x$) 在区间 I 上的不定积分, 记作
>
> $$\int f(x)\mathrm{d}x.$$
>
> 其中, 记号 $\int$ 为积分号; $f(x)$ 为被积函数; $f(x)\mathrm{d}x$ 为被积表达式; x 为积分变量.

根据定义, 如果 $F(x)$ 是 $f(x)$ 在区间 I 上的一个原函数, 那么 $F(x) + C$ 就是 $f(x)$ 的不定积分, 即

$$\int f(x)\mathrm{d}x = F(x) + C.$$

因此不定积分 $\int f(x)\mathrm{d}x$ 可以表示 $f(x)$ 的任意一个原函数.

注意　(1) $\int f(x)\mathrm{d}x$ 只是一个符号, 不是乘积关系;

(2) $F'(x) = f(x) \Leftrightarrow F(x)$ 是 $f(x)$ 的一个原函数 $\Leftrightarrow \int f(x)\mathrm{d}x = F(x) + C$.

例2　求下列函数的不定积分.

(1) $\int x^2 \mathrm{d}x$; (2) $\int \dfrac{1}{\sqrt{1-x^2}}\mathrm{d}x$; (3) $\int \mathrm{e}^x \mathrm{d}x$; (4) $\int \dfrac{1}{x}\mathrm{d}x$.

解　(1) 因为 $\left(\dfrac{x^3}{3}\right)' = x^2$, 得 $\int x^2 \mathrm{d}x = \dfrac{x^3}{3} + C$;

（2）因为 $(\arcsin x)' = \dfrac{1}{\sqrt{1-x^2}}$，得 $\displaystyle\int \dfrac{1}{\sqrt{1-x^2}}\mathrm{d}x = \arcsin x + C$；

（3）因为 $(\mathrm{e}^x)' = \mathrm{e}^x$，得 $\displaystyle\int \mathrm{e}^x\mathrm{d}x = \mathrm{e}^x + C$；

（4）因为 $x > 0$ 时，$(\ln x)' = \dfrac{1}{x}$，而 $x < 0$ 时，$[\ln(-x)]' = \dfrac{1}{-x}(-x)' = \dfrac{1}{x}$，所以

$(\ln|x|)' = \dfrac{1}{x}$. 因此，$\displaystyle\int \dfrac{1}{x}\mathrm{d}x = \ln|x| + C$.

5.1.2　不定积分的几何意义

通常，我们把 $f(x)$ 在区间 I 上的原函数的图形称为 $f(x)$ 的积分曲线.

$\displaystyle\int f(x)\mathrm{d}x = F(x) + C$ 在几何上表示横坐标相同（设为 $x_0 \in I$）的点处，切线都平行（切线斜率均等于 $f(x_0)$）的一族曲线，称为 $f(x)$ 的积分曲线族.

注意： 积分曲线族的特点为横坐标相同的点处曲线的切线平行，如图 5-1 所示.

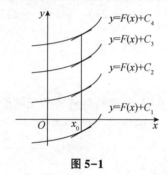

图 5-1

例 3　设曲线过点 $(1, 1)$，且其上任一点的斜率为该点横坐标的 3 倍，求这条曲线的方程.

解　设曲线方程为 $y = F(x)$，其上任一点 (x, y) 处切线的斜率为 $\dfrac{\mathrm{d}y}{\mathrm{d}x} = 3x$，从而

$$y = F(x) = \int 3x\mathrm{d}x = \frac{3}{2}x^2 + C.$$

由 $y(1) = 1$，得 $C = -\dfrac{1}{2}$，因此所求曲线方程为

$$y = \frac{3}{2}x^2 - \frac{1}{2}.$$

由原函数与不定积分的概念可得：

（1）$\dfrac{\mathrm{d}}{\mathrm{d}x}\displaystyle\int f(x)\mathrm{d}x = f(x)$；

（2）$\mathrm{d}\displaystyle\int f(x)\mathrm{d}x = f(x)\mathrm{d}x$；

（3）$\displaystyle\int F'(x)\mathrm{d}x = F(x) + C$；

（4）$\int \mathrm{d}F(x) = F(x) + C$.

由此可见，微分运算（以记号 d 表示）与求不定积分的运算（简称积分运算，以记号 $\int$ 表示）是互逆的．当记号 $\int$ 与 d 连在一起时，或者抵消，或者抵消后差一个常数．

5.1.3 基本积分公式

（1）$\int k\mathrm{d}x = kx + C（k\ 是常数）$；

（2）$\int x^{\mu}\mathrm{d}x = \dfrac{1}{\mu + 1}x^{\mu+1} + C$；

（3）$\int \dfrac{1}{x}\mathrm{d}x = \ln|x| + C$；

（4）$\int \mathrm{e}^{x}\mathrm{d}x = \mathrm{e}^{x} + C$；

（5）$\int a^{x}\mathrm{d}x = \dfrac{a^{x}}{\ln a} + C$；

（6）$\int \cos x\mathrm{d}x = \sin x + C$；

（7）$\int \sin x\mathrm{d}x = -\cos x + C$；

（8）$\int \dfrac{1}{\cos^{2}x}\mathrm{d}x = \int \sec^{2}x\mathrm{d}x = \tan x + C$；

（9）$\int \dfrac{1}{\sin^{2}x}\mathrm{d}x = \int \csc^{2}x\mathrm{d}x = -\cot x + C$；

（10）$\int \dfrac{1}{1 + x^{2}}\mathrm{d}x = \arctan x + C$；

（11）$\int \dfrac{1}{\sqrt{1 - x^{2}}}\mathrm{d}x = \arcsin x + C$；

（12）$\int \sec x\tan x\mathrm{d}x = \sec x + C$；

（13）$\int \csc x\cot x\mathrm{d}x = -\csc x + C$；

（14）$\int \mathrm{sh}\,x\mathrm{d}x = \mathrm{ch}\,x + C$；

（15）$\int \mathrm{ch}\,x\mathrm{d}x = \mathrm{sh}\,x + C$.

例4 $\int x^{3}\sqrt{x}\,\mathrm{d}x = \int x^{\frac{7}{2}}\mathrm{d}x = \dfrac{2}{9}x^{\frac{9}{2}} + C$.

例5 $\int \dfrac{1}{x^{2}\cdot\sqrt[3]{x}}\mathrm{d}x = \int x^{-\frac{7}{3}}\mathrm{d}x = -\dfrac{3}{4}x^{-\frac{4}{3}} + C$.

5.1.4 不定积分的性质

性质 1 函数和的不定积分等于各个函数的不定积分的和，即

$$\int [f(x) + g(x)] \, dx = \int f(x) \, dx + \int g(x) \, dx.$$

这是因为，$\left[\int f(x) \, dx + \int g(x) \, dx\right]' = \left[\int f(x) \, dx\right]' + \left[\int g(x) \, dx\right]' = f(x) + g(x).$

性质 2 求不定积分时，被积函数中不为零的常数因子可以提到积分号外面，即

$$\int kf(x) \, dx = k \int f(x) \, dx \quad (k \text{ 是常数}, k \neq 0).$$

上述不定积分的性质及基本积分公式是求不定积分的基础.

例 6 $\int \left(1 - \dfrac{1}{x^2}\right)\sqrt{x \cdot \sqrt{x}} \, dx = \int (1 - x^{-2}) x^{\frac{3}{4}} \, dx = \int (x^{\frac{3}{4}} - x^{-\frac{5}{4}}) \, dx = \dfrac{4}{7} x^{\frac{7}{4}} + 4x^{-\frac{1}{4}} + C.$

例 7 $\int \dfrac{1 + x + x^2}{x(1 + x^2)} \, dx = \int \dfrac{(1 + x^2) + x}{x(1 + x^2)} \, dx = \int \dfrac{1}{x} \, dx + \int \dfrac{1}{1 + x^2} \, dx = \ln|x| + \arctan x + C.$

例 8 $\int \dfrac{x^4}{1 + x^2} \, dx = \int \dfrac{x^4 - 1 + 1}{1 + x^2} \, dx = \int \left(x^2 - 1 + \dfrac{1}{1 + x^2}\right) dx = \dfrac{x^3}{3} - x + \arctan x + C.$

例 9 $\int 2^x (e^x - 1) \, dx = \int [(2e)^x - 2^x] \, dx = \dfrac{(2e)^x}{\ln(2e)} - \dfrac{2^x}{\ln 2} + C.$

例 10 $\int \tan x (\tan x + \sec x) \, dx = \int (\tan^2 x + \tan x \cdot \sec x) \, dx$

$$= \int (\sec^2 x - 1 + \tan x \cdot \sec x) \, dx = \tan x - x + \sec x + C.$$

例 11 $\int \dfrac{\cos(2x)}{\sin x - \cos x} \, dx = \int \dfrac{\cos^2 x - \sin^2 x}{\sin x - \cos x} \, dx = \int (-\sin x - \cos x) \, dx = \cos x - \sin x + C.$

例 12 $\int \dfrac{1}{1 + \cos(2x)} \, dx = \int \dfrac{1}{2\cos^2 x} \, dx = \int \dfrac{1}{2} \sec^2 x \, dx = \dfrac{1}{2} \tan x + C.$

例 13 $\int \dfrac{1}{\sin^2\left(\dfrac{x}{2}\right) \cos^2\left(\dfrac{x}{2}\right)} \, dx = \int \dfrac{4}{\sin^2 x} \, dx = \int 4 \csc^2 x \, dx = -4\cot x + C.$

注：三角函数不定积分问题需要利用三角函数平方和公式及二倍角公式.

例 14 若 $\int f(x) \, dx = x^2 e^{2x} + C$，求 $f(x)$.

解 $f(x) = (x^2 e^{2x})' = 2x e^{2x} + 2x^2 e^{2x}.$

例 15 若 e^{-x} 是 $f(x)$ 的一个原函数，求 $\int f'(x) \, dx$.

解 因为 e^{-x} 是 $f(x)$ 的一个原函数，所以 $f(x) = (e^{-x})' = -e^{-x}.$

因此，$\int f'(x) \, dx = f(x) + C = -e^{-x} + C.$

§5.2 换元积分法

5.2.1 第一类换元法

1. 问题

$\int \cos(3x)\,dx = \sin(3x) + C$，可验证此式不成立.

这里不能直接运用 $\int \cos x\,dx = \sin x + C$，因为被积函数 $\cos(3x)$ 是一个复合函数.

解决方法：

$$\int \cos(3x)\,dx = \frac{1}{3}\int \cos(3x)\,d(3x) \xeq{\diagup 3x=u} \frac{1}{3}\int \cos u\,du = \frac{1}{3}\sin u + C$$

$$\xeq{\text{回代}\, u = 3x} \frac{1}{3}\sin 3x + C.$$

验证：由于 $\left(\dfrac{1}{3}\sin(3x) + C\right)' = \cos(3x)$，所以 $\dfrac{1}{3}\sin(3x) + C$ 确实是 $\cos(3x)$ 的原函数，这说明上面的方法是正确的.

2. 换元法

设 $F(u)$ 为 $f(u)$ 的原函数，即 $F'(u) = f(u)$ 或 $\int f(u)\,du = F(u) + C$.

如果 $u = \varphi(x)$，且 $\varphi(x)$ 可微，则

$$\frac{d}{dx}F[\varphi(x)] = F'(u)\varphi'(x) = f(u)\varphi'(x) = f[\varphi(x)]\varphi'(x),$$

即 $F[\varphi(x)]$ 为 $f[\varphi(x)]\varphi'(x)$ 的原函数，或

$$\int f[\varphi(x)]\varphi'(x)\,dx = F[\varphi(x)] + C = [F(u) + C]\Big|_{u=\varphi(x)} = \left[\int f(u)\,du\right]\Big|_{u=\varphi(x)}.$$

因此，有下述定理.

定理 1 设 $f(u)$ 具有原函数，$u = \varphi(x)$ 可导，则有换元公式

$$\int f[\varphi(x)]\varphi'(x)\,dx = \int f[\varphi(x)]\,d\varphi(x) = \int f(u)\,du = F(u) + C = F[\varphi(x)] + C,$$

称为第一类换元法.

注：(1)所谓换元，即设 $\varphi'(x)\,dx = d[\varphi(x)] = du$. 这里 $\int f[\varphi(x)]\underline{\varphi'(x)\,dx}$ 是一个整体符号，由于第一类换元法，用"凑"的方法理解并计算其结果是对的，所以第一类换元法也称为"凑微分法".

(2)利用第一类换元法时，关键是"凑"出微分.

(3)积分结果不是唯一的，这是由 $F(x)$ 的选取不一致而导致的，结果的正确与否可对结果进行求导来验算.

例 1 $\displaystyle\int (2x-3)^{10}\,dx = \frac{1}{2}\int (2x-3)^{10}\,d(2x-3) = \frac{1}{2}\cdot\frac{1}{11}(2x-3)^{11} + C$

$$= \frac{1}{22}(2x-3)^{11} + C.$$

例 2 $\int \cos(2x)\,\mathrm{d}x = \frac{1}{2}\int \cos(2x)(2x)'\mathrm{d}x = \frac{1}{2}\int \cos(2x)\mathrm{d}(2x) = \frac{1}{2}\sin(2x) + C.$

例 3 $\int \dfrac{1}{3-5x}\mathrm{d}x = -\dfrac{1}{5}\int \dfrac{1}{3-5x}(3-5x)'\mathrm{d}x = -\dfrac{1}{5}\int \dfrac{1}{3-5x}\mathrm{d}(3-5x)$

$$= -\frac{1}{5}\ln|3-5x| + C.$$

例 4 $\int \dfrac{1}{a^2+x^2}\mathrm{d}x = \dfrac{1}{a^2}\int \dfrac{1}{1+\left(\dfrac{x}{a}\right)^2}\mathrm{d}x = \dfrac{1}{a}\int \dfrac{1}{1+\left(\dfrac{x}{a}\right)^2}\mathrm{d}\left(\dfrac{x}{a}\right) = \dfrac{1}{a}\arctan\dfrac{x}{a} + C.$

例 5 $\int \dfrac{1}{\sqrt{a^2-x^2}}\mathrm{d}x\,(a>0) = \dfrac{1}{a}\int \dfrac{1}{\sqrt{1-\left(\dfrac{x}{a}\right)^2}}\mathrm{d}x = \int \dfrac{1}{\sqrt{1-\left(\dfrac{x}{a}\right)^2}}\mathrm{d}\left(\dfrac{x}{a}\right) = \arcsin\dfrac{x}{a} + C.$

例 6 $\int \dfrac{1}{a^2-x^2}\mathrm{d}x = \dfrac{1}{2a}\int\left(\dfrac{1}{a-x}+\dfrac{1}{a+x}\right)\mathrm{d}x = \dfrac{1}{2a}\left[\int \dfrac{1}{a-x}\mathrm{d}x + \int \dfrac{1}{a+x}\mathrm{d}x\right]$

$$= \frac{1}{2a}\left[-\int \frac{1}{a-x}\mathrm{d}(a-x) + \int \frac{1}{a+x}\mathrm{d}(a+x)\right]$$

$$= \frac{1}{2a}(-\ln|a-x| + \ln|a+x|) + C$$

$$= \frac{1}{2a}\ln\left|\frac{a+x}{a-x}\right| + C.$$

例 7 $\int xe^{3x^2+9}\mathrm{d}x = \int e^{3x^2+9}\mathrm{d}\dfrac{x^2}{2} = \dfrac{1}{6}\int e^{3x^2+9}\mathrm{d}(3x^2+9) = \dfrac{1}{6}e^{3x^2+9} + C.$

例 8 $\int \dfrac{\sin\sqrt{x}}{\sqrt{x}}\mathrm{d}x = \int \sin\sqrt{x}\,\mathrm{d}(2\sqrt{x}) = 2\int \sin\sqrt{x}\,\mathrm{d}(\sqrt{x}) = -2\cos\sqrt{x} + C.$

例 9 $\int \dfrac{\mathrm{d}x}{x(1-\ln x)} = \int \dfrac{\mathrm{d}\ln x}{1-\ln x} = -\int \dfrac{\mathrm{d}(1-\ln x)}{1-\ln x} = -\ln|1-\ln x| + C.$

例 10 $\int \dfrac{\mathrm{d}x}{e^x+e^{-x}} = \int \dfrac{e^x\mathrm{d}x}{(e^x)^2+1} = \arctan e^x + C.$

例 11 $\int \tan x\mathrm{d}x = \int \dfrac{\sin x}{\cos x}\mathrm{d}x = -\int \dfrac{1}{\cos x}\mathrm{d}(\cos x) = -\ln|\cos x| + C.$

类似可得 $\int \cot x\mathrm{d}x = \ln|\sin x| + C.$

例 12 $\int \dfrac{\sin x\cos x}{1+\sin^4 x}\mathrm{d}x = \int \dfrac{\sin x}{1+\sin^4 x}\mathrm{d}(\sin x) = \dfrac{1}{2}\int \dfrac{1}{1+\sin^4 x}\mathrm{d}(\sin^2 x)$

$$= \frac{1}{2}\arctan(\sin^2 x) + C.$$

例 13 $\int \tan^5 x\sec^3 x\mathrm{d}x = \int \tan^4 x\sec^2 x(\tan x\sec x)\mathrm{d}x$

$$= \int \tan^4 x\sec^2 x\mathrm{d}(\sec x) = \int (\sec^2 x - 1)^2\sec^2 x\mathrm{d}(\sec x)$$

$$= \int (\sec^6 x - 2\sec^4 x + \sec^2 x) \mathrm{d}(\sec x)$$

$$= \frac{1}{7}\sec^7 x - \frac{2}{5}\sec^5 x + \frac{1}{3}\sec^3 x + C.$$

例 14 $\displaystyle\int \sec^4 x \mathrm{d}x = \int \sec^2 x (\sec^2 x)\mathrm{d}x = \int \sec^2 x \mathrm{d}(\tan x)$

$$= \int (1 + \tan^2 x)\mathrm{d}(\tan x) = \tan x + \frac{1}{3}\tan^3 x + C.$$

例 15 $\displaystyle\int \cos^2 x \mathrm{d}x = \int \frac{1 + \cos(2x)}{2}\mathrm{d}x = \frac{1}{2}\left[\int \mathrm{d}x + \int \cos(2x)\mathrm{d}x\right]$

$$= \frac{x}{2} + \frac{1}{4}\int \cos(2x)\mathrm{d}(2x) = \frac{x}{2} + \frac{1}{4}\sin(2x) + C.$$

例 16 $\displaystyle\int \sin^3 x \mathrm{d}x = \int \sin^2 x \sin x \mathrm{d}x = -\int (1 - \cos^2 x)\mathrm{d}(\cos x)$

$$= -\int \mathrm{d}(\cos x) + \int \cos^2 x \mathrm{d}(\cos x) = -\cos x + \frac{1}{3}\cos^3 x + C.$$

注：在含三角函数 $\displaystyle\int \sin^m x \cos^n x \mathrm{d}x (m, n$ 为非负整数$)$形式的积分中：

(1)若 m, n 中有一个奇数，则将奇次幂分为一次幂与偶次幂的乘积，并将一次幂与 $\mathrm{d}x$ 凑微分；

(2)若 m, n 同为偶数，利用三角函数的倍角公式.

例 17 $\displaystyle\int \sin^3 x \cos^2 x \mathrm{d}x = \int \sin^2 x \cos^2 x \mathrm{d}(-\cos x) = \int (1 - \cos^2 x)\cos^2 x \mathrm{d}(-\cos x)$

$$= \int (\cos^4 x - \cos^2 x)\mathrm{d}(\cos x) = \frac{1}{5}\cos^5 x - \frac{1}{3}\cos^3 x + C.$$

例 18 $\displaystyle\int \sin(5x)\cos(2x)\mathrm{d}x.$

解 利用三角学中的积化和差公式

$$\sin\alpha\cos\beta = \frac{1}{2}\left[\sin(\alpha + \beta) + \sin(\alpha - \beta)\right].$$

因此

$$\int \sin(5x)\cos(2x)\mathrm{d}x = \frac{1}{2}\int \left[\sin(7x) + \sin(3x)\right]\mathrm{d}x$$

$$= \frac{1}{2} \cdot \frac{1}{7}\int \sin(7x)\mathrm{d}(7x) + \frac{1}{2} \cdot \frac{1}{3}\int \sin(3x)\mathrm{d}(3x)$$

$$= -\frac{1}{14}\cos(7x) - \frac{1}{6}\cos(3x) + C.$$

例 19 $\displaystyle\int \csc x \mathrm{d}x = \int \frac{1}{\sin x}\mathrm{d}x = \int \frac{1}{2\sin\dfrac{x}{2}\cos\dfrac{x}{2}}\mathrm{d}x$

$$= \int \frac{\mathrm{d}\dfrac{x}{2}}{\tan\dfrac{x}{2}\cos^2\dfrac{x}{2}} = \int \frac{\mathrm{d}\tan\dfrac{x}{2}}{\tan\dfrac{x}{2}} = \ln\left|\tan\frac{x}{2}\right| + C = \ln|\csc x - \cot x| + C.$$

即 $$\int \csc x \mathrm{d}x = \ln|\csc x - \cot x| + C.$$

例 20 $$\int \sec x \mathrm{d}x = \int \csc\left(x + \frac{\pi}{2}\right) \mathrm{d}x = \ln\left|\csc\left(x + \frac{\pi}{2}\right) - \cot\left(x + \frac{\pi}{2}\right)\right| + C$$

$$= \ln|\sec x + \tan x| + C.$$

即 $$\int \sec x \mathrm{d}x = \ln|\sec x + \tan x| + C.$$

5.2.2 第二类换元法

1. 问题

$$\int \frac{1}{2 + \sqrt{x-1}} \mathrm{d}x$$ 能否用直接积或凑微分来求？

解决方法：先换元，换元后被积函数不含根式，容易积分.

2. 换元法

定理 2 设 $x = \varphi(t)$ 是单调的、可导的函数，且 $\varphi'(t) \neq 0$. 又设 $f[\varphi(t)]\varphi'(t)$ 具有原函数 $F(t)$，则有换元公式

$$\int f(x)\mathrm{d}x = \int f[\varphi(t)]\varphi'(t)\mathrm{d}t = F(t) = F[\varphi^{-1}(x)] + C.$$

其中，$t = \varphi^{-1}(x)$ 为 $x = \varphi(t)$ 的反函数.

这是因为

$$\{F[\varphi^{-1}(x)]\}' = F'(t)\frac{\mathrm{d}t}{\mathrm{d}x} = f[\varphi(t)]\varphi'(t)\frac{1}{\frac{\mathrm{d}x}{\mathrm{d}t}} = f[\varphi(t)] = f(x).$$

通过上述这种换元而求得不定积分的方法称为第二类换元积分法.

注：(1)将第一类换元法 $\int f[\varphi(x)]\varphi'(x)\mathrm{d}x = \left[\int f(u)\mathrm{d}u\right]\Big|_{u=\varphi(x)}$ 反过来，即 $\int f(u)\mathrm{d}u = \left[\int f[\varphi(x)]\varphi'(x)\mathrm{d}x\right]\Big|_{x=\varphi^{-1}(u)}$ 就是第二类换元法.

(2)无论是第几类换元法，最后都要把结果换成积分变量所表示.

(3)利用第二类换元法时，一般被积函数是无理函数.

1)根式代换

例 21 求 $\int \frac{1}{2 + \sqrt{x-1}} \mathrm{d}x$.

解 设 $t = \sqrt{x-1}$，则 $x = 1 + t^2$，$\mathrm{d}x = 2t\mathrm{d}t$，于是

$$\int \frac{1}{2 + \sqrt{x-1}} \mathrm{d}x = \int \frac{2t}{2+t}\mathrm{d}t = 2\int \frac{t+2-2}{2+t}\mathrm{d}t$$

$$= 2\int \mathrm{d}t - 4\int \frac{1}{2+t}\mathrm{d}t = 2t - 4\ln(2+t) + C$$

$$= 2\sqrt{x-1} - 4\ln(2 + \sqrt{x-1}) + C.$$

说明：当被积函数中含有 $\sqrt[n]{ax+b}$ 时，不能直接积分，也不容易凑微分. 这时，用根式

换元, 令 $\sqrt[n]{ax+b}=t$, 用新的变量去积分, 最后结果一定换回原变量.

例22 求 $\int \dfrac{\mathrm{d}x}{\sqrt{x}+\sqrt[3]{x}}$.

解 设 $\sqrt[6]{x}=t$, 则 $x=t^6$, $\sqrt{x}=t^3$, $\sqrt[3]{x}=t^2$, $\mathrm{d}x=6t^5\mathrm{d}t$, 于是

$$\int \frac{\mathrm{d}x}{\sqrt{x}+\sqrt[3]{x}}=\int \frac{6t^5\mathrm{d}t}{t^3+t^2}=6\int \frac{t^3}{t+1}\mathrm{d}t=6\int \frac{(t^3+1)-1}{t+1}\mathrm{d}t$$

$$=6\left[\int (t^2-t+1)\,\mathrm{d}t-\int \frac{\mathrm{d}(t+1)}{t+1}\right]$$

$$=6\left[\frac{1}{3}t^3-\frac{1}{2}t^2+t-\ln|t+1|\right]+C$$

$$=2\sqrt{x}-3\sqrt[3]{x}+6\sqrt[6]{x}-6\ln(\sqrt[6]{x}+1)+C.$$

2) 三角代换

例23 求 $\int \sqrt{a^2-x^2}\,\mathrm{d}x\,(a>0)$.

解 被积函数为无理式, 应设法去掉根号.

设 $x=a\sin t$, $-\dfrac{\pi}{2}<t<\dfrac{\pi}{2}$, 那么 $\sqrt{a^2-x^2}=\sqrt{a^2-a^2\sin^2 t}=a\cos t$, $\mathrm{d}x=a\cos t\mathrm{d}t$,

于是 $\int \sqrt{a^2-x^2}\,\mathrm{d}x=\int a\cos t\cdot a\cos t\mathrm{d}t=a^2\int \cos^2 t\mathrm{d}t=a^2\left[\dfrac{1}{2}t+\dfrac{1}{4}\sin(2t)\right]+C.$

因为 $t=\arcsin\dfrac{x}{a}$, $\sin(2t)=2\sin t\cos t=2\dfrac{x}{a}\cdot\dfrac{\sqrt{a^2-x^2}}{a}$, 所以

$$\int \sqrt{a^2-x^2}\,\mathrm{d}x=a^2\left[\frac{1}{2}t+\frac{1}{4}\sin(2t)\right]+C=\frac{a^2}{2}\arcsin\frac{x}{a}+\frac{1}{2}x\sqrt{a^2-x^2}+C.$$

例24 求 $\int \dfrac{\mathrm{d}x}{\sqrt{x^2+a^2}}\,(a>0)$.

解 设 $x=a\tan t$, $-\dfrac{\pi}{2}\leqslant t\leqslant\dfrac{\pi}{2}$, 则 $\sqrt{x^2+a^2}=a\sec t$, $\mathrm{d}x=a\sec^2 t\mathrm{d}t$, 于是

$$\int \frac{\mathrm{d}x}{\sqrt{x^2+a^2}}=\int \frac{1}{a\sec t}a\sec^2 t\mathrm{d}t=\int \sec t\mathrm{d}t=\ln|\sec t+\tan t|+C$$

$$=\ln\left|\frac{\sqrt{x^2+a^2}}{a}+\frac{x}{a}\right|+C=\ln|x+\sqrt{x^2+a^2}|+C_1, \text{ 其中 } C_1=C-\ln a.$$

例25 求 $\int \dfrac{\mathrm{d}x}{\sqrt{x^2-a^2}}\,(a>0)$.

解 当 $x>a$ 时, 设 $x=a\sec t$, $0<t<\dfrac{\pi}{2}$, 则

$$\sqrt{x^2-a^2}=\sqrt{a^2\sec^2 t-a^2}=a\sqrt{\sec^2 t-1}=a\tan t, \ \mathrm{d}x=a\sec t\tan t\mathrm{d}t$$

于是 $\int \dfrac{\mathrm{d}x}{\sqrt{x^2-a^2}}=\int \dfrac{a\sec t\tan t}{a\tan t}\mathrm{d}t=\int \sec t\mathrm{d}t=\ln(\sec t+\tan t)+C.$

又由于 $\sec t = \dfrac{x}{a}$，$\tan t = \dfrac{\sqrt{x^2 - a^2}}{a}$，得

$$\int \frac{\mathrm{d}x}{\sqrt{x^2 - a^2}} = \ln\left(\frac{x}{a} + \frac{\sqrt{x^2 - a^2}}{a}\right) + C = \ln\left(x + \sqrt{x^2 - a^2}\right) + C_1，\text{ 其中 } C_1 = C - \ln a.$$

当 $x < -a$ 时，令 $x = -u$，则 $u > a$.

于是 $\displaystyle\int \frac{\mathrm{d}x}{\sqrt{x^2 - a^2}} = -\int \frac{\mathrm{d}u}{\sqrt{u^2 - a^2}} = -\ln\left(u + \sqrt{u^2 - a^2}\right) + C$

$$= -\ln\left(-x + \sqrt{x^2 - a^2}\right) + C = \ln \frac{-x - \sqrt{x^2 - a^2}}{a^2} + C$$

$$= \ln\left(-x - \sqrt{x^2 - a^2}\right) + C_1，\text{ 其中 } C_1 = C - 2\ln a.$$

综合可得 $\displaystyle\int \frac{\mathrm{d}x}{\sqrt{x^2 - a^2}} = \ln\left|x + \sqrt{x^2 - a^2}\right| + C.$

以上三例所做变换均利用了三角恒等式，称为三角代换，目的是将被积函数中的无理因式化为三角函数的有理因式. 通常，

（1）若被积函数含有 $\sqrt{a^2 - x^2}$ 时，可做代换 $x = \sin t$；

（2）若含有 $\sqrt{x^2 + a^2}$，可做代换 $x = \tan t$；

（3）若含有 $\sqrt{x^2 - a^2}$，可做代换 $x = \sec t$.

3）倒代换

有时计算某些积分时需约简因子 $x^\mu (\mu \in \mathbf{N})$，此时往往可做倒代换 $x = \dfrac{1}{t}$.

例 26 求 $\displaystyle\int \frac{\sqrt{a^2 - x^2}}{x^4} \mathrm{d}x (a \neq 0).$

解 设 $x = \dfrac{1}{t}$，则 $\mathrm{d}x = -\dfrac{\mathrm{d}t}{t^2}$，于是

$$\int \frac{\sqrt{a^2 - x^2}}{x^4} \mathrm{d}x = \int \frac{\sqrt{a^2 - \dfrac{1}{t^2}} \cdot \left(-\dfrac{\mathrm{d}t}{t^2}\right)}{\dfrac{1}{t^4}} = -\int (a^2 t^2 - 1)^{\frac{1}{2}} |t| \mathrm{d}t.$$

当 $x > 0$ 时，有 $\displaystyle\int \frac{\sqrt{a^2 - x^2}}{x^4} \mathrm{d}x = -\frac{1}{2a^2} \int (a^2 t^2 - 1)^{\frac{1}{2}} \mathrm{d}(a^2 t^2 - 1)$

$$= -\frac{(a^2 t^2 - 1)^{\frac{3}{2}}}{3a^2} + C = -\frac{(a^2 - x^2)^{\frac{3}{2}}}{3a^2 x^3} + C.$$

当 $x < 0$ 时，有相同的结果.

补充公式：

（1）$\displaystyle\int \tan x \mathrm{d}x = -\ln|\cos x| + C$；

（2）$\displaystyle\int \cot x \mathrm{d}x = \ln|\sin x| + C$；

(3) $\int \sec x dx = \ln|\sec x + \tan x| + C$;

(4) $\int \csc x dx = \ln|\csc x - \cot x| + C$;

(5) $\int \dfrac{1}{a^2 + x^2}dx = \dfrac{1}{a}\arctan\dfrac{x}{a} + C$;

(6) $\int \dfrac{1}{x^2 - a^2}dx = \dfrac{1}{2a}\ln\left|\dfrac{x-a}{x+a}\right| + C$;

(7) $\int \dfrac{1}{\sqrt{a^2 - x^2}}dx = \arcsin\dfrac{x}{a} + C$;

(8) $\int \dfrac{dx}{\sqrt{x^2 + a^2}} = \ln|x + \sqrt{x^2 + a^2}| + C$;

(9) $\int \dfrac{dx}{\sqrt{x^2 - a^2}} = \ln|x + \sqrt{x^2 - a^2}| + C$.

§5.3 分部积分法

在进行积分计算时，有时会遇到被积函数是两种不同函数乘积的积分（如 $\int x\cos x dx$，$\int e^x\cos x dx$），可验证不能用前面学过的换元法解决，通常需要用下面讲的分部积分法解决.

设 $u = u(x)$，$v = v(x)$，则有
$$(uv)' = u'v + uv' \text{ 或 } d(uv) = vdu + udv,$$
两端求不定积分，得
$$\int(uv)'dx = \int vu'dx + \int uv'dx \text{ 或 } \int d(uv) = \int vdu + \int udv.$$
即
$$\int udv = uv - \int vdu \text{ 或 } \int uv'dx = uv - \int vu'dx.$$

这个公式称为不定积分的分部积分公式.

注1：通常按照"'反、对、幂、三、指'顺序，越靠后的越优先纳入微分号下凑微分"的原则进行分部积分.

与指数函数乘积，做分部积分时，取幂函数为 u，三角函数或指数函数到微分号下凑微分 dv.

例1 $\int x\sin x dx = \int x d(-\cos x) = -x\cos x + \int \cos x dx = -x\cos x + \sin x + C$.

例2 $\int xe^x dx = \int x de^x = xe^x - \int e^x dx = xe^x - e^x + C$.

在利用分部积分法计算不定积分时，有时需要连续几次使用这一方法才能求出结果，请看下面的例子.

例3 $\int x^2 e^x dx = \int x^2 de^x = x^2 e^x - \int e^x dx^2$

$$= x^2 e^x - 2\int x e^x dx = x^2 e^x - 2\int x d e^x = x^2 e^x - 2x e^x + 2\int e^x dx$$

$$= x^2 e^x - 2x e^x + 2e^x + C.$$

注2：由例1、例2和例3可以看出，当被积函数是幂函数与正弦(余弦)乘积或是幂函数与指数函数乘积，做分部积分时，取幂函数为 u，三角函数或指数函数到微分号下凑微分 dv.

例4 $\int x \ln x dx = \dfrac{1}{2}\int \ln x dx^2 = \dfrac{1}{2}x^2 \ln x - \dfrac{1}{2}\int x^2 \cdot \dfrac{1}{x}dx$

$$= \dfrac{1}{2}x^2 \ln x - \dfrac{1}{2}\int x dx = \dfrac{1}{2}x^2 \ln x - \dfrac{1}{4}x^2 + C.$$

例5 $\int \arccos x dx = x \arccos x - \int x d\arccos x = x \arccos x + \int x \dfrac{1}{\sqrt{1-x^2}}dx$

$$= x\arccos x - \dfrac{1}{2}\int (1-x^2)^{-\frac{1}{2}} d(1-x^2) = x \arccos x - \sqrt{1-x^2} + C.$$

例6 $\int x \arctan x dx = \dfrac{1}{2}\int \arctan x dx^2 = \dfrac{1}{2}x^2 \arctan x - \dfrac{1}{2}\int x^2 \cdot \dfrac{1}{1+x^2}dx$

$$= \dfrac{1}{2}x^2 \arctan x - \dfrac{1}{2}\int \left(1 - \dfrac{1}{1+x^2}\right)dx$$

$$= \dfrac{1}{2}x^2 \arctan x - \dfrac{1}{2}x + \dfrac{1}{2}\arctan x + C.$$

注3：由例4、例5和例6可以看出，当被积函数是幂函数与对数函数乘积或是幂函数与反三角函数乘积，做分部积分时，取对数函数或反三角函数为 u，幂函数到微分号下凑微分 dv.

例7 求 $\int e^x \sin x dx$.

解 因为 $\int e^x \sin x dx = \int \sin x de^x = e^x \sin x - \int e^x d\sin x$

$$= e^x \sin x - \int e^x \cos x dx = e^x \sin x - \int \cos x de^x$$

$$= e^x \sin x - e^x \cos x + \int e^x d\cos x$$

$$= e^x \sin x - e^x \cos x - \int e^x \sin x dx,$$

所以 $\int e^x \sin x dx = \dfrac{1}{2}e^x(\sin x - \cos x) + C.$

例8 求 $\int \sec^3 x dx$.

解 因为 $\int \sec^3 x dx = \int \sec x \cdot \sec^2 x dx = \int \sec x d\tan x$

$$= \sec x \tan x - \int \sec x \tan^2 x dx$$

$$= \sec x \tan x - \int \sec x (\sec^2 x - 1)dx$$

$$= \sec x\tan x - \int \sec^3 x\mathrm{d}x + \int \sec x\mathrm{d}x$$

$$= \sec x\tan x + \ln|\sec x + \tan x| - \int \sec^3 x\mathrm{d}x,$$

所以 $\int \sec^3 x\mathrm{d}x = \dfrac{1}{2}(\sec x\tan x + \ln|\sec x + \tan x|) + C.$

注4：形如 $\int e^{\alpha x}\sin(\beta x)\mathrm{d}x$ 和 $\int e^{\alpha x}\cos(\beta x)\mathrm{d}x$ 等积分，需要利用两次分部积分法，最后通过解方程求得.

总之，正确使用分部积分法的关键是适当地选取 u 和 $\mathrm{d}v$. 选择 u 和 $\mathrm{d}v$ 必须考虑两点：一是 v 容易求得；二是 $\int v\mathrm{d}u$ 容易求出.

例9　求 $\int e^{\sqrt{x}}\mathrm{d}x.$

解　令 $x = t^2$，则 $\mathrm{d}x = 2t\mathrm{d}t,$

于是，$\int e^{\sqrt{x}}\mathrm{d}x = 2\int te^t\mathrm{d}t = 2e^t(t-1) + C = 2e^{\sqrt{x}}(\sqrt{x}-1) + C$，　或者

$$\int e^{\sqrt{x}}\mathrm{d}x = \int e^{\sqrt{x}}\mathrm{d}\left(\sqrt{x}\right)^2 = 2\int \sqrt{x}\, e^{\sqrt{x}}\mathrm{d}\sqrt{x}$$

$$= 2\int \sqrt{x}\,\mathrm{d}e^{\sqrt{x}} = 2\sqrt{x}\, e^{\sqrt{x}} - 2\int e^{\sqrt{x}}\mathrm{d}\sqrt{x}$$

$$= 2\sqrt{x}\, e^{\sqrt{x}} - 2e^{\sqrt{x}} + C = 2e^{\sqrt{x}}(\sqrt{x}-1) + C.$$

§5.4　有理函数的积分

5.4.1　有理函数的积分形式

形如

$$\frac{P(x)}{Q(x)} = \frac{a_0 x^n + a_1 x^{n-1} + \cdots + a_{n-1}x + a_n}{b_0 x^m + b_1 x^{m-1} + \cdots + b_{m-1}x + b_m} \tag{5.1}$$

的函数称为有理函数，其中 $a_0,\ a_1,\ \cdots,\ a_{n-1},\ a_n$ 及 $b_0,\ b_1,\ \cdots,\ b_{m-1},\ b_m$ 为常数，且 $a_0 \neq 0$，$b_0 \neq 0$.

如果分子多项式 $P(x)$ 的次数 n 小于分母多项式 $Q(x)$ 的次数 m，称分式为真分式；如果分子多项式 $P(x)$ 的次数 n 大于分母多项式 $Q(x)$ 的次数 m，称分式为假分式. 利用多项式除法可将任一假分式转化为多项式与真分式之和. 例如，

$$\frac{x^3 + x + 1}{x^2 + 1} = x + \frac{1}{x^2 + 1}.$$

因此，下面仅讨论真分式的积分.

根据多项式理论，任一多项式 $Q(x)$ 在实数范围内能分解为一次因式和二次质因式的乘积，即

$$Q(x) = b_0 (x-a)^\alpha \cdots (x-b)^\beta (x^2+px+q)^\lambda \cdots (x^2+rx+s)^\mu \tag{5.2}$$

其中, $p^2 - 4q < 0, \cdots, r^2 - 4s < 0$.

如果式(5.1)的分母多项式分解为式(5.2), 则式(5.1)可分解为

$$\frac{P(x)}{Q(x)} = \frac{A_1}{(x-a)^\alpha} + \frac{A_2}{(x-a)^{\alpha-1}} + \cdots + \frac{A_\alpha}{(x-a)} + \cdots +$$

$$\frac{B_1}{(x-b)^\beta} + \frac{B_2}{(x-b)^{\beta-1}} + \cdots + \frac{B_\beta}{(x-b)} +$$

$$\frac{M_1 x + N_1}{(x^2+px+q)^\lambda} + \frac{M_2 x + N_2}{(x^2+px+q)^{\lambda-1}} + \cdots + \frac{M_\lambda x + N_\lambda}{(x^2+px+q)} + \cdots + \tag{5.3}$$

$$\frac{R_1 x + N S_1}{(x^2+rx+s)^\mu} + \frac{R_2 x + S_2}{(x^2+rx+s)^{\mu-1}} + \cdots + \frac{R_\mu x + S_\mu}{(x^2+rx+s)}$$

例1 求 $\int \dfrac{x+3}{x^2-5x+6} \mathrm{d}x$.

解 因为 $\dfrac{x+3}{x^2-5x+6} = \dfrac{x+3}{(x-2)(x-3)} = \dfrac{-5}{x-2} + \dfrac{6}{x-3}$, 所以

$$\int \frac{x+3}{x^2-5x+6} \mathrm{d}x = \int \left(\frac{-5}{x-2} + \frac{6}{x-3} \right) \mathrm{d}x$$

$$= -5 \int \frac{1}{x-2} \mathrm{d}x + 6 \int \frac{1}{x-3} \mathrm{d}x$$

$$= -5\ln|x-2| + 6\ln|x-3| + C.$$

注：掌握待定系数法分解有理函数为最简真分式的和.

例2 求 $\int \dfrac{x-2}{x^2+2x+3} \mathrm{d}x$.

解 由于分母已为二次质因式, 分子可写为

$$x - 2 = \frac{1}{2}(2x+2) - 3,$$

得

$$\int \frac{x-2}{x^2+2x+3} \mathrm{d}x = \int \frac{\dfrac{1}{2}(2x+2) - 3}{x^2+2x+3} \mathrm{d}x$$

$$= \frac{1}{2} \int \frac{2x+2}{x^2+2x+3} \mathrm{d}x - 3 \int \frac{\mathrm{d}x}{x^2+2x+3}$$

$$= \frac{1}{2} \int \frac{\mathrm{d}(x^2+2x+3)}{x^2+2x+3} - 3 \int \frac{\mathrm{d}(x+1)}{(x+1)^2 + (\sqrt{2})^2}$$

$$= \frac{1}{2}\ln(x^2+2x+3) - \frac{3}{\sqrt{2}} \arctan \frac{x+1}{\sqrt{2}} + C.$$

例3 求 $\int \dfrac{1}{(1+2x)(1+x^2)} \mathrm{d}x$.

解 根据分解式(5.3)，计算得

$$\frac{1}{(1+2x)(1+x^2)} = \frac{\dfrac{4}{5}}{1+2x} + \frac{-\dfrac{2}{5}x + \dfrac{1}{5}}{1+x^2}.$$

因此，得

$$\int \frac{1}{(1+2x)(1+x^2)}dx = \int\left(\frac{\dfrac{4}{5}}{1+2x} + \frac{-\dfrac{2}{5}x + \dfrac{1}{5}}{1+x^2}\right)dx$$

$$= \frac{2}{5}\int\frac{2}{1+2x}dx - \frac{1}{5}\int\frac{2x}{1+x^2}dx + \frac{1}{5}\int\frac{1}{1+x^2}dx$$

$$= \frac{2}{5}\int\frac{1}{1+2x}d(1+2x) - \frac{1}{5}\int\frac{1}{1+x^2}d(1+x^2) + \frac{1}{5}\int\frac{1}{1+x^2}dx$$

$$= \frac{2}{5}\ln|1+2x| - \frac{1}{5}\ln(1+x^2) + \frac{1}{5}\arctan x + C.$$

例4 求 $\displaystyle\int\frac{1}{x(x-1)^2}dx$.

解 $\displaystyle\int\frac{1}{x(x-1)^2}dx = \int\left[\frac{1}{x} - \frac{1}{x-1} + \frac{1}{(x-1)^2}\right]dx$

$$= \int\frac{1}{x}dx - \int\frac{1}{x-1}dx + \int\frac{1}{(x-1)^2}dx$$

$$= \ln|x| - \ln|x-1| - \frac{1}{x-1} + C.$$

5.4.2 三角函数有理式的积分

如果 $R(u, v)$ 是关于 u, v 的有理式，则 $R(\sin x, \cos x)$ 称为三角函数有理式.

对于积分 $\displaystyle\int R(\sin x, \cos x)dx$，若记 $t = \tan\dfrac{x}{2}$，则由三角函数中的万能公式有

$$\sin x = \frac{2t}{1+t^2}, \quad \cos x = \frac{1-t^2}{1+t^2},$$

且 $dx = \dfrac{2}{1+t^2}dt$，故 $\displaystyle\int R(\sin x, \cos x)dx = \int R\left(\frac{2t}{1+t^2}, \frac{1-t^2}{1+t^2}\right)\frac{2}{1+t^2}dt$，即将其积分化为关于 t 的有理函数的积分.

这里，对此不进行深入讨论，仅举例说明这类函数的积分方法.

例5 求 $\displaystyle\int\frac{1+\sin x}{\sin x(1+\cos x)}dx$.

解 如果作变量代换 $t = \tan\dfrac{x}{2}$，可得

$$\sin x = \frac{2t}{1+t^2}, \quad \cos x = \frac{1-t^2}{1+t^2}, \quad dx = \frac{2}{1+t^2}dt.$$

因此，得

$$\int \frac{1 + \sin x}{\sin x(1 + \cos x)} dx = \int \frac{\left(1 + \dfrac{2t}{1 + t^2}\right)}{\dfrac{2t}{1 + t^2}\left(1 + \dfrac{1 - t^2}{1 + t^2}\right)} \frac{2}{1 + t^2} dt$$

$$= \frac{1}{2} \int \left(t + 2 + \frac{1}{t}\right) dt$$

$$= \frac{1}{2}\left(\frac{t^2}{2} + 2t + \ln |t|\right) + C$$

$$= \frac{1}{4}\tan^2 \frac{x}{2} + \tan \frac{x}{2} + \frac{1}{2}\ln \left| \tan \frac{x}{2} \right| + C.$$

但这里值得一提的是，上面虽指出某些积分可化为有理函数积分，但并非这样积分的途径最简捷，有时可能还有更简单的方法.

例 6　求 $\displaystyle\int \frac{\cos x}{1 + \sin x} dx$.

解　$\displaystyle\int \frac{\cos x}{1 + \sin x} dx == \int \frac{d(1 + \sin x)}{1 + \sin x} = \ln(1 + \sin x) + C.$

5.4.3　简单无理式的积分

一些简单无理式的积分，可以利用之前的换元积分法求得.

例 7　求 $\displaystyle\int \frac{\sqrt{x - 1}}{x} dx$.

解　设 $\sqrt{x - 1} = u$，即 $x = u^2 + 1$，则

$$\int \frac{\sqrt{x - 1}}{x} dx = \int \frac{u}{u^2 + 1} \cdot 2u du = 2\int \frac{u^2}{u^2 + 1} du$$

$$= 2\int \left(1 - \frac{1}{u^2 + 1}\right) du = 2(u - \arctan u) + C$$

$$= 2(\sqrt{x - 1} - \arctan \sqrt{x - 1}) + C.$$

例 8　求 $\displaystyle\int \frac{dx}{1 + \sqrt[3]{x + 2}}$.

解　设 $\sqrt[3]{x + 2} = u$，即 $x = u^3 - 2$，则

$$\int \frac{dx}{1 + \sqrt[3]{x + 2}} = \int \frac{1}{1 + u} \cdot 3u^2 du = 3\int \frac{u^2 - 1 + 1}{1 + u} du$$

$$= 3\int \left(u - 1 + \frac{1}{1 + u}\right) du = 3\left(\frac{u^2}{2} - u + \ln |1 + u|\right) + C$$

$$= \frac{3}{2}\sqrt[3]{(x + 2)^2} - 3\sqrt[3]{x + 2} + \ln |1 + \sqrt[3]{x + 2}| + C.$$

例 9　求 $\displaystyle\int \frac{dx}{(1 + \sqrt[3]{x}) \sqrt{x}}$.

解　设 $x = t^6$，于是 $dx = 6t^5 dt$，从而

$$\int \frac{\mathrm{d}x}{(1+\sqrt[3]{x})\sqrt{x}} = \int \frac{6t^5}{(1+t^2)t^3}\mathrm{d}t = 6\int \frac{t^2}{1+t^2}\mathrm{d}t$$

$$= 6\int\left(1 - \frac{1}{1+t^2}\right)\mathrm{d}t = 6(t - \arctan t) + C$$

$$= 6(\sqrt[6]{x} - \arctan\sqrt[6]{x}) + C.$$

习题五

1. 设曲线 $y=f(x)$，过点 $(\mathrm{e}^3, 3)$，且在任一点处其切线的斜率等于该点横坐标的倒数，求该曲线方程.

2. 已知 $f(x)$ 有一个原函数为 e^{-x^2}，求 $\int f'(x)\mathrm{d}x$.

3. 已知 $f(x)$ 是 e^{-x} 的一个原函数，求 $\int \frac{f(\ln x)}{x}\mathrm{d}x$.

4. 已知 $f'(x)=\begin{cases} x+1 & x \leqslant 1 \\ 2x & x > 1 \end{cases}$，$f(0)=1$，求 $f(x)$.

5. 已知 $\int \frac{x^2}{\sqrt{1-x^2}}\mathrm{d}x = Ax\sqrt{1-x^2} + B\int \frac{\mathrm{d}x}{\sqrt{1-x^2}}$，求 A，B.

6. 求 $\int \frac{(1-x)^2}{\sqrt{x}}\mathrm{d}x$.

7. 求 $\int \frac{x^4}{1+x^2}\mathrm{d}x$.

8. 求 $\int \frac{\mathrm{e}^{2x}-1}{\mathrm{e}^x+1}\mathrm{d}x$.

9. 求 $\int \sec x(\sec x - \tan x)\mathrm{d}x$.

10. 求 $\int \frac{\cos(2x)}{\cos x - \sin x}\mathrm{d}x$.

11. 求 $\int \frac{1+\sin^2 x}{1-\cos(2x)}\mathrm{d}x$.

12. 求 $\int \frac{1-\sin(2x)}{\sin x - \cos x}\mathrm{d}x$.

13. 求 $\int x\sin x^2\mathrm{d}x$.

14. 求 $\int \frac{x}{\sqrt{2-3x^2}}\mathrm{d}x$.

15. 求 $\int \frac{3x^3}{1-x^4}\mathrm{d}x$.

16. 求 $\int \frac{1}{x\sqrt{1-\ln^2 x}}\mathrm{d}x$.

17. 求 $\int \dfrac{1}{x(1+3\ln x)}dx$.

18. 求 $\int \dfrac{\cos\sqrt{x}}{\sqrt{x}}dx$.

19. 求 $\int \dfrac{10^{\arcsin x}}{\sqrt{1-x^2}}dx$.

20. 求 $\int \dfrac{\arctan\dfrac{1}{x}}{1+x^2}dx$.

21. 求 $\int \dfrac{dx}{x\ln x\ln(\ln x)}$.

22. 求 $\int \dfrac{\sin x}{\cos^3 x}dx$.

23. 求 $\int \sin(2x)\cos x\,dx$.

24. 求 $\int \dfrac{\sin x\cos x}{1+\sin^4 x}dx$.

25. 求 $\int \dfrac{\sin x-\cos x}{1+\sin(2x)}dx$.

26. 求 $\int \tan^3 x\sec x\,dx$.

27. 求 $\int \dfrac{\ln(\tan x)}{\sin x\cos x}dx$.

28. 求 $\int \dfrac{f'(x)}{1+f^2(x)}dx$.

29. 已知 $f(x)=e^{-x}$，求 $\int \dfrac{f'(\ln x)}{x}dx$.

30. 已知 $\int f(x)dx=\sin x^2+C$，求 $\int \dfrac{xf(\sqrt{3x^2-1})}{\sqrt{3x^2-1}}dx$.

31. 已知 $\int f(x)dx=F(x)+C$，求 $\int e^{-x}f(e^{-x})dx$.

32. 已知 $\int xe^x f(x)dx=x^2e^x+C$，求 $\int \dfrac{1}{f(x)}dx$.

33. 已知 $\int xf(x)dx=\arcsin x+C$，求 $\int \dfrac{1}{f(x)}dx$.

34. 证明：$I=\int \tan^n x\,dx=\dfrac{\tan^{n-1}x}{n-1}-I_{n-2}\quad(n\geqslant 2)$.

35. 求 $\int \dfrac{1}{\sqrt{1-2x}+3}dx$.

36. 求 $\displaystyle\int \frac{1}{\sqrt{x} + \sqrt[4]{x}}\mathrm{d}x.$

37. 求 $\displaystyle\int \frac{x^2}{\sqrt{a^2 - x^2}}\mathrm{d}x.$

38. 求 $\displaystyle\int \frac{1}{\sqrt{a^2 - x^2}}\mathrm{d}x.$

39. 求 $\displaystyle\int \frac{\sqrt{x^2 - 9}}{x}\mathrm{d}x.$

40. 求 $\displaystyle\int x\mathrm{e}^{-2x}\mathrm{d}x.$

41. 求 $\displaystyle\int x^2\sin(2x)\mathrm{d}x.$

42. 求 $\displaystyle\int x\ln(x - 1)\mathrm{d}x.$

43. 已知 $f(x)$ 的一个原函数是 $2\ln x$，求 $\displaystyle\int xf'(x)\mathrm{d}x.$

44. 已知 $f(x)$ 的一个原函数是 $\dfrac{\sin x}{x}$，求 $\displaystyle\int x^3 f'(x)\mathrm{d}x.$

45. 已知 $f(x)$ 的一个原函数是 $x\ln x$，求 $\displaystyle\int xf(x)\mathrm{d}x.$

46. 已知 $f(\sin^2 x) = \dfrac{x}{\sin x}$，求 $\displaystyle\int \frac{\sqrt{x}}{\sqrt{1 - x}}f(x)\mathrm{d}x.$

47. 已知 $f(\ln x) = \dfrac{\ln(1 + x)}{x}$，求 $\displaystyle\int f(x)\mathrm{d}x.$

48. 若 $\displaystyle\int \sin f(x)\mathrm{d}x = x\sin f(x) - \int \cos f(x)\mathrm{d}x$，且 $f(1) = 0$，求 $\displaystyle\int f(x)\mathrm{d}x.$

49. 求 $\displaystyle\int \frac{x^3}{x + 3}\mathrm{d}x.$

50. 求 $\displaystyle\int \frac{2x + 3}{x^2 + 3x - 10}\mathrm{d}x.$

51. 求 $\displaystyle\int \frac{x}{(x + 1)(x + 2)(x + 3)}\mathrm{d}x.$

52. 求 $\displaystyle\int \frac{1}{\sqrt{x} + \sqrt[4]{x}}\mathrm{d}x.$

习题五答案

1. $\ln|x|.$

2. $-2x\mathrm{e}^{-x^2}.$

3. $\dfrac{1}{x} + C_1\ln|x| + C.$

4. $f(x) = \begin{cases} \dfrac{x^2}{2} + x + 1 & x \leqslant 1 \\\\ x^2 + \dfrac{3}{2} & x > 1 \end{cases}$.

5. $\begin{cases} A = -\dfrac{1}{2} \\\\ B = \dfrac{1}{2} \end{cases}$.

6. $\displaystyle\int \dfrac{(1-x)^2}{\sqrt{x}}dx = 2x^{\frac{1}{2}} - \dfrac{4}{3}x^{\frac{3}{2}} + \dfrac{2}{5}x^{\frac{5}{2}} + C$.

7. $\displaystyle\int \dfrac{x^4}{1+x^2}dx = \dfrac{x^3}{3} - x + \arctan x + C$.

8. $\displaystyle\int \dfrac{e^{2x} - 1}{e^x + 1}dx = e^x - x + C$.

9. $\displaystyle\int \sec x(\sec x - \tan x)dx = \tan x - \sec x + C$.

10. $\displaystyle\int \dfrac{\cos(2x)}{\cos x - \sin x}dx = \sin x - \cos x + C$.

11. $\displaystyle\int \dfrac{1 + \sin x^2}{1 - \cos(2x)}dx = -\dfrac{1}{2}\cot x + \dfrac{1}{2}x + C$.

12. $\displaystyle\int \dfrac{1 - \sin(2x)}{\sin x - \cos x}dx = -\cos x - \sin x + C$.

13. $\displaystyle\int x\sin x^2 dx = -\dfrac{1}{2}\cos x^2 + C$.

14. $\displaystyle\int \dfrac{x}{\sqrt{2 - 3x^2}}dx = -\dfrac{1}{3}(2 - 3x^2)^{\frac{1}{2}} + C$.

15. $\displaystyle\int \dfrac{3x^3}{1 - x^4}dx = -\dfrac{3}{4}\ln|1 - x^4| + C$.

16. $\displaystyle\int \dfrac{1}{x\sqrt{1 - \ln^2 x}}dx = \arcsin(\ln x) + C$.

17. $\displaystyle\int \dfrac{1}{x(1 + 3\ln x)}dx = \dfrac{1}{3}\ln|1 + 3\ln x| + C$.

18. $\displaystyle\int \dfrac{\cos\sqrt{x}}{\sqrt{x}}dx = 2\sin\sqrt{x} + C$.

19. $\displaystyle\int \dfrac{10^{\arcsin x}}{\sqrt{1 - x^2}}dx = \dfrac{10^{\arcsin x}}{\ln 10} + C$.

20. $\displaystyle\int \dfrac{\arctan \dfrac{1}{x}}{1 + x^2}dx = -\dfrac{1}{2}\left(\arctan \dfrac{1}{x}\right)^2 + C$.

21. $\ln|\ln(\ln x)| + C$.

22. $\dfrac{1}{2}\cos^{-2}x + C.$

23. $-\dfrac{2}{3}\cos^3 x + C.$

24. $\dfrac{1}{2}\arctan(\sin^2 x) + C.$

25. $(\sin x + \cos x)^{-1} + C.$

26. $\dfrac{1}{3}\sec^3 x - \sec x + C.$

27. $\dfrac{1}{2}[\ln(\tan x)]^2 + C.$

28. $\arctan f(x) + C.$

29. $\dfrac{1}{x} + C.$

30. $\dfrac{1}{3}\sin(3x^2 - 1) + C.$

31. $-F(e^{-x}) + C.$

32. $\ln|2 + x| + C.$

33. $-\dfrac{1}{3}(1 - x^2)^{\frac{3}{2}} + C.$

34. 略.

35. $-\sqrt{1 - 2x} + 3\ln\left|\sqrt{1 - 2x} + 3\right| + C.$

36. $4\left(\dfrac{\sqrt{x}}{2} - \sqrt[4]{x} + \ln\left|1 + \sqrt[4]{x}\right|\right) + C.$

37. $\dfrac{a^2}{2}\arcsin\dfrac{x}{a} - \dfrac{x}{2}\sqrt{a^2 - x^2} + C.$

38. $\arcsin\dfrac{x}{a} + C.$

39. $3\left(\dfrac{\sqrt{x^2 - 9}}{3} - \arccos\dfrac{3}{x}\right) + C.$

40. $-\dfrac{1}{2}\left(xe^{-2x} + \dfrac{1}{2}e^{-2x}\right) + C.$

41. $-\dfrac{1}{2}x^2\cos(2x) + \dfrac{1}{2}x\sin(2x) + \dfrac{1}{4}\cos(2x) + C.$

42. $\dfrac{x^2}{2}\ln(x - 1) - \dfrac{1}{4}x^2 - \dfrac{1}{2}x - \dfrac{1}{2}\ln|x - 1| + C.$

43. $2\ln x - \ln^2 x + C.$

44. $x^2\cos x - 4x\sin x - 6\cos x + C.$

45. $\dfrac{x^2}{2}\ln x + \dfrac{x^2}{4} + C.$

46. $-2\sqrt{1-x}\arcsin\sqrt{x}+2\sqrt{x}+C.$

47. $-e^x\ln(1+e^x)+x-\ln(1+e^x)+C.$

48. $\dfrac{x}{2}\sin(\ln x)-\dfrac{x}{2}\cos(\ln x)+C.$

49. $\dfrac{1}{3}x^3-\dfrac{3}{2}x^2+9x-27\ln|x+3|+C.$

50. $\ln|x^2+3x-10|+C.$

51. $-\dfrac{1}{2}\ln|x+1|+2\ln|x+2|-\dfrac{3}{2}\ln|x+3|+C.$

52. $2\sqrt{x}-4\sqrt[4]{x}+4\ln(\sqrt[4]{x}+1)+C.$

第6章
定积分及其应用

积分学的另一个基本概念是定积分．首先，本章将阐明定积分的定义，以及它的基本性质和计算方法．此外，本章将重点讲述联系微分法与积分法之间关系的微积分学基本定理，它把过去一直分开研究的微分和积分彼此互逆地联系起来，成为一个有机的整体．其次，把定积分的概念加以推广，简要讨论两类广义积分．最后，再解决一些定积分在几何学和经济学中的应用问题．

§6.1　定积分的概念与性质

6.1.1　定积分问题举例

1. 曲边梯形面积

设 $y = f(x)$ 为闭区间 $[a, b]$ 上的连续函数，且 $f(x) \geqslant 0$．由曲线 $y = f(x)$，直线 $x_0 = a$，$x_n = b$ 及 x 轴所围成的平面图形(图6-1)，称为 $f(x)$ 在 $[a, b]$ 上的曲边梯形，试求这个曲边梯形的面积．

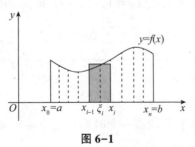

图 6-1

下面来分析计算会遇到的困难．由于曲边梯形的高 $f(x)$ 是随 x 而变化的，所以不能直接按矩形或直角梯形的面积公式去计算它的面积．但我们可以用平行于 y 轴的直线将曲边梯形细分为许多小曲边梯形，如图6-1所示．在每个小曲边梯形以其底边一点的函数值为高，得到相应的小矩形，把所有这些小矩形的面积加起来，就得到原曲边梯形面积的近似值．容易想象，把曲边梯形分得越细，所得到的近似值就越接近原曲边梯形的面积，从而运用极限的思想就为曲边梯形面积的计算提供了一种方法．下面分4步进行具体讨论．

(1)分割．在 $[a, b]$ 中任意插入 $n - 1$ 个分点，即

$$a = x_0 < x_1 < x_2 < \cdots < x_{n-1} < x_n = b.$$

把 $[a, b]$ 分成 n 个子区间 $[x_0, x_1]$，$[x_1, x_2]$，$\cdots$，$[x_{n-1}, x_n]$，每个子区间的长度为 $\Delta x_i = x_i - x_{i-1}(i = 1, 2, \cdots, n)$，经过每一个分点作平行于 y 轴的直线，把大曲边梯形分成 n 个小曲边梯形，第 i 个小曲边梯形的面积记为 ΔS_i，于是大曲边梯形的面积 $S = \sum\limits_{i=1}^{n} \Delta S_i$.

(2)近似代替. 在每个小区间 $[x_{i-1}, x_i]$ 上任取一点 ξ_i，以 $[x_{i-1}, x_i]$ 为底，$f(\xi_i)$ 为高的小矩形近似替代第 i 个小曲边梯形，从而有 $\Delta S_i \approx f(\xi_i)\Delta x_i(i = 1, 2, \cdots, n)$.

(3)求和. 整个大曲边梯形的面积等于 n 个小曲边梯形的面积之和，即

$$S = \sum_{i=1}^{n} \Delta S_i \approx \sum_{i=1}^{n} f(\xi_i)\Delta x_i.$$

(4)取极限. 当上述分割越来越细(即分点越来越多，同时各个子区间的长度越来越小)时，小曲边梯形的面积之和就越来越接近大曲边梯形的面积 S. 因此，当最长子区间的长度趋于零时，记 $\lambda = \max\{\Delta x_1, \Delta x_2, \cdots, \Delta x_n\}$，可得曲边梯形的面积为

$$S = \lim_{\lambda \to 0} \sum_{i=1}^{n} f(\xi_i)\Delta x_i.$$

2. 变速直线运动的路程

设某物体做直线运动，其速度 v 是时间 t 的连续函数 $v = v(t)$. 试求该物体从时刻 $t = T_1$ 到时刻 $t = T_2$ 一段时间内所经过的路程 s.

因为 $v = v(t)$ 是变量，所以不能直接用时间乘速度来计算路程. 但仍可以用类似于计算曲边梯形面积的方法与步骤来解决所述问题.

(1)分割. 在 $[T_1, T_2]$ 内任意插入若干个分点，即

$$T_1 = t_0 < t_1 < t_2 < \cdots < t_{i-1} < t_i < \cdots < t_n = T_2$$

把 $[T_1, T_2]$ 分成 n 个小段(图6-2)：

$$[t_0, t_1], [t_1, t_2], \cdots, [t_{i-1}, t_i], \cdots, [t_{n-1}, t_n].$$

每个子区间的长度为 $\Delta t_i = t_i - t_{i-1}(i = 1, 2, \cdots, n)$，相应各段的路程记为 Δs_i，则物体在时间段 $[T_1, T_2]$ 内所经过的路程 $s = \sum\limits_{i=1}^{n} \Delta s_i$.

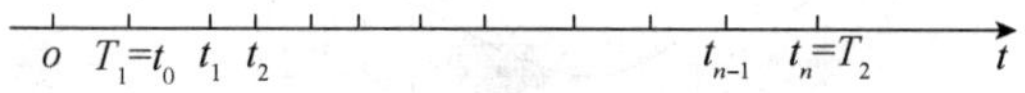

图6-2

(2)近似代替. 在 $[t_{i-1}, t_i]$ 上任取一个时刻 $\tau_i(t_{i-1} \leqslant \tau_i \leqslant t_i)$，以 τ_i 时的速度 $v(\tau_i)$ 来代替 $[t_{i-1}, t_i]$ 上各个时刻的速度，则得

$$\Delta s_i \approx v(\tau_i)\Delta t_i \quad (i = 1, 2, \cdots, n).$$

(3)求和. 物体在时间段 $[T_1, T_2]$ 内所经过的路程等于 n 个小时间段所经过的路程之和，即

$$s = \sum_{i=1}^{n} \Delta s_i \approx \sum_{i=1}^{n} v(\tau_i)\Delta t_i.$$

(4)取极限. 当分点的个数无限地增加，最长子区间的长度趋于零时，记 $\lambda = \max\{\Delta t_1, \Delta t_2, \cdots, \Delta t_n\}$，当 $\lambda \to 0$，可得

$$s = \lim_{\lambda \to 0} \sum_{i=1}^{n} v(\tau_i) \Delta t.$$

以上两个问题分别来自几何与物理，两者的性质截然不同，但是确定它们的量所使用的数学方法是一样的，即归结为对某个量进行"分割、近似代替、求和、取极限"，或者说都转化为具有特定结构的和式的极限问题．在自然科学和工程技术中有很多问题，如变力沿直线做功，物质曲线的质量、平均值、弧长等，都需要用类似的方法去解决，从而促使人们对这种和式的极限问题加以抽象的研究，由此产生了定积分的概念．

6.1.2　定积分的定义

1. 定义

设函数 $f(x)$ 在 $[a, b]$ 上有界，在 $[a, b]$ 中任意插入若干个分点，即

$$a = x_0 < x_1 < x_2 < \cdots < x_{n-1} < x_n = b,$$

把区间 $[a, b]$ 分成 n 个小区间

$$[x_0, x_1], [x_1, x_2], \cdots, [x_{n-1}, x_n],$$

各个小区间的长度依次为

$$\Delta x_1 = x_1 - x_0, \Delta x_2 = x_2 - x_1, \cdots, \Delta x_n = x_n - x_{n-1}.$$

在每个小区间 $[x_{i-1}, x_i]$ 上任取一点 $\xi_i(x_{i-1} \leqslant \xi_i \leqslant x_i)$，对应函数值为 $f(\xi_i)$，求小区间长度 Δx_i 与 $f(\xi_i)$ 的乘积 $f(\xi_i)\Delta x_i(i = 1, 2, \cdots, n)$，并求和

$$S = \sum_{i=1}^{n} f(\xi_i)\Delta x_i.$$

记 $\lambda = \max\{\Delta x_1, \Delta x_2, \cdots, \Delta x_n\}$，如果不论对 $[a, b]$ 怎样分法，也不论在小区间 $[x_{i-1}, x_i]$ 上点 ξ_i 怎样取法，只要当 $\lambda \to 0$ 时，和式 S 总趋于确定的极限 I，这时称这个极限 I 为函数 $f(x)$ 在区间 $[a, b]$ 上的定积分(简称积分)，记作 $\int_a^b f(x)\mathrm{d}x$，即

$$\int_a^b f(x)\mathrm{d}x = I = \lim_{\lambda \to 0} \sum_{i=1}^{n} f(\xi_i)\Delta x_i.$$

其中，$f(x)$ 为被积函数；$f(x)\mathrm{d}x$ 为被积表达式；x 为积分变量；a 为积分下限；b 为积分上限；$[a, b]$ 为积分区间．

关于定积分的定义，再强调说明以下几点：

(1)区间 $[a, b]$ 划分的细密程度不能仅由分点个数的多少或 n 的大小来确定．因为尽管 n 很大，但每个子区间的长度却不一定都很小．在求和式的极限时，必须要求最长子区间的长度 $\lambda \to 0$，这时必然有 $n \to \infty$，但反过来 $n \to \infty$ 时并不能保证 $\lambda \to 0$，所以 $\lim\limits_{\lambda \to 0} \sum\limits_{i=1}^{n} f(\xi_i)\Delta x_i$ 不能写成 $\lim\limits_{n \to \infty} \sum\limits_{i=1}^{n} f(\xi_i)\Delta x_i.$

(2)定义中的"任意""任取"意味着这是一种具有特定结构的极限，它不同于第 2 章讲述的函数极限．尽管和式随着区间的不同划分及节点的不同选取而不断变化，但当 $\lambda \to 0$ 时却都以唯一确定的值为极限．只有这时，我们才说定积分存在．

(3)从定义可以推出定积分存在的必要条件是被积函数 $f(x)$ 在 $[a, b]$ 上有界．因为如果不然，当把 $[a, b]$ 任意划分成 n 个子区间后，$f(x)$ 至少在其中某一个子区间上无界．于

是适当选取节点 ξ_i，能使 $f(\xi_i)$ 的绝对值任意大，也就是能使和式的绝对值任意大，从而不可能趋于某个确定的值.

（4）由定义可知，当 $f(x)$ 在区间 $[a, b]$ 上的定积分存在时，它的值只与被积函数 $f(x)$ 以及积分区间 $[a, b]$ 有关，而与积分变量 x 无关，因此定积分的值不会因积分变量用什么字母表示而改变，即

$$\int_a^b f(x)\,\mathrm{d}x = \int_a^b f(t)\,\mathrm{d}t = \cdots = \int_a^b f(u)\,\mathrm{d}u.$$

（5）仅对 $a < b$ 的情形定义了积分 $\int_a^b f(x)\,\mathrm{d}x$，为了今后使用方便，对 $a = b$ 与 $a > b$ 的情况作如下补充规定：

当 $a = b$ 时，规定 $\int_a^b f(x)\,\mathrm{d}x = 0$；

当 $a > b$ 时，规定 $\int_a^b f(x)\,\mathrm{d}x = -\int_b^a f(x)\,\mathrm{d}x$.

（6）如果函数 $f(x)$ 在 $[a, b]$ 上的定积分存在，那么就说 $f(x)$ 在区间 $[a, b]$ 上可积.

那么，函数 $f(x)$ 在 $[a, b]$ 上满足什么条件时，$f(x)$ 在 $[a, b]$ 上可积呢？

2. 定积分存在定理

上面的说明（3）表明：$f(x)$ 在 $[a, b]$ 上可积的必要条件是 $f(x)$ 在 $[a, b]$ 上有界.

下面是函数 $f(x)$ 在 $[a, b]$ 可积的两个充分条件，证明略.

定理 1　设 $f(x)$ 在区间 $[a, b]$ 上连续，则 $f(x)$ 在 $[a, b]$ 上可积.

定理 2　设 $f(x)$ 在区间 $[a, b]$ 上有界，且只有有限个间断点，则 $f(x)$ 在 $[a, b]$ 上可积.

3. 定积分的几何意义

根据定积分的定义，$f(x)$ 在 $[a, b]$ 上的曲边梯形的面积就是 $f(x)$ 从 a 到 b 的定积分，即

$$S = \int_a^b f(x)\,\mathrm{d}x.$$

它就是定积分的几何意义.

注意到，若 $f(x) \leq 0$，则由 $f(\xi_i) \leq 0$ 及 $\Delta x_i > 0$ 可知，$\int_a^b f(x)\,\mathrm{d}x \leq 0$. 这时曲边梯形位于 x 轴的下方，我们就认为它的面积是负的. 因此，当 $f(x)$ 在区间 $[a, b]$ 上的值有正有负时，定积分 $\int_a^b f(x)\,\mathrm{d}x$ 的值就是各个曲边梯形面积的代数和，如图 6-3 所示.

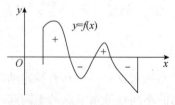

图 6-3

物体从时刻 T_1 到时刻 T_2 所经过的路程就是速度 $v(t)$ 在时间区间 $[T_1, T_2]$ 上的定积分，即

$$s = \int_{T_1}^{T_2} v(t)\,\mathrm{d}t.$$

上式对应于导数的力学意义，我们也说它是定积分的力学意义.

例1 利用定积分定义计算 $\int_0^1 x^2\,\mathrm{d}x$.

解 $f(x) = x^2$ 在 $[0, 1]$ 上连续，故可积. 因此为方便计算，可以对 $[0, 1]$ 进行 n 等分，分点 $x_i = \dfrac{i}{n}$，$i = 1, 2, \cdots, n-1, n$；ξ_i 取相应小区间的右端点，故

$$\sum_{i=1}^n f(\xi_i)\Delta x_i = \sum_{i=1}^n \xi_i^2 \Delta x_i = \sum_{i=1}^n x_i^2 \Delta x_i$$

$$= \sum_{i=1}^n \left(\frac{i}{n}\right)^2 \cdot \frac{1}{n} = \frac{1}{n^3}\sum_{i=1}^n i^2$$

$$= \frac{1}{n^3} \cdot \frac{1}{6}n(n+1)(2n+1)$$

$$= \frac{1}{6}\left(1 + \frac{1}{n}\right)\left(2 + \frac{1}{n}\right).$$

当 $\lambda \to 0$ 时(即 $n \to \infty$ 时)，由定积分的定义得

$$\int_0^1 x^2\,\mathrm{d}x = \frac{1}{3}.$$

例2 用定积分表示极限 $\lim\limits_{n\to\infty}\dfrac{\sqrt{n^2-1^2}+\sqrt{n^2-2^2}+\cdots+\sqrt{n^2-n^2}}{n^2}$.

解 原式 $= \lim\limits_{n\to\infty}\dfrac{\sqrt{1-\left(\dfrac{1}{n}\right)^2}+\sqrt{1-\left(\dfrac{2}{n}\right)^2}+\cdots+\sqrt{1-\left(\dfrac{n}{n}\right)^2}}{n}$

$$= \lim_{n\to\infty}\sqrt{1-\left(\frac{i}{n}\right)^2}\cdot\frac{1}{n} = \int_0^1 \sqrt{1-x^2}\,\mathrm{d}x.$$

例3 用定积分的几何意义求下列定积分：

(1) $\int_0^1 (1-x)\,\mathrm{d}x$； (2) $\int_{-\pi}^{\pi} \sin x\,\mathrm{d}x$.

解 (1)函数 $y = 1-x$ 在区间 $[0, 1]$ 上的定积分是以 $y = 1-x$ 为曲边，以区间 $[0, 1]$ 为底的曲边梯形的面积. 因为以 $y = 1-x$ 为曲边，以区间 $[0, 1]$ 为底的曲边梯形是一个直角三角形，其底边长及高均为1，所以

$$\int_0^1 (1-x)\,\mathrm{d}x = \frac{1}{2}\times 1 \times 1 = \frac{1}{2}.$$

(2)因为 $y = \sin x$ 在区间 $[-\pi, \pi]$ 上有正有负，所以 $\int_{-\pi}^{\pi}\sin x\,\mathrm{d}x$ 等于 $[-\pi, \pi]$ 上位于 x 轴上方的图形面积 S 减去 x 轴下方的图形面积 S，所以

$$\int_{-\pi}^{\pi}\sin x\,\mathrm{d}x = \int_{-\pi}^{0}\sin x\,\mathrm{d}x + \int_{0}^{\pi}\sin x\,\mathrm{d}x = S - S = 0.$$

6.1.3 定积分的性质

性质 1(线性性质)　函数和(差)的定积分等于它们的定积分的和(差)，即

$$\int_a^b [f(x) \pm g(x)] \mathrm{d}x = \int_a^b f(x) \mathrm{d}x \pm \int_a^b g(x) \mathrm{d}x.$$

证　$$\int_a^b [f(x) \pm g(x)] \mathrm{d}x = \lim_{\lambda \to 0} \sum_{i=1}^n [f(\xi_i) \pm g(\xi_i)] \Delta x_i$$

$$= \lim_{\lambda \to 0} \sum_{i=1}^n f(\xi_i) \Delta x_i \pm \lim_{\lambda \to 0} \sum_{i=1}^n g(\xi_i) \Delta x_i$$

$$= \int_a^b f(x) \mathrm{d}x \pm \int_a^b g(x) \mathrm{d}x.$$

性质 2　被积函数的常数因子可以提到积分号外面，即

$$\int_a^b kf(x) \mathrm{d}x = k \int_a^b f(x) \mathrm{d}x \quad (k \text{ 是常数}).$$

性质 3(积分对区间的可加性)　如果将积分区间分成两部分，则在整个区间上的定积分等于这两个区间上定积分的和，即设 $a < c < b$，则

$$\int_a^b f(x) \mathrm{d}x = \int_a^c f(x) \mathrm{d}x + \int_c^b f(x) \mathrm{d}x.$$

注意：规定无论 a，b，c 的相对位置如何，总有上述等式成立.

性质 4　如果在区间 $[a, b]$ 上，$f(x) \equiv 1$，则 $\int_a^b f(x) \mathrm{d}x = \int_a^b \mathrm{d}x = b - a$.

性质 5(保号性)　如果在区间 $[a, b]$ 上，$f(x) \geqslant 0$，则 $\int_a^b f(x) \mathrm{d}x \geqslant 0 \quad (a < b)$.

证　因 $f(x) \geqslant 0$，故 $f(\xi_i) \geqslant 0 \quad (i = 1, 2, \cdots, n)$.

又因 $\Delta x_i \geqslant 0 \quad (i = 1, 2, \cdots, n)$，故 $\sum_{i=1}^n f(\xi_i) \Delta x_i \geqslant 0$.

设 $\lambda = \max\{\Delta x_1, \Delta x_2, \cdots, \Delta x_n\}$，当 $\lambda \to 0$ 时，便得欲证的不等式.

推论 1(不等式性质)　如果在 $[a, b]$ 上，$f(x) \leqslant g(x)$，则 $\int_a^b f(x) \mathrm{d}x \leqslant \int_a^b g(x) \mathrm{d}x$ $(a < b)$.

推论 2　$\left| \int_a^b f(x) \mathrm{d}x \right| \leqslant \int_a^b |f(x)| \mathrm{d}x.$

性质 6(积分估值)　设 M 与 m 分别是函数 $f(x)$ 在 $[a, b]$ 上的最大值及最小值，则

$$m(b - a) \leqslant \int_a^b f(x) \mathrm{d}x \leqslant M(b - a) \quad (a < b).$$

性质 7(定积分中值定理)　如果函数 $f(x)$ 在闭区间 $[a, b]$ 上连续，则在积分区间 $[a, b]$ 上至少存在一点 ξ，使下式成立：

$$\int_a^b f(x) \mathrm{d}x = f(\xi)(b - a) \quad (a \leqslant \xi \leqslant b).$$

证　利用性质 6，$m \leqslant \dfrac{1}{b - a} \int_a^b f(x) \mathrm{d}x \leqslant M$；再由闭区间上连续函数的介值定理可知，在

$[a, b]$ 上至少存在一点 ξ，使 $f(\xi) = \dfrac{1}{a-b}\displaystyle\int_a^b f(x)\mathrm{d}x$，故得此性质.

显然，无论 $a > b$，还是 $a < b$，上述等式恒成立.

积分中值定理的几何意义如图 6-4 所示.

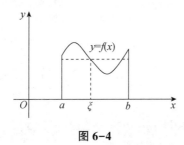

图 6-4

若 $f(x)$ 在 $[a, b]$ 上连续且非负，则 $f(x)$ 在 $[a, b]$ 上的曲边梯形面积等于与该曲边梯形同底、以 $f(\xi) = \dfrac{1}{a-b}\displaystyle\int_a^b f(x)\mathrm{d}x$ 为高的矩形面积.

按积分中值公式所得 $f(\xi) = \dfrac{1}{a-b}\displaystyle\int_a^b f(x)\mathrm{d}x$，称为函数 $f(x)$ 在闭区间 $[a, b]$ 上的平均值.

例 3 比较下列各对积分的大小.

(1) $\displaystyle\int_0^1 x\mathrm{d}x$ 与 $\displaystyle\int_0^1 x^2\mathrm{d}x$； (2) $\displaystyle\int_3^4 \ln x\mathrm{d}x$ 与 $\displaystyle\int_3^4 (\ln x)^2\mathrm{d}x$.

解 (1)当 $0 \leqslant x \leqslant 1$ 时，$x \geqslant x^2$，从而 $\displaystyle\int_0^1 x\mathrm{d}x \geqslant \displaystyle\int_0^1 x^2\mathrm{d}x$.

(2)因为当 $3 \leqslant x \leqslant 4$ 时，$\ln x > 1$，所以 $\ln x < (\ln x)^2$，从而 $\displaystyle\int_3^4 \ln x\mathrm{d}x < \displaystyle\int_3^4 (\ln x)^2\mathrm{d}x$.

§6.2 微积分基本公式

若已知 $f(x)$ 在 $[a, b]$ 上的定积分存在，怎样计算这个积分值呢？如果利用定积分的定义，由于需要计算一个和式的极限，可以想象，即使是很简单的被积函数，那也是十分困难的. 本节将通过揭示微分和积分的关系，引出一个简捷的定积分的计算公式.

6.2.1 积分上限函数及其导数

1. 积分上限函数的定义

设函数 $f(x)$ 在区间 $[a, b]$ 上可积，则对 $[a, b]$ 中的每个 x，$f(x)$ 在 $[a, x]$ 上的定积分 $\displaystyle\int_a^x f(t)\mathrm{d}x$ 都存在，也就是说有唯一确定的积分值与 x 对应，从而在 $[a, b]$ 上定义了一个新的函数，它是上限 x 的函数，记作 $\varPhi(x)$，称为积分上限函数，即

$$\varPhi(x) = \int_a^x f(t)\mathrm{d}t, \ x \in [a, b],$$

这个积分也称为变上限积分.

说明：由于 $\int_x^b f(t)\mathrm{d}t = -\int_b^x f(t)\mathrm{d}t$，因此只要讨论积分上限函数即可.

2. 积分上限函数的导数

定理1 如果函数 $f(x)$ 在区间 $[a, b]$ 上连续，则积分上限函数

$$\Phi(x) = \int_a^x f(t)\mathrm{d}t$$

在 $[a, b]$ 上具有导数，并且它的导数为

$$\Phi'(x) = \frac{\mathrm{d}}{\mathrm{d}x}\int_a^x f(t)\mathrm{d}t = f(x) \quad (a \leqslant x \leqslant b).$$

证 （1）$x \in (a, b)$ 时，

$$\Delta\Phi(x) = \Phi(x + \Delta x) - \Phi(x)$$
$$= \int_a^{x+\Delta x} f(t)\mathrm{d}t - \int_a^x f(t)\mathrm{d}t$$
$$= \int_x^{x+\Delta x} f(t)\mathrm{d}t = f(\xi)\Delta x.$$

ξ 在 x 与 Δx 之间，则

$$\frac{\Delta\Phi(x)}{\Delta x} = f(\xi).$$

$\Delta x \to 0$ 时，有

$$\Phi'(x) = f(x).$$

（2）$x = a$ 或 b 时考虑其单侧导数，可得 $\Phi'(a) = f(a)$，$\Phi'(b) = f(b)$.

由定理1可得下面结论.

定理2（原函数存在定理） 如果函数 $f(x)$ 在区间 $[a, b]$ 上连续，则函数

$$\Phi(x) = \int_a^x f(t)\mathrm{d}t$$

是 $f(x)$ 在 $[a, b]$ 上的一个原函数.

本定理回答了自第4章以来一直关心的原函数的存在问题. 它明确地告诉我们：连续函数必有原函数，并以积分上限函数的形式具体地给出了连续函数 $f(x)$ 的一个原函数.

回顾微分与不定积分先后作用的结果可能相差一个常数. 这里若把 $\Phi'(x) = f(x)$ 写成

$$\frac{\mathrm{d}}{\mathrm{d}x}\int_a^x f(t)\mathrm{d}t = f(x),$$

或从 $\mathrm{d}\Phi(x) = f(x)\mathrm{d}x$ 推得

$$\int_a^x \mathrm{d}\Phi(t) = \int_a^x f(t)\mathrm{d}t = \Phi(x),$$

就明显看出微分和变上限积分的确为一对互逆的运算，从而使微分和积分这两个看似互不相干的概念彼此互逆地联系起来，组成一个有机的整体.

推论 设 $f(t)$ 为 $[a, b]$ 上的连续函数，$u(x)$、$v(x)$ 在 $[\alpha, \beta]$ 上可导，且 $\forall x \in [\alpha, \beta]$ 有 $u(x)$、$v(x) \in [a, b]$，由复合函数求导法则可得

$$\frac{\mathrm{d}}{\mathrm{d}x}\int_{v(x)}^{u(x)} f(t)\mathrm{d}t = f[u(x)]u'(x) - f[v(x)]v'(x).$$

证 令 $\Phi(x) = \int_a^x f(t)\mathrm{d}t$，根据积分对区间的可加性，有

$$\int_{v(x)}^{u(x)} f(t)\,\mathrm{d}t = \int_a^{u(x)} f(t)\,\mathrm{d}t - \int_a^{v(x)} f(t)\,\mathrm{d}t$$

$$= \Phi[u(x)] - \Phi[v(x)].$$

由于 $f(t)$ 连续，所以 $\Phi(x)$ 为可导函数，而 $u(x)$ 和 $v(x)$ 皆可导，故按复合函数导数的链式法则，有

$$\frac{\mathrm{d}}{\mathrm{d}x}\int_{v(x)}^{u(x)} f(t)\,\mathrm{d}t = \Phi'[u(x)]u'(x) - \Phi'[v(x)]v'(x)$$

$$= f[u(x)]u'(x) - f[v(x)]v'(x).$$

例 1 求下列函数的导数.

(1) $\displaystyle\int_0^{x^3} \frac{\mathrm{d}t}{1+\sin^3 t}$；(2) $\displaystyle\int_{2x}^{\sin x} t\sin^2 t\,\mathrm{d}t$；(3) $\displaystyle\int_0^{x^2} xf(t)\,\mathrm{d}t$.

解 (1) $\displaystyle\frac{\mathrm{d}}{\mathrm{d}x}\int_0^{x^3} \frac{\mathrm{d}t}{1+\sin^3 t} = \frac{1}{1+\sin^3(x^3)}\cdot(3x^2) = \frac{3x^2}{1+\sin^3(x^3)}$；

(2) $\displaystyle\frac{\mathrm{d}}{\mathrm{d}x}\int_{2x}^{\sin x} t\sin^2 t\,\mathrm{d}t = \sin x\sin^2(\sin x)\cdot\cos x - 2x\sin^2(2x)\cdot 2$；

(3) $\displaystyle\frac{\mathrm{d}}{\mathrm{d}x}\Big[\int_0^{x^2} xf(t)\,\mathrm{d}t\Big] = \frac{\mathrm{d}}{\mathrm{d}x}\Big[x\cdot\int_0^{x^2} f(t)\,\mathrm{d}t\Big] = \int_0^{x^2} f(t)\,\mathrm{d}t + xf(x^2)\cdot(2x)$.

注：积分上限函数求导，当被积函数含有自变量时，则需先把自变量移到积分符号外或通过变量代换移到积分限上，然后再求导.

例 2 求下列极限.

(1) $\displaystyle\lim_{x\to 0} \frac{\int_0^x (\mathrm{e}^t - \mathrm{e}^{-t})\,\mathrm{d}t}{1-\cos x}$；(2) $\displaystyle\lim_{x\to 0} \frac{\int_{\cos x}^1 \mathrm{e}^{-t^2}\,\mathrm{d}t}{x^2}$.

解 应用洛比达法则，

(1) 原式 $= \displaystyle\lim_{x\to 0} \frac{\mathrm{e}^x - \mathrm{e}^{-x}}{\sin x} = \lim_{x\to 0} \frac{\mathrm{e}^x + \mathrm{e}^{-x}}{\cos x} = 2$；

(2) 原式 $= \displaystyle\lim_{x\to 0} \frac{-\mathrm{e}^{-\cos^2 x}(\cos x)'}{2x} = \lim_{x\to 0} \frac{\sin x}{x}\cdot\frac{1}{2}\mathrm{e}^{-\cos^2 x} = \frac{1}{2}\mathrm{e}^{-1}$.

例 3 设 $f(x)$ 在 $(0, +\infty]$ 内连续且 $f(x) > 0$，证明函数 $F(x) = \dfrac{\displaystyle\int_0^x tf(t)\,\mathrm{d}t}{\displaystyle\int_0^x f(t)\,\mathrm{d}t}$ 在

$(0, +\infty)$ 内为单调增加函数.

证 由于 $\dfrac{\mathrm{d}}{\mathrm{d}x}\displaystyle\int_0^x tf(t)\,\mathrm{d}t = xf(x)$，$\dfrac{\mathrm{d}}{\mathrm{d}x}\displaystyle\int_0^x tf(t)\,\mathrm{d}t = f(x)$，故

$$F'(x) = \frac{xf(x)\displaystyle\int_0^x f(t)\,\mathrm{d}t - f(x)\int_0^x tf(t)\,\mathrm{d}t}{\left(\displaystyle\int_0^x f(t)\,\mathrm{d}t\right)^2} = \frac{f(x)\displaystyle\int_0^x (x-t)f(t)\,\mathrm{d}t}{\left(\displaystyle\int_0^x f(t)\,\mathrm{d}t\right)^2},$$

按假设，当 $0 < t < x$ 时，$f(t) > 0$，$(x-t)f(t) > 0$，由积分中值定理可知

$$\int_0^x f(t)\,\mathrm{d}t > 0,\quad \int_0^x (x-t)f(t)\,\mathrm{d}t > 0,$$

所以 $F'(x) > 0 (x > 0)$，从而 $F(x)$ 在 $(0, +\infty)$ 内为单调增加函数.

6.2.2 牛顿-莱布尼茨公式

定理 3 设 $f(x)$ 在 $[a, b]$ 上连续，若 $F(x)$ 是 $f(x)$ 在 $[a, b]$ 上的一个原函数，则

$$\int_a^b f(x) \mathrm{d}x = F(b) - F(a).$$

证 根据原函数存在定理，$\int_a^x f(t) \mathrm{d}t$ 是 $f(x)$ 在 $[a, b]$ 上的一个原函数. 因为两个原函数之差是一个常数，所以

$$\int_a^x f(t) \mathrm{d}t = F(x) + C, \quad x \in [a, b].$$

上式中令 $x = a$，得 $C = -F(a)$，于是

$$\int_a^x f(t) \mathrm{d}t = F(x) - F(a)$$

再令 $x = b$，可得

$$\int_a^b f(x) \mathrm{d}x = F(b) - F(a).$$

在使用上，也常写作

$$\int_a^b f(x) \mathrm{d}x = \left[F(x) \right]_a^b \text{ 或 } \int_a^b f(x) \mathrm{d}x = F(x) \Big|_a^b.$$

这就是著名的牛顿-莱布尼茨公式，简称 N–L 公式. 它进一步揭示了定积分与原函数之间的联系：$f(x)$ 在 $[a, b]$ 上的定积分等于它的任一原函数 $F(x)$ 在 $[a, b]$ 上的增量，从而为我们计算定积分开辟了一条新的途径. 它把定积分的计算转化为求它的被积函数 $f(x)$ 的任意一个原函数，或者说转化为求 $f(x)$ 的不定积分. 在这之前，我们只能从定积分的定义去求定积分的值，那是十分困难的，甚至是不可能的. 因此，N–L 公式也被称为微积分学基本公式.

例 4 计算下列定积分.

(1) $\int_0^1 x^2 \mathrm{d}x$；(2) $\int_0^2 x\sqrt{4 - x^2}\, \mathrm{d}x$；(3) $\int_0^{\sqrt{3}a} \dfrac{\mathrm{d}x}{a^2 + x^2} (a \neq 0)$；

(4) $\int_0^{2\pi} |\sin x| \mathrm{d}x$；(5) $\int_{-2}^2 \max\{1, x^2\} \mathrm{d}x$.

解 (1) $\int_0^1 x^2 \mathrm{d}x = \dfrac{x^3}{3} \Big|_0^1 = \dfrac{1^3}{3} - \dfrac{0^3}{3} = \dfrac{1}{3}$；

(2) $\int_0^2 x\sqrt{4 - x^2}\, \mathrm{d}x = -\dfrac{1}{3}(4 - x^2)^{\frac{3}{2}} \Big|_0^2 = \dfrac{8}{3}$；

(3) $\int_0^{\sqrt{3}a} \dfrac{\mathrm{d}x}{a^2 + x^2} = \dfrac{1}{a} \arctan \dfrac{x}{a} \Big|_0^{\sqrt{3}a} = \dfrac{1}{a} \arctan \sqrt{3} = \dfrac{\pi}{3a}$；

(4) $\int_0^{2\pi} |\sin x| \mathrm{d}x = \int_0^\pi \sin x \mathrm{d}x + \int_\pi^{2\pi} (-\sin x) \mathrm{d}x = -\cos x \Big|_0^\pi + \cos x \Big|_\pi^{2\pi} = 4$；

(5) $\int_{-2}^2 \max\{1, x^2\} \mathrm{d}x = \int_{-2}^{-1} x^2 \mathrm{d}x + \int_{-1}^1 1 \mathrm{d}x + \int_1^2 x^2 \mathrm{d}x = \dfrac{x^3}{3} \Big|_{-2}^{-1} + x \Big|_{-1}^1 + \dfrac{x^3}{3} \Big|_1^2 = \dfrac{20}{3}$.

例 5　设 $f(x) = \begin{cases} x^2 + 1 & 0 \leqslant x \leqslant 1 \\ 3 - x & 1 < x \leqslant 3 \end{cases}$，求 $\int_0^3 f(x)\,\mathrm{d}x$.

解　$\int_0^3 f(x)\,\mathrm{d}x = \int_0^1 (x^2 + 1)\,\mathrm{d}x + \int_1^3 (3 - x)\,\mathrm{d}x$

$$= \left(\frac{x^3}{3} + x \right) \Big|_0^1 + \left(3x - \frac{x^2}{2} \right) \Big|_1^3 = 3\frac{1}{3}.$$

例 6　设 $f(x) = \begin{cases} x^2 & x \in [0, 1) \\ x & x \in [1, 2] \end{cases}$，求 $\varPhi(x) = \int_0^x f(t)\,\mathrm{d}t$ 在 $[0, 2]$ 上的表达式.

解　当 $0 \leqslant x < 1$ 时，$\varPhi(x) = \int_0^x f(t)\,\mathrm{d}t = \int_0^x t^2\,\mathrm{d}t = \frac{t^3}{3}\Big|_0^x = \frac{x^3}{3}$；

当 $1 \leqslant x \leqslant 2$ 时，$\varPhi(x) = \int_0^x f(t)\,\mathrm{d}t = \int_0^1 t^2\,\mathrm{d}t + \int_1^x t\,\mathrm{d}t = \frac{t^3}{3}\Big|_0^1 + \frac{t^2}{2}\Big|_1^x = \frac{x^2}{2} - \frac{1}{6}$；

故 $\varPhi(x) = \begin{cases} \dfrac{x^3}{3} & x \in [0, 1) \\[3mm] \dfrac{x^2}{2} - \dfrac{1}{6} & x \in [1, 2] \end{cases}$.

§6.3　定积分的换元积分法和分部积分法

牛顿-莱布尼茨公式使人们觉得有关定积分的计算问题已经完全解决，但是能计算与计算是否简便相比，后者则提出更高的要求. 在定积分的计算中，除了应用 N-L 公式，我们还可以利用它的一些特有性质，如定积分的值与积分变量无关、积分区间的可加性等，因此与不定积分相比，使用定积分的换元积分法与分部积分法会更加方便.

6.3.1　换元积分法

定理 1　假设函数 $f(x)$ 在 $[a, b]$ 上连续，函数 $x = \varphi(t)$ 满足条件：

(1) $\varphi(\alpha) = a$，$\varphi(\beta) = b$；

(2) $\varphi(t)$ 在 $[\alpha, \beta]$（或 $[\beta, \alpha]$）上具有连续导数，且其值不越出 $[a, b]$，

则有
$$\int_a^b f(x)\,\mathrm{d}x = \int_\alpha^\beta f[\varphi(t)]\,\varphi'(t)\,\mathrm{d}t.$$

证　由于 $f(x)$ 与 $f[\varphi(t)]\varphi'(t)$ 皆为连续函数，所以它们存在原函数. 设 $F(x)$ 是 $f(x)$ 在 $[a, b]$ 上的一个原函数，由复合函数导数的链式法则有

$$(F[\varphi(t)])' = F'(x)\varphi'(t) = f(x)\varphi'(t) = f[\varphi(t)]\varphi'(t),$$

可见 $F[\varphi(t)]$ 是 $f[\varphi(t)]\varphi'(t)$ 的一个原函数. 利用 N-L 公式，可得

$$\int_\alpha^\beta f[\varphi(t)]\varphi'(t)\,\mathrm{d}t = F[\varphi(t)]\Big|_\alpha^\beta = F[\varphi(\beta)] - F[\varphi(\alpha)] = F(b) - F(a) = \int_a^b f(x)\,\mathrm{d}x.$$

这个公式称为定积分的换元公式.

注 1：若从左到右使用公式（代入换元），换元时应注意同时换积分限，还要求换元 $x = \varphi(t)$ 应在单调区间上进行. 当找到新变量的原函数后不必代回原变量而直接用 N-L 公式，

这正是定积分换元法的简便之处．若从右到左使用公式（凑微分换元），则如同不定积分第一换元法，可以不必换元，当然也就不必换积分限．

例 1 计算 $\int_0^{\frac{\pi}{4}} \cos(2x)\,dx$.

解 $\int_0^{\frac{\pi}{4}} \cos(2x)\,dx = \dfrac{1}{2}\int_0^{\frac{\pi}{4}} \cos(2x)\,d(2x) = \dfrac{1}{2}\sin(2x)\,\Big|_0^{\frac{\pi}{4}} = \dfrac{1}{2}$.

例 2 计算 $\int_1^2 \dfrac{1}{(3x-1)^2}\,dx$.

解 $\int_1^2 \dfrac{1}{(3x-1)^2}\,dx = \dfrac{1}{3}\int_1^2 \dfrac{1}{(3x-1)^2}\,d(3x-1) = -\dfrac{1}{3}\cdot\dfrac{1}{3x-1}\,\Big|_1^2 = \dfrac{1}{10}$.

例 3 计算 $\int_0^{\ln 3} \dfrac{e^x}{1+e^x}\,dx$.

解 $\int_0^{\ln 3} \dfrac{e^x}{1+e^x}\,dx = \int_0^{\ln 3} \dfrac{1}{1+e^x}\,d(1+e^x) = \ln(1+e^x)\,\Big|_0^{\ln 3} = \ln 2$.

例 4 计算 $\int_0^{\frac{\pi}{2}} \sin^3 x\,dx$.

解 $\int_0^{\frac{\pi}{2}} \sin^3 x\,dx = \int_0^{\frac{\pi}{2}} \sin^2 x\cdot\sin x\,dx = \int_0^{\frac{\pi}{2}} (1-\cos^2 x)\,d(-\cos x)$

$$= -\left(\cos x - \dfrac{1}{3}\cos^3 x\right)\Big|_0^{\frac{\pi}{2}} = \dfrac{2}{3}.$$

注 2：例 1、例 2、例 3 和例 4 如同不定积分第一换元法，凑微分时没有换元，当然也就不必换积分上下限．

例 5 计算 $\int_{\frac{3}{4}}^1 \dfrac{dx}{\sqrt{1-x}-1}$.

解 令 $\sqrt{1-x}=t$，则 $x=1-t^2$，$dx=-2t\,dt$，且当 $x=\dfrac{3}{4}$ 时 $t=\dfrac{1}{2}$，当 $x=1$ 时 $t=0$. 于是，

$$\int_{\frac{3}{4}}^1 \dfrac{dx}{\sqrt{1-x}-1} = -2\int_{\frac{1}{2}}^0 \dfrac{t\,dt}{t-1} = 2\int_0^{\frac{1}{2}} \left(1+\dfrac{1}{t-1}\right)dt$$

$$= 2(t+\ln|t-1|)\,\Big|_0^{\frac{1}{2}} = 1-2\ln 2.$$

例 6 计算 $\int_0^{\ln 3} \dfrac{dx}{\sqrt{1+e^x}}$.

解 令 $\sqrt{1+e^x}=t$，则 $e^x+1=t^2$，$dx=\dfrac{2t}{t^2-1}\,dt$，且当 $x=0$ 时 $t=\sqrt{2}$，当 $x=\ln 3$ 时 $t=2$.

于是，

$$\int_0^{\ln 3} \frac{\mathrm{d}x}{\sqrt{1 + \mathrm{e}^x}} = \int_{\sqrt{2}}^2 \frac{1}{t} \cdot \frac{2t\mathrm{d}t}{t^2 - 1} = 2\int_{\sqrt{2}}^2 \frac{1}{t^2 - 1}\mathrm{d}t$$

$$= \int_{\sqrt{2}}^2 \left(\frac{1}{t - 1} - \frac{1}{t + 1} \right)\mathrm{d}t = (\ln|t - 1| - \ln|t + 1|)\bigg|_{\sqrt{2}}^2 = \ln\frac{1}{3} - \ln\frac{\sqrt{2} - 1}{\sqrt{2} + 1}.$$

例 7 计算 $\int_0^a \sqrt{a^2 - x^2}\,\mathrm{d}x$ $(a > 0)$.

解 设 $x = a\sin t$，则 $\mathrm{d}x = a\cos t\mathrm{d}t$，且当 $x = 0$ 时 $t = 0$，当 $x = a$ 时 $t = \dfrac{\pi}{2}$.

于是，

$$\int_0^a \sqrt{a^2 - x^2}\,\mathrm{d}x = a^2\int_0^{\frac{\pi}{2}} \cos^2 t\mathrm{d}t = \frac{a^2}{2}\int_0^{\frac{\pi}{2}} \left[1 + \cos(2t)\right]\mathrm{d}t$$

$$= \frac{a^2}{2}\left[t + \frac{1}{2}\sin(2t)\right]\bigg|_0^{\frac{\pi}{2}} = \frac{\pi a^2}{4}.$$

例 8 计算 $\int_0^1 \dfrac{1}{\sqrt{(1 + x^2)^3}}\mathrm{d}x$.

解 设 $x = \tan t$，则 $\mathrm{d}x = \sec^2 t\mathrm{d}t$，且当 $x = 0$ 时 $t = 0$，当 $x = 1$ 时 $t = \dfrac{\pi}{4}$.

于是，

$$\int_0^1 \frac{1}{\sqrt{(1 + x^2)^3}}\mathrm{d}x = \int_0^{\frac{\pi}{4}} \frac{\sec^2 t\mathrm{d}t}{\sqrt{(1 + \tan^2 t)^3}} = \int_0^{\frac{\pi}{4}} \frac{\sec^2 t\mathrm{d}t}{\sec^3 t}$$

$$= \int_0^{\frac{\pi}{4}} \cos t\mathrm{d}t = \sin t\bigg|_0^{\frac{\pi}{4}} = \frac{\sqrt{2}}{2}.$$

注 3：例 5、例 6、例 7 和例 8 如同不定积分第二换元法，代入换元时应注意同时换积分限. 积分的上限 b 对上限 β，下限 a 对下限 α.

例 9 设函数 $f(x) = \begin{cases} x\mathrm{e}^{-x^2} & x \geqslant 0 \\ \dfrac{1}{1 + \cos x} & -1 < x < 0 \end{cases}$，计算 $\int_1^4 f(x - 2)\,\mathrm{d}x$.

解 设 $x - 2 = t$，则 $\mathrm{d}x = \mathrm{d}t$，且当 $x = 1$ 时 $t = -1$，当 $x = 4$ 时 $t = 2$.

于是，$\displaystyle\int_1^4 f(x - 2)\,\mathrm{d}x = \int_{-1}^2 f(t)\,\mathrm{d}t = \int_{-1}^0 f(t)\,\mathrm{d}t + \int_0^2 f(t)\,\mathrm{d}t$

$$= \int_{-1}^0 \frac{1}{1 + \cos t}\mathrm{d}t + \int_0^2 t\mathrm{e}^{-t^2}\mathrm{d}t = \int_{-1}^0 \frac{1}{2\cos^2\left(\dfrac{t}{2}\right)}\mathrm{d}t + \int_0^2 \mathrm{e}^{-t^2}\mathrm{d}\left(\frac{t^2}{2}\right)$$

$$= \int_{-1}^0 \sec^2\left(\frac{t}{2}\right)\mathrm{d}\left(\frac{t}{2}\right) - \frac{1}{2}\int_0^2 \mathrm{e}^{-t^2}\mathrm{d}(-t^2)$$

$$= \tan\frac{t}{2}\bigg|_{-1}^0 - \frac{1}{2}\mathrm{e}^{-t^2}\bigg|_0^2 = \tan\frac{1}{2} - \frac{1}{2}\mathrm{e}^{-4} + \frac{1}{2}.$$

例 10 设 $f(x) = \begin{cases} \dfrac{1}{1 + x} & x \geqslant 0 \\ \dfrac{1}{1 + \mathrm{e}^x} & x < 0 \end{cases}$，求 $\int_0^2 f(x - 1)\,\mathrm{d}x$.

解 设 $x-1=t$，则 $\mathrm{d}x=\mathrm{d}t$，且当 $x=0$ 时 $t=-1$，当 $x=2$ 时 $t=1$.

于是，

$$\int_0^2 f(x-1)\,\mathrm{d}x = \int_{-1}^1 f(t)\,\mathrm{d}t = \int_{-1}^0 \frac{1}{1+e^x}\,\mathrm{d}x + \int_0^1 \frac{1}{1+x}\,\mathrm{d}x$$

$$\xlongequal{\,\diamondsuit\, e^x=t\,} \int_{e^{-1}}^1 \frac{1}{t(1+t)}\,\mathrm{d}t + \int_0^1 \frac{1}{1+x}\,\mathrm{d}x = \int_{e^{-1}}^1 \left(\frac{1}{x}-\frac{1}{1+x}\right)\mathrm{d}x + \int_0^1 \frac{1}{1+x}\,\mathrm{d}x$$

$$= [\ln x - \ln(1+x)]\Big|_{e^{-1}}^1 + \ln(1+x)\Big|_0^1 = 1 + \ln(1+e^{-1}).$$

注 4：当被积函数是给定函数与某一简单函数复合而成的函数时，要通过变量代换将其化为给定函数的形式，同时积分限也要相应改变.

例 11 设 $f(x)$ 在 $[-a,a]$ 上连续，证明：$\int_{-a}^a f(x)\,\mathrm{d}x = 2\int_0^a f(x)\,\mathrm{d}x$.

特别地，(1) 当 $f(x)$ 为奇函数时，$\int_{-a}^a f(x)\,\mathrm{d}x = 0$；

(2) 当 $f(x)$ 为偶函数时，$\int_{-a}^a f(x)\,\mathrm{d}x = 2\int_0^a f(x)\,\mathrm{d}x$.

证 因为

$$\int_{-a}^a f(x)\,\mathrm{d}x = \int_{-a}^0 f(x)\,\mathrm{d}x + \int_0^a f(x)\,\mathrm{d}x,$$

在 $\int_{-a}^0 f(x)\,\mathrm{d}x$ 中，令 $x=-t$，得

$$\int_{-a}^0 f(x)\,\mathrm{d}x = -\int_a^0 f(-t)\,\mathrm{d}t = \int_0^a f(-x)\,\mathrm{d}x,$$

所以

$$\int_{-a}^a f(x)\,\mathrm{d}x = \int_0^a [f(x)+f(-x)]\,\mathrm{d}x.$$

当 $f(x)$ 为奇函数时，$f(-x)=-f(x)$，故 $f(x)+f(-x)=0$，从而有

$$\int_{-a}^a f(x)\,\mathrm{d}x = 0.$$

当 $f(x)$ 为偶函数时，$f(-x)=f(x)$，故 $f(x)+f(-x)=2f(x)$，从而有

$$\int_{-a}^a f(x)\,\mathrm{d}x = 2\int_0^a f(x)\,\mathrm{d}x.$$

例 12 设 $f(x)$ 为 $[0,1]$ 上的连续函数，证明：

(1) $\int_0^{\frac{\pi}{2}} f(\sin x)\,\mathrm{d}x = \int_0^{\frac{\pi}{2}} f(\cos x)\,\mathrm{d}x$；

(2) $\int_0^\pi f(\sin x)\,\mathrm{d}x = 2\int_0^{\frac{\pi}{2}} f(\sin x)\,\mathrm{d}x$；

(3) $\int_0^\pi x f(\sin x)\,\mathrm{d}x = \pi \int_0^{\frac{\pi}{2}} f(\sin x)\,\mathrm{d}x$.

证 (1) 令 $x=\frac{\pi}{2}-t$，则 $\mathrm{d}x=-\mathrm{d}t$，且当 $x=0$ 时 $t=\frac{\pi}{2}$，当 $x=\frac{\pi}{2}$ 时 $t=0$.

于是，

$$\int_0^{\frac{\pi}{2}} f(\sin x)\,\mathrm{d}x = -\int_{\frac{\pi}{2}}^0 f\left[\sin\left(\frac{\pi}{2}-t\right)\right]\mathrm{d}t = \int_0^{\frac{\pi}{2}} f(\cos t)\,\mathrm{d}t = \int_0^{\frac{\pi}{2}} f(\cos x)\,\mathrm{d}x.$$

(2) $\int_0^\pi f(\sin x)\,dx = \int_0^{\frac{\pi}{2}} f(\sin x)\,dx + \int_{\frac{\pi}{2}}^\pi f(\sin x)\,dx$，在 $\int_{\frac{\pi}{2}}^\pi f(\sin x)\,dx$ 中，令 $x = \pi - t$，得

$$\int_{\frac{\pi}{2}}^\pi f(\sin x)\,dx = -\int_{\frac{\pi}{2}}^0 f[\sin(\pi - t)]\,dt = \int_0^{\frac{\pi}{2}} f(\sin t)\,dt = \int_0^{\frac{\pi}{2}} f(\sin x)\,dx.$$

因此，

$$\int_0^\pi f(\sin x)\,dx = 2\int_0^{\frac{\pi}{2}} f(\sin x)\,dx.$$

(3) 令 $x = \pi - t$，则

$$\int_0^\pi x f(\sin x)\,dx = -\int_\pi^0 (\pi - t) f[\sin(\pi - t)]\,dt = \int_0^\pi (\pi - t) f(\sin t)\,dt$$

$$= \pi \int_0^\pi f(\sin x)\,dx - \int_0^\pi x f(\sin x)\,dx.$$

因此，

$$\int_0^\pi x f(\sin x)\,dx = \frac{\pi}{2} \int_0^\pi f(\sin x)\,dx$$

$$= \pi \int_0^{\frac{\pi}{2}} f(\sin x)\,dx \quad (利用(2)\ 的结果).$$

注 5：例 11 和例 12 的结果今后经常作为公式使用. 例如，可以直接写出

$$\int_{-\pi}^\pi x^3 \cos x\,dx = 0,$$

$$\int_0^\pi x \sin x\,dx = \pi \int_0^{\frac{\pi}{2}} \sin x\,dx = \pi.$$

6.3.2 分部积分法

定理 2 若 $u(x)$、$v(x)$ 在 $[a, b]$ 上有连续的导数，则

$$\int_a^b u(x) v'(x)\,dx = u(x) v(x) \Big|_a^b - \int_a^b v(x) u'(x)\,dx.$$

证 因为

$$[u(x) v(x)]' = u(x) v'(x) + u'(x) v(x), \quad a \le x \le b,$$

所以 $u(x) v(x)$ 是 $u(x) v'(x) + u'(x) v(x)$ 在 $[a, b]$ 上的一个原函数，应用 N-L 公式，得

$$\int_a^b [u(x) v'(x) + u'(x) v(x)]\,dx = u(x) v(x) \Big|_a^b,$$

利用积分的线性性质并移项即得.

这个公式称为定积分的分部积分公式，且简记作

$$\int_a^b u\,dv = uv \Big|_a^b - \int_a^b v\,du.$$

例 13 计算 $\int_0^1 x e^x\,dx.$

解 $\int_0^1 x e^x\,dx = \int_0^1 x\,d(e^x) = x e^x \Big|_0^1 - \int_0^1 e^x\,dx = e - (e - 1) = 1.$

例 14 计算 $\int_0^{2\pi} x \sin x\,dx.$

解 $\int_0^{2\pi} x\sin x dx = \int_0^{2\pi} x d(-\cos x) = -x\cos x\Big|_0^{2\pi} + \int_0^{2\pi}\cos x dx = -2\pi.$

例 15 计算 $\int_0^{\frac{1}{2}} \arcsin x dx.$

解 $\int_0^{\frac{1}{2}} \arcsin x dx = x\arcsin x\Big|_0^{\frac{1}{2}} - \int_0^{\frac{1}{2}} \frac{x}{\sqrt{1-x^2}}dx$

$$= \frac{1}{2}\arcsin\frac{1}{2} + \sqrt{1-x^2}\Big|_0^{\frac{1}{2}} = \frac{\pi}{12} + \frac{\sqrt{3}}{2} - 1.$$

例 16 计算 $\int_{\frac{1}{e}}^{e} |\ln x| dx.$

解 $\int_{\frac{1}{e}}^{e} |\ln x| dx = \int_{\frac{1}{e}}^{1} (-\ln x)dx + \int_1^{e}\ln x dx$

$$= -x\ln x\Big|_{\frac{1}{e}}^{1} + \int_{\frac{1}{e}}^{1}dx + x\ln x\Big|_1^{e} - \int_1^{e}dx = 2\left(1 - \frac{1}{e}\right).$$

例 17 计算 $\int_0^1 e^{-\sqrt{x}}dx.$

解 令 $\sqrt{x} = t$, 则

$$\int_0^1 e^{-\sqrt{x}}dx = \int_0^1 e^{-t}\cdot(2t)dt = -2\int_0^1 t de^{-t}$$

$$= -2te^{-t}\Big|_0^1 + 2\int_0^1 e^{-t}dt = -2e^{-1} - 2e^{-t}\Big|_0^1 = 2 - \frac{4}{e}.$$

例 18 （1）证明: $\int_0^{\frac{\pi}{2}}\sin^n x dx = \int_0^{\frac{\pi}{2}}\cos^n x dx \quad (x \in \mathbf{N}^+);$

（2）设 $I_n = \int_0^{\frac{\pi}{2}}\sin^n x dx\left(= \int_0^{\frac{\pi}{2}}\cos^n x dx\right)$, 证明:

当 n 为正偶数时, $I_n = \frac{n-1}{n}\cdot\frac{n-3}{n-2}\cdot\cdots\cdot\frac{3}{4}\cdot\frac{1}{2}\cdot\frac{\pi}{2};$

当 n 为大于 1 的正奇数时, $I_n = \frac{n-1}{n}\cdot\frac{n-3}{n-2}\cdot\cdots\cdot\frac{4}{5}\cdot\frac{2}{3}.$

证 （1）由例 12 中的 $\int_0^{\frac{\pi}{2}}f(\sin x)dx = \int_0^{\frac{\pi}{2}}f(\cos x)dx$ 可直接得证.

（2） $I_n = \int_0^{\frac{\pi}{2}}\sin^n x dx = -\int_0^{\frac{\pi}{2}}\sin^{n-1}x d(\cos x)$

$$= -\cos x\sin^{n-1}x\Big|_0^{\frac{\pi}{2}} + \int_0^{\frac{\pi}{2}}\cos x d(\sin^{n-1}x)$$

$$= (n-1)\int_0^{\frac{\pi}{2}}\cos^2 x\sin^{n-2}x dx = (n-1)\int_0^{\frac{\pi}{2}}(\sin^{n-2}x - \sin^n x)dx$$

$$= (n-1)\int_0^{\frac{\pi}{2}}\sin^{n-2}x dx - (n-1)\int_0^{\frac{\pi}{2}}\sin^n x dx$$

$$= (n-1)I_{n-2} - (n-1)I_n,$$

由此得

$$I_n = \frac{n-1}{n} I_{n-2}.$$

于是，当 $n \geqslant 3$ 为偶数时有

$$I_n = \frac{n-1}{n} \cdot \frac{n-3}{n-2} \cdot \cdots \cdot \frac{3}{4} \cdot I_2;$$

当 $n \geqslant 3$ 为奇数时有

$$I_n = \frac{n-1}{n} \cdot \frac{n-3}{n-2} \cdot \cdots \cdot \frac{4}{5} \cdot \frac{2}{3} \cdot I_1.$$

容易得出

$$I_1 = \int_0^{\frac{\pi}{2}} \sin x \mathrm{d}x = 1,$$

$$I_2 = \int_0^{\frac{\pi}{2}} \sin^2 x \mathrm{d}x = \left(\frac{x}{2} - \frac{\sin(2x)}{4} \right) \Bigg|_0^{\frac{\pi}{2}} = \frac{\pi}{4}.$$

因此，当 n 为正偶数时，$I_n = \frac{n-1}{n} \cdot \frac{n-3}{n-2} \cdot \cdots \cdot \frac{3}{4} \cdot \frac{1}{2} \cdot \frac{\pi}{2};$

当 n 为大于 1 的正奇数时，$I_n = \frac{n-1}{n} \cdot \frac{n-3}{n-2} \cdot \cdots \cdot \frac{4}{5} \cdot \frac{2}{3}.$

例 19 计算下列积分.

(1) $\int_0^{\frac{\pi}{2}} \cos^5 x \mathrm{d}x$；　(2) $\int_0^{\frac{\pi}{2}} \sin^6 x \mathrm{d}x$.

解　(1) $\int_0^{\frac{\pi}{2}} \cos^5 x \mathrm{d}x = \frac{4}{5} \cdot \frac{2}{3} = \frac{8}{15};$

(2) $\int_0^{\frac{\pi}{2}} \sin^6 x \mathrm{d}x = \frac{5}{6} \cdot \frac{3}{4} \cdot \frac{1}{2} \cdot \frac{\pi}{2} = \frac{5\pi}{32}.$

§6.4　广义积分

在前面讨论定积分时，总假定积分区间是有限的，被积函数是有界的. 但在理论上或实际问题中往往需要讨论积分区间无限或被积函数为无界函数的情形. 因此，有必要把积分概念就这两种情形加以推广，这种推广后的积分称为广义积分.

6.4.1　无穷限广义积分

定义 1　设函数 $f(x)$ 在区间 $[a, +\infty)$ 上连续，取 $b > a$. 如果极限

$$\lim_{b \to +\infty} \int_a^b f(x) \mathrm{d}x$$

存在，则称此极限为函数 $f(x)$ 在无穷区间 $[a, +\infty)$ 上的广义积分，记作 $\int_a^{+\infty} f(x) \mathrm{d}x$，即

$$\int_a^{+\infty} f(x) \mathrm{d}x = \lim_{b \to +\infty} \int_a^b f(x) \mathrm{d}x.$$

这时，也称广义积分 $\int_a^{+\infty} f(x)\mathrm{d}x$ 收敛；如果上述极限不存在，函数 $f(x)$ 在无穷区间 $[a, +\infty)$ 上的广义积分 $\int_a^{+\infty} f(x)\mathrm{d}x$ 就没有意义，习惯上称为广义积分 $\int_a^{+\infty} f(x)\mathrm{d}x$ 发散，这时记号 $\int_a^{+\infty} f(x)\mathrm{d}x$ 不再表示数值.

类似地，设函数 $f(x)$ 在区间 $(-\infty, b]$ 上连续，取 $a < b$. 如果极限

$$\lim_{a \to -\infty} \int_a^b f(x)\mathrm{d}x$$

存在，则称此极限为函数 $f(x)$ 在无穷区间 $(-\infty, b]$ 上的广义积分，记作 $\int_{-\infty}^b f(x)\mathrm{d}x$，即

$$\int_{-\infty}^b f(x)\mathrm{d}x = \lim_{a \to -\infty} \int_a^b f(x)\mathrm{d}x.$$

这时，也称广义积分 $\int_{-\infty}^b f(x)\mathrm{d}x$ 收敛；如果上述极限不存在，就称广义积分 $\int_{-\infty}^b f(x)\mathrm{d}x$ 发散.

设函数 $f(x)$ 在区间 $(-\infty, +\infty)$ 上连续，如果广义积分

$$\int_{-\infty}^0 f(x)\mathrm{d}x \text{ 和 } \int_0^{+\infty} f(x)\mathrm{d}x$$

都收敛，则称这两个广义积分的和为函数 $f(x)$ 在无穷区间 $(-\infty, +\infty)$ 上的广义积分，记作 $\int_{-\infty}^{+\infty} f(x)\mathrm{d}x$，即

$$\int_{-\infty}^{+\infty} f(x)\mathrm{d}x = \int_{-\infty}^0 f(x)\mathrm{d}x + \int_0^{+\infty} f(x)\mathrm{d}x$$

$$= \lim_{a \to -\infty} \int_a^0 f(x)\mathrm{d}x + \lim_{b \to +\infty} \int_0^b f(x)\mathrm{d}x.$$

这时，也称广义积分 $\int_{-\infty}^{+\infty} f(x)\mathrm{d}x$ 收敛，否则就称广义积分 $\int_{-\infty}^{+\infty} f(x)\mathrm{d}x$ 发散.

例 1　计算广义积分 $\int_{-\infty}^{+\infty} \dfrac{1}{1+x^2}\mathrm{d}x$.

解　$\displaystyle\int_{-\infty}^{+\infty} \frac{1}{1+x^2}\mathrm{d}x = \int_{-\infty}^0 \frac{1}{1+x^2}\mathrm{d}x + \int_0^{+\infty} \frac{1}{1+x^2}\mathrm{d}x$

$$= \lim_{a \to -\infty} \int_a^0 \frac{1}{1+x^2}\mathrm{d}x + \lim_{b \to +\infty} \int_0^b \frac{1}{1+x^2}\mathrm{d}x$$

$$= \lim_{a \to -\infty} \arctan x \Big|_a^0 + \lim_{b \to +\infty} \arctan x \Big|_0^b$$

$$= 0 - \left(-\frac{\pi}{2}\right) + \frac{\pi}{2} = \pi.$$

例 2　计算广义积分 $\int_0^{+\infty} t\mathrm{e}^{-pt}\mathrm{d}t \quad (p > 0)$.

解　$\int_0^{+\infty} te^{-pt}\mathrm{d}t = -\dfrac{1}{p}\int_0^{+\infty} t\mathrm{d}e^{-pt} = -\dfrac{t}{p}e^{-pt}\Big|_0^{+\infty} + \dfrac{1}{p}\int_0^{+\infty} e^{-pt}\mathrm{d}t$

$\qquad\qquad\quad = -\dfrac{1}{p^2}e^{-pt}\Big|_0^{+\infty} = \dfrac{1}{p^2}.$

$\left(\text{提示：} \lim_{t\to+\infty} te^{-pt} = \lim_{t\to+\infty} \dfrac{t}{e^{pt}} = \lim_{t\to+\infty} \dfrac{1}{pe^{pt}} = 0. \right)$

例 3　证明广义积分 $\displaystyle\int_1^{+\infty} \dfrac{\mathrm{d}x}{x^p}$，当 $p > 1$ 时收敛，当 $p \leqslant 1$ 时发散.

证　当 $p = 1$ 时，

$$\int_1^{+\infty} \frac{\mathrm{d}x}{x^p} = \int_1^{+\infty} \frac{\mathrm{d}x}{x} = \ln x \Big|_1^{+\infty} = +\infty.$$

当 $p \neq 1$ 时，

$$\int_1^{+\infty} \frac{\mathrm{d}x}{x^p} = \frac{1}{1-p} x^{1-p} \Big|_1^{+\infty} = \begin{cases} \dfrac{1}{p-1}, & p > 1 \\ +\infty, & p < 1 \end{cases}.$$

因此，该广义积分当 $p > 1$ 时收敛，其值为 $\dfrac{1}{p-1}$；当 $p \leqslant 1$ 时发散.

6.4.2　无界函数的广义积分

定义 2　设函数 $f(x)$ 在 $[a, b]$ 上连续，而在点 a 的右邻域内无界，取 $\varepsilon > 0$，如果极限

$$\lim_{\varepsilon\to 0^+} \int_{a+\varepsilon}^b f(x)\mathrm{d}x$$

存在，则称此极限为函数 $f(x)$ 在 $[a, b]$ 上的广义积分，仍然记作 $\displaystyle\int_a^b f(x)\mathrm{d}x$，即

$$\int_a^b f(x)\mathrm{d}x = \lim_{\varepsilon\to 0^+} \int_{a+\varepsilon}^b f(x)\mathrm{d}x.$$

这时，也称广义积分 $\displaystyle\int_a^b f(x)\mathrm{d}x$ 收敛；如果上述极限不存在，就称广义积分 $\displaystyle\int_a^b f(x)\mathrm{d}x$ 发散.

如果函数 $f(x)$ 在点 a 的任一邻域内都无界，那么点 a 称为函数 $f(x)$ 的瑕点. 因此，无界函数的广义积分也称为瑕积分.

类似地，设函数 $f(x)$ 在 $[a, b]$ 上连续，而在点 b 的左邻域内无界（b 为函数 $f(x)$ 的瑕点），取 $\varepsilon > 0$，如果极限

$$\lim_{\varepsilon\to 0^+} \int_a^{b-\varepsilon} f(x)\mathrm{d}x$$

存在，则称此极限为函数 $f(x)$ 在 $[a, b]$ 上的广义积分，仍然记作 $\displaystyle\int_a^b f(x)\mathrm{d}x$，即

$$\int_a^b f(x)\mathrm{d}x = \lim_{\varepsilon\to 0^+} \int_a^{b-\varepsilon} f(x)\mathrm{d}x.$$

这时，也称广义积分 $\int_a^b f(x)\,\mathrm{d}x$ 收敛；如果上述极限不存在，就称广义积分 $\int_a^b f(x)\,\mathrm{d}x$ 发散.

设函数 $f(x)$ 在 $[a,b]$ 除点 $c(a<c<b)$ 外连续，而在点 c 的邻域内无界（c 为函数 $f(x)$ 的瑕点），如果广义积分

$$\int_a^c f(x)\,\mathrm{d}x \ \text{和} \int_c^b f(x)\,\mathrm{d}x$$

都收敛，则定义

$$\int_a^b f(x)\,\mathrm{d}x = \int_a^c f(x)\,\mathrm{d}x + \int_c^b f(x)\,\mathrm{d}x$$

$$= \lim_{\varepsilon \to 0^+} \int_a^{c-\varepsilon} f(x)\,\mathrm{d}x + \lim_{\varepsilon \to 0^+} \int_{c+\varepsilon}^b f(x)\,\mathrm{d}x;$$

否则，就称广义积分发散.

例 4 计算广义积分 $\int_0^a \dfrac{\mathrm{d}x}{\sqrt{a^2-x^2}}$ $(a>0)$.

解 $x=a$ 为函数 $\dfrac{1}{\sqrt{a^2-x^2}}$ 的瑕点.

$$\int_0^a \frac{\mathrm{d}x}{\sqrt{a^2-x^2}} = \lim_{\varepsilon \to 0^+} \int_0^{a-\varepsilon} \frac{\mathrm{d}x}{\sqrt{a^2-x^2}}$$

$$= \lim_{\varepsilon \to 0^+} \arcsin \frac{x}{a} \Big|_0^{a-\varepsilon} = \lim_{\varepsilon \to 0^+} \left(\arcsin \frac{a-\varepsilon}{a} - 0 \right)$$

$$= \arcsin 1 = \frac{\pi}{2}.$$

例 5 讨论广义积分 $\int_{-1}^1 \dfrac{1}{x^2}\,\mathrm{d}x$ 的敛散性.

解 $x=0$ 为函数 $\dfrac{1}{x^2}$ 的瑕点.

$$\int_{-1}^1 \frac{1}{x^2}\,\mathrm{d}x = \int_{-1}^0 \frac{1}{x^2}\,\mathrm{d}x + \int_0^1 \frac{1}{x^2}\,\mathrm{d}x.$$

由于 $\lim\limits_{\varepsilon \to 0^+} \int_{-1}^{-\varepsilon} \dfrac{1}{x^2}\,\mathrm{d}x = -\lim\limits_{\varepsilon \to 0^+} \dfrac{1}{x} \Big|_{-1}^{-\varepsilon} = \lim\limits_{\varepsilon \to 0^+} \left(\dfrac{1}{\varepsilon} - 1 \right) = +\infty.$

所以广义积分 $\int_{-1}^0 \dfrac{\mathrm{d}x}{x^2}$ 发散，从而推出广义积分 $\int_{-1}^1 \dfrac{\mathrm{d}x}{x^2}$ 发散.

注意：如果我们疏忽了 $x=0$ 是瑕点，就会得出错误的结果，即

$$\int_{-1}^1 \frac{\mathrm{d}x}{x^2} = -\frac{1}{x} \Big|_{-1}^1 = -2.$$

例 6 证明广义积分 $\int_a^b \dfrac{\mathrm{d}x}{(x-a)^q}$，当 $q<1$ 时收敛，当 $q \geq 1$ 时发散.

证 当 $q = 1$ 时，$\int_a^b \dfrac{\mathrm{d}x}{x-a} = \ln|x-a|\,\Big|_a^b = +\infty$，发散；

当 $q \neq 1$ 时，$\int_a^b \dfrac{\mathrm{d}x}{(x-a)^q} = \dfrac{(x-a)^{1-q}}{1-q}\,\Big|_a^b = \begin{cases} \dfrac{(b-a)^{1-q}}{1-q} & q < 1 \\[2mm] +\infty & q > 1 \end{cases}$.

故命题得证.

例 7 讨论 Γ 函数：$\Gamma(s) = \displaystyle\int_0^{+\infty} \mathrm{e}^{-x} x^{s-1}\mathrm{d}x \quad (s > 0)$ 的敛散性.

解 这个积分的区间是无穷，又当 $s - 1 < 0$ 时，$x = 0$ 是被积函数的瑕点. 为此，

$$\Gamma(s) = \int_0^{+\infty} \mathrm{e}^{-x} x^{s-1}\mathrm{d}x = \int_0^1 \mathrm{e}^{-x} x^{s-1}\mathrm{d}x + \int_1^{+\infty} \mathrm{e}^{-x} x^{s-1}\mathrm{d}x.$$

先讨论 $\displaystyle\int_0^1 \mathrm{e}^{-x} x^{s-1}\mathrm{d}x \quad (s > 0)$：

(1) 当 $s \geq 1$ 时，$\displaystyle\int_0^1 \mathrm{e}^{-x} x^{s-1}\mathrm{d}x$ 是通常的定积分；

(2) 当 $0 < s < 1$ 时，$\mathrm{e}^{-x} \cdot x^{s-1} = \dfrac{1}{\mathrm{e}^x} \cdot \dfrac{1}{x^{1-s}} < \dfrac{1}{x^{1-s}}$，而 $1 - s < 1$，根据比较判别法，广义积分 $\displaystyle\int_0^1 \mathrm{e}^{-x} x^{s-1}\mathrm{d}x$ 收敛.

再讨论 $\displaystyle\int_1^{+\infty} \mathrm{e}^{-x} x^{s-1}\mathrm{d}x \quad (s > 0)$：

由洛必达法则有 $\displaystyle\lim_{x \to +\infty} x^2 \cdot (\mathrm{e}^{-x} x^{s-1}) = \lim_{x \to +\infty} \dfrac{x^{s+1}}{\mathrm{e}^x} = 0$，故广义积分 $\displaystyle\int_1^{+\infty} \mathrm{e}^{-x} x^{s-1}\mathrm{d}x$ 收敛.

综上，$\Gamma(s) = \displaystyle\int_0^{+\infty} \mathrm{e}^{-x} x^{s-1}\mathrm{d}x$ 对 $s > 0$ 均收敛.

注：Γ 函数的几个重要性质：

(1) $\Gamma(s+1) = s\Gamma(s) \quad (s > 0)$；

(2) 当 $s \to 0^+$ 时，$\Gamma(s) \to +\infty$；

(3) $\Gamma(s)\Gamma(1-s) = \dfrac{\pi}{\sin(\pi s)} \quad (0 < s < 1)$；

(4) Γ 函数做适当的变换后，可以得到 $\displaystyle\int_0^{+\infty} \mathrm{e}^{-u^2}\mathrm{d}u = \dfrac{\sqrt{\pi}}{2}$，这是在概率中常用到的积分.

§6.5 定积分的应用

定积分是具有特定结构的和式的极限. 如果从实际问题中产生的量在某区间 $[a, b]$ 上确定，当把 $[a, b]$ 分成若干个子区间后，在 $[a, b]$ 上的量 Q 等于各个子区间上所对应的部分量 ΔQ 之和（称量 Q 对区间具有可加性），我们就可以采用"分割、近似代替、求和、取极限"的方法，通过定积分将量 Q 求出来.

现在来简化这个过程：在区间 $[a, b]$ 上任取一点 x，当 x 有增量 Δx（等于它的微分 $\mathrm{d}x$）时，相应地，量 $Q = Q(x)$ 就有增量 ΔQ，它是 Q 分布在子区间 $[x, x+\mathrm{d}x]$ 上的部分

量. 若 ΔQ 的近似表达式为

$$\Delta Q \approx f(x)\mathrm{d}x = \mathrm{d}Q,$$

则以 $f(x)\mathrm{d}x$ 为被积表达式求从 a 到 b 的定积分，即得所求量

$$Q = \int_a^b f(x)\mathrm{d}x.$$

这里的 $\mathrm{d}Q = f(x)\mathrm{d}x$ 称为量 Q 的微元或元素，这种方法称为微元法. 它虽然不够严密，但具有直观、简单、方便等特点，且结论正确. 因此，在实际问题的讨论中常常被采用. 本节将讲述微元法在几何与经济学两方面的应用.

6.5.1 定积分在几何上的应用

1. 平面图形的面积

1）直角坐标情形

（1）X 型.

①由曲线 $y = f(x)$ 和直线 $x = a$，$x = b(a < b)$ 与 x 轴围成的曲边梯形（图 6-5）的面积为

$$S = \int_a^b |f(x)|\,\mathrm{d}x.$$

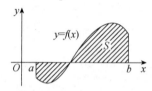

图 6-5

②由曲线 $y = f(x)$，$y = g(x)$ 和直线 $x = a$，$x = b(a < b)$ 围成的曲边梯形（图 6-6）的面积为

$$S = \int_a^b |f(x) - g(x)|\,\mathrm{d}x.$$

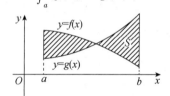

图 6-6

（2）Y 型.

①由曲线 $x = \varphi(y)$ 和直线 $y = c$，$y = d(c < d)$ 与 y 轴围成的曲边梯形（图 6-7）的面积为

$$S = \int_c^d |\varphi(y)|\,\mathrm{d}y.$$

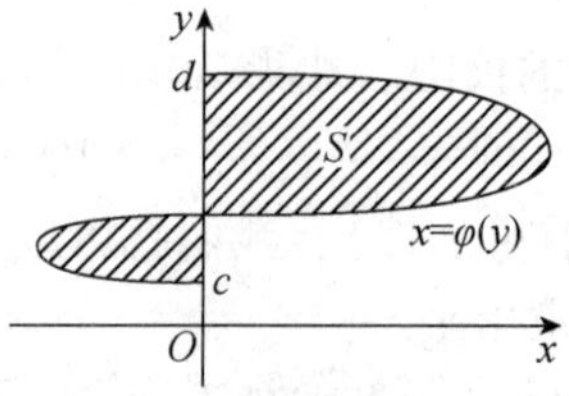

图 6-7

②由曲线 $x = \varphi(y)$，$x = \psi(y)$ 和直线 $y = c$，$y = d(c < d)$ 围成的曲边梯形(图6-8)的面积为

$$S = \int_c^d |\varphi(y) - \psi(y)| \, \mathrm{d}y.$$

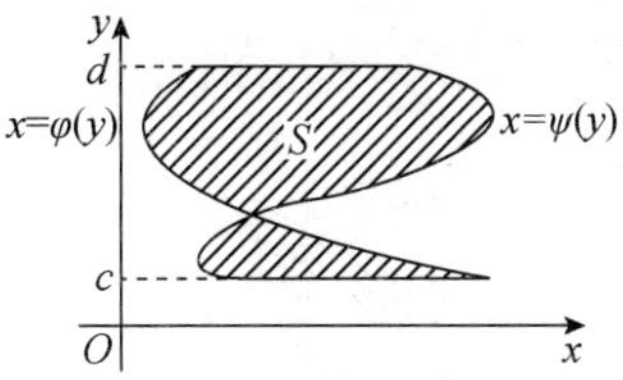

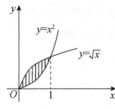

图 6-8

例1 求由两条抛物线 $y^2 = x$、$y = x^2$ 所围图形的面积.

解 联立 $\begin{cases} y^2 = x \\ y = x^2 \end{cases}$，解得交点 $(0, 0)$ 及 $(1, 1)$.

所围的面积(图6-9)为

$$S = \int_0^1 (\sqrt{x} - x^2) \, \mathrm{d}x = \left(\frac{2}{3} x^{\frac{3}{2}} - \frac{1}{3} x^3 \right) \Big|_0^1 = \frac{1}{3}.$$

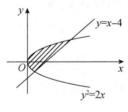

图 6-9

例2 求由抛物线 $y^2 = 2x$ 与直线 $y = x - 4$ 所围图形的面积(图6-10).

图 6-10

解 联立 $\begin{cases} y^2 = 2x \\ y = x - 4 \end{cases}$ 解得曲线与直线的交点为 $(2, -2)$ 和 $(8, 4)$.

以 y 为积分变量，则所求面积为

$$S = \int_0^2 \left[\sqrt{2x} - (-\sqrt{2x}) \right] \mathrm{d}x + \int_2^8 \left[\sqrt{2x} - (x - 4) \right] \mathrm{d}x$$

$$= 2\sqrt{2} \cdot \frac{2}{3} x^{\frac{3}{2}} \Big|_0^2 + \left(\sqrt{2} \cdot \frac{2}{3} x^{\frac{3}{2}} - \frac{x^2}{2} + 4x \right) \Big|_2^8 = 18.$$

若以 y 为积分变量，则

$$S = \int_{-2}^{4} \left(y + 4 - \frac{y^2}{2} \right) dy = \left(\frac{y^2}{2} + 4y - \frac{y^3}{6} \right) \Bigg|_{-2}^{4} = 18.$$

可以看出，适当选取积分变量，会给计算带来方便.

例3　求位于 x 轴上方且在曲线 $y = e^x$ 及其过原点的切线之间所夹图形的面积（图6-11）.

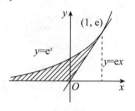

图6-11

解　设曲线上的点为 (x_0, y_0)，过该点的切线为

$$y - e^{x_0} = e^{x_0}(x - x_0)$$

由于切线过原点，解得 $x_0 = 1$，从而曲线上过原点的切点为 $(1, e)$.

切线方程为 $y = ex$.

所求面积为 $S = \int_{-\infty}^{0} e^x dx + \int_{0}^{1} (e^x - ex) dx = \dfrac{e}{2}$.

注1：在直角坐标系下，应先画出平面图形的大致图形，特别是曲线与坐标轴或曲线之间的交点，然后根据图形的特征，选择相应的积分变量及积分区域，再写出面积的积分表达式来计算.

例4　求椭圆 $\dfrac{x^2}{a^2} + \dfrac{y^2}{b^2} = 1$ 的面积（图6-12）.

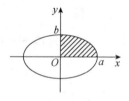

图6-12

解　（方法一）由于椭圆关于 x 轴与 y 轴都是对称的，故它的面积是位于第一象限内面积的4倍，即

$$S = 4\int_{0}^{a} y\,dx = 4\int_{0}^{a} \frac{b}{a} \sqrt{a^2 - x^2}\,dx$$

$$= \frac{4b}{a} \left(\frac{x}{2}\sqrt{a^2 - x^2} + \frac{a^2}{2}\arcsin\frac{x}{a} \right) \Bigg|_{0}^{a} = \pi ab.$$

（方法二）写出椭圆的参数方程 $\begin{cases} x = a\cos t \\ y = b\sin t \end{cases}$ $(0 \le t \le 2\pi)$，应用换元公式得

$$S = 4\int_{0}^{a} y\,dx = 4\int_{\frac{\pi}{2}}^{0} b\sin t (-a\sin t)\,dt = 4ab\int_{0}^{\frac{\pi}{2}} \sin^2 t\,dt = 4ab \cdot \frac{\pi}{4} = \pi ab.$$

注2：一般地，若曲线由参数方程 $\begin{cases} x = \varphi(t) \\ y = \psi(t) \end{cases}$ 给出，其中 $\varphi(t)$，$\psi(t)$ 及 $\varphi'(t)$ 在 $[\alpha, \beta]$

上连续，记 $\varphi(\alpha)=a$，$\varphi(\beta)=b$，则由此曲线与两直线 $x=a$，$x=b$ 及 x 轴所围图形的面积为

$$S=\int_a^b|y|\mathrm{d}x=\int_\alpha^\beta|\psi(t)|\,\varphi'(t)\mathrm{d}t.$$

例5 求由摆线 $x=a(t-\sin t)$，$y=a(1-\cos t)$ 的一拱（$0\le t\le 2\pi$）与横轴所围图形的面积（图6-13）.

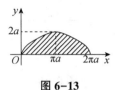

图6-13

解
$$S=\int_0^{2\pi}a(1-\cos t)\cdot a(1-\cos t)\mathrm{d}t$$
$$=a^2\int_0^{2\pi}\left(2\sin^2\frac{t}{2}\right)^2\mathrm{d}t\quad\left(\diamondsuit\frac{t}{2}=\theta\right)$$
$$=8a^2\int_0^\pi\sin^4\theta\mathrm{d}\theta=16a^2\int_0^{\frac{\pi}{2}}\sin^4\theta\mathrm{d}\theta$$
$$=16a^2\cdot\frac{3}{4}\cdot\frac{\pi}{4}=3\pi a^2.$$

注3：对于这种类型的题，首先画出平面区域的大致图形，然后结合图形的具体特点，找出参数的范围，再由积分公式来计算图形的面积.

2）极坐标情形

设围成平面图形的一条曲边由极坐标方程

$$r=r(\theta)\quad(\alpha\le\theta\le\beta)$$

给出，其中 $r(\theta)$ 在 $[\alpha,\beta]$ 上连续，$\beta-\alpha\le 2\pi$. 由曲线 $r=r(\theta)$ 与两条射线 $\theta=\alpha$、$\theta=\beta$ 所围成的图形称为曲边扇形. 考虑如何求曲边扇形（图6-14）的面积.

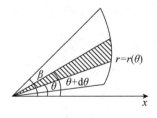

图6-14

应用微元法. 取极角 θ 为积分变量，其变化区间为 $[\alpha,\beta]$. 相应于任一子区间 $[\theta,\theta+\mathrm{d}\theta]$ 的小曲边扇形面积近似于半径为 $r(\theta)$、中心角为 $\mathrm{d}\theta$ 的圆扇形面积，从而得曲边扇形的面积元素为

$$\mathrm{d}S=\frac{1}{2}r^2(\theta)\mathrm{d}\theta.$$

所求面积为

$$S = \frac{1}{2} \int_\alpha^\beta r^2(\theta) \, d\theta.$$

例 6 计算阿基米德螺线 $r = a\theta(a > 0)$ 上相应于 θ 从 0 到 2π 的一段弧与极轴所围成的图形面积（图 6-15）.

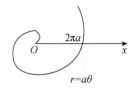

图 6-15

解 所求面积为 $S = \int_0^{2\pi} \frac{1}{2} (a\theta)^2 d\theta = \frac{a^2}{2} \cdot \frac{\theta^3}{3} \Big|_0^{2\pi} = \frac{4}{3}\pi^3 a^2.$

例 7 计算心形线 $r = a(1 + \cos\theta)(a > 0)$ 所围图形的面积（图 6-16）.

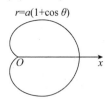

图 6-16

解 由对称性可知，所求面积为

$$S = 2\int_0^\pi \frac{1}{2} a^2 (1 + \cos\theta)^2 d\theta$$

$$= a^2 \int_0^\pi 4\cos^4\left(\frac{\theta}{2}\right) d\theta \quad \left(\diamondsuit \frac{\theta}{2} = t\right)$$

$$= 8a^2 \int_0^{\frac{\pi}{2}} \cos^4 t \, dt = 8a^2 \cdot \frac{3}{4} \cdot \frac{\pi}{4} = \frac{3}{2}\pi a^2.$$

例 8 求由曲线 $r = 3\cos\theta$ 和 $r = 1 + \cos\theta$ 所围图形的公共部分的面积（图 6-17）.

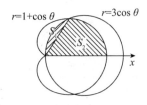

图 6-17

解 由对称性可知，所求面积为 $S = 2(S_1 + S_2)$.

由 $3\cos\theta = 1 + \cos\theta \Rightarrow \theta = \frac{\pi}{3}$.

$$S = 2(S_1 + S_2)$$

$$= 2\left[\int_0^{\frac{\pi}{3}} \frac{1}{2}(1 + \cos\theta)^2 d\theta + \int_{\frac{\pi}{3}}^{\frac{\pi}{2}} \frac{1}{2}(3\cos\theta)^2 d\theta\right] = \frac{5\pi}{4}.$$

注4：计算这种类型的题时，先将图形画出来，然后求出交点的坐标，再由对称性求出图形的面积.

2. 体积

1) 已知平行截面面积的立体体积

设空间某立体夹在垂直于 x 轴的两平面 $x = a$，$x = b(a < b)$ 之间（图 6-18）.

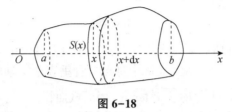

图 6-18

以 $S(x)$ 表示过 $x(a < x < b)$ 且垂直于 x 轴的截面面积. 若 $S(x)$ 为已知的连续函数，则相应于 $[a, b]$ 的任一子区间 $[x, x + \mathrm{d}x]$ 上薄片的体积近似于底面积为 $S(x)$、高为 $\mathrm{d}x$ 的柱体体积，从而得这个立体的体积元素为

$$\mathrm{d}V = S(x)\,\mathrm{d}x.$$

所求体积为

$$V = \int_a^b S(x)\,\mathrm{d}x.$$

例9 设有一截锥体，其高为 h，上下底均为椭圆，椭圆的轴长分别为 $2a$、$2b$ 和 $2A$、$2B$，求这个截锥体的体积（图 6-19）.

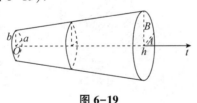

图 6-19

解 取截锥体的中心线为 t 轴，即取 t 为积分变量，其变化区间为 $[0, h]$. 在 $[0, h]$ 上任取一点 t，过 t 且垂直于 t 轴的截面面积记为 πxy. 容易算出

$$x = a + \frac{A - a}{h}t, \quad y = b + \frac{B - b}{h}t.$$

因此，这个截锥体的体积为

$$V = \int_0^h \pi \left(a + \frac{A - a}{h}t\right)\left(b + \frac{B - b}{h}t\right)\mathrm{d}t$$

$$= \frac{\pi h}{6}\left[aB + Ab + 2(ab + AB)\right].$$

例10 一平面经过半径为 R 的圆柱体的底圆中心，并与底面交成角 α，计算此平面截圆柱体所得的立体的体积（图 6-20）.

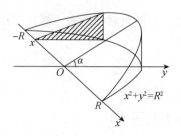

图 6-20

解 取这个平面与圆柱体底面的交线为 x 轴，底面上过圆中心且垂直于 x 轴的直线为 y 轴，那么底圆的方程为 $x^2 + y^2 = R^2$. 立体中过点 x 且垂直于 x 轴的截面是一个直角三角形，两个直角边分别为 $\sqrt{R^2 - x^2}$ 及 $\sqrt{R^2 - x^2} \tan \alpha$. 因而截面积为

$$S(x) = \frac{1}{2}(R^2 - x^2) \tan \alpha.$$

于是，所求的立体体积为

$$V = \int_{-R}^{R} \frac{1}{2}(R^2 - x^2) \tan \alpha \mathrm{d}x = \frac{1}{2} \tan \alpha \left(R^2 x - \frac{1}{3} x^3 \right) \Big|_{-R}^{R} = \frac{2}{3} R^3 \tan \alpha.$$

例 11 求以半径为 R 的圆为底、平行且等于底圆直径的线段为顶、高为 h 的正劈锥体的体积(图 6-21).

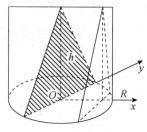

图 6-21

解 取底圆所在的平面为 xOy 平面，圆心为原点，并使 x 轴与正劈锥的顶平行. 底圆的方程为 $x^2 + y^2 = R^2$. 过 x 轴上的点 $x(-R < x < R)$ 作垂直于 x 轴的平面，截正劈锥体得等腰三角形. 这个截面的面积为

$$S(x) = h \cdot y = h \sqrt{R^2 - x^2}.$$

于是，所求正劈锥体的体积为

$$V = \int_{-R}^{R} h \sqrt{R^2 - x^2} \mathrm{d}x = 2R^2 h \int_{0}^{\frac{\pi}{2}} \cos^2 \theta \mathrm{d}\theta = \frac{1}{2} \pi R^2 h.$$

2) 旋转体的体积

旋转体就是由一个平面图形绕这个平面内一条直线旋转一周而成的立体. 这条直线称为旋转轴.

常见的旋转体有圆柱、圆锥、圆台、球体.

旋转体是一类特殊的已知平行截面面积的立体，容易导出它的计算公式.

(1) 由连续曲线 $y = f(x)$，$x \in [a, b]$ 绕 x 轴旋转一周所得的旋转体(图 6-22). 由于过 $x(a \leqslant x \leqslant b)$ 且垂直于 x 轴的截面是半径等于 $f(x)$ 的圆，截面面积为

$$S(x) = \pi f^2(x),$$

所以这个旋转体的体积为

$$V = \int_a^b \pi \left[f(x)\right]^2 \mathrm{d}x.$$

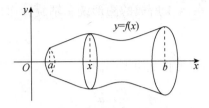

图 6-22

（2）由连续曲线 $x = f(y)$，$y \in [c, d]$ 绕 y 轴旋转一周所得旋转体的体积为

$$V = \int_c^d \pi \left[\varphi(y)\right]^2 \mathrm{d}y.$$

（3）由连续曲线 $y = f(x)$，直线 $x = a$，$x = b(0 \leqslant a \leqslant b)$ 及 x 轴所围成的曲边梯形绕 y 轴旋转一周所形成的旋转体（图 6-23）.

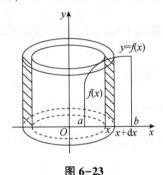

图 6-23

取横坐标 x 为积分变量，与区间 $[a, b]$ 上任一小区间 $[x, x + \mathrm{d}x]$ 相应的窄条图形绕 y 轴旋转所成的旋转体近似于一个圆柱壳，柱壳的高为 $f(x)$，厚为 $\mathrm{d}x$，地面圆周长为 $2\pi x$，故其体积元素 $\mathrm{d}V = 2\pi x |f(x)|$，从而其体积为

$$V = 2\pi \int_a^b x |f(x)| \mathrm{d}x.$$

注：此方法称为柱壳法或套筒法.

例 12 连接坐标原点 O 及点 $P(h, r)$ 的直线、直线 $x = h$ 及 x 轴围成一个直角三角形. 将它绕 x 轴旋转构成一个底半径为 r、高为 h 的圆锥体. 计算这个圆锥体的体积（图 6-24）.

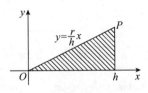

图 6-24

解 直角三角形斜边的直线方程为 $y = \dfrac{r}{h}x.$

所求圆锥体的体积为

$$V = \int_0^h \pi \left(\frac{r}{h} x \right)^2 \mathrm{d}x = \frac{\pi r^2}{h^2} \left(\frac{1}{3} x^3 \right) \bigg|_0^h = \frac{1}{3} \pi h r^2.$$

例 13 计算由椭圆 $\dfrac{x^2}{a^2} + \dfrac{y^2}{b^2} = 1$ 所成的图形绕 x 轴旋转而成的旋转体（旋转椭球体）的体积.

解 这个旋转椭球体也可以看作是由半个椭圆

$$y = \frac{b}{a} \sqrt{a^2 - x^2}$$

及 x 轴围成的图形绕 x 轴旋转而成的立体. 体积元素 $\mathrm{d}V = \pi y^2 \mathrm{d}x$，于是所求旋转椭球体的体积为

$$V = \int_{-a}^a \pi \frac{b^2}{a^2} (a^2 - x^2) \mathrm{d}x = \pi \frac{b^2}{a^2} \left(a^2 x - \frac{1}{3} x^3 \right) \bigg|_{-a}^a = \frac{4}{3} \pi a b^2.$$

特别地，当 $a = b = r$ 时，半径为 r 的球体体积为 $V_{球} = \dfrac{4}{3} \pi r^3$.

例 14 计算由曲线 $y = x^3$ 与直线 $x = 2$、$y = 0$ 所围成的图形分别绕 x 轴、y 轴旋转而成的旋转体的体积.

解 （1）所给图形绕 x 轴旋转而成的旋转体的体积为

$$V_x = \int_0^2 \pi y^2 \mathrm{d}x = \int_0^2 \pi x^6 \mathrm{d}x = \frac{\pi}{7} x^7 \bigg|_0^2 = \frac{128 \pi}{7}.$$

（2）所给图形绕 y 轴旋转而成的旋转体的体积（图 6-25）为

（方法一：柱壳法）

$$V_y = \int_0^2 2 \pi x y \mathrm{d}x = \int_0^2 2 \pi x^4 \mathrm{d}x = \frac{2 \pi}{5} x^5 \bigg|_0^2 = \frac{64 \pi}{5};$$

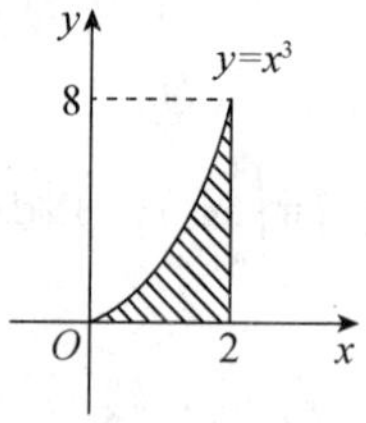

图 6-25

（方法二）

$$V_y = \pi \cdot 2^2 \cdot 8 - \int_0^8 \pi x^2 \mathrm{d}y = 32 \pi - \int_0^8 \pi y^{\frac{2}{3}} \mathrm{d}y$$

$$= 32 \pi - \frac{3 \pi}{5} y^{\frac{5}{3}} \bigg|_0^8 = \frac{64 \pi}{5}.$$

例 15 已知曲线 $y^2 = x - 1$ 与直线 $y = 2$ 和 x 轴、y 轴所围成的图形（图 6-26）.

求：（1）该图形的面积；（2）该图形分别绕 x 轴、y 轴旋转而成的旋转体的体积.

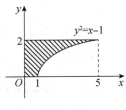

图 6-26

解 (1)该图形的面积为

$$S = \int_0^2 (y^2 + 1)\,\mathrm{d}y = \left(\frac{y^3}{3} + y\right)\Big|_0^2 = \frac{14}{3};$$

或 $S = 2 \times 5 - \int_1^5 y\mathrm{d}x = 10 - \int_1^5 \sqrt{x-1}\,\mathrm{d}x = \frac{14}{3}.$

(2)所给图形绕 x 轴旋转而成的旋转体的体积为

$$V_x = \pi \cdot 2^2 \cdot 5 - \int_1^5 \pi(x-1)\,\mathrm{d}x = 20\pi - \pi\left(\frac{x^2}{2} - x\right)\Big|_1^5 = 12\pi.$$

所给图形绕 y 轴旋转而成的旋转体的体积为

$$V_y = \int_0^2 \pi(y^2 + 1)^2\,\mathrm{d}y = \int_0^2 \pi(y^4 + 2y^2 + 1)\,\mathrm{d}y = \frac{206\pi}{15}.$$

6.5.2 定积分在经济学上的应用

在经济管理中，由边际函数求总函数，一般采用不定积分来解决，或者求一个变上限的定积分；如果求总函数在某个范围的改变量，则采用定积分来解决.

设经济应用函数 $u(x)$ 的边际函数为 $u'(x)$，则有

$$\int_0^x u'(x)\,\mathrm{d}x = u(x)\,\big|_0^x = u(x) - u(0),$$

因此 $u(x) = u(0) + \int_0^x u'(x)\,\mathrm{d}x.$

经济应用函数 $u(x)$ 常为需求函数、生产函数、成本函数、收益函数等. 在经济管理中，可以利用边际函数 $u'(x)$，求出总量函数 $u(x)$ 或 $u(x)$ 在区间 $[a, b]$ 上的改变量 $u(b) - u(a) = u(x)\,\big|_a^b = \int_a^b u'(x)\,\mathrm{d}x.$

例 16 生产某产品的边际成本函数为 $C'(x) = 3x^2 - 14x + 100$，固定成本 $C(0) = 10\,000$，求生产 x 个产品的总成本函数.

解 总成本函数为

$$C(x) = C(0) + \int_0^x C'(x)\,\mathrm{d}x$$

$$= 10\,000 + \int_0^x (3x^2 - 14x + 100)\,\mathrm{d}x$$

$$= 10\,000 + (x^3 - 7x^2 + 100x)\,\big|_0^x$$

$$= 10\,000 + x^3 - 7x^2 + 100x.$$

例 17 已知某产品总产量的变化率为 $Q'(t) = 40 + 12t$（件/天），求从第 5 天到第 10 天

产品的总产量.

解 所求的总产量为

$$Q = \int_5^{10} Q'(t)\,\mathrm{d}t = \int_5^{10}(40 + 12t)\,\mathrm{d}t$$

$$= (40t + 6t^2)\,\big|_5^{10} = 650(件).$$

例18 已知某商品边际收入为 $R'(x) = -0.08x + 25$（万元/t），边际成本为 5（万元/t），求产量 x 从 250 t 增加到 300 t 时总销售收入 $R(x)$、总成本 $C(x)$、总利润 $L(x)$ 的改变量（增量）.

解 首先边际利润为

$$L'(x) = R'(x) - C'(x) = -0.08x + 25 - 5 = -0.08x + 20.$$

因此，依次求出：

$$R(300) - R(250) = \int_{250}^{300} R'(x)\,\mathrm{d}x = \int_{250}^{300}(-0.08x + 25)\,\mathrm{d}x = 150\ (万元);$$

$$C(300) - C(250) = \int_{250}^{300} C'(x)\,\mathrm{d}x = \int_{250}^{300} 5\,\mathrm{d}x = 250\ (万元);$$

$$L(300) - L(250) = \int_{250}^{300} L'(x)\,\mathrm{d}x = \int_{250}^{300}(-0.08x + 20)\,\mathrm{d}x = -100\ (万元).$$

例19 设生产某种商品每天的固定成本为 200 元，边际成本函数 $C'(x) = 0.04x + 2$（元/单位），求总成本函数 $C(x)$. 如果商品的单价为 18 元，且产品供不应求，求总利润函数 $L(x)$，并决策每天生产多少单位可获得最大利润.

解 （1）$C(x) = C(0) + \int_0^x C'(x)\,\mathrm{d}x = 200 + \int_0^x (0.04x + 2)\,\mathrm{d}x = 200 + 0.02x^2 + 2x.$

（2）$L(x) = R(x) - C(x) = 18x - (200 + 0.02x^2 + 2x).$

由 $L'(x) = -0.04x + 16 = 0$，得 $x = 400$.

又 $L''(x) = -0.04 < 0$，故 $L(400) = 3\ 000$ 为极大值，即最大利润.

习题六

1. 比较大小.

（1）$\int_1^2 \ln x\,\mathrm{d}x$，$\int_1^2 (\ln x)^2\,\mathrm{d}x$；

（2）$I_1 = \int_{-\frac{\pi}{2}}^{\frac{\pi}{2}} \dfrac{\sin x}{1 + x^2}\cos^4 x\,\mathrm{d}x$，$I_2 = \int_{-\frac{\pi}{2}}^{\frac{\pi}{2}} (\sin^3 x + \cos^4 x)\,\mathrm{d}x$，$I_3 = \int_{-\frac{\pi}{2}}^{\frac{\pi}{2}} (x^2 \sin^3 x - \cos^4 x)\,\mathrm{d}x$；

（3）$f(x) > 0$，$f'(x) > 0$，$f''(x) > 0$，比较 $f(a)(b - a)$，$\dfrac{f(a) + f(b)}{2}(b - a)$，

$\int_a^b f(x)\,\mathrm{d}x$.

2. $\int_0^2 \sqrt{4 - x^2}\,\mathrm{d}x = \underline{\qquad}$；$\int_{-3}^3 \sqrt{9 - x^2}\,\mathrm{d}x = \underline{\qquad}$.

3. 求：（1）$\left(\int_0^{x^2} \dfrac{\mathrm{d}t}{\sqrt{1 + t^2}}\right)'$；

(2) $\left(\int_{\ln x}^{1} \sin t^2 \mathrm{d}t\right)'$;

(3) $\left(\int_{2x}^{x^3} \cos(\pi t^2) \mathrm{d}t\right)'$;

(4) $\left[\int_{0}^{x}(t^3 - x^3) \sin t \mathrm{d}t\right]'$;

(5) $f(x)$ 是以 T 为周期的周期函数，则 $\dfrac{\mathrm{d}}{\mathrm{d}x}\displaystyle\int_{0}^{T} f(x+y) \mathrm{d}y$.

4. 求：(1) $\displaystyle\lim_{x \to 0} \dfrac{\displaystyle\int_{0}^{x} \sin t^2 \mathrm{d}t}{x(1 - \cos x)}$;

(2) $\displaystyle\lim_{x \to 0} \dfrac{\displaystyle\int_{0}^{\sin^2 x} \ln(1+t) \mathrm{d}t}{\mathrm{e}^{x^4} - 1}$;

(3) $\displaystyle\lim_{x \to 0} \dfrac{\displaystyle\int_{0}^{\sqrt{x}} t^3 \mathrm{e}^{-t^2} \mathrm{d}t}{\displaystyle\int_{x^2}^{0} \mathrm{e}^{-t} \mathrm{d}t}$;

(4) $\displaystyle\lim_{x \to 0} \dfrac{\displaystyle\int_{0}^{x}\left[\int_{0}^{u^2} \arctan(1+t) \mathrm{d}t\right] \mathrm{d}u}{x(1 - \cos x)}$;

(5) 设 $f(x)$ 具有二阶连续导数，且 $f(0) = 0$，$f'(0) \neq 0$，则 $\displaystyle\lim_{x \to 0} \dfrac{\displaystyle\int_{0}^{x^2} f(t) \mathrm{d}t}{x^2 \displaystyle\int_{0}^{x} f(t) \mathrm{d}t}$.

5. $y = f(x)$ 与 $y = \displaystyle\int_{0}^{\arctan x} \mathrm{e}^{-t^2} \mathrm{d}t$ 在 $(0, 0)$ 处相切，求切线，并求 $\displaystyle\lim_{n \to \infty} n \cdot f\left(\dfrac{2}{n}\right)$.

6. 设 $\displaystyle\int_{0}^{y} \mathrm{e}^t \mathrm{d}t + \int_{0}^{x} \cos t \mathrm{d}t = x^2 + y^2$，求 $\dfrac{\mathrm{d}y}{\mathrm{d}x}$.

7. 求 $\begin{cases} x = \displaystyle\int_{0}^{1-t} \mathrm{e}^{-u^2} \mathrm{d}u \\ y = t^2 \ln(2 - t^2) \end{cases}$ 在点 $(0, 0)$ 处的切线.

8. 设 $f(x) = \displaystyle\int_{0}^{x} t(1-t) \mathrm{e}^{-2t} \mathrm{d}t$，求 $f(x)$ 的极值.

9. (1) $x \to 0$，$f(x) = \displaystyle\int_{0}^{\sin x} \sin t^2 \mathrm{d}t$，$g(x) = x^3 + x^4$，这两个无穷小的关系是什么？

(2) 设 $f(x)$ 有连续的导数，$f(0) = 0$，$f'(0) \neq 0$，且当 $x \to 0$ 时，$F(x) = \displaystyle\int_{0}^{x}(\sin^2 x - \sin^2 t) f(t) \mathrm{d}t$ 与 x^k 为同阶无穷小，求常数 k.

10. 设 $F(x)$ 在 $[a, b]$ 上连续，且 $f(x) > 0$，$F(x) = \displaystyle\int_{a}^{x} f(t) \mathrm{d}t + \int_{b}^{x} \dfrac{1}{f(t)} \mathrm{d}t$.

证：(1) $F'(x) \geqslant 2$；(2) $F(x) = 0$ 在 $[a, b]$ 内有且仅有一个根.

11. 设 $f(x)$ 在 $[-1, 1]$ 上连续，且 $f(x) + \displaystyle\int_{0}^{1} f(x) \mathrm{d}x = \dfrac{1}{2} - x^3$，求 $\displaystyle\int_{-1}^{1} f(x) \cdot \sqrt{1 - x^2} \mathrm{d}x$.

12. 设 $f(x)$ 连续，且 $\exists a$，使 $e^{x-1} - x = \int_x^a f(t)\mathrm{d}t$，求 $f(x)$，a.

13. 求：（1）$\int_{-2}^5 |x - 3|\,\mathrm{d}x$；

（2）$\int_0^1 |x(2x - 1)|\,\mathrm{d}x$；

（3）$\int_0^\pi \sqrt{1 + \cos(2x)}\,\mathrm{d}x$；

（4）$\int_{-\frac{\pi}{2}}^{\frac{\pi}{2}} \sqrt{\cos x - \cos^3 x}\,\mathrm{d}x$；

（5）设 $f(x) = \begin{cases} x^2 & x \in [0, 1) \\ x & x \in [1, 2] \end{cases}$，则 $\varPhi(x) = \int_0^x f(t)\mathrm{d}t$ 在 $[0, 2]$ 的表达式是什么，并讨论其连续性；

（6）xOy：$D = \{(x, y)\,|\,0 \leqslant x \leqslant 1,\ 0 \leqslant y \leqslant 1\}$；$l$：$x + y = t(t \geqslant 0)$. 令 $S(t)$ 表示正方形 D 位于直线 l 左下方部分面积，求 $\int_0^x S(t)\mathrm{d}t(x \geqslant 0)$；

（7）设 $f(t) = 6\int_0^1 x|x - t|\,\mathrm{d}x$，求 $f'(t)$；

（8）求 $\int_{-2}^2 \max\{x,\ x^2\}\,\mathrm{d}x$.

14. 求：（1）$\int_0^{\frac{\pi}{2}} x\sin x^2\,\mathrm{d}x$；

（2）$\int_0^1 \frac{x^2}{1 + x^3}\,\mathrm{d}x$；

（3）$\int_1^{e^2} \frac{1}{x\sqrt{1 + \ln x}}\,\mathrm{d}x$；

（4）$\int_0^{\frac{\pi}{2}} \cos x \cdot \sin^7 x\,\mathrm{d}x$；

（5）$\int_0^\pi \frac{\sin x}{1 + \cos^2 x}\,\mathrm{d}x$；

（6）$\int_0^1 e^x \sqrt{1 + e^x}\,\mathrm{d}x$；

（7）$\int_0^1 \frac{\arctan x}{1 + x^2}\,\mathrm{d}x$；

（8）$\int_1^3 \frac{f'(x)}{1 + f^2(x)}\,\mathrm{d}x$.

15. 求：（1）$\int_0^4 \frac{\sqrt{x}}{1 + x}\,\mathrm{d}x$；

（2）$\int_0^2 x^2 \cdot \sqrt{4 - x^2}\,\mathrm{d}x$；

（3）$\int_1^{\sqrt{3}} \frac{1}{x^2\sqrt{1 + x^2}}\,\mathrm{d}x$.

16. 设 $f(x) = \begin{cases} \dfrac{1}{1+\cos x} & -\pi < x < 0 \\ xe^{-x^2} & x \geqslant 0 \end{cases}$, 求 $\int_1^4 f(x-2)\,dx$.

17. 证明：$\int_1^x \dfrac{\ln t}{1+t}dt + \int_1^{\frac{1}{x}} \dfrac{\ln t}{1+t}dt = \dfrac{1}{2}\ln^2 x$.

18. 证明：$\int_0^1 x^m (1-x)^n dx = \int_0^1 x^n (1-x)^m dx \quad (m, n \in \mathbf{N})$.

19. 证明：$\int_0^a f(x)\,dx = \int_0^{\frac{a}{2}} [f(x) + f(a-x)]\,dx$.

20. 证明：若 $f(x)$ 为连续的奇（偶）函数，则 $\int_0^x f(t)\,dt$ 为偶（奇）函数.

21. (1) 设 $F(x) = \int_x^{x+2\pi} e^{\sin x} \cdot \sin x\,dx$，则 $F(x)$ 为（　　　）.

A. 正常数　　　　　B. 负常数　　　　　C. 0　　　　　D. 非常数

(2) 设 $f(x) = \int_0^{x^2} e^{-t^2}dt + \int_0^{-x^2} e^{-t^2}dt - 1$，则 $f(x)$ 为（　　　）.

A. 正常数　　　　　B. 负常数　　　　　C. 0　　　　　D. 非常数

22. 设 $f(x)$、$g(x)$ 在 $[-a, a]$ 上连续，$g(x)$ 为偶函数，且 $f(x) + f(-x) = A$.

(1) 证明：$\int_{-a}^a f(x)g(x)\,dx = A \cdot \int_0^a g(x)\,dx$；

(2) 求 $\int_{-\frac{\pi}{2}}^{\frac{\pi}{2}} |\sin x| \cdot \arctan e^x\,dx$.

23. $f(x)$ 是连续函数，$I = t \cdot \int_0^{\frac{s}{t}} f(tx)\,dx$，$t > 0$，$s > 0$，则 I 的值（　　　）.

A. 依赖于 s，t　　　　　　　　B. 依赖于 s，t，x

C. 依赖于 t，x，不依赖于 s　　　D. 依赖于 s，不依赖于 t

24. 设 $f(x)$ 是连续函数，且 $\int_0^x t \cdot f(x-t)\,dt = e^x - x - 1$，求 $f(x)$.

25. 设 $f(x)$ 是连续函数，且 $\int_0^x f(x-t) \cdot e^t\,dt = \sin x$，求 $f(x)$.

26. 求：(1) $\int_0^{\frac{\pi}{2}} x\cos x\,dx$；

(2) $\int_0^{\frac{\pi}{2}} x^2 \sin x\,dx$；

(3) $\int_1^4 \dfrac{\ln x}{\sqrt{x}}dx$；

(4) $\int_0^1 e^{-\sqrt{x}}\,dx$.

27. $f(x)$ 的一个原函数是 $\dfrac{\ln x}{x}$，求 $\int_1^2 x \cdot f'(x)\,dx$.

28. 设 $f(x) = \int_1^{x^2} \dfrac{\sin t}{t}dt$，求 $\int_0^1 x \cdot f(x)\,dx$.

29. 设 $f(x)$ 在 $[a, b]$ 上连续，且 $f(a) = f(b) = 0$，$\int_a^b f^2(x)\mathrm{d}x = 1$，求 $\int_a^b x \cdot f(x) \cdot f'(x)\mathrm{d}x$.

30. $f(x)$，$g(x)$ 在 $[a, b]$ 上连续，则

(1) 证明：$\left(\int_a^b f(x)g(x)\mathrm{d}x\right)^2 \leqslant \int_a^b f^2(x)\mathrm{d}x \cdot \int_a^b g^2(x)\mathrm{d}x$；

(2) 若 $f(x) > 0$，证明：$\int_a^b f(x)\mathrm{d}x \cdot \int_a^b \dfrac{\mathrm{d}x}{f(x)} \geqslant (b - a)^2$.

31. $f(x)$ 在 $[a, b]$ 上连续，且在 (a, b) 上可导，$f'(x) \leqslant M$，$f(a) = 0$.

证明：$\int_a^b f(x)\mathrm{d}x \leqslant \dfrac{1}{2}M(b - a)^2$.

32. 证明：设 $f(x)$ 是 $[a, b]$ 上的正值连续函数，则在 (a, b) 内至少存在一点 ξ，使

$$\int_a^\xi f(x)\mathrm{d}x = \int_\xi^b f(x)\mathrm{d}x = \frac{1}{2}\int_a^b f(x)\mathrm{d}x.$$

33. 设 $f(x)$ 为连续函数，证明：$\int_0^x f(t)(x - t)\mathrm{d}t = \int_0^x \left[\int_0^t f(u)\mathrm{d}u\right]\mathrm{d}t$.

34. 求曲线 $y = x(x - 1)(x - 2)$ 与 x 轴所围图形的面积 S.

35. $y = 3 - x^2$、$y = 2x$，求两条曲线围成的面积 S.

36. $y = \sin x$、$y = \sin(2x)$，$x \in [0, \pi]$，求两条曲线围成的面积 S.

37. $y^2 = 3x$、$y^2 = 4 - x$，求两条曲线围成的面积 S.

38. $y = x^3 - 6x$、$y = x^2$，求两条曲线围成的面积 S.

39. 设 $y = bx - x^2(b > 0)$ 与 x 轴所围被 $y = ax^2(a > 0)$ 分成面积相等两部分，求证：a 是与 b 无关的常数，并求 a 的值.

40. 求 $\rho = 1 + \cos\theta$ 与 x 轴围成的面积 S.

41. 求摆线 $\begin{cases} x = a(t - \sin t) \\ y = a(1 - \cos t) \end{cases} (a \leqslant t \leqslant 2\pi)$ 与 $y = 0$ 围成的面积 S.

42. $\rho = 1$、$\rho = 2\cos\theta$，求两条曲线围成的面积 S.

43. $y = x^3$、$x = 2$、$y = 0$，求三条线围成的面积 S，以及该图形绕 x 轴旋转形成旋转体的体积 V_x 和绕 y 轴旋转形成旋转体的体积 V_y.

44. $y = \sin x(0 \leqslant x \leqslant \pi)$、$y = 0$，求两条曲线围成的面积 S，以及该图形绕 x 轴旋转形成旋转体的体积 V_x 和绕 y 轴旋转形成旋转体的体积 V_y.

45. $y = x^2$、$x = y^2$，求两条曲线围成的面积 S，以及该图形绕 x 轴旋转形成旋转体的体积 V_x 和绕 y 轴旋转形成旋转体的体积 V_y.

46. $y = \mathrm{e}^x$、过原点的切线、$x = 0$，求三条线围成的面积 S，以及该图形绕 x 轴旋转形成旋转体的体积 V_x 和绕 y 轴旋转形成旋转体的体积 V_y.

47. 过 $y = x^2(x > 0)$ 上某点 A 作切线，使之与曲线及 x 轴所围面积为 $\dfrac{1}{12}$.

(1) 求点 A 及切线；(2) 求其绕 x 轴旋转形成图形的体积 V_x.

48. 设 D_1：$y = 2x^2$、$x = a$、$x = 2$、$y = 0$；D_2：$y = 2x^2$、$y = 0$、$x = a(0 < a < 2)$.

(1) 求 D_1 绕 x 轴旋转形成图形的体积 V_1，求 D_2 绕 y 轴旋转形成图形的体积 V_2.

(2)求当 a 为何值时使 $V_2 + V_1$ 最大？最大值为多少？

49. 求 $y = 1 - x^2$ 在 $(0, 1)$ 内的一条切线，使它与两坐标轴和抛物线所围图形面积最小.

50. 曲线 $y = ax^2 + bx + c$ 过 $(0, 0)$，当 $x \in [0, 1]$ 时 $y \geqslant 0$，确定 a，b，c，使 $y = ax^2 + bx + c$ 与 $x = 1$、$y = 0$ 所围面积为 $\dfrac{4}{9}$，且使该图形绕 x 轴旋转而成的旋转体体积最小.

51. 求 $x^2 + y^2 \leqslant a$ 绕 $x = -b(b > a > 0)$ 旋转而成的旋转体体积 V.

52. 设某产品生产 Q 个单位，边际收益 $R' = 20 - \dfrac{Q}{10}(Q \geqslant 0)$.

(1)求生产 40 个单位产品时总收益和平均收益；

(2)求从生产 40 个单位产品到 60 个单位产品时的总收益.

53. 投产某产品的固定成本为 36 万元，且成本对产量 x 的变化率(边际成本) $C'(x) = 2x + 40$(万元/百台). 试求产量由 4(百台)增至 6(百台)时总成本的增值，以及产量为多少时，可使平均成本达到最低？

习题六答案

1. (1) $\displaystyle\int_1^2 \ln x \mathrm{d}x > \int_1^2 (\ln x)^2 \mathrm{d}x$;   (2) $I_2 > I_1 > I_3$;

(3) $f(a)(b - a) < \displaystyle\int_a^b f(x)\mathrm{d}x < \dfrac{f(a) + f(b)}{2}(b - a)$.

2. π; $\dfrac{9}{2}\pi$.

3. (1) $\dfrac{2x}{\sqrt{1 + x^4}}$;   (2) $-\dfrac{\sin(\ln x)^2}{x}$;

(3) $3x^2\cos(\pi x^6) - 2\cos(4\pi x^2)$;   (4) $3x^2(\cos x - 1)$;   (5) 0.

4. (1) $\dfrac{2}{3}$;   (2) $\dfrac{1}{2}$;   (3) $-\dfrac{1}{4}$;   (4) $\dfrac{\pi}{6}$;   (5) 1.

5. $y = x$, 2.

6. $y' = \dfrac{2x - \cos x}{\mathrm{e}^y - 2y}$.

7. $y = 2x$.

8. $f(0)$, $f(1)$.

9. (1)同阶非等价；(2)4.

10. 略.

11. $\dfrac{3\pi}{16}$.

12. $f(x) = 1 - \mathrm{e}^{x-1}$, $a = 1$.

13. (1) $\dfrac{29}{2}$;   (2) $\dfrac{1}{4}$;   (3) $2\sqrt{2}$;   (4) $\dfrac{10}{3}$;   (5)(6)(7)略;   (8) $\dfrac{11}{2}$.

14. (1) $\dfrac{1}{2} - \dfrac{1}{2}\cos\dfrac{\pi^2}{4}$;   (2) $\dfrac{\ln 2}{3}$;

(3) $2\sqrt{3} - 2$;　　　　　　　　　　　　　(4) $\dfrac{1}{8}$;

(5) $\dfrac{\pi}{2}$;　　　　　　　　　　　　　　(6) $\dfrac{2}{3}(1 + e)^{\frac{3}{2}} - \dfrac{2}{3} \cdot 2^{\frac{3}{2}}$;

(7) $\dfrac{\pi^2}{32}$;　　　　　　　　　　　　　(8) $\arctan f(3) - \arctan f(1)$.

15. (1) $4 - 2\arctan 2$;　　　　　　　　(2) π;

(3) $\sqrt{2} - \dfrac{2}{3}\sqrt{3}$.

16. $\tan\dfrac{1}{2} - \dfrac{1}{2}e^{-4} + \dfrac{1}{2}$.

17~20. 略.

21. (1) A;　(2) B.

22. 略.

23. D.

24. e^x.

25. $\cos x - \sin x$.

26. (1) $\dfrac{\pi}{2} - 1$;　　(2) $\pi - 2$;　　(3) $8\ln 2 - 4$;　　(4) $2 - \dfrac{4}{e}$.

27. $-\dfrac{1}{2} - \ln 2$.

28. $\dfrac{1}{2}(\cos 1 - 1)$.

29. $-\dfrac{1}{2}$.

30~33. 略.

34. $\dfrac{1}{2}$.

35. $\dfrac{32}{3}$.

36. $\dfrac{5}{2}$.

37. $\dfrac{16}{3}\sqrt{3}$.

38. $\dfrac{253}{12}$.

39. $a = \sqrt{2} - 1$.

40. $\dfrac{3}{2}\pi$.

41. $3\pi a^2$.

42. $\dfrac{2}{3}\pi - \dfrac{\sqrt{3}}{2}$.

43. $S = 4$, $V_x = \dfrac{128\pi}{7}$, $V_y = \dfrac{64\pi}{5}$.

44. $S = 2$, $V_x = \dfrac{\pi^2}{2}$, $V_y = 2\pi^2$.

45. $S = \dfrac{1}{3}$, $V_x = \dfrac{3}{10}\pi$, $V_y = \dfrac{3}{10}\pi$.

46. 略.

47. （1）$A(1,1)$, $y = 2x - 1$;　　　　（2）$V_x = \dfrac{\pi}{30}$.

48. （1）$\dfrac{4}{5}\pi(32 - a^5)$, πa^4;　　　　（2）$a = 1$, $\dfrac{129\pi}{5}$.

49. $y = -\dfrac{2\sqrt{3}}{3}x + \dfrac{4}{3}$.

50. $a = -\dfrac{5}{3}$, $b = 2$, $c = 0$.

51. $2\pi^2 a^2 b$.

52. （1）720，18;　　　　（2）300.

53. 100万，6百台.

第7章
多元函数微分学及其应用

实际问题经常涉及多个变量相互联系、相互依赖、相互制约的情形，仅仅用一元函数微积分的方法还不足以解决问题. 因此，本章在一元函数的基础上，讨论多元函数微分法. 多元函数和一元函数有着密切的联系，一元函数的大多数概念和定理能相应地推广到多元函数上，有些概念和定理还可以得到进一步发展. 在学习多元函数微分学的概念、定理及处理问题的方法时，应与一元函数微分学的相应概念、定理及处理问题的方法进行对比分析.

尽管多元函数微分学有很多内容与一元函数微分学类似，但也有不尽相同之处，学习时对此要加以注意.

§7.1 空间解析几何基础知识

用代数的方法研究空间图形就是空间解析几何，它是平面解析几何的推广. 本节为学习多元函数微积分学做准备，简单介绍空间解析几何. 这里首先引入空间直角坐标系，将点和有序数组、空间图形和代数方程联系起来，给数和代数方程以几何直观意义，从而利用代数方法研究空间图形的性质和相互关系.

7.1.1 空间直角坐标系

1. 空间直角坐标系

在空间取定一点 O 和三个两两垂直的单位向量 i、j、k，就确定了三条都以 O 为原点的两两垂直的数轴，依次记为 x 轴(横轴)、y 轴(纵轴)、z 轴(竖轴)，统称为坐标轴. 它们构成一个空间直角坐标系，称为 $Oxyz$ 坐标系.

对于空间直角坐标系，通常将 x 轴和 y 轴配置在水平面上，而 z 轴则是铅垂线；三条坐标轴上的长度单位相同；符合右手规则，即右手的拇指、食指和中指伸成相互垂直的状态，若拇指、食指分别指向 x 轴、y 轴正向时，中指正好指向 z 轴正向(图 7-1).

空间直角坐标系中，任意两个坐标轴可以确定一个平面，这种平面称为坐标面. x 轴及 y 轴所确定的坐标面叫作 xOy 面，另两个坐标面是 yOz 面和 zOx 面. 三个坐标面把空间分成 8 个部分，每一部分叫作卦限，含有三个正半轴的卦限叫作第一卦限，它位于 xOy 面的上方. 在 xOy 面的上方，按逆时针方向排列着第二卦限、第三卦限和第四卦限. 在 xOy 面的下方，与第一卦限对应的是第五卦限，按逆时针方向还排列着第六卦限、第七卦限和第八卦限(图 7-2). 8 个卦限分别用字母 Ⅰ、Ⅱ、Ⅲ、Ⅳ、Ⅴ、Ⅵ、Ⅶ、Ⅷ表示.

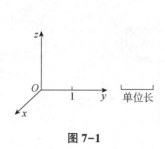

图 7-1

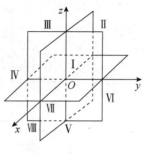

图 7-2

建立空间直角坐标系后，可以将空间中的任意点与有序数组 (x, y, z) 对应起来. 对于空间中任意一点 M，过点 M 作三个平面，分别垂直于 x 轴、y 轴、z 轴，且与这三个轴分别交于 P、Q、R 三点，如图 7-3 所示. 设 $OP = x$，$OQ = y$，$OR = z$，则点 M 就确定了一个有序组数 (x, y, z). 反之，对给定的有序数组 (x, y, z)，也可以在三个坐标轴上找到相应的点，过这三点分别作垂直于坐标轴的平面，三张平面的交点就是 (x, y, z) 所对应的点（图 7-3）. 于是，空间任意一点 M 和一个三元有序数组 (x, y, z) 建立了一一对应关系，称 (x, y, z) 是点 M 的坐标，记为 $M(x, y, z)$.

显然，坐标面上的点和坐标轴上的点，其坐标有一定的特殊性. 例如，当点 M 在 yOz 面上时，必有 $x = 0$；同样地，zOx 面上的点，必有 $y = 0$；xOy 面上的点，必有 $z = 0$. 如果点 M 在 x 轴上，则 $y = z = 0$；同样 y 上的点，坐标中 $z = x = 0$；z 轴上的点，坐标中 $x = y = 0$. 如果点 M 为原点，则 $x = y = z = 0$.

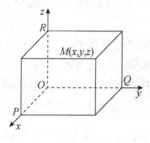

图 7-3

2. 空间中两点间的距离

设 $M_1(x_1, y_1, z_1)$、$M_2(x_2, y_2, z_2)$ 为空间两点，为了用两点的坐标来表示它们间的距离 d，我们过 M_1、M_2 各作三个分别垂直于三条坐标轴的平面. 这 6 个平面围成一个以 M_1、M_2 为对角线的长方体（图 7-4）. 根据勾股定理，有

$$|M_1M_2|^2 = |M_1N|^2 + |NM_2|^2$$
$$= |M_1P|^2 + |M_1Q|^2 + |M_1R|^2.$$

由于

$$|M_1P| = |P_1P_2| = |x_2 - x_1|,$$
$$|M_1Q| = |Q_1Q_2| = |y_2 - y_1|,$$
$$|M_1R| = |R_1R_2| = |z_2 - z_1|,$$

所以，$d = |M_1M_2| = \sqrt{(x_2 - x_1)^2 + (y_2 - y_1)^2 + (z_2 - z_1)^2}$，这就是两点间的距离公式.

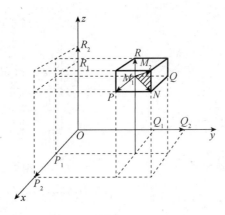

图 7-4

特别地，点 $M(x, y, z)$ 与坐标原点 $O(0, 0, 0)$ 的距离为

$$d = |OM| = \sqrt{x^2 + y^2 + z^2}.$$

7.1.2 空间中常见曲面及其方程

1. 曲面方程的概念

在空间解析几何中，任何曲面都可以看作点的几何轨迹.

> **定义** 如果曲面 S 与三元方程
> $$F(x, y, z) = 0$$
> 有下述关系：
> (1)曲面 S 上任一点的坐标都满足方程 $F(x, y, z) = 0$；
> (2)不在曲面 S 上的点的坐标都不满足方程 $F(x, y, z) = 0$；
> 那么，方程 $F(x, y, z) = 0$ 就叫作曲面 S 的方程，而曲面 S 就叫作方程 $F(x, y, z) = 0$ 的图形.

例1 建立球心在点 $M_0(x_0, y_0, z_0)$、半径为 R 的球面的方程.

解 设 $M(x, y, z)$ 是球面上的任一点，那么

$$|M_0M| = R,$$

即

$$\sqrt{(x - x_0)^2 + (y - y_0)^2 + (z - z_0)^2} = R,$$

或

$$(x - x_0)^2 + (y - y_0)^2 + (z - z_0)^2 = R^2.$$

这就是球面上的点的坐标所满足的方程，而不在球面上的点的坐标都不满足这个方程. 因此，

$$(x - x_0)^2 + (y - y_0)^2 + (z - z_0)^2 = R^2$$

就是球心在点 $M_0(x_0, y_0, z_0)$、半径为 R 的球面的方程.

特殊地，球心在原点 $O(0, 0, 0)$、半径为 R 的球面的方程为

$$x^2 + y^2 + z^2 = R^2.$$

例2 设有点 $A(1, 2, 3)$ 和 $B(2, -1, 4)$，求线段 AB 的垂直平分面的方程.

解　由题意，所求平面为到点 A 和点 B 等距离的点的几何轨迹．设 $M(x, y, z)$ 为所求平面上的任一点，则有

$$|AM| = |BM|,$$

即

$$\sqrt{(x-1)^2 + (y-2)^2 + (z-3)^2} = \sqrt{(x-2)^2 + (y+1)^2 + (z-4)^2}.$$

化简得

$$2x - 6y + 2z - 7 = 0.$$

显然，平面上的点的坐标满足该方程，平面外的点的坐标不满足该方程，所以方程即所求平面方程．

不难证明，三元一次方程

$$Ax + By + Cz + D = 0$$

在空间表示平面，其中 A、B、C、D 均为常数，且 A、B、C 不全为 0．反之，任意一个三元一次方程在空间可以确定一张平面．例如，当 $A = B = D = 0$，而 $C \neq 0$ 时，得平面方程 $z = 0$，也就是 xOy 平面．当 $A \neq 0$，$B \neq 0$，$C = D = 0$ 时，得平面方程 $Cz + D = 0$．该平面垂直于 xOy 平面，且 z 轴在该平面上．

2. 柱面

下面从具体例子进行分析．

例3　方程 $x^2 + y^2 = R^2$ 表示何种曲面？

解　方程 $x^2 + y^2 = R^2$ 在 xOy 平面上表示以原点为圆心，以 R 为半径的圆．由于方程不含变量 z，故 z 可任意取值，而变量 x 与 y 满足 $x^2 + y^2 = R^2$．过 xOy 面上的圆 $x^2 + y^2 = R^2$ 作平行于 z 轴的直线 l，则直线 l 上的点都满足方程 $x^2 + y^2 = R^2$，因此这个曲面可看作由平行于 z 轴的直线 l 沿 xOy 面上的圆 $x^2 + y^2 = R^2$ 移动而形成的．该曲面叫作圆柱面，xOy 面上的圆 $x^2 + y^2 = R^2$ 叫作它的准线，平行于 z 轴的直线 l 叫作它的母线，如图 7-5 所示．

一般地，只含 x、y 而缺 z 的方程 $F(x, y) = 0$，在空间直角坐标系中表示母线平行于 z 轴的柱面，其准线是 xOy 面上的曲线 C：$F(x, y) = 0$，如图 7-6 所示．

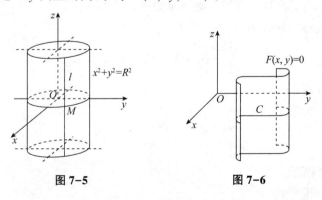

图 7-5　　　　　图 7-6

例如，方程 $y^2 = 2x$ 表示母线平行于 z 轴的柱面，它的准线是 xOy 面上的抛物线 $y^2 = 2x$，该柱面叫作抛物柱面，如图 7-7 所示．

又如，方程 $x - y = 0$ 表示母线平行于 z 轴的柱面，其准线是 xOy 面的直线 $x - y = 0$，因此

它是过 z 轴的平面，如图 7-8 所示.

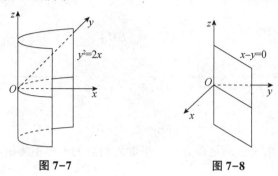

图 7-7   图 7-8

类似地，只含 x、z 而缺 y 的方程 $G(x, z) = 0$ 和只含 y、z 而缺 x 的方程 $H(y, z) = 0$ 分别表示母线平行于 y 轴和 x 轴的柱面.

例如，方程 $x - z = 0$ 表示母线平行于 y 轴的柱面，其准线是 zOx 面上的直线 $x - z = 0$，因此它是过 y 轴的平面.

3. 二次曲面

将三元二次方程

$$a_{11}x^2 + a_{22}y^2 + a_{33}z^2 + 2a_{12}xy + 2a_{13}xz + 2a_{23}yz + 2a_1x + 2a_2y + 2a_3z + a_0 = 0$$

确定的曲面称为二次曲面，其中二次项系数 $a_{ij}(i, j = 1, 2, 3)$ 不全为 0. 平面是一次曲面.

用坐标面和平行于坐标面的平面与曲面相截，通过综合分析交线的形状，进而了解曲面形状的方法叫作截痕法. 将曲面方程经过配方和适当选取空间直角坐标系后，可以得到几类二次曲面的标准形式.

（1）球面标准形式为

$$x^2 + y^2 + z^2 = R^2 \quad (R > 0).$$

（2）椭球面标准形式为

$$\frac{x^2}{a^2} + \frac{y^2}{b^2} + \frac{z^2}{c^2} = 1 \quad (a, b, c > 0).$$

特别地，$a = b = c = R$ 时为球面. 椭球面图形如图 7-9 所示.

（3）单叶双曲面标准形式为

$$\frac{x^2}{a^2} + \frac{y^2}{b^2} - \frac{z^2}{c^2} = 1 \quad (a, b, c > 0),$$

图形如图 7-10 所示.

（4）双叶双曲面标准形式为

$$\frac{x^2}{a^2} - \frac{y^2}{b^2} - \frac{z^2}{c^2} = 1 \quad (a, b, c > 0),$$

图形如图 7-11 所示.

（5）椭圆锥面标准形式为

$$\frac{x^2}{a^2} + \frac{y^2}{b^2} = z^2 \quad (a, b, c > 0),$$

图形如图 7-12 所示.

（6）椭圆抛物面标准形式为

$$\frac{x^2}{a^2} + \frac{y^2}{b^2} = z \quad (a,\ b,\ c > 0),$$

图形如图 7-13 所示.

（7）双曲抛物面（马鞍面）标准形式为

$$\frac{x^2}{a^2} - \frac{y^2}{b^2} = z \quad (a,\ b,\ c > 0),$$

图形如图 7-14 所示.

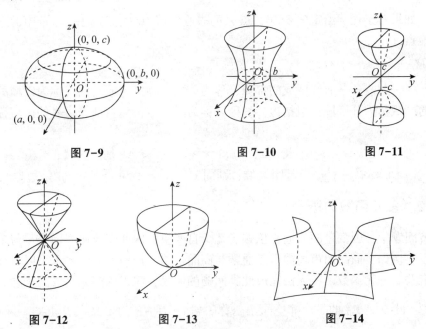

图 7-9　　　　　　　图 7-10　　　　　　　图 7-11

图 7-12　　　　　　　图 7-13　　　　　　　图 7-14

§7.2　多元函数的极限与连续性

7.2.1　平面区域的概念及其解析表示

1. 邻域

坐标平面上具有某种性质 P 的点的集合，称为平面点集，记作

$$E = \{(x,\ y)\ |\ (x,\ y) \text{具有性质} P\}.$$

设 $P_0(x_0,\ y_0)$ 是 xOy 平面上的一个点，δ 是某一正数. 与点 $P_0(x_0,\ y_0)$ 距离小于 δ 的点 $P(x,\ y)$ 的全体，称为点 P_0 的 δ 邻域，记为 $U(P_0,\ \delta)$，即

$$U(P_0,\ \delta) = \{P\ |\ |PP_0| < \delta\} \text{ 或 } U(P_0,\ \delta) = \{(x,\ y)\ |\ \sqrt{(x-x_0)^2 + (y-y_0)^2} < \delta\}.$$

邻域的几何意义：$U(P_0,\ \delta)$ 表示 xOy 平面上以点 $P_0(x_0,\ y_0)$ 为中心，以 $\delta>0$ 为半径的圆的内部的点 $P(x,\ y)$ 的全体.

点 P_0 的去心 δ 邻域，记作 $\mathring{U}(P_0,\ \delta)$，即

$$\mathring{U}(P_0, \delta) = \{P \mid 0 < |PP_0| < \delta\}.$$

点 P 与点集 E 之间的关系：

内点：如果存在点 P 的某一邻域 $U(P)$，使 $U(P) \subset E$，则称点 P 为 E 的内点．

外点：如果存在点 P 的某一邻域 $U(P)$，使 $U(P) \cap E = \varnothing$，则称点 P 为 E 的外点．

边界点：如果点 P 的任一邻域内既有属于 E 的点，也有不属于 E 的点，则称点 P 为 E 的边界点．

E 的边界点的全体，称为 E 的边界，记作 ∂E．

E 的内点必属于 E；E 的外点必定不属于 E；E 的边界点可能属于 E，也可能不属于 E．

聚点：如果对于任意给定的 $\delta > 0$，点 P 的去心邻域 $\mathring{U}(P, \delta)$ 内总有 E 中的点，则称点 P 为 E 的聚点．

2. 区域

平面上由一条或几条曲线围成的部分，称为区域．围成区域的曲线称为区域的边界．不包括边界的区域称为开区域；包括边界的区域称为闭区域；包括部分边界的区域称为半开半闭区域．

例如，$\{(x, y) \mid x + y > 0\}$ 及 $\{(x, y) \mid 1 < x^2 + y^2 < 4\}$ 是开区域；$\{(x, y) \mid x + y \geq 0\}$ 及 $\{(x, y) \mid 1 \leq x^2 + y^2 \leq 4\}$ 是闭区域；圆周 $x^2 + y^2 = 1$ 和 $x^2 + y^2 = 4$ 是边界．

7.2.2 多元函数的概念

在经济问题中，因变量的值通常依赖于几个自变量，因此需要研究因变量与多个自变量之间的关系．例如，商品的市场需求量通常与商品价格、消费者的收入水平以及替代品的价格等因素有关．一元函数已经无法完成此类问题的研究，需引入多元函数的概念．

> **定义** 设 D 是 $\mathbf{R}^2$ 的一个非空子集，称映射 $f: D \to \mathbf{R}$ 为定义在 D 上的二元函数，通常记为
> $$z = f(x, y), \ (x, y) \in D \ (\text{或} \ z = f(P), \ P \in D)$$
> 其中，点集 D 为该函数的定义域；x，y 为自变量；z 为因变量．

上述定义中，与自变量 x、y 的一对值 (x, y) 相对应的因变量 z 的值，也称为 f 在点 (x, y) 处的函数值，记作 $f(x, y)$，即 $z = f(x, y)$．

仿照一元函数的定义域，下面给出二元函数的定义域．对于二元函数 $z = f(x, y)$，使这个算式有确定值 z 的自变量所确定的点集称为该函数的定义域．例如，函数 $z = \ln(x + y)$ 的定义域为 $\{(x + y) \mid x + y > 0\}$；函数 $z = \arcsin(x^2 + y^2)$ 的定义域为 $\{(x + y) \mid x^2 + y^2 \leq 1\}$．

由空间解析几何可知，线性函数 $z = ax + by + c$ 的图形是一张平面；由方程 $x^2 + y^2 + z^2 = a^2$ 所确定的函数 $z = f(x, y)$ 的图形是球心在圆点、半径为 a 的球面，它的定义域是圆形闭区域 $D = \{(x, y) \mid x^2 + y^2 \leq a^2\}$．对于 D 内任一点 (x, y)，函数有两个对应值：一个为 $\sqrt{a^2 - x^2 - y^2}$；另一个为 $-\sqrt{a^2 - x^2 - y^2}$．将多值函数拆分为两个单值函数：$z = \sqrt{a^2 - x^2 - y^2}$ 和 $z = -\sqrt{a^2 - x^2 - y^2}$，分别表示上半球面和下半球面．今后的学习中仅讨论单值函数，如遇多值函数，可将其拆成多个单值函数再分别加以讨论．

例 1 设 Z 为居民人均消费收入，$Y > 0$ 为国民收入总额，整数 $P > 0$ 为总人口数，则

$$Z = S_1 S_2 \frac{Y}{P}.$$

其中，S_1 为消费部分在国民收入总额中所占比例；S_2 为居民消费在消费总额中所占比例.

显然，给定有序数组 (Y, P)，总有唯一确定的实数 Z 与之对应. 因此，$Z = Z(Y, P) = S_1 S_2 \frac{Y}{P}$ 是以 Y、P 为自变量，以 Z 为因变量的二元函数. 定义域为 $\{(Y, P) \mid Y > 0, P > 0(整数)\}$，值域为 $\{Z \mid Z > 0\}$. 该函数反映居民人均消费收入依赖于国民收入总额和总人口数.

例 2 设 $f(x + y, x - y) = x^2 + y^2 - xy$，求 $f(x, y)$.

解 令 $u = x + y$，$v = x - y$，则

$$f(u, v) = \frac{(x + y)^2 + (x - y)^2}{2} - \frac{(x + y)^2 - (x - y)^2}{4} = \frac{u^2 + 3v^2}{4}.$$

因此，

$$f(x, y) = \frac{x^2 + 3y^2}{4}.$$

7.2.3 二元函数的极限

与一元函数的极限概念类似，如果在 $P(x, y) \to P_0(x_0, y_0)$ 的过程中，对应的函数值 $f(x, y)$ 无限接近于一个确定的常数 A，则称 A 是函数 $f(x, y)$ 当 $(x, y) \to (x_0, y_0)$ 时的极限.

定义 设二元函数 $f(P) = f(x, y)$ 的定义域为 D，$P_0(x_0, y_0)$ 是 D 的聚点. 如果存在常数 A，对于任意给定的正数 $\varepsilon > 0$，总存在正数 δ，使当 $P(x, y) \in D \cap \mathring{U}(P_0, \delta)$ 时，都有

$$|f(P) - A| = |f(x, y) - A| < \varepsilon$$

成立，则称常数 A 为函数 $f(x, y)$ 当 $(x, y) \to (x_0, y_0)$ 时的极限，记为

$$\lim_{(x, y) \to (x_0, y_0)} f(x, y) = A, \quad 或 f(x, y) \to A \quad ((x, y) \to (x_0, y_0)),$$

也记作

$$\lim_{P \to P_0} f(P) = A \text{ 或 } f(P) \to A \quad (P \to P_0).$$

上述定义的极限也称为二重极限.

例 3 设 $f(x, y) = (x^2 + y^2) \sin \dfrac{1}{x^2 + y^2}$ $(x^2 + y^2 \neq 0)$，求证：

$$\lim_{\substack{x \to 0 \\ y \to 0}} f(x, y) = 0.$$

证 因为 $\left| (x^2 + y^2) \sin \dfrac{1}{x^2 + y^2} - 0 \right| = |(x^2 + y^2)| \left| \sin \dfrac{1}{x^2 + y^2} \right| \leqslant x^2 + y^2$，可见，对任给 $\varepsilon > 0$，取 $\delta = \sqrt{\varepsilon}$，则当 $0 < \sqrt{(x - 0)^2 + (y - 0)^2} < \delta$ 时，总有

$$\left| (x^2 + y^2) \sin \dfrac{1}{x^2 + y^2} - 0 \right| < \varepsilon$$

成立，所以，$\lim\limits_{x \to x_0} f(x, y) = 0$.

二重极限存在是指 $P(x, y)$ 以任何方式趋于 $P_0(x_0, y_0)$ 时，函数都无限接近于 A. 因此，当 $P(x, y)$ 以某一特殊曲线趋于 $P_0(x_0, y_0)$ 时，即使函数无限接近某一确定值，也无法断定函数的极限存在. 反过来，如果当 $P(x, y)$ 以不同方式趋于 $P_0(x_0, y_0)$ 时，函数趋于不同的值，就可以说明函数的极限不存在.

例 4 讨论函数 $f(x, y) = \begin{cases} \dfrac{xy}{x^2 + y^2} & x^2 + y^2 \neq 0 \\ 0 & x^2 + y^2 = 0 \end{cases}$ 在点 $(0, 0)$ 处有无极限.

解 当点 $P(x, y)$ 沿 x 轴趋于点 $(0, 0)$ 时，$\lim\limits_{x \to 0} f(x, 0) = \lim\limits_{x \to 0} 0 = 0$；又当点 $P(x, y)$ 沿 y 轴趋于点 $(0, 0)$ 时，$\lim\limits_{y \to 0} f(0, y) = \lim\limits_{y \to 0} 0 = 0$.

虽然点 $P(x, y)$ 以上述两种特殊方式（沿 x 轴或沿 y 轴）趋于原点时，函数的极限存在并且相等. 但当点 $P(x, y)$ 沿着直线 $y = kx$ 趋于点 $(0, 0)$ 时，有

$$\lim\limits_{\substack{x \to 0 \\ y = kx \to 0}} \frac{xy}{x^2 + y^2} = \lim\limits_{x \to 0} \frac{kx^2}{x^2 + k^2 y^2} = \frac{k}{1 + k^2}.$$

当 k 取不同值时，极限不唯一，因此 $\lim\limits_{\substack{x \to 0 \\ y \to 0}} f(x, y)$ 的极限不存在.

例 5 求下列函数的极限.

(1) $\lim\limits_{\substack{x \to 0 \\ y \to a}} \dfrac{\sin xy}{x}$；　(2) $\lim\limits_{\substack{x \to +\infty \\ y \to +\infty}} \left(\dfrac{xy}{x^2 + y^2} \right)^{x^2 y^2}$；　(3) $\lim\limits_{\substack{x \to 0 \\ y \to 0}} \dfrac{(y - x)x}{\sqrt{x^2 + y^2}}$.

解 (1) $\lim\limits_{\substack{x \to 0 \\ y \to a}} \dfrac{\sin xy}{x} = \lim\limits_{\substack{x \to 0 \\ y \to a}} \dfrac{\sin xy}{xy} \cdot y = \lim\limits_{\substack{x \to 0 \\ y \to a}} \dfrac{\sin xy}{xy} \cdot \lim\limits_{\substack{x \to 0 \\ y \to a}} y = a.$

(2) 设 $x > 0$, $y > 0$，则由 $0 < \dfrac{xy}{x^2 + y^2} \leq \dfrac{1}{2}$ 得

$$0 < \left(\frac{xy}{x^2 + y^2} \right)^{x^2 y^2} \leq \left(\frac{1}{2} \right)^{x^2 y^2} \to 0 (x \to +\infty, y \to +\infty) \Rightarrow \lim\limits_{\substack{x \to +\infty \\ y \to +\infty}} \left(\frac{xy}{x^2 + y^2} \right)^{x^2 y^2} = 0.$$

(3) $\lim\limits_{\substack{x \to 0 \\ y \to 0}} \dfrac{(y - x)x}{\sqrt{x^2 + y^2}} \xlongequal{x = \rho\cos\theta, y = \rho\sin\theta} \lim\limits_{\substack{\rho \to 0 \\ \forall \theta}} \rho(\sin\theta - \cos\theta) \cdot \cos\theta = 0.$

从以上例题可以看出，二重极限要比一元函数极限问题复杂. 值得注意的是，二重极限不是二次极限：二次极限存在，二重极限不一定存在；而二重极限存在，二次极限也不一定存在.

例如，$\lim\limits_{x \to \infty} \lim\limits_{y \to \infty} \dfrac{x + y}{x - y} = -1$，$\lim\limits_{y \to \infty} \lim\limits_{x \to \infty} \dfrac{x + y}{x - y} = 1$，而 $\lim\limits_{\substack{x \to \infty \\ y \to \infty}} \dfrac{x + y}{x - y}$ 不存在.

又如，$\lim\limits_{\substack{x \to \infty \\ y \to \infty}} \left(\dfrac{1}{x}\sin y + \dfrac{1}{y}\sin x \right) = 0$，而 $\lim\limits_{y \to \infty} \lim\limits_{x \to \infty} \left(\dfrac{1}{x}\sin y + \dfrac{1}{y}\sin x \right) = 0$ 不存在.

7.2.4 二元函数的连续性

在二元函数极限概念的基础上，下面来定义二元函数的连续性.

> **定义** 设二元函数 $f(P) = f(x, y)$ 的定义域为 D，$P_0(x_0, y_0)$ 为 D 的聚点，且 $P_0 \in D$. 如果
> $$\lim_{(x, y) \to (x_0, y_0)} f(x, y) = f(x_0, y_0),$$
> 则称函数 $f(x, y)$ 在点 $P_0(x_0, y_0)$ 处连续.
>
> 如果函数 $f(x, y)$ 在 D 的每一点处都连续，那么就称函数 $f(x, y)$ 在 D 上连续，或者称 $f(x, y)$ 是 D 上的连续函数.

一元函数中关于极限的运算法则，对于多元函数仍然适用；根据极限运算法则，可以证明多元连续函数的和、差、积均为连续函数；在分母不为零处，连续函数的商是连续函数. 多元连续函数的复合函数也是连续函数.

类似一元初等函数，由一个式子表示的多元函数称为多元初等函数. 这个式子是由多元多项式及基本初等函数经过有限次四则运算和复合步骤所构成的（这里指出，基本初等函数是一元初等函数，在构成多元初等函数时，它必须与多元函数复合）. 由连续函数的和、差、积、商的连续性以及连续函数的复合的连续性，得出以下结论：一切多元初等函数在其定义区域内是连续的. 多元函数的定义区域是指包含在定义域内的区域或闭区域.

例 6 求 $\displaystyle\lim_{(x, y) \to (0, 0)} \frac{\sqrt{xy + 1} - 1}{xy}$.

解
$$\lim_{(x, y) \to (0, 0)} \frac{\sqrt{xy + 1} - 1}{xy} = \lim_{(x, y) \to (0, 0)} \frac{(\sqrt{xy + 1} - 1)(\sqrt{xy + 1} + 1)}{xy(\sqrt{xy + 1} + 1)}$$
$$= \lim_{(x, y) \to (0, 0)} \frac{1}{\sqrt{xy + 1} + 1} = \frac{1}{2}.$$

例 7 讨论函数 $z = f(x, y) = \begin{cases} (x^2 + y^2) \sin \dfrac{1}{\sqrt{x^2 + y^2}} & x^2 + y^2 = 0 \\ 0 & x^2 + y^2 \neq 0 \end{cases}$ 的连续性.

解 由于 $\displaystyle\lim_{\substack{x \to 0 \\ y \to 0}} (x^2 + y^2) \sin \frac{1}{\sqrt{x^2 + y^2}} \xupdownarrow{x = \rho\cos\theta, \ y = \rho\sin\theta} \lim_{\substack{\rho \to 0 \\ \forall \theta}} \rho^2 \sin \frac{1}{\rho} = 0$,

又 $f(0, 0) = 0$，所以函数在 $(0, 0)$ 处连续.

有界闭区域上的二元连续函数有最值定理与介值定理，具体如下：

最值定理：有界闭区域 D 上的二元连续函数，在其定义域内必能取到最大值和最小值.

介值定理：有界闭区域 D 上的二元连续函数，可以取得介于最大值与最小值之间的任意给定数值.

§7.3 偏导数

在研究一元函数时，我们从研究函数的变化率引入了导数概念. 对于多元函数同样需要讨论它的变化率，但多元函数的自变量不止一个，因变量与自变量的关系要比一元函数复杂得多. 首先考虑多元函数关于其中一个自变量的变化率.

7.3.1　偏导数的概念

以二元函数 $z = f(x, y)$ 为例，如果只有 x 变化，y 固定为常量，这时得到关于 x 的一元函数，该函数对 x 的导数称为二元函数 z 对于 x 的偏导数.

> **定义**　设函数 $z = f(x, y)$ 在点 (x_0, y_0) 的某一邻域内有定义，当 y 固定在 y_0 而 x 在 x_0 处有增量 Δx 时，相应地，函数有增量 $f(x_0 + \Delta x, y_0) - f(x_0, y_0)$，如果
>
> $$\lim_{\Delta x \to 0} \frac{f(x_0 + \Delta x, y_0) - f(x_0, y_0)}{\Delta x} \tag{7.1}$$
>
> 存在，则称此极限为函数 $z = f(x, y)$ 在点 (x_0, y_0) 处对 x 的偏导数，记作 $\left. \dfrac{\partial z}{\partial x} \right|_{\substack{x=x_0 \\ y=y_0}}$，
>
> $\left. \dfrac{\partial f}{\partial x} \right|_{\substack{x=x_0 \\ y=y_0}}$, $\left. z_x \right|_{\substack{x=x_0 \\ y=y_0}}$ 或 $f_x(x_0, y_0)$.
>
> 类似地，函数 $z = f(x, y)$ 在点 (x_0, y_0) 处对 y 的偏导数定义为
>
> $$\lim_{\Delta y \to 0} \frac{f(x_0, y_0 + \Delta y) - f(x_0, y_0)}{\Delta y}, \tag{7.2}$$
>
> 记作 $\left. \dfrac{\partial z}{\partial y} \right|_{\substack{x=x_0 \\ y=y_0}}$, $\left. \dfrac{\partial f}{\partial y} \right|_{\substack{x=x_0 \\ y=y_0}}$, $\left. z_y \right|_{\substack{x=x_0 \\ y=y_0}}$ 或 $f_y(x_0, y_0)$.

如果函数 $z = f(x, y)$ 在区域 D 内每一点 (x, y) 处对 x 的偏导数都存在，那么这个偏导数就是 x、y 的函数，称为函数 $z = f(x, y)$ 对自变量 x 的偏导数，记作 $\dfrac{\partial z}{\partial x}$, $\dfrac{\partial f}{\partial x}$, z_x 或 $f_x(x, y)$.

类似地，可以定义函数 $z = f(x, y)$ 对自变量 y 的偏导数，记作 $\dfrac{\partial z}{\partial y}$, $\dfrac{\partial f}{\partial y}$, z_y 或 $f_y(x, y)$.

由偏导数的概念可知，$f(x, y)$ 在点 (x_0, y_0) 处对 x 的偏导数 $f_x(x_0, y_0)$ 是偏导函数 $f_x(x, y)$ 在点 (x_0, y_0) 处的函数值；$f_y(x_0, y_0)$ 是偏导函数 $f_y(x, y)$ 在点 (x_0, y_0) 处的函数值. 习惯上，将偏导函数简称为偏导数.

在计算 $z = f(x, y)$ 的偏导数时，由于仅有一个自变量在变动，其余自变量固定，所以计算方法可参照一元函数求导，如求 $\dfrac{\partial f}{\partial x}$ 时，将 y 看作常量而对 x 求导数；求 $\dfrac{\partial f}{\partial y}$ 时，将 x 看作常量而对 y 求导数.

例 1　设 $z = x^3 y^2 - 3xy^3 - xy + 1$，求 $\dfrac{\partial z}{\partial x}$ 及 $\dfrac{\partial z}{\partial y}$.

解　$\dfrac{\partial z}{\partial x} = 3x^2 y^2 - 3y^3 - y$, $\dfrac{\partial z}{\partial y} = 2x^3 y - 9xy^2 - x$.

例 2　求下列函数的一阶偏导数.

$(1)\ z = xy + \dfrac{x^2}{y}$;　　　　　　　　　$(2)\ z = \left(\dfrac{x}{y}\right)^3$;

（3）$z = \tan\dfrac{y}{x} \cdot \sin(xy)$； （4）$z = (x + \sin y)^{xy}$.

解 （1）$\dfrac{\partial z}{\partial x} = y + \dfrac{2x}{y}$；$\dfrac{\partial z}{\partial y} = x + \dfrac{-x^2}{y^2}$；

（2）$\dfrac{\partial z}{\partial x} = \dfrac{3x^2}{y^3}$；$\dfrac{\partial z}{\partial y} = \dfrac{-x^3 \cdot 3y^2}{y^6} = \dfrac{-3x^3}{y^4}$；

（3）$\dfrac{\partial z}{\partial x} = \sec^2\dfrac{y}{x} \cdot \left(-\dfrac{y}{x^2}\right) \cdot \sin(xy) + y\tan\dfrac{y}{x}\cos(xy)$；

$\quad \dfrac{\partial z}{\partial y} = \dfrac{1}{x} \cdot \sin(xy) \cdot \sec^2\dfrac{y}{x} + x\tan\dfrac{y}{x}\cos(xy)$；

（4）$\dfrac{\partial z}{\partial x} = \mathrm{e}^{xy\ln(x+\sin y)} \cdot \left(y \cdot \ln(x + \sin y) + xy \cdot \dfrac{1}{x + \sin y}\right)$

$\quad = y \cdot (x + \sin y)^{xy} \cdot \left[\ln(x + \sin y) + \dfrac{x}{x + \sin y}\right]$；

$\quad \dfrac{\partial z}{\partial y} = \mathrm{e}^{xy\ln(x+\sin y)} \cdot \left[x \cdot \ln(x + \sin y) + xy \cdot \dfrac{\cos y}{x + \sin y}\right]$

$\quad = x \cdot (x + \sin y)^{xy}\left[\ln(x + \sin y) + \dfrac{y\cos y}{x + \sin y}\right]$.

例3 计算下列函数在给定点处的偏导数.

（1）$z = \arctan\dfrac{y}{x}$，求 $z_x(1, -1)$、$z_y(1, -1)$；

（2）$z = \mathrm{e}^{x+y^2}$，求 $z_x(1, 0)$、$z_y(1, 0)$；

（3）$z = xy + (x - 1)\tan\sqrt[3]{\dfrac{y}{x}}$，求 $z_x(1, 0)$、$z_y(1, 0)$.

解 （1）$z_x(1, -1) = \left.\dfrac{1}{1 + \left(\dfrac{y}{x}\right)^2} \cdot \left(-\dfrac{y}{x^2}\right)\right|_{(1, -1)} = \dfrac{1}{2}$；

$\quad z_y(1, -1) = \left.\dfrac{1}{1 + \left(\dfrac{y}{x}\right)^2} \cdot \dfrac{1}{x}\right|_{(1, -1)} = \dfrac{1}{2}$.

（2）$z_x(1, 0) = \mathrm{e}^{x+y^2}\big|_{(1, 0)} = \mathrm{e}$；$z_y(1, 0) = \mathrm{e}^{x+y^2} \cdot (2y)\big|_{(1, 0)} = 0$.

（3）$z(x, 0) = 0$，$z_x(x, 0) = 0$；$z(1, y) = y$，$z_y(1, y) = 1$；$z_x(1, 0) = 0$，$z_y(1, 0) = 1$.

7.3.2 偏导数在经济学中的简单应用

在一元函数微分学中，我们引出了边际和弹性的概念，来分别表示经济函数在一点的变化率和相对变化率．这些概念也可以推广到多元函数微分学中，建立多元函数的弹性分析．这种弹性被称为偏弹性，它在经济学中被赋予了丰富的经济含义．

设甲、乙两种商品存在某种关系，需求函数分别为

$$q_1 = q_1(p_1, p_2, Y), \quad q_2 = q_2(p_1, p_2, Y).$$

其中，p_1、q_1 为甲商品的价格和需求量；p_2、q_2 为乙商品的价格和需求量；Y 为消费者收入；$\dfrac{\partial q_i}{\partial p_i}(i = 1, 2)$ 为 q_i 关于其自身价格 p_i 的边际需求，而 $\dfrac{\partial q_1}{\partial p_2}$ 为 q_1 关于相关商品价格 p_2 的边际需求，即当乙商品的价格 p_2 变动时甲商品需求量的变化率．同样地，$\dfrac{\partial q_2}{\partial p_1}$ 有类似意义．另外，$\dfrac{\partial q_i}{\partial Y}(i = 1, 2)$ 表示 q_i 对 Y 的边际需求．

当乙商品价格 p_2 和消费者收入 Y 不变，甲商品的价格 p_1 变化时，甲和乙的需求量 q_1、q_2 关于 p_1 的偏弹性为

$$E_{11} = \lim_{\Delta p_1 \to 0} \frac{\Delta_1 q_1 / q_1}{\Delta p_1 / p_1} = \frac{p_1}{q_1} \frac{\partial q_1}{\partial p_1} = \frac{\partial \ln q_1}{\partial \ln p_1},$$

$$E_{21} = \lim_{\Delta p_1 \to 0} \frac{\Delta_1 q_2 / q_2}{\Delta p_1 / p_1} = \frac{p_1}{q_2} \frac{\partial q_2}{\partial p_1} = \frac{\partial \ln q_2}{\partial \ln p_1}.$$

其中，$\Delta_1 q_i = q_i(p_1 + \Delta p_1, p_2, Y) - q_i(p_1, p_2, Y)$ $(i = 1, 2)$．

类似地，当甲商品价格 p_1 和消费者收入 Y 不变，乙商品的价格 p_2 变化时，甲和乙的需求量 q_1、q_2 关于 p_2 的偏弹性为

$$E_{12} = \frac{p_2}{q_1} \frac{\partial q_1}{\partial p_2} = \frac{\partial \ln q_1}{\partial \ln p_2}, \quad E_{22} = \frac{p_2}{q_2} \frac{\partial q_2}{\partial p_2} = \frac{\partial \ln q_2}{\partial \ln p_2}.$$

E_{11}、E_{22} 是商品的需求量对自身价格的偏弹性，称为直接价格偏弹性（或自价格弹性）；E_{12}、E_{21} 是甲（乙）商品的需求量对其余商品价格的偏弹性，称为交叉价格偏弹性（或互价格弹性）．

值得注意的是，偏弹性 $E_{ij}(i, j = 1, 2)$ 的取值可正可负．一般地，自价格弹性 $E_{ii} < 0$ 表示商品提价，需求量会降低．进一步地，$|E_{ii}| > 1$ 表示该商品提价的百分数小于其需求量下降的百分数，如奢侈品；$|E_{ii}| < 1$ 表明该商品为必需品．互价格弹性取值的不同，则反映了两种商品之间的相关性，具有明确的经济意义．以 E_{12} 的取值为例，$E_{12} > 0$ 表示乙商品提价时甲商品的需求量会增加，说明甲商品是乙商品的替代品；$E_{12} < 0$ 说明甲商品是乙商品的相关品（互补品）；$E_{12} = 0$ 说明甲商品和乙商品是独立商品．

例 4 某商品的需求函数为 $q_2 = 120 - 2p_2 + 15p_1$，求 $p_1 = 10$，$p_2 = 15$ 时商品的交叉价格偏弹性．

解 将 $\dfrac{\partial q_2}{\partial p_1} = 15$，$q_2 = 120 - 2 \times 15 + 15 \times 10 = 240$，代入交叉价格偏弹性公式，得

$$E_{12} = \frac{\partial q_2}{\partial p_1} \frac{p_1}{q_2} = 15 \times \frac{10}{240} = 0.625.$$

7.3.3 二阶偏导数

设函数 $z = f(x, y)$ 在区域 D 内具有偏导数，即

$$\frac{\partial z}{\partial x} = f_x(x, y), \quad \frac{\partial z}{\partial y} = f_y(x, y),$$

那么在 D 内 $f_x(x, y)$、$f_y(x, y)$ 都是 x 和 y 的函数．如果这两个函数的偏导数也存在，则称

它们是函数 $z = f(x, y)$ 的二阶偏导数. 按照对变量求导次序的不同有下列 4 个二阶偏导数:

$$\frac{\partial}{\partial x}\left(\frac{\partial z}{\partial x}\right) = \frac{\partial^2 z}{\partial x^2} = f_{xx}(x, y), \quad \frac{\partial}{\partial y}\left(\frac{\partial z}{\partial x}\right) = \frac{\partial^2 z}{\partial x \partial y} = f_{xy}(x, y),$$

$$\frac{\partial}{\partial x}\left(\frac{\partial z}{\partial y}\right) = \frac{\partial^2 z}{\partial y \partial x} = f_{yx}(x, y), \quad \frac{\partial}{\partial y}\left(\frac{\partial z}{\partial y}\right) = \frac{\partial^2 z}{\partial y^2} = f_{yy}(x, y).$$

其中, 第二、三个偏导数称为混合偏导数. 同样可得三阶、四阶以及 n 阶偏导数.

例 5 设 $z = x^3 y^2 - 3xy^3 - xy + 1$, 求 $\dfrac{\partial^2 z}{\partial x^2}$、$\dfrac{\partial^2 z}{\partial y \partial x}$、$\dfrac{\partial^2 z}{\partial x \partial y}$、$\dfrac{\partial^2 z}{\partial y^2}$ 及 $\dfrac{\partial^3 z}{\partial x^3}$.

解 $\dfrac{\partial z}{\partial x} = 3x^2 y^2 - 3y^3 - y$, $\dfrac{\partial z}{\partial y} = 2x^3 y - 9xy^2 - x$;

$\dfrac{\partial^2 z}{\partial x^2} = 6xy^2$, $\dfrac{\partial^2 z}{\partial y \partial x} = 6x^2 y - 9y^2 - 1$;

$\dfrac{\partial^2 z}{\partial x \partial y} = 6x^2 y - 9y^2 - 1$, $\dfrac{\partial^2 z}{\partial y^2} = 2x^3 - 18xy$;

$\dfrac{\partial^3 z}{\partial x^3} = 6y^2$.

上例中两个混合偏导数相等, 即 $\dfrac{\partial^2 z}{\partial y \partial x} = \dfrac{\partial^2 z}{\partial x \partial y}$, 这并非偶然. 事实上, 我们有下述定理.

定理 如果函数 $z = f(x, y)$ 的两个二阶混合偏导数 $\dfrac{\partial^2 z}{\partial y \partial x}$ 及 $\dfrac{\partial^2 z}{\partial x \partial y}$ 在区域 D 内连续, 那么在该区域内这两个二阶混合偏导数必相等.

换句话说, 二阶混合偏导数在连续的条件下与求导的次序无关. 这个定理的证明略.

例 6 求下列函数的二阶偏导数 $\dfrac{\partial^2 z}{\partial x^2}$、$\dfrac{\partial^2 z}{\partial y^2}$、$\dfrac{\partial^2 z}{\partial x \partial y}$.

(1) $z = x\ln(x + y)$;　　　　　　(2) $z = x^2 \arctan \dfrac{y}{x} - y^2 \arctan \dfrac{x}{y}$.

解 (1) $\dfrac{\partial^2 z}{\partial x^2} = \dfrac{x + 2y}{(x + y)^2}$, $\dfrac{\partial^2 z}{\partial x \partial y} = \dfrac{y}{(x + y)^2}$, $\dfrac{\partial^2 z}{\partial y^2} = \dfrac{-x}{(x + y)^2}$.

(2) $\dfrac{\partial^2 z}{\partial x^2} = 2\arctan \dfrac{y}{x} - \dfrac{2xy}{x^2 + y^2}$, $\dfrac{\partial^2 z}{\partial x \partial y} = \dfrac{x^2 - y^2}{x^2 + y^2}$, $\dfrac{\partial^2 z}{\partial y^2} = -2\arctan \dfrac{x}{y} + \dfrac{2xy}{x^2 + y^2}$.

§7.4　全微分

7.4.1　全微分的概念

二元函数对某个自变量的偏导数表示当另一个自变量固定时, 因变量相对于该自变量的变化率. 根据一元函数微分学中增量与微分的关系, 可得

$$f(x + \Delta x, y) - f(x, y) \approx f_x(x, y)\Delta x,$$
$$f(x, y + \Delta y) - f(x, y) \approx f_y(x, y)\Delta y.$$

上面两式的左端分别叫作二元函数对 x 和对 y 的偏增量，而右端分别叫作二元函数对 x 和对 y 的偏微分．实际问题中，有时需要研究多元函数中各个自变量都取得增量时因变量所获得的增量，即所谓全增量的问题．下面以二元函数为例进行讨论．

设函数 $z = f(x, y)$ 在点 $P(x, y)$ 的某一邻域内有定义，并设 $P'(x + \Delta x, y + \Delta y)$ 为该邻域内的任一点，则称这两点的函数值之差 $f(x + \Delta x, y + \Delta y) - f(x, y)$ 为函数在点 P 对应于自变量增量 Δx、Δy 的全增量，记作 Δz，即

$$\Delta z = f(x + \Delta x, y + \Delta y) - f(x, y).$$

仿照一元函数的微分，我们希望用自变量的增量 Δx、Δy 的线性函数来近似地代替函数的全增量 Δz，从而引入以下定义：

> **定义** 如果函数 $z = f(x, y)$ 在点 $P(x, y)$ 的全增量 $\Delta z = f(x + \Delta x, y + \Delta y) - f(x, y)$ 可表示为
>
> $$\Delta z = A\Delta x + B\Delta y + o(\rho),$$
>
> 其中 A、B 不依赖于 Δx、Δy，而仅与 x、y 有关，且 $\rho = \sqrt{(\Delta x)^2 + (\Delta y)^2}$，则称函数 $z = f(x, y)$ 在点 $P(x, y)$ 可微分，而 $A\Delta x + B\Delta y$ 称为函数 $z = f(x, y)$ 在点 $P(x, y)$ 的全微分，记作 $\mathrm{d}z$，即
>
> $$\mathrm{d}z = A\Delta x + B\Delta y.$$

7.4.2 函数可微的充分条件和必要条件

定理（必要条件） 如果函数 $z = f(x, y)$ 在点 $P(x, y)$ 可微，则该函数在点 $P(x, y)$ 的偏导数 $\dfrac{\partial z}{\partial x}$、$\dfrac{\partial z}{\partial y}$ 必定存在，且函数 $z = f(x, y)$ 在点 $P(x, y)$ 的全微分为

$$\mathrm{d}z = \frac{\partial z}{\partial x}\Delta x + \frac{\partial z}{\partial y}\Delta y.$$

证 设函数 $z = f(x, y)$ 在点 $P(x, y)$ 可微，对于点 P 的某个邻域内的任一点 $P'(x + \Delta x, y + \Delta y)$，$\Delta z = A\Delta x + B\Delta y + o(\rho)$. 特别地，当 $\Delta y = 0$ 时，有 $\rho = |\Delta x|$，因此

$$f(x + \Delta x, y) - f(x, y) = A \cdot \Delta x + o(|\Delta x|).$$

上式两边各除以 Δx，再令 $\Delta x \to 0$ 而取极限，得

$$\lim_{\Delta x \to 0} \frac{f(x + \Delta x, y) - f(x, y)}{\Delta x} = A,$$

从而偏导数 $\dfrac{\partial z}{\partial x}$ 存在，且等于 A. 同样可证 $\dfrac{\partial z}{\partial y} = B$.

偏导数存在是可微的必要条件，但不是充分条件．习惯上，我们将自变量的增量 Δx、Δy 分别记作 $\mathrm{d}x$、$\mathrm{d}y$，并分别称为自变量 x、y 的微分．这样，函数 $z = f(x, y)$ 的全微分就可以写为

$$\mathrm{d}z = \frac{\partial z}{\partial x}\mathrm{d}x + \frac{\partial z}{\partial y}\mathrm{d}y.$$

定理（充分条件） 如果函数 $z = f(x, y)$ 的偏导数 $\dfrac{\partial z}{\partial x}$、$\dfrac{\partial z}{\partial y}$ 在点 $P(x, y)$ 处连续，则函数在该点可微．

证明：因为我们只限于讨论在某一区域内有定义的函数（对于偏导数也如此），所以假设偏导数在点 $P(x,y)$ 处连续，就含有偏导数在该点的某一邻域内必然存在的意思（以后凡说到偏导数在某一点连续均应如此理解）. 设点 $P'(x+\Delta x,\ y+\Delta y)$ 为该邻域内任一点，考察函数的全增量 $\Delta z = f(x+\Delta x,\ y+\Delta y) - f(x,\ y) = [f(x+\Delta x,\ y+\Delta y) - f(x,\ y+\Delta y)] + [f(x,\ y+\Delta y) - f(x,\ y)]$.

由拉格朗日中值定理，得

$$f(x+\Delta x,\ y+\Delta y) - f(x,\ y+\Delta y) = f_x(x,\ y)\Delta x + \varepsilon_1 \Delta x,$$
$$f(x,\ y+\Delta y) - f(x,\ y) = f_y(x,\ y)\Delta y + \varepsilon_2 \Delta y.$$

其中，ε_1 为 Δx 的函数，且当 $\Delta x \to 0$，$\Delta y \to 0$ 时，$\varepsilon_1 \to 0$；ε_2 为 Δy 的函数，且当 $\Delta y \to 0$ 时，$\varepsilon_2 \to 0$.

全增量为

$$\Delta z = f_x(x,\ y)\Delta x + f_y(x,\ y)\Delta y + \varepsilon_1 \Delta x + \varepsilon_2 \Delta y,$$

由 $\left| \dfrac{\varepsilon_1 \Delta x + \varepsilon_2 \Delta y}{\rho} \right| \leqslant |\varepsilon_1| + |\varepsilon_2|$，$\Delta x \to 0$，$\Delta y \to 0$，即 $\rho \to 0$ 时 $\dfrac{\Delta z}{\rho} \to 0$. 这就证明了 $z = f(x,\ y)$ 在点 $P(x,\ y)$ 是可微的.

例 1　计算函数 $z = x^2 y + y^2$ 的全微分.

解　因为 $\dfrac{\partial z}{\partial x} = 2xy$，$\dfrac{\partial z}{\partial y} = x^2 + 2y$，所以

$$dz = 2xy dx + (x^2 + 2y) dy.$$

例 2　计算函数 $z = e^{xy}$ 在点 $(2,\ 1)$ 处的全微分.

解　因为 $\dfrac{\partial z}{\partial x} = y e^{xy}$，$\dfrac{\partial z}{\partial y} = x e^{xy}$，代入得 $\dfrac{\partial z}{\partial x}\Big|_{\substack{x=2\\y=1}} = e^2$，$\dfrac{\partial z}{\partial y}\Big|_{\substack{x=2\\y=1}} = 2e^2$，所以

$$dz = e^2 dx + 2e^2 dy.$$

例 3　求下列函数的全微分.

(1) $z = x^y - 2\sqrt{xy}$；

(2) $z = e^{x^2 y} + xy^2 + \sin(xy)$；

(3) $z = \dfrac{1}{x^2 + y^2} e^{xy}$；

(4) $z = (x^2 + y^2) e^{-\arctan \frac{y}{x}}$.

解　(1) $dz = \dfrac{\partial z}{\partial x} dx + \dfrac{\partial z}{\partial y} dy$

$$= (y x^{y-1} - \sqrt{y} x^{-\frac{1}{2}}) dx + (x^y \ln x - \sqrt{x} y^{-\frac{1}{2}}) dy.$$

(2) $dz = \dfrac{\partial z}{\partial x} dx + \dfrac{\partial z}{\partial y} dy$

$$= [e^{x^2 y} \cdot 2xy + y^2 + y\cos(xy)] dx + [e^{x^2 y} \cdot x^2 + 2xy + x\cos(xy)] dy.$$

(3) $dz = \dfrac{\partial z}{\partial x} dx + \dfrac{\partial z}{\partial y} dy$

$$= \left[\dfrac{-2x e^{xy}}{(x^2 + y^2)^2} + \dfrac{y e^{xy}}{x^2 + y^2} \right] dx + \left[\dfrac{-2y e^{xy}}{(x^2 + y^2)^2} + \dfrac{x e^{xy}}{x^2 + y^2} \right] dy.$$

(4) 因为 $\dfrac{\partial z}{\partial x} = 2x e^{-\arctan \frac{y}{x}} + (x^2 + y^2) e^{-\arctan \frac{y}{x}} \dfrac{-1}{1 + \left(\dfrac{y}{x}\right)^2} \cdot \dfrac{-y}{x^2}$，

$$\frac{\partial z}{\partial y} = 2y\mathrm{e}^{-\arctan\frac{y}{x}} + (x^2 + y^2)\mathrm{e}^{-\arctan\frac{y}{x}}\frac{-1}{1 + \left(\dfrac{y}{x}\right)^2} \cdot \frac{1}{x},$$

所以 $\mathrm{d}z = (2x + y)\mathrm{e}^{-\arctan\frac{y}{x}}\mathrm{d}x + (2y - x)\mathrm{e}^{-\arctan\frac{y}{x}}\mathrm{d}y.$

7.4.3 全微分在近似计算中的应用

当二元函数 $z = f(x, y)$ 在点 $P(x, y)$ 处的两个偏导数 $f_x(x, y)$、$f_y(x, y)$ 连续，并且 $|\Delta x|$、$|\Delta y|$ 都较小时，有近似等式

$$\Delta z \approx \mathrm{d}z = f_x(x, y)\Delta x + f_y(x, y)\Delta y,$$

即

$$f(x + \Delta x, y + \Delta y) \approx f(x, y) + f_x(x, y)\Delta x + f_y(x, y)\Delta y.$$

我们可以利用上述近似等式近似计算二元函数.

例 4 计算 $(1.04)^{2.02}$ 的近似值.

解 设函数 $f(x, y) = x^y$. 取 $x = 1$，$y = 2$，$\Delta x = 0.04$，$\Delta y = 0.02$，由于

$$f(x + \Delta x, y + \Delta y) \approx f(x, y) + f_x(x, y)\Delta x + f_y(x, y)\Delta y$$
$$= x^y + yx^{y-1}\Delta x + x^y\ln x\Delta y,$$

所以

$$(1.04)^{2.02} \approx 1^2 + 2 \times 1^{2-1} \times 0.04 + 1^2 \times \ln 1 \times 0.02 = 1.08.$$

例 5 求函数 $z = \dfrac{x}{\sqrt{x^2 + y^2}}$ 在给定点与给定 Δx、Δy 的全微分.

(1) 点 $(0, 1)$，$\Delta x = 0.1$，$\Delta y = 0.2$；

(2) 点 $(1, 0)$，$\Delta x = 0.2$，$\Delta y = 0.1$.

解 (1) $\mathrm{d}z = \dfrac{\sqrt{y^2 + x^2} - x \cdot \dfrac{1}{2} \cdot \dfrac{2x}{\sqrt{x^2 + y^2}}}{x^2 + y^2}\Delta x + \dfrac{-x\dfrac{\dfrac{1}{2} \cdot 2x}{\sqrt{x^2 + y^2}}}{x^2 + y^2}\Delta y = 0.1 + 0 = 0.1;$

(2) $\mathrm{d}z = \dfrac{\sqrt{y^2 + x^2} - x \cdot \dfrac{1}{2} \cdot \dfrac{2x}{\sqrt{x^2 + y^2}}}{x^2 + y^2}\Delta x + \dfrac{-x\dfrac{\dfrac{1}{2} \cdot 2x}{\sqrt{x^2 + y^2}}}{x^2 + y^2}\Delta y = 0 - 0.1 = -0.1.$

§7.5 复合函数的微分法

7.5.1 多元复合函数求导法则

定理 如果函数 $u = \phi(t)$ 及 $v = \psi(t)$ 都在点 t 处可导，函数 $z = f(u, v)$ 在对应点 (u, v) 处具有连续偏导数，则复合函数 $z = f[\phi(t), \psi(t)]$ 在点 t 处可导，且有

$$\frac{\mathrm{d}z}{\mathrm{d}t} = \frac{\partial z}{\partial u}\frac{\mathrm{d}u}{\mathrm{d}t} + \frac{\partial z}{\partial v}\frac{\mathrm{d}v}{\mathrm{d}t}.$$

证明：因为 $z = f(u, v)$ 具有连续的偏导数，所以它是可微的，则

$$\mathrm{d}z = \frac{\partial z}{\partial u}\mathrm{d}u + \frac{\partial z}{\partial v}\mathrm{d}v.$$

又 $u = \phi(t)$ 及 $v = \psi(t)$ 都可导，因而可微，即

$$\mathrm{d}u = \frac{\mathrm{d}u}{\mathrm{d}t}\mathrm{d}t, \ \ \mathrm{d}v = \frac{\mathrm{d}v}{\mathrm{d}t}\mathrm{d}t,$$

代入上式，整理得

$$\mathrm{d}z = \frac{\partial z}{\partial u}\frac{\mathrm{d}u}{\mathrm{d}t}\mathrm{d}t + \frac{\partial z}{\partial v}\frac{\mathrm{d}v}{\mathrm{d}t}\mathrm{d}t = \left(\frac{\partial z}{\partial u}\frac{\mathrm{d}u}{\mathrm{d}t} + \frac{\partial z}{\partial v}\frac{\mathrm{d}v}{\mathrm{d}t}\right)\mathrm{d}t,$$

从而

$$\frac{\mathrm{d}z}{\mathrm{d}t} = \frac{\partial z}{\partial u}\frac{\mathrm{d}u}{\mathrm{d}t} + \frac{\partial z}{\partial v}\frac{\mathrm{d}v}{\mathrm{d}t}.$$

这时，z 对 t 的导数 $\dfrac{\mathrm{d}z}{\mathrm{d}t}$ 称为全导数. 将上述定理推广到中间变量为二元函数的情形.

定理 设 $u = \phi(x, y)$ 及 $v = \psi(x, y)$ 都在点 (x, y) 处具有对 x 及对 y 的偏导数，函数 $z = f(u, v)$ 在对应点 (u, v) 处具有连续偏导数，则复合函数 $z = f[\phi(x, y), \psi(x, y)]$ 在点 (x, y) 处的两个偏导数存在，且有

$$\frac{\partial z}{\partial x} = \frac{\partial z}{\partial u}\frac{\partial u}{\partial x} + \frac{\partial z}{\partial v}\frac{\partial v}{\partial x},$$

$$\frac{\partial z}{\partial y} = \frac{\partial z}{\partial u}\frac{\partial u}{\partial y} + \frac{\partial z}{\partial v}\frac{\partial v}{\partial y}.$$

这里求 $\dfrac{\partial z}{\partial x}$ 时，将 y 看作常量，因此中间变量 u 及 v 仍可看作一元函数而应用上述定理. 但由于 $z = f[\phi(x, y), \psi(x, y)]$ 以及 $u = \phi(x, y)$ 和 $v = \psi(x, y)$ 都是 x、y 的二元函数，所以应把全导数公式中的 d 改为 ∂，再把 t 换成 x.

例 1 设 $z = uv + \sin t$，而 $u = \mathrm{e}^t$，$v = \cos t$，求全导数 $\dfrac{\mathrm{d}z}{\mathrm{d}t}$.

解 $\dfrac{\mathrm{d}z}{\mathrm{d}t} = \dfrac{\partial z}{\partial u}\dfrac{\mathrm{d}u}{\mathrm{d}t} + \dfrac{\partial z}{\partial v}\dfrac{\mathrm{d}v}{\mathrm{d}t} + \dfrac{\partial z}{\partial t} = v\mathrm{e}^t - u\sin t + \cos t$

$\qquad = \mathrm{e}^t\cos t - \mathrm{e}^t\sin t + \cos t = \mathrm{e}^t(\cos t - \sin t) + \cos t.$

例 2 设 $z = \mathrm{e}^u\sin v$，而 $u = xy$，$v = x + y$，求 $\dfrac{\partial z}{\partial x}$ 和 $\dfrac{\partial z}{\partial y}$.

解 $\dfrac{\partial z}{\partial x} = \dfrac{\partial z}{\partial u}\dfrac{\partial u}{\partial x} + \dfrac{\partial z}{\partial v}\dfrac{\partial v}{\partial x} = \mathrm{e}^u\sin v \cdot y + \mathrm{e}^u\cos v \cdot 1$

$\qquad = \mathrm{e}^{xy}[y\sin(x + y) + \cos(x + y)],$

$\dfrac{\partial z}{\partial y} = \dfrac{\partial z}{\partial u}\dfrac{\partial u}{\partial y} + \dfrac{\partial z}{\partial v}\dfrac{\partial v}{\partial y} = \mathrm{e}^u\sin v \cdot x + \mathrm{e}^u\cos v \cdot 1$

$\qquad = \mathrm{e}^{xy}[x\sin(x + y) + \cos(x + y)].$

7.5.2 全微分形式不变性

设函数 $z = f(u, v)$ 具有连续偏导数，则有全微分

$$dz = \frac{\partial z}{\partial u}du + \frac{\partial z}{\partial v}dv.$$

如果函数 $u = \phi(x, y)$、$v = \psi(x, y)$ 关于 x、y 有连续偏导数，则复合函数 $z = f[\phi(x, y), \psi(x, y)]$ 的全微分为

$$dz = \frac{\partial z}{\partial x}dx + \frac{\partial z}{\partial y}dy.$$

将 $\frac{\partial z}{\partial x}$ 及 $\frac{\partial z}{\partial y}$ 代入上式，得

$$dz = \left(\frac{\partial z}{\partial u}\frac{\partial u}{\partial x} + \frac{\partial z}{\partial v}\frac{\partial v}{\partial x}\right)dx + \left(\frac{\partial z}{\partial u}\frac{\partial u}{\partial y} + \frac{\partial z}{\partial v}\frac{\partial v}{\partial y}\right)dy$$

$$= \frac{\partial z}{\partial u}\left(\frac{\partial u}{\partial x}dx + \frac{\partial u}{\partial y}dy\right) + \frac{\partial z}{\partial v}\left(\frac{\partial v}{\partial x}dx + \frac{\partial v}{\partial y}dy\right)$$

$$= \frac{\partial z}{\partial u}du + \frac{\partial z}{\partial v}dv.$$

可见，将 z 看作自变量 u、v 的函数或看作中间变量 u、v 的函数，全微分形式是相同的．该性质称为全微分形式不变性．

例 3 设 $z = e^u \sin v$，而 $u = xy$，$v = x + y$．利用全微分形式不变性求 $\frac{\partial z}{\partial x}$ 和 $\frac{\partial z}{\partial y}$.

解 $dz = d(e^u \sin v) = e^u \sin v du + e^u \cos v dv,$

因 $du = d(xy) = ydx + xdy,$

$$dv = d(x + y) = dx + dy,$$

代入整理，得

$$dz = (e^u \sin v \cdot y + e^u \cos v)dx + (e^u \sin v \cdot x + e^u \cos v)dy,$$

即

$$\frac{\partial z}{\partial x}dx + \frac{\partial z}{\partial y}dy = e^{xy}[y\sin(x + y) + \cos(x + y)]dx + e^{xy}[x\sin(x + y) + \cos(x + y)]dy.$$

整理 dx、dy 的系数，得

$$\frac{\partial z}{\partial x} = e^{xy}[y\sin(x + y) + \cos(x + y)], \quad \frac{\partial z}{\partial y} = e^{xy}[x\sin(x + y) + \cos(x + y)].$$

§7.6 隐函数及其求导法则

7.6.1 由方程 $F(x, y) = 0$ 确定的隐函数及其求导法则

一元函数微分学中，我们介绍了隐函数的概念，并且给出了隐函数 $F(x, y) = 0$ 的直接求导法．本节介绍隐函数存在定理，并根据多元复合函数求导法来导出隐函数的导数公式．

隐函数存在定理 1 设函数 $F(x, y)$ 在点 $P(x_0, y_0)$ 的某一邻域内具有连续的偏导数，且 $F(x_0, y_0) = 0$，$F_y(x_0, y_0) \neq 0$，则方程 $F(x, y) = 0$ 在点 (x_0, y_0) 的某一邻域内恒能唯一确定一个单值连续且具有连续导数的函数 $y = f(x)$，它满足条件 $y_0 = f(x_0)$，并有隐函数的求导公式

$$\frac{\mathrm{d}y}{\mathrm{d}x} = -\frac{F_x}{F_y}.$$

证明： 将方程 $F(x, y) = 0$ 所确定的函数 $y = f(x)$ 代入，得恒等式

$$F(x, f(x)) \equiv 0.$$

方程左端是 x 的一个复合函数，求全导数，得

$$\frac{\partial F}{\partial x} + \frac{\partial F}{\partial y}\frac{\mathrm{d}y}{\mathrm{d}x} = 0.$$

由于 F_y 连续，且 $F_y(x_0, y_0) \neq 0$，所以存在 (x_0, y_0) 的一个邻域，在这个邻域内 $F_y \neq 0$，于是得

$$\frac{\mathrm{d}y}{\mathrm{d}x} = -\frac{F_x}{F_y}.$$

如果 $F(x, y)$ 的二阶偏导数也都连续，可将方程 $\dfrac{\mathrm{d}y}{\mathrm{d}x} = -\dfrac{F_x}{F_y}$ 的两端看作 x 的复合函数，再次求导，得

$$\frac{\mathrm{d}^2 y}{\mathrm{d}x^2} = \frac{\partial}{\partial x}\left(-\frac{F_x}{F_y}\right) + \frac{\partial}{\partial y}\left(-\frac{F_x}{F_y}\right)\frac{\mathrm{d}y}{\mathrm{d}x}$$

$$= -\frac{F_{xx}F_y - F_{yx}F_x}{F_y^2} - \frac{F_{xy}F_y - F_{yy}F_x}{F_y^2}\left(-\frac{F_x}{F_y}\right)$$

$$= -\frac{F_{xx}F_y^2 - 2F_{xy}F_x F_y + F_{yy}F_x^2}{F_y^3}.$$

例 1 验证方程 $x^2 + y^2 - 1 = 0$ 在点 $(0, 1)$ 的某一邻域内能唯一确定一个单值且具有连续导数、当 $x = 0$ 时 $y = 1$ 的隐函数 $y = f(x)$，并求这个函数的一阶和二阶导数在 $x = 0$ 时的值.

解 设 $F(x, y) = x^2 + y^2 - 1$，则 $F_x = 2x$，$F_y = 2y$，$F(0, 1) = 0$，$F_y(0, 1) = 2 \neq 0$. 因此由隐函数存在定理 1 可知，方程 $x^2 + y^2 - 1 = 0$ 在点 $(0, 1)$ 的某邻域内能唯一确定一个单值且具有连续导数，当 $x = 0$ 时 $y = 1$ 的隐函数 $y = f(x)$. 根据隐函数求导公式，得

$$\frac{\mathrm{d}y}{\mathrm{d}x} = -\frac{F_x}{F_y} = -\frac{x}{y}, \quad \frac{\mathrm{d}y}{\mathrm{d}x}\bigg|_{x=0} = 0;$$

$$\frac{\mathrm{d}^2 y}{\mathrm{d}x^2} = -\frac{y - xy'}{y^2} = -\frac{y - x\left(-\dfrac{x}{y}\right)}{y^2} = -\frac{y^2 + x^2}{y^3} = -\frac{1}{y^3}, \quad \frac{\mathrm{d}^2 y}{\mathrm{d}x^2}\bigg|_{x=0} = -1.$$

例 2 求下列方程所确定的隐函数的导数 $\dfrac{\mathrm{d}y}{\mathrm{d}x}$.

$(1)\ xe^y + \sin(xy) = 0;$ $\qquad\qquad\qquad (2)\ y^x = x^y.$

解 （1）$\dfrac{\mathrm{d}y}{\mathrm{d}x} = -\dfrac{\dfrac{\partial F}{\partial x}}{\dfrac{\partial F}{\partial y}} = -\dfrac{\mathrm{e}^y + y\cos(xy)}{x\mathrm{e}^y + x\cos(xy)}.$

（2）令 $F(x, y) = y^x - x^y$，则

$$\frac{\mathrm{d}y}{\mathrm{d}x} = -\frac{\dfrac{\partial F}{\partial x}}{\dfrac{\partial F}{\partial y}} = -\frac{y^x \ln y - yx^{y-1}}{xy^{x-1} - x^y \ln x}.$$

7.6.2 由方程 $F(x, y, z) = 0$ 确定的隐函数及其求导法则

隐函数存在定理 1 还可以推广到多元函数.

隐函数存在定理 2 设函数 $F(x, y, z)$ 在点 $P(x_0, y_0, z_0)$ 的某一邻域内具有连续的偏导数，且 $F(x_0, y_0, z_0) = 0$，$F_z(x_0, y_0, z_0) \neq 0$，则方程 $F(x, y, z) = 0$ 在点 (x_0, y_0, z_0) 的某一邻域内恒能唯一确定一个单值连续且具有连续偏导数的函数 $z = f(x, y)$，它满足条件 $z_0 = f(x_0, y_0)$，并有

$$\frac{\partial z}{\partial x} = -\frac{F_x}{F_z}, \quad \frac{\partial z}{\partial y} = -\frac{F_y}{F_z}.$$

定理的证明与隐函数存在定理 1 类似，仅推导公式. 对方程 $F(x, y, f(x, y)) \equiv 0$，两端分别对 x 和 F_x 求导，由复合函数求导法则，得

$$F_x + F_z \frac{\partial z}{\partial x} = 0, \quad F_y + F_z \frac{\partial z}{\partial y} = 0.$$

因为 F_z 连续，且 $F_z(x_0, y_0, z_0) \neq 0$，所以存在点 (x_0, y_0, z_0) 的一个邻域，在这个邻域内 $F_z \neq 0$，于是得

$$\frac{\partial z}{\partial x} = -\frac{F_x}{F_z}, \quad \frac{\partial z}{\partial y} = -\frac{F_y}{F_z}.$$

例 3 设 $x^2 + y^2 + z^2 - 4z = 0$，求 $\dfrac{\partial^2 z}{\partial x^2}$.

解 设 $F(x, y, z) = x^2 + y^2 + z^2 - 4z$，则 $F_x = 2x$，$F_z = 2z - 4$，代入公式得

$$\frac{\partial z}{\partial x} = \frac{x}{2 - z}.$$

再一次对 x 求偏导数，得

$$\frac{\partial^2 z}{\partial x^2} = \frac{(2-z) + x\dfrac{\partial z}{\partial x}}{(2-z)^2} = \frac{(2-z) + x\left(\dfrac{x}{2-z}\right)}{(2-z)^2} = \frac{(2-z)^2 + x^2}{(2-z)^3}.$$

例 4 设函数 $z = f(x, y)$ 由 $x^2 + y^2 + z^2 = xf\left(\dfrac{y}{x}\right)$ 确定，f 可微，求 $\dfrac{\partial z}{\partial x}$、$\dfrac{\partial z}{\partial y}$.

解 令 $F(x, y, z) = x^2 + y^2 + z^2 - xf\left(\dfrac{y}{x}\right)$，则

$$F_x = 2x - f\left(\frac{y}{x}\right) + \frac{y}{x}f'\left(\frac{y}{x}\right), \quad F_y = 2y - f'\left(\frac{y}{x}\right), \quad F_z = 2z.$$

代入隐函数求导公式，得

$$\frac{\partial z}{\partial x} = -\frac{F_x}{F_z} = \frac{f\left(\frac{y}{x}\right) - \frac{y}{x}f'\left(\frac{y}{x}\right) - 2x}{2z}, \quad \frac{\partial z}{\partial y} = -\frac{F_y}{F_z} = \frac{f'\left(\frac{y}{x}\right) - 2y}{2z}.$$

§7.7 二元函数的极值和最值

在解决实际问题时，往往会遇到多元函数的最大值、最小值问题. 与一元函数类似，多元函数的最大值、最小值与极大值、极小值有密切联系，因此下面以二元函数为例，来讨论多元函数的极值问题.

7.7.1 二元函数的极值

定义 设函数 $z = f(x, y)$ 在点 (x_0, y_0) 的某个邻域内有定义，对于该邻域内异于 (x_0, y_0) 的点，如果都适合不等式

$$f(x, y) < f(x_0, y_0),$$

则称函数在点 (x_0, y_0) 有极大值 $f(x_0, y_0)$. 如果都适合不等式

$$f(x, y) > f(x_0, y_0),$$

则称函数在点 (x_0, y_0) 有极小值 $f(x_0, y_0)$.

类似于一元函数的极值，多元函数的极值也是一种局部性质. 极大值、极小值统称为极值. 使函数取得极值的点称为极值点.

例 1 证明函数 $z = 3x^2 + 4y^2$ 在点 $(0, 0)$ 处有极小值.

证 因为对于点 $(0, 0)$ 的任一邻域内异于 $(0, 0)$ 的点，函数值都为正，而在点 $(0, 0)$ 处的函数值为零.

从几何上看这是显然的，因为点 $(0, 0, 0)$ 是开口朝上的椭圆抛物面 $z = 3x^2 + 4y^2$ 的顶点.

例 2 证明函数 $z = -\sqrt{x^2 + y^2}$ 在点 $(0, 0)$ 处有极大值.

证 因为在点 $(0, 0)$ 处函数值为零，而对于点 $(0, 0)$ 的任一邻域内异于 $(0, 0)$ 的点，函数值都为负，点 $(0, 0, 0)$ 是位于 xOy 平面下方的锥面 $z = -\sqrt{x^2 + y^2}$ 的顶点.

例 3 证明函数 $z = xy$ 在点 $(0, 0)$ 处既不取得极大值也不取得极小值.

证 因为在点 $(0, 0)$ 处的函数值为零，而在点 $(0, 0)$ 的任一邻域内，总有使函数值为正的点，也有使函数值为负的点.

二元函数的极值问题，一般可以利用偏导数来解决.

定理(极值存在的必要条件) 设函数 $z = f(x, y)$ 在点 (x_0, y_0) 处具有偏导数，且在点 (x_0, y_0) 处有极值，则

$$f_x(x_0, y_0) = 0, \, f_y(x_0, y_0) = 0.$$

证 不妨设 $z = f(x, y)$ 在点 (x_0, y_0) 处有极大值. 由极大值的定义可知, 在点 (x_0, y_0) 的某邻域内异于 (x_0, y_0) 的点都适合不等式

$$f(x, y) < f(x_0, y_0).$$

特别地, 邻域内 $y = y_0$, 而 $x \neq x_0$ 的点, 满足不等式

$$f(x, y_0) < f(x_0, y_0).$$

这表明一元函数 $f(x, y_0)$ 在 $x = x_0$ 处取得极大值, 因此必有

$$f_x(x_0, y_0) = 0.$$

类似地, 可证

$$f_y(x_0, y_0) = 0.$$

由极值存在的必要条件可知, 可求偏导的函数, 该函数的极值点必为驻点, 但函数的驻点不一定是极值点. 例如, 函数 $z = xy$ 在点 $(0, 0)$ 处的两个偏导数都是零, 但函数在 $(0, 0)$ 处既不取得极大值也不取得极小值. 怎样判定一个驻点是否是极值点呢?

定理(极值存在的充分条件) 设函数 $z = f(x, y)$ 在点 (x_0, y_0) 的某邻域内连续且有一阶及二阶连续偏导数, 又 $f_x(x_0, y_0) = 0$, $f_y(x_0, y_0) = 0$, 令

$$f_{xx}(x_0, y_0) = A, \, f_{xy}(x_0, y_0) = B, \, f_{yy}(x_0, y_0) = C,$$

则 $f(x, y)$ 在 (x_0, y_0) 处是否取得极值的条件如下:

(1) $AC - B^2 > 0$ 时具有极值, 且当 $A < 0$ 时有极大值, 当 $A > 0$ 时有极小值;

(2) $AC - B^2 < 0$ 时没有极值;

(3) $AC - B^2 = 0$ 时可能有极值, 也可能没有极值, 还需另作讨论.

一般地, 若 $z = f(x, y)$ 有二阶连续偏导数, 求极值的步骤如下:

第一步, 解方程组

$$f_x(x, y) = 0, \, f_y(x, y) = 0,$$

求得一切实数解, 即算出一切驻点.

第二步, 对于每一个驻点 (x_0, y_0), 求出二阶偏导数的值 A、B 和 C.

第三步, 确定 $AC - B^2$ 的符号, 按结论判定 (x_0, y_0) 是否是极值、是极大值还是极小值.

例4 求函数 $f(x, y) = x^3 - y^3 + 3x^2 + 3y^2 - 9x$ 的极值.

解 先解方程组

$$\begin{cases} f_x(x, y) = 3x^2 + 6x - 9 = 0 \\ f_y(x, y) = -3y^2 + 6y = 0 \end{cases},$$

求得驻点为 $(1, 0)$、$(1, 2)$、$(-3, 0)$、$(-3, 2)$. 求二阶偏导数

$$f_{xx}(x, y) = 6x + 6, \, f_{xy}(x, y) = 0, \, f_{yy}(x, y) = -6y + 6.$$

因为在点 $(1, 0)$ 处, $AC - B^2 = 12 \cdot 6 > 0$ 又 $A > 0$, 所以函数在 $(1, 0)$ 处有极小值;

因为在点 $(1, 2)$ 处, $AC - B^2 = 12 \cdot (-6) < 0$, 所以 $(1, 2)$ 处不是极值;

因为在点 $(-3, 0)$ 处, $AC - B^2 = -12 \cdot 6 < 0$, 所以 $(-3, 0)$ 处不是极值;

因为在点 $(-3, 2)$ 处, $AC - B^2 = -12 \cdot (-6) > 0$ 又 $A < 0$, 所以函数在 $(-3, 2)$ 处有极大值.

值得注意的是，不是驻点也可能是极值点．例如，函数 $z = -\sqrt{x^2 + y^2}$ 在点 $(0, 0)$ 处有极大值，但 $(0, 0)$ 不是函数的驻点．因此，在讨论极值问题时，除了函数的驻点外，还要讨论偏导数不存在的点．

例 5 求函数 $f(x, y) = (x + y^2)\mathrm{e}^{\frac{x}{2}}$ 的极值，并判断是极大值还是极小值．

解 先求驻点，令
$$\begin{cases} f_x(x_0, y_0) = \mathrm{e}^{\frac{x_0}{2}} + \dfrac{1}{2}(x_0 + y_0{}^2)\mathrm{e}^{\frac{x_0}{2}} = 0 \\ f_y(x_0, y_0) = 2y_0\mathrm{e}^{\frac{x_0}{2}} = 0 \end{cases},$$
得
$$x_0 = -2, \quad y_0 = 0.$$

求二阶偏导数 $A = f_{xx}(x_0, y_0) = \dfrac{1}{2\mathrm{e}}$，$B = f_{xy}(x_0, y_0) = y_0\mathrm{e}^{\frac{x_0}{2}} = 0$，$C = f_{yy}(x_0, y_0) = \dfrac{2}{\mathrm{e}}$．因为 $AC - B^2 > 0$，且 $A > 0$，所以 $f_{\min}(-2, 0) = -\dfrac{2}{\mathrm{e}}$．

7.7.2 二元函数的最值

由二元连续函数的性质可知，如果 $f(x, y)$ 在有界闭区域 D 上连续，则 $f(x, y)$ 在 D 上必定能取到最大值和最小值．函数的最大值点或最小值点既可能在 D 的内部取到，也可能在 D 的边界上取到．假设函数在 D 上连续，在 D 内可微且只有有限个驻点，此时，如果函数在 D 的内部取得最大值（最小值），那么这个最大值（最小值）必将是函数的极大值（极小值）．因此，求最大值和最小值的一般方法是将函数 $f(x, y)$ 在 D 内的所有驻点处的函数值及在 D 的边界上的最大值和最小值相互比较，其中最大的就是最大值，最小的就是最小值．

在实际问题中，根据问题的性质，如果函数 $f(x, y)$ 的最大值（最小值）一定在 D 的内部取得，而函数在 D 内只有一个驻点，那么可以断定该驻点处的函数值就是函数 $f(x, y)$ 在 D 上的最大值（最小值）．

例 6 某厂要用铁板做成一个体积为 $2\ \mathrm{m}^3$ 的有盖长方体水箱．问当长、宽、高各取怎样的尺寸时，才能使用料最省？

解 设水箱的长为 $x\ \mathrm{m}$，宽为 $y\ \mathrm{m}$，则其高应为 $\dfrac{2}{xy}\ \mathrm{m}$，此水箱所用材料的面积为
$$A = 2\left(xy + y \cdot \frac{2}{xy} + x \cdot \frac{2}{xy}\right),$$
即
$$A = 2\left(xy + \frac{2}{x} + \frac{2}{y}\right) \quad (x > 0,\ y > 0).$$

可见，材料面积 A 是 x 和 y 的二元函数，这就是目标函数．下面求使这个函数取得最小值的点 (x, y)．

令
$$A_x = 2\left(y - \frac{2}{x^2}\right) = 0$$

$$A_y = 2\left(x - \frac{2}{y^2}\right) = 0$$

解这个方程组，得

$$x = \sqrt[3]{2}, \ y = \sqrt[3]{2}.$$

由题意可知，水箱所用材料面积的最小值一定存在，并在开区域 $D: x > 0, \ y > 0$ 内取得．又函数在 D 内只有唯一的驻点 $(\sqrt[3]{2}, \ \sqrt[3]{2})$，因此可断定当 $x = \sqrt[3]{2}, \ y = \sqrt[3]{2}$ 时，A 取得最小值．因此，水箱长为 $\sqrt[3]{2}$ m，宽为 $\sqrt[3]{2}$ m，高为 $\dfrac{2}{\sqrt[3]{2} \cdot \sqrt[3]{2}} = \sqrt[3]{2}$ m 时，用料最省．

例7 某企业生产两种产品的产量分别为 x 单位和 y 单位，利润函数为

$$L = 64x - 2x^2 + 4xy - 4y^2 + 32y - 14,$$

求最大利润．

解 令 $\begin{cases} L_x' = 64 - 4x + 4y = 0 \\ L_y' = 4x - 8y + 32 = 0 \end{cases}$，解得唯一驻点 $(40, \ 24)$．

计算二阶偏导

$$A = L_{xx}'' = -4 < 0, \ B = L_{xy}'' = 4, \ C = L_{yy}'' = -8.$$

由 $AC - B^2 = 16 > 0$，且 $A < 0$ 可知，点 $(40, \ 24)$ 是极大值点，也是最大值点，最大值为 $L(40, \ 24) = 1\,650$，即该企业生产的两种产品的产量分别为 40 单位和 24 单位时，利润最大，最大利润为 1 650 单位．

例8 设某公司在两个相互分割的市场上售卖同一产品，需求函数分别为

$$p_1 = 18 - 2Q_1, \ p_2 = 12 - Q_2.$$

生产产品的总成本函数为 $C = 2Q + 5$，这里 p_1、p_2 表示产品在两个市场的价格（单位：万元/吨），Q_1、Q_2 表示产品在两个市场的需求量（单位：吨），$Q = Q_1 + Q_2$ 表示该产品在两个市场的销售总量．实行价格差别策略时，如何确定两个市场上该产品的销售量和价格，使公司获得最大利润？并求出最大利润．

解 总利润函数

$$\begin{aligned} L &= p_1 Q_1 + p_2 Q_2 - (2Q + 5) \\ &= (18 - 2Q_1)Q_1 + (12 - Q_2)Q_2 - 2(Q_1 + Q_2) - 5 \\ &= -2Q_1^2 - Q_2^2 + 16Q_1 + 10Q_2 - 5. \end{aligned}$$

求偏导，令

$$\begin{cases} L_{Q_1}' = -4Q_1 + 16 = 0 \\ L_{Q_2}' = -2Q_2 + 10 = 0 \end{cases}$$

解得驻点 $Q_1 = 4$，$Q_2 = 5$．因驻点唯一，且实际问题必有最大利润存在，因此，$(4, \ 5)$ 为最大值点，即产量在 $Q_1 = 4$、$Q_2 = 5$，价格为 $p_1 = 10$、$p_2 = 7$ 时利润最大，最大利润为 52 万元．

7.7.3 条件极值与拉格朗日乘数法

对自变量有附加条件的极值称为条件极值．例如，求表面积为 a^2，体积最大的长方体．设长方体三个棱的长为 x、y、z，则体积 $V = xyz$．又因表面积为 a^2，所以自变量 x、y、z 还必

须满足附加条件 $2(xy+yz+xz) = a^2$.

该问题是求函数 $V = xyz$ 在条件 $2(xy+yz+xz) = a^2$ 下的最大值问题, 这是一个条件极值问题.

一般情形下, 将条件极值化为无条件极值并不简单. 为此, 下面介绍拉格朗日乘数法.

首先分析求函数 $z = f(x, y)$ 在条件 $\phi(x, y) = 0$ 下取极值的必要条件. 如果函数 $z = f(x, y)$ 在 (x_0, y_0) 取得所求的极值, 必有 $\phi(x_0, y_0) = 0$. 假定在 (x_0, y_0) 的某一邻域内 $f(x, y)$ 与 $\phi(x, y)$ 均有连续的一阶偏导数, 而 $\phi_y(x_0, y_0) \neq 0$. 由隐函数存在定理可知, 方程 $\phi(x, y) = 0$ 确定一个单值可导且具有连续导数的函数 $y = \psi(x)$, 将其代入 $z = f(x, y)$ 得 $z = f[x, \psi(x)]$, 于是二元函数 $z = f(x, y)$ 在 (x_0, y_0) 取极值等价于一元函数 $z = f[x, \psi(x)]$ 在 $x = x_0$ 取得极值. 由可导函数取极值的必要条件, 得

$$\frac{\mathrm{d}z}{\mathrm{d}x}\bigg|_{x=x_0} = f_x(x_0, y_0) + f_y(x_0, y_0)\frac{\mathrm{d}y}{\mathrm{d}x}\bigg|_{x=x_0} = 0.$$

对 $\phi(x, y) = 0$ 用隐函数求导公式, 有

$$\frac{\mathrm{d}y}{\mathrm{d}x}\bigg|_{x=x_0} = -\frac{\phi_x(x_0, y_0)}{\phi_y(x_0, y_0)}, \tag{7.3}$$

代入得

$$f_x(x_0, y_0) - f_y(x_0, y_0)\frac{\phi_x(x_0, y_0)}{\phi_y(x_0, y_0)} = 0. \tag{7.4}$$

式(7.3)、式(7.4)就是函数 $z = f(x, y)$ 在条件 $\phi(x, y) = 0$ 下在 (x_0, y_0) 取得极值的必要条件. 设 $\dfrac{f_y(x_0, y_0)}{\phi_y(x_0, y_0)} = -\lambda$, 上述两个必要条件就变为

$$\begin{cases} f_x(x_0, y_0) + \lambda\phi_x(x_0, y_0) = 0 \\ f_y(x_0, y_0) + \lambda\phi_y(x_0, y_0) = 0. \\ \phi(x_0, y_0) = 0 \end{cases} \tag{7.5}$$

容易看出, 式(7.4)中前两式的左端是函数 $F(x, y) = f(x, y) + \lambda\phi(x, y)$ 的两个一阶偏导数在 (x_0, y_0) 的值, λ 为待定常数. 综上, 得到以下结论:

拉格朗日乘数法 求函数 $z = f(x, y)$ 在约束条件 $\phi(x, y) = 0$ 下的可能极值点, 先构造辅助函数

$$F(x, y) = f(x, y) + \lambda\phi(x, y),$$

其中, λ 为待定常数.

求其对 x 与 y 的一阶偏导数, 并使之为零, 然后与约束方程联立, 可得

$$\begin{cases} f_x(x, y) + \lambda\phi_x(x, y) = 0 \\ f_y(x, y) + \lambda\phi_y(x, y) = 0. \\ \phi(x, y) = 0 \end{cases} \tag{7.6}$$

由方程组解出 x、y 及 λ, 此时 x、y 就是函数 $f(x, y)$ 在附加条件 $\phi(x, y) = 0$ 下可能极值点的坐标.

例 9 设某厂生产 A、B 两种产品, 产量分别为 x 和 y(单位:千件), 总利润为

$$L(x, y) = 6x - x^2 + 16y - 4y^2 - 2 \text{(单位:万元)}.$$

已知生产每千件产品均需消耗某种原料 2 000 kg，现有该原料 5 000 kg，问两种产品生产多少千件时，总利润最大？最大总利润为多少？

解 问题是在约束条件为 2 000x+2 000y=5 000，即 $x+y=2.5$ 的条件下，求总利润函数 $L(x, y)$ 的最大值. 构造拉格朗日函数

$$F(x, y, \lambda) = 6x - x^2 + 16y - 4y^2 - 2 + \lambda(x + y - 2.5),$$

求偏导，构造方程组

$$\begin{cases} F_x = 6 - 2x + \lambda = 0 \\ F_y = 16 - 8y + \lambda = 0, \\ F_\lambda = x + y - 2.5 = 0 \end{cases}$$

消去 λ，得

$$\begin{cases} -x + 4y = 5 \\ x + y = 2.5 \end{cases},$$

解得 $x = 1$，$y = 1.5$. 本题中 $(1, 1.5)$ 是唯一驻点，且实际问题的最大值是存在的. 因此，驻点 $(1, 1.5)$ 是 $L(x, y)$ 的最大值点，最大值为 $L(1, 1.5) = 18$（万元）. 即当 A 种产品的产量为 1 千件，B 种产品的产量为 1.5 千件时，总利润最大，最大总利润为 18 万元.

习题七

1. 在空间直角坐标系中，下列方程表示什么形状的图形？

（1）$z = x^2 + y^2$；

（2）$x^2 + y^2 + z^2 - 2x + 4y = 0$；

（3）$y = x^2$；

（4）$x^2 + \dfrac{y^2}{4} + \dfrac{z^2}{2} = 1$；

（5）$x^2 + z^2 - 2y = 0$；

（6）$x^2 + y^2 = 2z^2$；

（7）$(x - 1)^2 + y^2 + z^2 = 0$；

（8）$y^2 - z^2 = x$.

2. 给定两点 $P_1(2, 1, 3)$，$P_2(-3, 0, 5)$，求：

（1）P_1 与 P_2 之间距离 $|P_1P_2|$；

（2）以 P_2 为中心，以 $|P_1P_2|$ 为半径的球面方程.

3. 求下列函数定义域.

（1）$z = \sqrt{1 - x^2} + \sqrt{4 - y^2}$；

（2）$z = \ln(x^2 - y^2)$；

（3）$z = \arcsin\left(\dfrac{y}{x} - 1\right)$；

（4）$z = \ln(y - x^2) + \sqrt{1 - x^2 - y^2}$.

4. 设 $f\left(\ln x, \dfrac{y}{x}\right) = \dfrac{x^2 + x(\ln y - \ln x)}{y + x\ln x}$，求 $f(x, y)$.

5. 计算下列函数在给定点处的偏导数.

（1）$z = \dfrac{x - y}{x + y}$，求 $z_x\big|_{(1, 2)}$、$z_y\big|_{(1, 2)}$；

（2）$z = \dfrac{x\cos y - y\cos x}{1 + \sin x + \sin y}$，求 $z_x\big|_{(0, 0)}$、$z_y\big|_{(0, 0)}$.

6. 设 $z = f\left(\ln x + \dfrac{1}{y}\right)$，其中 f 为可微函数，验证方程

$$x\,\frac{\partial z}{\partial x} + y^2\,\frac{\partial z}{\partial y} = 0.$$

7. 求下列函数的二阶偏导数 $\dfrac{\partial^2 z}{\partial x^2}$、$\dfrac{\partial^2 z}{\partial y^2}$、$\dfrac{\partial^2 z}{\partial x \partial y}$.

（1）$z = \dfrac{x}{x^2 + y^2}$；

（2）$z = \arctan \dfrac{y}{x}$；

（3）$z = (\cos x + y\sin x)\,\mathrm{e}^{xy}$；

（4）$z = \dfrac{x^2 - y^2}{x^2 + y^2}$.

8. 求下列函数的全微分.

（1）$z = \sqrt{\dfrac{y}{x}}$；

（2）$z = \arcsin \dfrac{y}{x}$；

（3）$z = \arctan \dfrac{x + y}{x - y}$；

（4）$z = \sqrt{x + y}\cos y$.

9. 求下列函数在给定点的全微分.

（1）$z = x^{\ln y}$　$(2,\ \mathrm{e})$；

（2）$z = \sqrt{x}\cos y$　$(4,\ 0)$；

（3）$z = x\sin(x + y)$　$(0,\ 0)$、$\left(\dfrac{\pi}{4},\ \dfrac{\pi}{4}\right)$.

10. 求函数 $z = x^2 y + y^2$ 在点 $(2,\ 1)$ 当 $\Delta x = 0.1$、$\Delta y = -0.2$ 时的全增量和全微分.

11. 用水泥做一个长方形无盖水池，其外形长 5 m、宽 4 m、深 3 m，侧面和底均厚 20 cm，求所需水泥的精确值和近似值.

12. 求下列复合函数的偏导数.

（1）$z = \dfrac{x^2}{y}$，$x = u - 2v$，$y = v + 2u$，求 $\dfrac{\partial z}{\partial u}$、$\dfrac{\partial z}{\partial y}$；

（2）$z = \mathrm{e}^{uv}$，$u = \ln\sqrt{x^2 + y^2}$，$v = \arctan \dfrac{y}{x}$，求 $\dfrac{\partial z}{\partial x}$、$\dfrac{\partial z}{\partial y}$；

（3）$z = \dfrac{u}{v}$，$u = x\cos y$，$v = y\cos x$，求 $\dfrac{\partial z}{\partial x}$、$\dfrac{\partial z}{\partial y}$.

13. $u = f\left(x,\ \dfrac{x}{y}\right)$，$f$ 可微，求 $\dfrac{\partial u}{\partial x}$，$\dfrac{\partial u}{\partial y}$.

14. $z = f(x^2 - y^2,\ \mathrm{e}^{xy})$，$f$ 可微，求 $\dfrac{\partial z}{\partial x}$、$\dfrac{\partial z}{\partial y}$.

15. 设 $z = \ln\left(x^2 + y^2 + \sqrt{1 + (x^2 + y^2)^2}\right)$，求 $\mathrm{d}z$.

16. 求下列方程所确定的隐函数的导数 $\dfrac{\mathrm{d}y}{\mathrm{d}x}$.

（1）$x\mathrm{e}^y + \sin(xy) = 0$；

（2）$y^x = x^y$.

17. 求下列函数的极值，并判断是极大值还是极小值.

（1）$f(x,\ y) = x^2 - xy + y^2 - 2x + y$；

$(2)\ f(x,\ y) = x^2 + y^2 - 2\ln x - 2\ln y,\ x > 0,\ y > 0.$

18. 求下列函数在指定条件下的极值.

$(1)\ f(x,\ y) = xy,\ 2x + y = 6;$

$(2)\ f(x,\ y) = x + y,\ \dfrac{1}{x} + \dfrac{1}{y} = 2,\ x > 0,\ y > 0;$

$(3)\ f(x,\ y) = xy - 1,\ (x-1)(y-1) = 1,\ x > 0,\ y > 0.$

19. 某地区生产出口服装和家用电器，由以往的经验得知，欲使这两类产品的产量分别增加 x 单位和 y 单位，需分别增加 $\sqrt{x}$ 单位和 $\sqrt{y}$ 单位的投资，这时出口的销售总收入将增加 $R = 3x + 4y$ 单位. 现该地区用 K 单位的资金投给服装工业和家用电器工业，问如何分配这 K 单位资金，才能使出口总收入增加最大？最大增量为多少？

20. 设生产某种产品必须投入两种要素，x_1 和 x_2 分别为两种要素的投入量，Q 为产出量；若生产函数为 $Q = 2x_1^\alpha x_2^\beta$，其中 α 和 β 为正常数，且 $\alpha + \beta = 1$. 假设两种要素的价格分别为 p_1 和 p_2，试问：当产出量为 12 时，两要素各投入多少，可以使投入总费用最小？

习题七答案

1. （1）旋转抛物面；　　　　　　　（2）以 $(1,\ 2,\ 0)$ 为原点，以 $\sqrt{5}$ 为半径的球面；

（3）抛物线柱；　　　　　　　　（4）以 $(1,\ \sqrt{2},\ 2)$ 为中心的椭球面；

（5）旋转抛物面；　　　　　　　（6）圆锥面；

（7）一个点；　　　　　　　　　（8）双曲抛物面.

2. $(1)\ |P_1 P_2| = \sqrt{(x_1 - x_2)^2 + (y_1 - y_2)^2 + (z_1 - z_2)^2} = \sqrt{30};$

$(2)\ (x + 3)^2 + y^2 + (z - 5)^2 = 30.$

3. $(1)\ \begin{cases} 1 - x^2 \geqslant 0 \\ 4 - y^2 \geqslant 0 \end{cases} \Rightarrow$ 定义域 $\begin{cases} -1 \leqslant x \leqslant 1 \\ -2 \leqslant y \leqslant 2 \end{cases};$

$(2)\ x^2 - y^2 > 0 \Rightarrow$ 定义域：$|x| > |y|;$

$(3)\ \begin{cases} -1 \leqslant \dfrac{y}{x} - 1 \leqslant 1 \\ x \neq 0 \end{cases} \Rightarrow 0 \leqslant \dfrac{y}{x} \leqslant 2;$

$(4)\ \begin{cases} y - x^2 > 0 \\ 1 - x^2 - y^2 \geqslant 0 \end{cases} \Rightarrow \begin{cases} y \geqslant x^2 \\ x^2 + y^2 \leqslant 1 \end{cases}.$

4. $f(x,\ y) = \dfrac{e^x + \ln y}{x + y}.$

5. $(1)\ z_x|_{(1,\ 2)} = \dfrac{4}{9},\ z_y|_{(1,\ 2)} = -\dfrac{2}{9};$ 　　　$(2)\ z_x|_{(0,\ 0)} = 1,\ z_y|_{(0,\ 0)} = -1.$

6. $x\dfrac{\partial z}{\partial x} + y^2 \dfrac{\partial z}{\partial y} = x \cdot f' \cdot \dfrac{1}{x} + y^2 \cdot f' \cdot \left(-\dfrac{1}{y^2}\right) = 0.$

7. $(1)\ \dfrac{\partial^2 z}{\partial x^2} = \dfrac{2x(x^2 - 3y^2)}{(x^2 + y^2)^3},\ \dfrac{\partial^2 z}{\partial x \partial y} = \dfrac{2y(3x^2 - y^2)}{(x^2 + y^2)^3},\ \dfrac{\partial^2 z}{\partial y^2} = \dfrac{-2x(x^2 - 3y^2)}{(x^2 + y^2)^3};$

(2) $\dfrac{\partial^2 z}{\partial x^2} = \dfrac{2xy}{(x^2 + y^2)^2}$, $\dfrac{\partial^2 z}{\partial x \partial y} = \dfrac{y^2 - x^2}{(x^2 + y^2)^2}$, $\dfrac{\partial^2 z}{\partial y^2} = -\dfrac{2xy}{(x^2 + y^2)^2}$;

(3) $\dfrac{\partial^2 z}{\partial x^2} = e^{xy}(-\cos x - 3y\sin x + 3y^2\cos x + y^3\sin x)$,

$\dfrac{\partial^2 z}{\partial x \partial y} = e^{xy}(2\cos x + 2y\sin x - x\sin x + 2xy\cos x + xy^2\sin x)$,

$\dfrac{\partial^2 z}{\partial y^2} = e^{xy}\left[(2x + x^2 y)\sin x + x^2\cos x\right]$;

(4) $\dfrac{\partial^2 z}{\partial x^2} = \dfrac{4y^2(y^2 - 3x^2)}{(x^2 + y^2)^3}$, $\dfrac{\partial^2 z}{\partial x \partial y} = \dfrac{8xy(x^2 - y^2)}{(x^2 + y^2)^3}$, $\dfrac{\partial^2 z}{\partial y^2} = \dfrac{4x^2(3y^2 - x^2)}{(x^2 + y^2)^3}$.

8. (1) $dz = \dfrac{\partial z}{\partial x}dx + \dfrac{\partial z}{\partial y}dy = \dfrac{1}{2}\left(\dfrac{y}{x}\right)^{-\frac{1}{2}} \cdot \dfrac{-y}{x^2}dx + \dfrac{1}{2}\left(\dfrac{y}{x}\right)^{-\frac{1}{2}}\dfrac{1}{x}dy$;

(2) $dz = \dfrac{\partial z}{\partial x}dx + \dfrac{\partial z}{\partial y}dy = \dfrac{1}{\sqrt{1 - \left(\dfrac{y}{x}\right)^2}}\dfrac{-y}{x^2}dx + \dfrac{1}{\sqrt{1 - \left(\dfrac{y}{x}\right)^2}}\dfrac{1}{x}dy$;

(3) $dz = \dfrac{\partial z}{\partial x}dx + \dfrac{\partial z}{\partial y}dy = \dfrac{1}{1 + \left(\dfrac{x - y}{x + y}\right)^2} \cdot \dfrac{-2y}{(x - y)^2}dx + \dfrac{1}{1 + \left(\dfrac{x - y}{x + y}\right)^2} \cdot \dfrac{2x}{(x - y)^2}dy$;

(4) $dz = \dfrac{\partial z}{\partial x}dx + \dfrac{\partial z}{\partial y}dy = \dfrac{1}{2}(x + y)^{-\frac{1}{2}}\cos y dx + \left[\dfrac{1}{2}(x + y)^{-\frac{1}{2}}\cos y - \sqrt{x + y}\sin y\right]dy$.

9. (1) $dz = 2dx + \dfrac{1}{e}dy$;　　　　　　(2) $dz = \dfrac{1}{4}dx$;

(3) 当 $x = 0$, $y = 0$ 时, $dz = 0$; 当 $x = \dfrac{\pi}{4}$, $y = \dfrac{\pi}{4}$ 时, $dz = dx$.

10. $\Delta z = f(x_0 + \Delta x, y_0 + \Delta y) - f(x_0, y_0) = f(2.1, 0.8) - f(2, 1) = -0.832$.

$dz = 2x_0 y_0 \Delta x + (x_0{}^2 + 2y_0)\Delta y = 0.4 + (-1.2) = -0.8$.

11. 精确值 $v_1 = 2 \times 5 \times 3 \times 0.2 + 2 \times (4 - 0.2 \times 2) \times 3 \times 0.2 + 5 - (2 \times 0.2) \times (4 -$

$0.2 \times 2) \times 0.2$

$= 6 + 4.32 + 3.312 = 13.632$;

近似值 $v_2 = f_x'(5, 4, 3)\Delta x + f_y'(5, 4, 3)\Delta y + f_x'(5, 4, 3)\Delta z$

$= 12 \times 0.4 + 15 \times 0.4 + 20 \times 0.2$

$= 14.8$.

12. (1) $\dfrac{\partial z}{\partial u} = \dfrac{\partial\left[\dfrac{(u - 2v)^2}{v + 2u}\right]}{\partial u} = \dfrac{2(u - 2v)(u + 3v)}{(2u + v)^2}$, $\dfrac{\partial z}{\partial y} = \dfrac{\partial\left(\dfrac{x^2}{y}\right)}{\partial y} = \dfrac{-x^2}{y^2}$;

(2) $\dfrac{\partial z}{\partial x} = e^{\ln\sqrt{x^2+y^2} \cdot \arctan\frac{y}{x}} \cdot \left(\dfrac{2x}{x^2 + y^2}\arctan\dfrac{y}{x} + \ln\sqrt{x^2 + y^2}\dfrac{-y}{x^2 + y^2}\right)$

$\dfrac{\partial z}{\partial y} = e^{\ln\sqrt{x^2+y^2} \cdot \arctan\frac{y}{x}} \cdot \left(\dfrac{2y}{x^2 + y^2}\arctan\dfrac{y}{x} + \ln\sqrt{x^2 + y^2}\dfrac{x}{x^2 + y^2}\right)$;

(3) $\dfrac{\partial z}{\partial x} = \dfrac{y\cos y\cos x + yx\cos y\sin x}{(y\cos x)^2}$, $\dfrac{\partial z}{\partial y} = \dfrac{-xy\sin y\cos x - x\cos y\cos x}{(y\cos x)^2}$.

13. $\dfrac{\partial u}{\partial x} = f_x{}'(x, v) + f_v{}'(x, v) \cdot \dfrac{1}{y}$, $\dfrac{\partial u}{\partial y} = f_v{}'(x, v)\dfrac{-x}{y^2}$.

14. $\dfrac{\partial z}{\partial x} = f_u{}'(u, v)(2x) + f_v{}'(u, v)e^{xy}y$, $\dfrac{\partial z}{\partial y} = f_u{}'(u, v)(-2y) + f_v{}'(u, v)e^{xy}x$.

15. $dz = \dfrac{2x + \dfrac{1}{2}\dfrac{1}{\sqrt{1+(x^2+y^2)^2}}2(x^2+y^2)\cdot(2x)}{x^2+y^2+\sqrt{1+(x^2+y^2)^2}}dx + \dfrac{2y + \dfrac{1}{2}\dfrac{1}{\sqrt{1+(x^2+y^2)^2}}2(x^2+y^2)\cdot(2y)}{x^2+y^2+\sqrt{1+(x^2+y^2)^2}}dy$.

16. (1) $\dfrac{dy}{dx} = -\dfrac{e^y + y\cos(xy)}{xe^y + x\cos(xy)}$; (2) $\dfrac{dy}{dx} = -\dfrac{y^x\ln y - yx^{y-1}}{xy^{x-1} - x^y\ln x}$.

17. (1) $y_{min} = f(1, 0) = -1$; (2) $y_{min} = f(1, 1) = 2$.

18. (1) $f\left(\dfrac{3}{2}, 3\right) = \dfrac{9}{2}$; (2) $f(1, 1) = 2$;

(3) $f(2, 2) = 3$.

19. 当分别分配 $\left(\dfrac{4}{7}K\right)^2$ 单位和 $\left(\dfrac{3}{7}K\right)^2$ 单位时，总收入增加最大为 $\dfrac{91K^2}{49}$.

20. $x_1 = 6\left(\dfrac{p_2\alpha}{p_1\beta}\right)^{\beta}$, $x_2 = 6\left(\dfrac{p_1\beta}{p_2\alpha}\right)^{\alpha}$.

第8章 | 二重积分

在一元函数积分学中，我们通过考察曲边梯形的面积曾引入定积分．定积分是定义在某一区间上一元函数的某种特定形式的和式的极限．由于科学技术和生产实践的发展，需要计算空间形体的体积，定积分已经不能解决这类问题．类似地，我们再次利用分割、近似、求和、取极限的基本思想，通过曲顶柱体的体积引出二重积分．本章涉及的理论题目较少，学生应重点掌握二重积分的计算．

§8.1　二重积分的概念与性质

8.1.1　引例——曲顶柱体的体积

设有一空间立体 Ω，它的底是 xOy 面上的有界区域 D，它的侧面是以 D 的边界曲线为准线，而母线平行于 z 轴的柱面，它的顶是曲面 $z=f(x, y)$．当 $(x, y) \in D$ 时，$f(x, y)$ 在 D 上连续且 $f(x, y) \geq 0$，这种立体称为曲顶柱体．下面仿照求曲边梯形面积的方法来讨论曲顶柱体体积的计算．

首先，用任意一组曲线网将区域 D 分成 n 个小区域 $\Delta\sigma_1$，$\Delta\sigma_2$，$\cdots$，$\Delta\sigma_n$，以这些小区域的边界曲线为准线，作母线平行于 z 轴的柱面，这些柱面将原来的曲顶柱体 Ω 划分成 n 个小曲顶柱体 $\Delta\Omega_1$，$\Delta\Omega_2$，$\cdots$，$\Delta\Omega_n$．

假设 $\Delta\sigma_i$ 所对应的小曲顶柱体为 $\Delta\Omega_i$，这里 $\Delta\sigma_i$ 既代表第 i 个小区域，又表示它的面积值，$\Delta\Omega_i$ 既代表第 i 个小曲顶柱体，又代表它的体积值，从而

$$V = \sum_{i=1}^{n} \Delta\Omega_i.$$

由于 $f(x, y)$ 连续，对于同一个小区域来说，函数值的变化不大．因此，可以将小曲顶柱体近似地看作小平顶柱体，如图 8-1 所示．在每个 $\Delta\sigma_i$ 中任取一点 (ξ_i, η_i)，以 $f(\xi_i, \eta_i)$ 为高，以 $\Delta\sigma_i$ 为底的曲顶柱体体积 $\Delta\Omega_i$ 可近似为

$$f(\xi_i, \eta_i)\Delta\sigma_i \quad (i=1, 2, \cdots, n).$$

因此，整个曲顶柱体的体积 V 的近似值为

$$V \approx \sum_{i=1}^{n} f(\xi_i, \eta_i)\Delta\sigma_i.$$

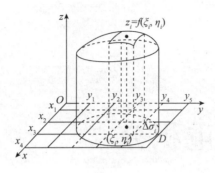

图 8-1

为得到 V 的精确值，只需让这 n 个小区域越来越小，即让每个小区域向某点收缩. 为此，下面引入区域直径的概念：一个闭区域的直径是指区域上任意两点距离的最大者. 让区域向一点收缩性地变小，意指让区域的直径趋向于零. 设 n 个小区域直径中的最大者为 λ，则

$$V = \lim_{\lambda \to 0} \sum_{i=1}^{n} f(\xi_i, \eta_i) \Delta\sigma_i.$$

许多实际问题都可以归结为这类形式的极限问题. 为此，我们撇开这类极限问题的实际背景，抽象概括二重积分这个数学概念.

8.1.2　二重积分的概念

定义　设 $f(x, y)$ 是有界闭区域 D 上的有界函数. 将闭区域 D 任意分成 n 个小闭区域 $\Delta\sigma_1$，$\Delta\sigma_2$，$\cdots$，$\Delta\sigma_n$. 其中，$\Delta\sigma_i$ 表示第 i 个小区域，也表示它的面积. 在每个 $\Delta\sigma_i$ 上任取一点 (ξ_i, η_i)，求和，即

$$\sum_{i=1}^{n} f(\xi_i, \eta_i) \Delta\sigma_i.$$

如果当各小闭区域直径中的最大值 λ 趋于零时，和的极限总存在，则称此极限为函数 $f(x, y)$ 在闭区域 D 上的二重积分，记作 $\iint\limits_{D} f(x, y) \mathrm{d}\sigma$，即

$$\iint\limits_{D} f(x, y) \mathrm{d}\sigma = \lim_{\lambda \to 0} \sum_{i=1}^{n} f(\xi_i, \eta_i) \Delta\sigma_i.$$

其中，$f(x, y)$ 为被积函数；$f(x, y)\mathrm{d}\sigma$ 为被积表达式；$\mathrm{d}\sigma$ 为面积元素；x 和 y 为积分变量；D 为积分区域；$\sum_{i=1}^{n} f(\xi_i, \eta_i)\Delta\sigma_i$ 为积分和，并称 $f(x, y)$ 在区域 D 上可积.

关于二元函数 $f(x, y)$ 的可积性有以下结论：

（1）若 $f(x, y)$ 在有界区域 D 上可积，则 $f(x, y)$ 在区域 D 上有界；

（2）若函数 $f(x, y)$ 在有界区域 D 上连续，则它在区域 D 上可积.

定积分与二重积分都表示某个和式的极限值，且此值只与被积函数及积分区域有关. 不同的是定积分的积分区域为区间，被积函数为定义在区间上的一元函数，而二重积分的积分区域为平面区域，被积函数为定义在平面区域上的二元函数.

8.1.3 二重积分的几何意义

由引例可知, 曲顶柱体的体积 V 是曲面方程 $z = f(x, y) \geqslant 0$ 在区域 D 上的二重积分. 当 $f(x, y) \geqslant 0$ 且连续时, $\iint\limits_D f(x, y) \mathrm{d}\sigma$ 表示以积分区域 D 为底, 以曲面 $z = f(x, y)$ 为顶的曲顶柱体的体积, 因此二重积分的几何意义就是柱体的体积. 如果 $f(x, y)$ 是负的, 柱体就在 xOy 面的下方, 二重积分的绝对值仍等于柱体的体积, 但二重积分的值是负的, 即

(1) 若 $f(x, y) \geqslant 0$, 则二重积分是曲顶柱体的体积;

(2) 若 $f(x, y) \leqslant 0$, 则二重积分是曲顶柱体的体积的负值;

(3) 若 $f(x, y)$ 在 D 上有正有负, 则二重积分是曲顶柱体体积的代数和.

8.1.4 二重积分的性质

二重积分与定积分具有类似的性质(证明略). 此处假设讨论的二元函数在 D 上均可积.

性质 1(线性性) 设 c_1、c_2 为常数, 则

$$\iint\limits_D [c_1 f(x, y) + c_2 g(x, y)] \mathrm{d}\sigma = c_1 \iint\limits_D f(x, y) \mathrm{d}\sigma + c_2 \iint\limits_D g(x, y) \mathrm{d}\sigma.$$

性质 2(积分区域可加性) 如果闭区域 D 被有限条曲线分为有限个部分闭区域, 则在 D 上的二重积分等于在各部分闭区域上的二重积分的和. 例如, D 分为两个闭区域 D_1 与 D_2, 则

$$\iint\limits_D f(x, y) \mathrm{d}\sigma = \iint\limits_{D_1} f(x, y) \mathrm{d}\sigma + \iint\limits_{D_2} f(x, y) \mathrm{d}\sigma.$$

性质 3(规范性) $\iint\limits_D 1 \cdot \mathrm{d}\sigma = \iint\limits_D \mathrm{d}\sigma = \sigma$ (σ 为 D 的面积).

几何意义: 高为 1 的平顶柱体的体积在数值上等于柱体的底面积.

性质 4(保号性) 如果在闭区域 D 上, $f(x, y) \leqslant g(x, y)$, 则有不等式

$$\iint\limits_D f(x, y) \mathrm{d}\sigma \leqslant \iint\limits_D g(x, y) \mathrm{d}\sigma.$$

特殊地, 有

$$\left| \iint\limits_D f(x, y) \mathrm{d}\sigma \right| \leqslant \iint\limits_D |f(x, y)| \mathrm{d}\sigma.$$

性质 5(估值性) 设 M、m 分别是 $f(x, y)$ 在闭区域 D 上的最大值和最小值, σ 为 D 的面积, 则

$$m\sigma \leqslant \iint\limits_D f(x, y) \mathrm{d}\sigma \leqslant M\sigma.$$

性质 6(二重积分的积分中值定理) 设函数 $f(x, y)$ 在闭区域 D 上连续, σ 为 D 的面积, 则在 D 上至少存在一点 (ξ, η) 使

$$\iint\limits_D f(x, y) \mathrm{d}\sigma = f(\xi, \eta)\sigma.$$

积分中值定理的几何意义: 在区域 D 上以曲面 $f(x, y)$ 为顶的曲顶柱体的体积, 等于区域 D 上以某一点 (ξ_i, η_i) 的函数值 $f(\xi_i, \eta_i)$ 为高的平顶柱体的体积.

性质 7（对称性）

首先回顾函数的奇偶性：

若 $f(-x, y) = f(x, y)$，称 $f(x, y)$ 关于 x 为奇函数；若 $f(x, -y) = -f(x, y)$，称 $f(x, y)$ 关于 y 为奇函数；若 $f(-x, y) = f(x, y)$ 或 $f(x, -y) = f(x, y)$，称 f 关于 x 或 y 为偶函数；若 $f(-x, -y) = f(x, y)$，称 f 关于 x、y 为偶函数.

（1）设积分区域 D 关于 x 轴，即 $y = 0$ 对称，则

$$\iint_D f(x, y)\mathrm{d}\sigma = \begin{cases} 0 & f(x, y) \text{ 关于变量 } y \text{ 是奇函数} \\ 2\iint_{D_1} f(x, y)\mathrm{d}\sigma & f(x, y) \text{ 关于变量 } y \text{ 是偶函数} \end{cases}$$

这里 D_1 为 D 的对称部分中的一部分，习惯上 D_1 取右半部分.

（2）设积分区域 D 关于 y 轴，即 $x = 0$ 对称，则

$$\iint_D f(x, y)\mathrm{d}\sigma = \begin{cases} 0 & f(x, y) \text{ 关于变量 } x \text{ 是奇函数} \\ 2\iint_{D_1} f(x, y)\mathrm{d}\sigma & f(x, y) \text{ 关于变量 } x \text{ 是偶函数} \end{cases}$$

这里 D_1 为 D 的对称部分中的一部分，习惯上 D_1 取上半部分.

（3）设 D 关于直线 $y = x$ 对称，则 $\iint_D f(x, y)\mathrm{d}\sigma = \iint_D f(y, x)\mathrm{d}\sigma$.

例 1 设 D 是 $x^2 + y^2 \leqslant 4$，则 $\iint_D (1 + \sqrt[3]{xy})\mathrm{d}\sigma = (\qquad)$.

解 D 关于 x 轴对称，$\sqrt[3]{xy}$ 关于 y 为奇函数，则 $\iint_D \sqrt[3]{xy}\mathrm{d}\sigma = 0$，得

$$\iint_D (1 + \sqrt[3]{xy})\mathrm{d}\sigma = \iint_D \mathrm{d}\sigma = 4\pi$$

例 2 设 D 是 $(x-2)^2 + (y-2)^2 \leqslant 2$，$I_1 = \iint_D (x+y)^4\mathrm{d}\sigma$，$I_2 = \iint_D (x+y)\mathrm{d}\sigma$，$I_3 = \iint_D (x+y)^2\mathrm{d}\sigma$，则 I_1、I_2、I_3 的大小顺序如何？

解 在 D 上，$x+y > 1$，$(x+y)^4 > (x+y)^2 > (x+y)$，由此得 $I_2 < I_3 < I_1$.

§8.2 利用直角坐标计算二重积分

二重积分的主要计算方法是将其归结为两次定积分，称为累次积分. 计算的关键在于如何根据积分区域的边界确定两次定积分的上限和下限.

当 $f(x, y)$ 在区域 D 上可积时，积分值与分割方式无关. 为了简化问题，选用平行于坐标轴的两组直线来分割 D，这时每个小区域的面积 $\mathrm{d}\sigma = \Delta x \Delta y$. 因此，在直角坐标系下，面积元素 $\mathrm{d}\sigma = \mathrm{d}x\mathrm{d}y$，从而二重积分可表示为

$$\iint_D f(x, y)\mathrm{d}x\mathrm{d}y.$$

8.2.1 X 型区域积分

设 $f(x, y) \geqslant 0$ 在积分区域 D 上可积，根据积分区域的形状特点讨论二重积分的计算．如果积分区域 D 可由不等式 $\varphi_1(x) \leqslant y \leqslant \varphi_2(x)$，$a \leqslant x \leqslant b$ 表示，如图 8-2 所示，即

$$D = \{(x, y) \mid \varphi_1(x) \leqslant y \leqslant \varphi_2(x), a \leqslant x \leqslant b\}$$

则称 D 为 X 型区域．

X 型区域特点：穿过 D 的内部且平行于 y 轴的直线与 D 的边界相交不多于两点．

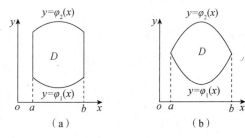

图 8-2

此时，二重积分 $\iint\limits_D f(x, y)\,\mathrm{d}\sigma$ 在几何上表示以曲面 $z = f(x, y)$ 为顶，以区域 D 为底的曲顶柱体的体积．

对于 $x_0 \in [a, b]$，曲顶柱体在 $x = x_0$ 的截面面积为以区间 $[\varphi_1(x_0), \varphi_2(x_0)]$ 为底，以曲线 $z = f(x_0, y)$ 为曲边的曲边梯形，如图 8-3 所示．因此，该截面的面积为

$$A(x_0) = \int_{\varphi_1(x_0)}^{\varphi_2(x_0)} f(x_0, y)\,\mathrm{d}y.$$

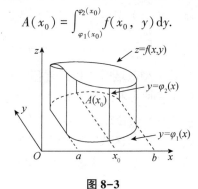

图 8-3

由平行截面面积为已知的立体体积的计算方法，得曲顶柱体体积为

$$V = \int_a^b A(x)\,\mathrm{d}x = \int_a^b \left[\int_{\varphi_1(x)}^{\varphi_2(x)} f(x, y)\,\mathrm{d}y\right]\mathrm{d}x.$$

即

$$V = \iint\limits_D f(x, y)\,\mathrm{d}\sigma = \int_a^b \left[\int_{\varphi_1(x)}^{\varphi_2(x)} f(x, y)\,\mathrm{d}y\right]\mathrm{d}x.$$

可记为

$$\iint\limits_D f(x, y)\,\mathrm{d}\sigma = \int_a^b \mathrm{d}x \int_{\varphi_1(x)}^{\varphi_2(x)} f(x, y)\,\mathrm{d}y.$$

此式等号右端称为先对 y 后对 x 的二次积分，即先把 x 看作常数，$f(x, y)$ 只看作 y 的函

数，对 $f(x, y)$ 计算从 $\varphi_1(x)$ 到 $\varphi_2(x)$ 的定积分，然后把所得的结果（它是 x 的函数）再对 x 从 a 到 b 计算定积分. 具体求二重积分时，可以除去 $f(x, y) \geqslant 0$ 的限制条件.

8.2.2 Y 型区域积分

类似地，如果积分区域 D 可以用不等式 $\psi_1(y) \leqslant x \leqslant \psi_2(y)$，$c \leqslant y \leqslant d$ 表示，如图 8-4 所示，即

$$D = \{(x, y) \mid \psi_1(y) \leqslant x \leqslant \psi_2(y), c \leqslant y \leqslant d\},$$

则称 D 为 Y 型区域.

Y 型区域特点：穿过 D 的内部且平行于 x 轴的直线与 D 的边界相交不多于两点.

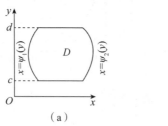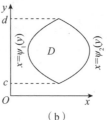

图 8-4

同理，有

$$\iint\limits_D f(x, y)\mathrm{d}x\mathrm{d}y = \int_c^d \mathrm{d}y \int_{\psi_1(y)}^{\psi_2(y)} f(x, y)\mathrm{d}x.$$

如果积分区域既是 X 型区域，又是 Y 型区域，如图 8-5 所示，显然有

$$\iint\limits_D f(x, y)\mathrm{d}x\mathrm{d}y = \int_a^b \mathrm{d}x \int_{\varphi_1(x)}^{\varphi_2(x)} f(x, y)\mathrm{d}y = \int_c^d \mathrm{d}y \int_{\psi_1(y)}^{\psi_2(y)} f(x, y)\mathrm{d}x.$$

当积分区域既是 X 型区域又是 Y 型区域时，将二重积分化成两种不同顺序的累次积分，虽然积分值是一样的，但在实际计算时，不同的积分顺序可能影响计算效率，甚至有的积分顺序无法积出结果. 因此，计算时需要结合积分区域与被积函数的特点来选择积分次序.

当积分区域既非 X 型区域，又非 Y 型区域时，如图 8-6 所示，此时可将 D 划分成若干个小区域，使每个小区域为 X 型区域或 Y 型区域，然后利用积分区域可加性分别计算再累加.

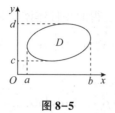

图 8-5　　　　图 8-6

例 1　计算二重积分 $\iint\limits_D xy\mathrm{d}\sigma$，其中 D 由直线 $y=1$，$x=2$，$y=x$ 所围成.

解一　如图 8-7(a) 所示，积分区域为 X 型区域. 在 $[1, 2]$ 内任取点 x，则在以 x 为横坐标的线段上的点，其纵坐标从 $y=1$ 变到 $y=x$，有

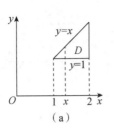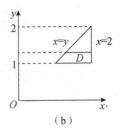

图 8-7

$$\iint\limits_{D} xy\mathrm{d}\sigma = \int_1^2 \left(\int_1^x xy\mathrm{d}y \right) \mathrm{d}x = \int_1^2 \left(x \cdot \frac{y^2}{2} \right) \Big|_1^x \mathrm{d}x = \int_1^2 \left(\frac{x^3}{2} - \frac{x}{2} \right) \mathrm{d}x = \frac{9}{8}.$$

解二 如图 8-7(b) 所示，积分区域为 Y 型区域．在 $[1,2]$ 内任取点 y，则在以 y 为纵坐标的线段上的点，其横坐标从 $x = y$ 变到 $x = 2$，有

$$\iint\limits_{D} xy\mathrm{d}\sigma = \int_1^2 \left(\int_y^2 xy\mathrm{d}x \right) \mathrm{d}y = \int_1^2 \left(y \cdot \frac{x^2}{2} \right) \Big|_y^2 \mathrm{d}y = \int_1^2 \left(2y - \frac{y^3}{2} \right) \mathrm{d}y = \frac{9}{8}.$$

例 2 计算二重积分 $\iint\limits_{D} y\sqrt{1 + x^2 - y^2}\mathrm{d}\sigma$，其中 D 由直线 $y = 1$，$x = -1$，$y = x$ 所围成.

解 如图 8-8(a) 所示，D 既是 X 型区域，又是 Y 型区域.

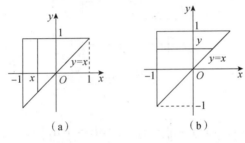

图 8-8

将 D 看作 X 型区域，在 $[-1,1]$ 内任取点 x，则在以 x 为横坐标的线段上的点，其纵坐标从 $y = x$ 变到 $y = 1$，有

$$\iint\limits_{D} y\sqrt{1 + x^2 - y^2}\mathrm{d}\sigma = \int_{-1}^1 \mathrm{d}x \int_x^1 y\sqrt{1 + x^2 - y^2}\mathrm{d}y$$

$$= -\frac{1}{3}\int_{-1}^1 (1 + x^2 - y^2)^{\frac{3}{2}} \Big|_x^1 \mathrm{d}x = -\frac{1}{3}\int_{-1}^1 (|x|^3 - 1)\mathrm{d}x = \frac{1}{2}.$$

说明：若把 D 看作 Y 型区域，如图 8-8(b) 所示，则

$$\iint\limits_{D} y\sqrt{1 + x^2 - y^2}\mathrm{d}\sigma = \int_{-1}^1 \mathrm{d}y \int_{-1}^y y\sqrt{1 + x^2 - y^2}\mathrm{d}x.$$

此时计算较烦琐，因此选择适当的区域类型很重要.

例 3 交换二次积分 $\int_1^2 \mathrm{d}x \int_{2-x}^{\sqrt{2x-x^2}} f(x,y)\mathrm{d}y$ 的积分次序.

解 积分区域 D 为 $1 \leqslant x \leqslant 2$，$2 - x \leqslant y \leqslant \sqrt{2x - x^2}$，如图 8-9(a) 所示．若视 D 为 Y 型区域，则有图 8-9(b)，因此

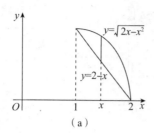 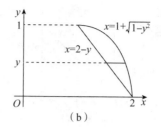

图 8-9

$$\int_1^2 dx \int_{2-x}^{\sqrt{2x-x^2}} f(x, y)dy = \iint_D f(x, y)dxdy = \int_0^1 dy \int_{2-y}^{1+\sqrt{1-y^2}} f(x, y)dx.$$

例 4 证明：(1) $\int_a^b dx \int_a^x f(x, y)dy = \int_a^b dy \int_y^b f(x, y)dx$ （$a < b$，f 在 $[a, b]$ 上连续）；

(2) $\int_0^x du \int_0^u f(t)dt = \int_0^x (x-u)f(u)du.$

证 (1) 由左端得积分区域 D：$a \le x \le b$，$a \le y \le x$，如图 8-10 所示.

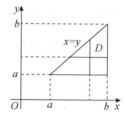

图 8-10

交换积分次序，则

$$\int_a^b dx \int_a^x f(x, y)dy = \iint_D f(x, y)dxdy = \int_a^b dy \int_y^b f(x, y)dx.$$

由 (1) 得

$$\int_0^x du \int_0^u f(t)dt = \int_0^x dt \int_t^x f(t)du = \int_0^x (x-t)f(t)dt = \int_0^x (x-u)f(u)du.$$

例 5 计算：$I = \iint_D \dfrac{y^3}{x}dxdy$，其中 D：$x^2 + y^2 \le 1$，$0 \le y \le \sqrt{\dfrac{3}{2}x}$.

解 从 D 的特点看，应先对 x 积分，但从被积函数看，$\int \dfrac{dx}{x} = \ln|x|$ 对二次积分带来困难，故应先对 y 积分. 此时，将 D 划分为两个部分，如图 8-11 所示.

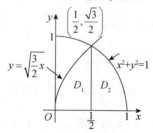

图 8-11

由 $x^2+y^2=1$，$y=\sqrt{\dfrac{3}{2}}x$，解得交点坐标：$\left(\dfrac{1}{2},\dfrac{\sqrt{3}}{2}\right)$.

过交点作平行于 y 轴的辅助线，则

$$\iint\limits_{D}\frac{y^3}{x}\mathrm{d}x\mathrm{d}y=\iint\limits_{D_1}\frac{y^3}{x}\mathrm{d}x\mathrm{d}y+\iint\limits_{D_2}\frac{y^3}{x}\mathrm{d}x\mathrm{d}y=\int_0^{\frac{1}{2}}\frac{\mathrm{d}x}{x}\int_0^{\sqrt{\frac{3}{2}}x}y^3\mathrm{d}y+\int_{\frac{1}{2}}^1\frac{\mathrm{d}x}{x}\int_0^{\sqrt{1-x^2}}y^3\mathrm{d}y$$

$$=\frac{1}{4}\cdot\frac{9}{4}\int_0^{\frac{1}{2}}x\mathrm{d}x+\frac{1}{4}\int_{\frac{1}{2}}^1\frac{(1-x^2)^2}{x}\mathrm{d}x=\frac{9}{32}x^2\bigg|_0^{\frac{1}{2}}+\frac{1}{4}\int_{\frac{1}{2}}^1\left(\frac{1}{x}-2x+x^3\right)\mathrm{d}x$$

$$=\frac{9}{128}+\frac{1}{4}\left(\ln x-x^2+\frac{1}{4}x^4\right)\bigg|_{\frac{1}{2}}^1=\frac{1}{4}\ln 2-\frac{15}{256}.$$

例 6 计算二重积分 $I=\displaystyle\iint\limits_{D}(\,|x|+|y|\,)\mathrm{d}x\mathrm{d}y$，其中 D 为 $|x|+|y|\leqslant 1$，如图 8-12 所示.

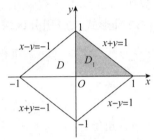

图 8-12

解 设 D_1 为 D 在第一象限的部分，利用对称性，则有

$$I=\iint\limits_{D}(\,|x|+|y|\,)\mathrm{d}x\mathrm{d}y=4\iint\limits_{D_1}(\,|x|+|y|\,)\mathrm{d}x\mathrm{d}y=4\iint\limits_{D_1}(x+y)\mathrm{d}x\mathrm{d}y$$

$$=4\int_0^1\mathrm{d}x\int_0^{1-x}(x+y)\mathrm{d}y=4\int_0^1\left(xy+\frac{y^2}{2}\right)\bigg|_0^{1-x}\mathrm{d}x=4\int_0^1\left[x-x^2+\frac{1}{2}(1-x)^2\right]\mathrm{d}x=\frac{4}{3}.$$

例 7 计算二重积分 $\displaystyle\iint\limits_{D}\sqrt{|y-x^2|}\mathrm{d}x\mathrm{d}y$，其中 D 为 $-1\leqslant x\leqslant 1$，$0\leqslant y\leqslant 2$，如图 8-13 所示.

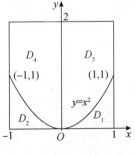

图 8-13

解 曲线 $y=x^2$ 将 D 划分为两部分：$D_1\cup D_2$，$D_3\cup D_4$，且 D 关于 y 轴对称，关于 x 是偶

函数，则

$$\iint\limits_{D} \sqrt{|y - x^2|}\, dxdy = 2\iint\limits_{D_1} \sqrt{|y - x^2|}\, dxdy + 2\iint\limits_{D_3} \sqrt{|y - x^2|}\, dxdy$$

$$= 2\int_0^1 dx \int_0^{x^2} \sqrt{x^2 - y}\, dy + 2\int_0^1 dx \int_{x^2}^2 \sqrt{y - x^2}\, dy$$

$$= 2\int_0^1 \left[-\frac{2}{3}(x^2 - y)^{\frac{3}{2}} \right] \Bigg|_0^{x^2} dx + 2\int_0^1 \left[\frac{2}{3}(y - x^2)^{\frac{3}{2}} \right] \Bigg|_{x^2}^2 dx$$

$$= \frac{4}{3}\int_0^1 x^3 dx + \frac{4}{3}\int_0^1 (2 - x^2)^{\frac{3}{2}} dx = \frac{5}{3} + \frac{\pi}{2}.$$

§8.3 利用极坐标计算二重积分

二重积分的计算不仅要考虑被积函数，还要兼顾积分区域. 一般地，当被积函数为 $f(x^2+y^2)$、$f(x^2+y^2)$、$f(x/y)$、$f(y/x)$ 等形式，或积分区域为圆域、环域、扇域、环扇域等时，采用极坐标计算二重积分会更容易些. 下面介绍二重积分 $\iint\limits_{D} f(x, y)\, d\sigma$ 在极坐标下的计算公式.

通过解析几何可知，直角坐标系 xOy 中取原点为极点，取 x 轴的正方向为极轴，则平面上任意一点的极坐标 (ρ, θ) 与该点的直角坐标 (x, y) 一一对应，且变换公式为

$$x = \rho\cos\theta, \quad y = \rho\sin\theta.$$

在极坐标系下计算二重积分，需将被积函数 $f(x, y)$、积分区域 D 以及面积元素 $d\sigma$ 都用极坐标表示，函数 $f(x, y)$ 的极坐标形式为 $f(\rho\cos\theta, \rho\sin\theta)$.

为了得到极坐标下的面积元素 $d\sigma$，我们用坐标曲线网划分积分区域 D，以从极点 O 出发的一族射线及以极点为中心的一族同心圆构成的网将区域 D 分为 n 个小闭区域，如图 8-14 所示，小闭区域的面积为

$$\Delta\sigma_i = \frac{1}{2}(\rho_i + \Delta\rho_i)^2 \cdot \Delta\theta_i - \frac{1}{2} \cdot \rho_i^2 \cdot \Delta\theta_i = \frac{1}{2}(2\rho_i + \Delta\rho_i)\Delta\rho_i \cdot \Delta\theta_i$$

$$= \frac{\rho_i + (\rho_i + \Delta\rho_i)}{2} \cdot \Delta\rho_i \cdot \Delta\theta_i = \bar{\rho}_i \Delta\rho_i \Delta\theta_i,$$

其中，$\bar{\rho}_i$ 为相邻两圆弧的半径的平均值. 包含边界点的那些小闭区域所对应项的和的极限为零，可以略去不计.

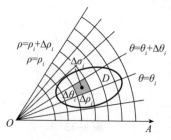

图 8-14

在 $\Delta\sigma_i$ 内取点 $(\overline{\rho}_i, \overline{\theta}_i)$，设其直角坐标为 (ξ_i, η_i)，则有 $\xi_i = \overline{\rho}_i\cos\overline{\theta}_i$，$\eta_i = \overline{\rho}_i\sin\overline{\theta}_i$.
于是，

$$\lim_{\lambda\to 0}\sum_{i=1}^{n}f(\xi_i, \eta_i)\Delta\sigma_i = \lim_{\lambda\to 0}\sum_{i=1}^{n}f(\overline{\rho}_i\cos\overline{\theta}_i, \overline{\rho}_i\sin\overline{\theta}_i)\overline{\rho}_i\Delta\rho_i\Delta\theta_i,$$

即

$$\iint\limits_{D}f(x, y)\mathrm{d}\sigma = \iint\limits_{D}f(\rho\cos\theta, \rho\sin\theta)\rho\mathrm{d}\rho\mathrm{d}\theta.$$

若积分区域 D 可表示为

$$\varphi_1(\theta) \leqslant \rho \leqslant \varphi_2(\theta), \quad \alpha \leqslant \theta \leqslant \beta,$$

则

$$\iint\limits_{D}f(\rho\cos\theta, \rho\sin\theta)\rho\mathrm{d}\rho\mathrm{d}\theta = \int_{\alpha}^{\beta}\mathrm{d}\theta\int_{\varphi_1(\theta)}^{\varphi_2(\theta)}f(\rho\cos\theta, \rho\sin\theta)\rho\mathrm{d}\rho.$$

上式为二重积分由直角坐标变量变换成极坐标变量的变换公式，其中 $\rho\mathrm{d}\rho\mathrm{d}\theta$ 是极坐标中的面积元素.

利用极坐标计算二重积分也是将二重积分化为二次定积分. 为此，下面根据极点 O 相对于积分区域 D 的位置分三种情形来讨论.

(1)设 D：$\varphi_1(\theta) \leqslant \rho \leqslant \varphi_2(\theta)$，$\alpha \leqslant \theta \leqslant \beta$ (图 8–15)，则

$$\iint\limits_{D}f(\rho\cos\theta, \rho\sin\theta)\rho\mathrm{d}\rho\mathrm{d}\theta = \int_{\alpha}^{\beta}\mathrm{d}\theta\int_{\varphi_1(\theta)}^{\varphi_2(\theta)}f(\rho\cos\theta, \rho\sin\theta)\rho\mathrm{d}\rho;$$

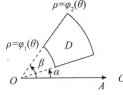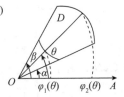

图 8–15

(2)设 D：$0 \leqslant \rho \leqslant \varphi(\theta)$，$\alpha \leqslant \theta \leqslant \beta$ (图 8–16)，则

$$\iint\limits_{D}f(\rho\cos\theta, \rho\sin\theta)\rho\mathrm{d}\rho\mathrm{d}\theta = \int_{\alpha}^{\beta}\mathrm{d}\theta\int_{0}^{\varphi(\theta)}f(\rho\cos\theta, \rho\sin\theta)\rho\mathrm{d}\rho;$$

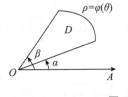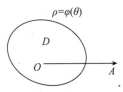

图 8–16

(3)设 D：$0 \leqslant \rho \leqslant \varphi(\theta)$，$0 \leqslant \theta \leqslant 2\pi$，则

$$\iint\limits_{D}f(\rho\cos\theta, \rho\sin\theta)\rho\mathrm{d}\rho\mathrm{d}\theta = \int_{0}^{2\pi}\mathrm{d}\theta\int_{0}^{\varphi(\theta)}f(\rho\cos\theta, \rho\sin\theta)\rho\mathrm{d}\rho.$$

当积分区域 D 不满足以上三种情况之一时，可先对积分区域 D 进行分割，然后再借助上述公式计算，最后由二重积分对积分区域的可加性将各个计算的结果求和.

通过在极坐标系下积分上、下限的讨论不难发现，当积分区域 D 是圆或圆的一部分，或者积分区域的边界由极坐标方程给出，或者被积函数为 $f(x_2+y_2)$、$f(x_2+y_2)$、$f(x/y)$、$f(y/x)$ 等形式，采用极坐标计算二重积分会更容易些.

例 1　计算二重积分 $\iint\limits_D \mathrm{e}^{-x^2-y^2}\mathrm{d}x\mathrm{d}y$，其中 D：$x^2+y^2 \leqslant a^2$.

解　D：$0 \leqslant \rho \leqslant a$，$0 \leqslant \theta \leqslant 2\pi$.

$$\iint\limits_D \mathrm{e}^{-x^2-y^2}\mathrm{d}x\mathrm{d}y = \iint\limits_D \mathrm{e}^{-r^2} r\mathrm{d}r\mathrm{d}\theta = \int_0^{2\pi} \left[\int_0^a \mathrm{e}^{-r^2} r\mathrm{d}r \right] \mathrm{d}\theta$$

$$= \int_0^{2\pi} \left(-\frac{1}{2}\mathrm{e}^{-r^2} \right) \bigg|_0^a \mathrm{d}\theta = \pi(1-\mathrm{e}^{-a^2}).$$

注：本题无法利用直角坐标计算.

例 2　（利用例 1 的结果）计算二重积分 $\int_0^{+\infty} \mathrm{e}^{-x^2}\mathrm{d}x$.

解　设 D_1：$x^2+y^2 \leqslant R^2$；D_2：$x^2+y^2 \leqslant 2R^2$；S：$0 < x < R$，$0 < y < R$，如图 8-17 所示.

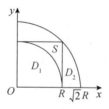

图 8-17

显然：$D_1 \subset S \subset D_2$. 由于 $\mathrm{e}^{-x^2-y^2} > 0$，则

$$\iint\limits_{D_1} \mathrm{e}^{-x^2-y^2}\mathrm{d}x\mathrm{d}y < \iint\limits_S \mathrm{e}^{-x^2-y^2}\mathrm{d}x\mathrm{d}y < \iint\limits_{D_2} \mathrm{e}^{-x^2-y^2}\mathrm{d}x\mathrm{d}y,$$

而

$$\iint\limits_S \mathrm{e}^{-x^2-y^2}\mathrm{d}x\mathrm{d}y = \int_0^R \mathrm{e}^{-x^2}\mathrm{d}x \cdot \int_0^R \mathrm{e}^{-y^2}\mathrm{d}y = \left(\int_0^R \mathrm{e}^{-x^2}\mathrm{d}x \right)^2.$$

由例 1 可知，

$$\iint\limits_{D_1} \mathrm{e}^{-x^2-y^2}\mathrm{d}x\mathrm{d}y = \frac{\pi}{4}(1-\mathrm{e}^{-R^2}) ; \quad \iint\limits_{D_2} \mathrm{e}^{-x^2-y^2}\mathrm{d}x\mathrm{d}y = \frac{\pi}{4}(1-\mathrm{e}^{-2R^2}) ,$$

因此，

$$\frac{\pi}{4}(1-\mathrm{e}^{-R^2}) < \left(\int_0^R \mathrm{e}^{-x^2}\mathrm{d}x \right)^2 < \frac{\pi}{4}(1-\mathrm{e}^{-2R^2}) .$$

令 $R \to +\infty$，则

$$\int_0^{+\infty} \mathrm{e}^{-x^2}\mathrm{d}x = \frac{\sqrt{\pi}}{2}.$$

例 3　求球体 $x^2+y^2+z^2 \leqslant 4a^2$ 被圆柱面 $x^2+y^2 = 2ax(a>0)$ 所截得的（含在圆柱面的内部）立体的体积，如图 8-18 所示.

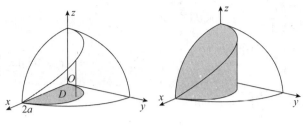

图 8-18

解 由对称性有

$$V = 4\iint\limits_{D} \sqrt{4a^2 - x^2 - y^2}\, \mathrm{d}x\mathrm{d}y,$$

其中 D：$0 \leqslant \rho \leqslant 2a\cos\theta$，$0 \leqslant \theta \leqslant \dfrac{\pi}{2}$（图 8-19）. 于是，

$$V = 4\iint\limits_{D} \sqrt{4a^2 - x^2 - y^2}\, \mathrm{d}x\mathrm{d}y = 4\int_0^{\frac{\pi}{2}} \mathrm{d}\theta \int_0^{2a\cos\theta} \sqrt{4a^2 - \rho^2}\, \rho\mathrm{d}\rho$$

$$= \frac{32}{3}a^3 \int_0^{\frac{\pi}{2}} (1 - \sin^3\theta)\, \mathrm{d}\theta = \frac{32}{3}a^3 \left(\frac{\pi}{2} - \frac{2}{3} \right).$$

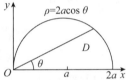

图 8-19

例 4 计算 $I = \iint\limits_{D} |x^2 + y^2 - 2x|\, \mathrm{d}x\mathrm{d}y$，其中 D：$x^2 + y^2 \leqslant 4$.

解 由 $x^2 + y^2 - 2x \geqslant 0$ 和 $x^2 + y^2 - 2x < 0$ 将 D 划分为两部分，即 D_1：$2x \leqslant x^2 + y^2 \leqslant 4$；$D_2$：$x^2 + y^2 \leqslant 2x$（图 8-20）.

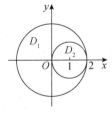

图 8-20

$$I = \iint\limits_{D_1} (x^2 + y^2 - 2x)\, \mathrm{d}x\mathrm{d}y + \iint\limits_{D_2} (2x - x^2 - y^2)\, \mathrm{d}x\mathrm{d}y$$

$$= \iint\limits_{D_1+D_2} (x^2 + y^2 - 2x)\, \mathrm{d}x\mathrm{d}y + 2\iint\limits_{D_2} (2x - x^2 - y^2)\, \mathrm{d}x\mathrm{d}y$$

$$= \int_0^{2\pi} \mathrm{d}\theta \int_0^2 (\rho^2 - 2\rho\cos\theta)\rho\mathrm{d}\rho + 2\int_{-\frac{\pi}{2}}^{\frac{\pi}{2}} \mathrm{d}\theta \int_0^{2\cos\theta} (2\rho\cos\theta - \rho^2)\rho\mathrm{d}\rho$$

$$= \int_0^{2\pi} \left(\frac{r^4}{4} - \frac{2}{3}\rho^3 \cos\theta \right) \Big|_0^2 d\theta + 2\int_{-\frac{\pi}{2}}^{\frac{\pi}{2}} \left(\frac{2}{3}\rho^3 \cos\theta - \frac{r^4}{4} \right) \Big|_0^{2\cos\theta} d\theta$$

$$= \int_0^{2\pi} \left(4 - \frac{16}{3}\cos\theta \right) d\theta + 2\int_{-\frac{\pi}{2}}^{\frac{\pi}{2}} \left(\frac{16}{3}\cos^4\theta - 4\cos^4\theta \right) d\theta$$

$$= 8\pi + \frac{16}{3}\int_0^{\frac{\pi}{2}} \cos^4\theta d\theta = 9\pi.$$

例 5 化二次积分 $\int_0^2 dx \int_x^{\sqrt{3}x} f(\sqrt{x^2+y^2}) dy$ 为极坐标系下的二次积分.

解 由于 D：$x \leq y \leq \sqrt{3}\,x$，$0 \leq x \leq 2$（图 8-21），所以

$$\int_0^2 dx \int_x^{\sqrt{3}x} f(\sqrt{x^2+y^2}) dy = \iint_D f(\sqrt{x^2+y^2}) dxdy = \int_{\frac{\pi}{2}}^{\frac{\pi}{3}} d\theta \int_0^{\frac{2}{\cos\theta}} f(\rho)\rho d\rho.$$

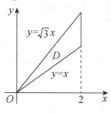

图 8-21

习题八

1. 将二重积分 $\iint\limits_D f(x,y)dxdy$ 按两种顺序化成累次积分，其中 D 是由下列曲线或直线围成的区域.

(1) $y = x^2$，$y = 4$；

(2) $y = x^3$，$y = 1$，$x = -1$；

(3) $y = x^2$，$y = 2x$；

(4) $y = x^2$，$y = 0$，$x = 2$；

(5) $y = x^2$，$y = 4 - x^2$；

(6) $y = \ln x$，$y = 0$，$x = e$；

(7) $x^2 + y^2 = 1$，$y = x$ 在第一象限；

(8) $y = \frac{2}{x}$，$y = 2x$，$y = \frac{x}{2}$.

2. 交换下列积分的次序.

(1) $\int_0^1 dy \int_0^{2y} f(x,y)dx$；

(2) $\int_{-1}^1 dx \int_{x^2}^1 f(x,y)dy$；

(3) $\int_{-1}^1 dx \int_{-\sqrt{1-x^2}}^{1-x^2} f(x,y)dy$；

(4) $\int_0^1 dy \int_{-y^2}^{y^2} f(x,y)dx$；

(5) $\int_0^1 dy \int_y^{\sqrt{y}} f(x,y)dx$；

(6) $\int_0^2 dx \int_x^{2x} f(x,y)dy$.

3. 计算下列二重积分.

(1) $\int_0^1 \int_1^2 (x^2+y^2)dxdy$；

(2) $\int_{-1}^2 \int_{y^2}^{y+2} xydxdy$.

4. 计算下列给定区域内的二重积分.

(1) $\iint\limits_D x\sqrt{x^2+y^2}dxdy$，$D$ 由 $y = x^2$ 和 $y = 1$ 所围成；

(2) $\iint\limits_{D} 2xy\,dxdy$，$D$ 由 $y = x^2 + 1$，$y = 2x$ 和 $x = 0$ 所围成；

(3) $\iint\limits_{D} e^{x+y}\,dxdy$，$D$ 由 $x = 0$，$x = 1$，$y = 0$，$y = 1$ 所围成；

(4) $\iint\limits_{D} ye^{xy}\,dxdy$，$D$ 由 $x = 2$，$y = 2$，$xy = 1$ 所围成；

(5) $\iint\limits_{D} \dfrac{x}{1+y}\,dxdy$，$D$ 由 $y = \dfrac{1}{x}$，$y = x$，$x = 2$ 所围成；

(6) $\iint\limits_{D} x^2 y\,dxdy$，$D$ 由 $y = \sqrt{1 - x^2}\ (x > 0)$，$x = 0$，$y = 0$ 所围成；

(7) $\iint\limits_{D} (3x^2 + 4x^3 y^3)\,dxdy$，$D$ 由 $x = 1$，$y = x^3$，$y = -\sqrt{x}$ 所围成；

(8) $\iint\limits_{D} ye^{xy}\,dxdy$，$D$ 由 $y = \ln 2$，$y = \ln 3$，$x = 2$，$x = 4$ 所围成；

(9) $\iint\limits_{D} 4y^2 \sin(xy)\,dxdy$，$D$ 由 $x = 0$，$y = \sqrt{\dfrac{\pi}{2}}$，$y = x$ 所围成；

(10) $\iint\limits_{D} e^{x^2}\,dxdy$，$D$ 由 $y = x$，$y = x^3$ 所围在第一象限.

5. 利用极坐标计算下列二重积分.

(1) $\iint\limits_{D} \left(\dfrac{y}{x}\right)^2\,dxdy$，$D$ 由 $y = \sqrt{1 - x^2}$，$y = x$，$y = 0$ 围成，且 $x > 0$；

(2) $\iint\limits_{D} \sin\sqrt{x^2 + y^2}\,dxdy$，$D = \{(x, y)\mid \pi^2 \leq x^2 + y^2 \leq 4\pi^2\}$；

(3) $\iint\limits_{D} \arctan\dfrac{y}{x}\,dxdy$，$D = \{(x, y)\mid 1 \leq x^2 + y^2 \leq 4,\ x \geq 0,\ y \geq 0\}$；

(4) $\iint\limits_{D} \sqrt{R^2 - x^2 - y^2}\,dxdy$，$D = \{(x, y)\mid x^2 + y^2 \leq R^2\}$.

6. 设 $f(x) = \displaystyle\int_{1}^{x^2} e^{-y^2}\,dy$，求 $\displaystyle\int_{0}^{1} xf(x)\,dx$.

7. 计算 $\iint\limits_{D} \sqrt{x^2 + y^2}\,dxdy$，其中 $D : Rx \leq x^2 + y^2 \leq R^2 (R > 0)$.

8. 计算下列二重积分.

(1) $\iint\limits_{D} |y - x^2|\,dxdy$，其中 $D：-1 \leq x \leq 1,\ 0 \leq y \leq 1$；

(2) $\iint\limits_{D} (|x| + |y|)\,dxdy$，其中 $D：|x| + |y| \leq 1$；

(3) $\iint\limits_{D} \sqrt{|y - x|}\,dxdy$，其中 D 由 $x = \pm 1$，$y = \pm 1$ 四条直线所围成.

9. $\iint\limits_{D} \ln(x^2 + y^2)\,d\sigma$ 的值（　　　），其中 $D = \left\{(x, y)\ \middle|\ \dfrac{1}{4} \leq x^2 + y^2 \leq 1\right\}$

A. ≤ 0　　　　　　B. ≥ 0　　　　　　C. $= 0$　　　　　　D. 以上都不对

10. 累次积分 $\int_0^{\frac{\pi}{2}} d\theta \int_0^{\cos\theta} f(r\cos\theta,\ r\sin\theta)r dr$ 可以写成（　　）.

A. $\int_0^1 dy \int_0^{\sqrt{y-y^2}} f(x,\ y) dx$

B. $\int_0^1 dy \int_0^{\sqrt{1-y^2}} f(x,\ y) dx$

C. $\int_0^1 dx \int_0^1 f(x,\ y) dy$

D. $\int_0^1 dx \int_0^{\sqrt{x-x^2}} f(x,\ y) dy$

习题八答案

1. （1）$\int_0^4 \left[\int_{-\sqrt{y}}^{\sqrt{y}} f(x,\ y) dx \right] dy$;

（2）$\int_{-1}^1 \left[\int_{-1}^{\sqrt[3]{y}} f(x,\ y) dx \right] dy$;

（3）$\int_0^2 \left[\int_{\frac{y}{2}}^{\sqrt{y}} f(x,\ y) dx \right] dy$;

（4）$\int_0^4 \left[\int_{\sqrt{y}}^2 f(x,\ y) dx \right] dy$;

（5）$\int_0^4 \left[\int_{-\sqrt{y}}^{\sqrt{y}} f(x,\ y) dx \right] dy$;

（6）$\iint_D f(x,\ y) dx dy = \int_1^e \left[\int_0^{\ln x} f(x,\ y) dy \right] dx$;

（7）$\iint_D f(x,\ y) dx dy = \int_0^{\frac{\sqrt{2}}{2}} \left[\int_0^x f(x,\ y) dy \right] dx + \int_{\frac{\sqrt{2}}{2}}^1 \left[\int_0^{\sqrt{1-x^2}} f(x,\ y) dy \right] dx$,

$\iint_D f(x,\ y) dx dy = \int_0^{\frac{\sqrt{2}}{2}} \left[\int_y^{\sqrt{1-y^2}} f(x,\ y) dx \right] dy$;

（8）$\iint_D f(x,\ y) dx dy = \int_0^1 dx \int_{\frac{x}{2}}^{2x} f(x,\ y) dy + \int_1^2 dx \int_{\frac{x}{2}}^{\frac{2}{x}} f(x,\ y) dy$,

$\iint_D f(x,\ y) dx dy = \int_0^1 dy \int_{\frac{y}{2}}^{2y} f(x,\ y) dx + \int_1^2 dy \int_{\frac{y}{2}}^{\frac{2}{y}} f(x,\ y) dy$.

2. （1）$\int_0^2 dx \int_{\frac{x}{2}}^1 f(x,\ y) dy$;

（2）$\int_0^1 dx \int_{-\sqrt{y}}^{\sqrt{y}} f(x,\ y) dy$;

（3）$\int_0^1 dy \int_{-\sqrt{1-y^2}}^{\sqrt{1+y^2}} f(x,\ y) dy + \int_0^1 dy \int_{-\sqrt{1-y}}^{\sqrt{1+y}} f(x,\ y) dx$;

（4）$\int_{-1}^0 dx \int_{\sqrt{-x}}^1 f(x,\ y) dy + \int_0^1 dy \int_{\sqrt{x}}^1 f(x,\ y) dy$;

（5）$\int_0^1 dy \int_{x^2}^x f(x,\ y) dy$;

（6）$\int_0^2 dy \int_{\frac{y}{2}}^y f(x,\ y) dx + \int_2^4 dy \int_{\frac{y}{2}}^2 f(x,\ y) dx$.

3. （1）$\int_0^1 \left(\frac{7}{3} + y^2 \right) dy = \frac{8}{3}$;

（2）$\frac{45}{8}$.

4. （1）0;　　（2）$\frac{1}{6}$;　　（3）$(e-1)^2$;　　（4）$\frac{1}{2}e^4 - 2e$;

（5）$2\ln 2 - \frac{3}{4}$;　　（6）$\frac{1}{15}$;　　（7）2;　　（8）$\frac{55}{4}$;

（9）$\pi - 2$;　　（10）$\frac{1}{2}e - 1$.

5. （1）$\frac{1}{2}\left(1 - \frac{\pi}{4} \right)$;　（2）$-6\pi^2$;　　（3）$\frac{3}{64}\pi^2$;　　（4）$\frac{2\pi}{3}R^3$.

6. $\dfrac{1}{4}(e^{-1} - 1)$.

7. $\dfrac{2\pi}{3}R^3 - \dfrac{4}{9}R^3$.

8. （1）$\dfrac{11}{15}$;　　　　（2）$\dfrac{4}{3}$;　　　　（3）$\dfrac{32\sqrt{2}}{15}$.

9. A.

10. D.

第9章

无穷级数

无穷级数是微积分学的一个重要组成部分，在表达函数、研究函数性质、解微分方程等方面有着重要应用.

§9.1 常数项级数的概念与性质

9.1.1 常数项级数的概念

定义 1 给定一个数列 $\{u_n\}$，将数列 $\{u_n\}$ 中的项依次用加号连接起来的式子

$$u_1 + u_2 + \cdots + u_n + \cdots$$

称为(常数项)无穷级数，简称级数，记为 $\sum_{n=1}^{\infty} u_n$，即

$$\sum_{n=1}^{\infty} u_n = u_1 + u_2 + \cdots + u_n + \cdots,$$

其中，第 n 项 u_n 为级数的一般项或通项；u_1 为首项.

注：首项下标也可用其他整数，如 $\sum_{n=0}^{\infty} u_n$ 的首项为 u_0，$\sum_{n=2}^{\infty} u_n$ 的首项为 u_2.

级数 $\sum_{n=1}^{\infty} u_n$ 的前 n 项之和称为级数 $\sum_{n=1}^{\infty} u_n$ 的部分和，即

$$s_n = \sum_{i=1}^{n} u_i = u_1 + u_2 + \cdots + u_n.$$

定义 2 如果级数 $\sum_{n=1}^{\infty} u_n$ 的部分和数列 $\{s_n\}$ 有极限 s，即 $\lim_{n \to \infty} s_n = s$，则称无穷级数 $\sum_{n=1}^{\infty} u_n$ 收敛，这时极限 s 叫作该级数的和，并写成

$$s = \sum_{n=1}^{\infty} u_n = u_1 + u_2 + \cdots + u_n + \cdots.$$

如果 $\{s_n\}$ 没有极限，则称无穷级数 $\sum_{n=1}^{\infty} u_n$ 发散.

当级数 $\sum\limits_{n=1}^{\infty} u_n$ 收敛时，其部分和 s_n 是级数 $\sum\limits_{n=1}^{\infty} u_n$ 的和 s 的近似值，它们之间的差值

$$r_n = s - s_n = u_{n+1} + u_{n+2} + \cdots$$

叫作级数 $\sum\limits_{n=1}^{\infty} u_n$ 的余项.

从上述定义可知，级数的敛散性化为了部分和数列的敛散性，因此可用数列极限的判断标准来判定.

例 1 设级数 $\sum\limits_{n=1}^{\infty} u_n$ 的部分和 $s_n = \dfrac{2n}{n+1}$，求出此级数，并求和.

解 因为 $u_n = s_n - s_{n-1} = \dfrac{2n}{n+1} - \dfrac{2(n-1)}{n} = \dfrac{2}{n(n+1)}$，所以所求级数是

$$\sum_{n=1}^{\infty} u_n = \sum_{n=1}^{\infty} \frac{2}{n(n+1)}.$$

又由于 $\lim\limits_{n\to\infty} s_n = \lim\limits_{n\to\infty} \dfrac{2n}{n+1} = 2$，所以 $s = \sum\limits_{n=1}^{\infty} \dfrac{2}{n(n+1)} = 2$.

例 2 讨论级数 $\sum\limits_{n=1}^{\infty} \dfrac{1}{(n+1)(n+2)}$ 的敛散性.

解 由于 $u_n = \dfrac{1}{(n+1)(n+2)} = \dfrac{1}{n+1} - \dfrac{1}{n+2}$，可知部分和为

$$s_n = \frac{1}{2 \cdot 3} + \frac{1}{3 \cdot 4} + \cdots + \frac{1}{n(n+1)} + \frac{1}{(n+1)(n+2)}$$

$$= \left(\frac{1}{2} - \frac{1}{3}\right) + \left(\frac{1}{3} - \frac{1}{4}\right) + \cdots + \left(\frac{1}{n} - \frac{1}{n+1}\right) + \left(\frac{1}{n+1} - \frac{1}{n+2}\right)$$

$$= \frac{1}{2} - \frac{1}{n+2},$$

从而有

$$\lim_{n\to\infty} s_n = \lim_{n\to\infty} \left(\frac{1}{2} - \frac{1}{n+2}\right) = \frac{1}{2}.$$

因此，级数收敛，且 $\sum\limits_{n=1}^{\infty} \dfrac{1}{(n+1)(n+2)} = \dfrac{1}{2}$.

例 3 讨论几何级数(等比级数)

$$\sum_{n=1}^{\infty} ar^{n-1} = a + ar + ar^2 + \cdots + ar^{n-1} + \cdots$$

的敛散性，其中 $a \neq 0$，r 是公比.

解 当 $r \neq 1$ 时，级数的部分和为

$$s_n = a + ar + ar^2 + \cdots + ar^{n-1} = a\frac{1-r^n}{1-r}.$$

当 $|r| < 1$ 时，由于 $\lim\limits_{n\to\infty} r^n = 0$，则 $\lim\limits_{n\to\infty} s_n = \dfrac{a}{1-r}$，此时级数收敛，和为 $\dfrac{a}{1-r}$.

当 $|r| > 1$ 时，由于 $\lim\limits_{n \to \infty} r^n = \infty$ ，则 $\lim\limits_{n \to \infty} s_n$ 不存在，此时级数发散.

当 $r = 1$ 时，$s_n = na$，$\lim\limits_{n \to \infty} s_n$ 不存在，因此级数发散.

当 $r = -1$ 时，级数 $\sum\limits_{n=1}^{\infty} ar^{n-1} = a - a + a - a + \cdots + a(-1)^{n-1} + \cdots$ ，部分和为

$$s_n = \begin{cases} a & n \text{ 为奇数} \\ 0 & n \text{ 为偶数} \end{cases},$$

因此 $\lim\limits_{n \to \infty} s_n$ 不存在，此时级数发散.

综上所述，当 $|r| < 1$ 时，级数收敛，其和为 $\dfrac{a}{1-r}$ ；当 $|r| \geqslant 1$ 时，级数发散，即

$$\sum_{n=1}^{\infty} ar^{n-1} = \begin{cases} \dfrac{a}{1-r} & |r| < 1 \\ \text{发散} & |r| \geqslant 1 \end{cases}.$$

例 4 研究级数 $\sum\limits_{n=1}^{\infty} \ln\left(1 + \dfrac{1}{n}\right)$ 的敛散性.

解 因为 $u_n = \ln\left(1 + \dfrac{1}{n}\right) = \ln(n+1) - \ln n$，则部分和为

$s_n = (\ln 2 - \ln 1) + (\ln 3 - \ln 2) + (\ln 4 - \ln 3) + \cdots + [\ln n - \ln(n-1)] + [\ln(n+1) - \ln n]$
$= \ln(n+1).$

所以 $\lim\limits_{n \to \infty} s_n = \lim\limits_{n \to \infty} \ln(n+1) = \infty$ ，原级数发散.

例 5 证明调和级数 $\sum\limits_{n=1}^{\infty} \dfrac{1}{n} = 1 + \dfrac{1}{2} + \dfrac{1}{3} + \cdots + \dfrac{1}{n} + \cdots$ 发散.

证 由拉格朗日中值定理可知，

$$\ln(n+1) - \ln n = \frac{1}{\xi} < \frac{1}{n} \quad (n < \xi < n+1),$$

因此，级数的前 n 项和为

$$\begin{aligned} s_n &= 1 + \frac{1}{2} + \frac{1}{3} + \cdots + \frac{1}{n} \\ &> (\ln 2 - \ln 1) + (\ln 3 - \ln 2) + \cdots + [\ln(n+1) - \ln n] \\ &= \ln(n+1) - \ln 1 = \ln(n+1). \end{aligned}$$

显然，$\lim\limits_{n \to \infty} s_n = \lim\limits_{n \to \infty} \ln(n+1) = \infty$ ，因此调和级数 $\sum\limits_{n=1}^{\infty} \dfrac{1}{n}$ 发散.

9.1.2 常数项级数的性质

根据数列极限的性质，可得到下面关于常数项级数的性质.

性质 1 如果 $\sum\limits_{n=1}^{\infty} u_n = s$ ，k 是常数，则 $\sum\limits_{n=1}^{\infty} ku_n = ks$.

证明： 设 $\sum\limits_{n=1}^{\infty} u_n$ 与 $\sum\limits_{n=1}^{\infty} ku_n$ 的部分和分别为 s_n 与 σ_n ，则

$$\lim_{n \to \infty} \sigma_n = \lim_{n \to \infty} (ku_1 + ku_2 + \cdots + ku_n) = k \lim_{n \to \infty} (u_1 + u_2 + \cdots + u_n) = k \lim_{n \to \infty} s_n = ks.$$

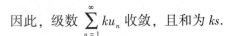

因此，级数 $\displaystyle\sum_{n=1}^{\infty} k u_n$ 收敛，且和为 ks.

性质2 如果 $\displaystyle\sum_{n=1}^{\infty} u_n = s$，$\displaystyle\sum_{n=1}^{\infty} v_n = \sigma$，则 $\displaystyle\sum_{n=1}^{\infty} (u_n \pm v_n) = s \pm \sigma$.

证 设级数 $\displaystyle\sum_{n=1}^{\infty} u_n$、$\displaystyle\sum_{n=1}^{\infty} v_n$、$\displaystyle\sum_{n=1}^{\infty} (u_n \pm v_n)$ 的部分和分别为 s_n、σ_n、τ_n，则

$$\lim_{n\to\infty} \tau_n = \lim_{n\to\infty} \left[(u_1 \pm v_1) + (u_2 \pm v_2) + \cdots + (u_n \pm v_n) \right]$$
$$= \lim_{n\to\infty} \left[(u_1 + u_2 + \cdots + u_n) \pm (v_1 + v_2 + \cdots + v_n) \right]$$
$$= \lim_{n\to\infty} (s_n \pm \sigma_n) = s \pm \sigma.$$

例6 判断级数 $\displaystyle\sum_{n=1}^{\infty} \left(\frac{1}{2^n} + \frac{2}{3^n} \right)$ 的敛散性.

解 由例3结论可知，等比级数 $\displaystyle\sum_{n=1}^{\infty} \frac{1}{2^n}$ 和 $\displaystyle\sum_{n=1}^{\infty} \frac{2}{3^n}$ 都收敛. 根据性质2可知，级数 $\displaystyle\sum_{n=1}^{\infty} \left(\frac{1}{2^n} + \frac{2}{3^n} \right)$ 收敛.

性质3 在级数中去掉、加上或改变有限项，不会改变级数的敛散性.

例如，级数 $\displaystyle\sum_{n=1}^{\infty} \frac{1}{2^n} = \frac{1}{2} + \frac{1}{2^2} + \cdots + \frac{1}{2^n} + \cdots$ 收敛，级数 $\displaystyle\sum_{n=10}^{\infty} \frac{1}{2^n} = \frac{1}{2^{10}} + \frac{1}{2^{11}} + \cdots + \frac{1}{2^n} + \cdots$ 也收敛，级数 $100 + \frac{1}{2} + \frac{1}{2^2} + \cdots + \frac{1}{2^n} + \cdots$ 也收敛.

注：一个级数的敛散性与级数的前有限项无关.

性质4 如果级数 $\displaystyle\sum_{n=1}^{\infty} u_n$ 收敛，则对该级数的项任意加括号后所成的新级数仍收敛，且其和不变.

推论1 收敛级数去括号后所成的级数不一定收敛.

例如，级数 $(1-1) + (1-1) + \cdots$ 收敛于零，但级数 $1 - 1 + 1 - 1 + \cdots = \displaystyle\sum_{n=1}^{\infty} (-1)^{n-1}$ 却发散.

推论2 发散级数加括号后所成的级数不一定发散.

推论3 如果加括号后所成的级数发散，则原来的级数也发散.

性质5(级数收敛的必要条件) 如果 $\displaystyle\sum_{n=1}^{\infty} u_n$ 收敛，则 $\displaystyle\lim_{n\to\infty} u_n = 0$.

证 设级数 $\displaystyle\sum_{n=1}^{\infty} u_n$ 的部分和为 s_n，且 $\displaystyle\lim_{n\to\infty} s_n = s$，则

$$\lim_{n\to\infty} u_n = \lim_{n\to\infty} (s_n - s_{n-1}) = \lim_{n\to\infty} s_n - \lim_{n\to\infty} s_{n-1} = s - s = 0.$$

注：级数的一般项趋于零并不是级数收敛的充分条件. 例如，调和级数 $\displaystyle\sum_{n=1}^{\infty} \frac{1}{n}$ 发散.

推论4 如果 $\displaystyle\lim_{n\to\infty} u_n \neq 0$，则级数 $\displaystyle\sum_{n=1}^{\infty} u_n$ 发散.

例 7 判别级数 $\sum\limits_{n=1}^{\infty} \dfrac{2n-3}{6n+1}$ 的敛散性.

解 由于 $\lim\limits_{n\to\infty} u_n = \lim\limits_{n\to\infty} \dfrac{2n-3}{6n+1} = \dfrac{1}{3} \neq 0$，所以级数 $\sum\limits_{n=1}^{\infty} \dfrac{2n-3}{6n+1}$ 发散.

§9.2 常数项级数的审敛法

9.2.1 正项级数及其审敛法

定义 1 若 $u_n \geqslant 0 (n = 1, 2, \cdots)$，则称级数 $\sum\limits_{n=1}^{\infty} u_n$ 为正项级数.

如果 $\sum\limits_{n=1}^{\infty} u_n$ 是正项级数，则它的部分和数列 $\{s_n\}$ 是单调非减的，即

$$s_1 \leqslant s_2 \leqslant \cdots \leqslant s_n \leqslant \cdots.$$

由数列极限的存在准则知，若数列 $\{s_n\}$ 有上界，则收敛，否则发散. 因此，有以下正项级数的判别定理.

定理 1 正项级数 $\sum\limits_{n=1}^{\infty} u_n$ 收敛的充分必要条件是它的部分和数列 $\{s_n\}$ 有上界.

显然，定理 1 的逆否命题成立，即若正项级数的部分和数列 $\{s_n\}$ 无界，则其必发散. 例如，由于正项级数 $\sum\limits_{n=1}^{\infty} \ln\left(1 + \dfrac{1}{n}\right)$ 的部分和数列 $s_n = \ln(1 + n)$ 无界，所以正项级数 $\sum\limits_{n=1}^{\infty} \ln\left(1 + \dfrac{1}{n}\right)$ 发散.

根据这个定理，可以建立正项级数敛散性常用的几个审敛法.

定理 2(比较审敛法) 设 $\sum\limits_{n=1}^{\infty} u_n$ 和 $\sum\limits_{n=1}^{\infty} v_n$ 都是正项级数，且 $u_n \leqslant v_n (n = 1, 2, \cdots)$，则

(1)若级数 $\sum\limits_{n=1}^{\infty} v_n$ 收敛，则级数 $\sum\limits_{n=1}^{\infty} u_n$ 收敛；

(2)若级数 $\sum\limits_{n=1}^{\infty} u_n$ 发散，则级数 $\sum\limits_{n=1}^{\infty} v_n$ 发散.

证明： (1)设级数 $\sum\limits_{n=1}^{\infty} v_n$ 收敛于和 σ，则级数 $\sum\limits_{n=1}^{\infty} u_n$ 的部分和为

$$s_n = u_1 + u_2 + \cdots + u_n \leqslant v_1 + v_2 + \cdots + v_n \leqslant \sigma (n = 1, 2, \cdots),$$

即部分和数列 $\{s_n\}$ 有界，由定理 1 知级数 $\sum\limits_{n=1}^{\infty} u_n$ 收敛.

(2)设级数 $\sum\limits_{n=1}^{\infty} u_n$ 发散，则级数 $\sum\limits_{n=1}^{\infty} v_n$ 必发散. 因为若级数 $\sum\limits_{n=1}^{\infty} v_n$ 收敛，由上已证明的结论，将有级数 $\sum\limits_{n=1}^{\infty} u_n$ 也收敛，与假设矛盾.

推论　设 $\sum\limits_{n=1}^{\infty} u_n$ 和 $\sum\limits_{n=1}^{\infty} v_n$ 都是正项级数，如果级数 $\sum\limits_{n=1}^{\infty} v_n$ 收敛，且存在自然数 N，使当 $n \geq N$ 时有 $u_n \leq k v_n (k > 0)$ 成立，则级数 $\sum\limits_{n=1}^{\infty} u_n$ 收敛；如果级数 $\sum\limits_{n=1}^{\infty} v_n$ 发散，且当 $n \geq N$ 时有 $u_n \geq k v_n (k > 0)$ 成立，则级数 $\sum\limits_{n=1}^{\infty} u_n$ 发散.

例1　讨论 p 级数

$$\sum_{n=1}^{\infty} \frac{1}{n^p} = 1 + \frac{1}{2^p} + \frac{1}{3^p} + \frac{1}{4^p} + \cdots + \frac{1}{n^p} + \cdots$$

的敛散性，其中常数 $p > 0$.

解　当 $p \leq 1$ 时，$\frac{1}{n^p} \geq \frac{1}{n}$，而调和级数 $\sum\limits_{n=1}^{\infty} \frac{1}{n}$ 发散，由比较审敛法知，级数 $\sum\limits_{n=1}^{\infty} \frac{1}{n^p}$ 发散.

当 $p > 1$ 时，

$$\frac{1}{n^p} = \int_{n-1}^{n} \frac{1}{n^p} \mathrm{d}x \leq \int_{n-1}^{n} \frac{1}{x^p} \mathrm{d}x = \frac{1}{p-1} \left[\frac{1}{(n-1)^{p-1}} - \frac{1}{n^{p-1}} \right] \quad (n = 2, 3, \cdots).$$

级数 $\sum\limits_{n=2}^{\infty} \left[\frac{1}{(n-1)^{p-1}} - \frac{1}{n^{p-1}} \right]$ 的部分和为

$$s_n = \left[1 - \frac{1}{2^{p-1}} \right] + \left[\frac{1}{2^{p-1}} - \frac{1}{3^{p-1}} \right] + \cdots + \left[\frac{1}{n^{p-1}} - \frac{1}{(n+1)^{p-1}} \right] = 1 - \frac{1}{(n+1)^{p-1}}.$$

因为 $\lim\limits_{n \to \infty} s_n = \lim\limits_{n \to \infty} \left[1 - \frac{1}{(n+1)^{p-1}} \right] = 1$，所以级数 $\sum\limits_{n=2}^{\infty} \left[\frac{1}{(n-1)^{p-1}} - \frac{1}{n^{p-1}} \right]$ 收敛. 根据比较审敛法的推论可知，级数 $\sum\limits_{n=1}^{\infty} \frac{1}{n^p}$ 收敛.

综上可知，p 级数 $\sum\limits_{n=1}^{\infty} \frac{1}{n^p}$ 当 $p > 1$ 时收敛，当 $p \leq 1$ 时发散.

例2　判别正项级数 $\sum\limits_{n=1}^{\infty} \frac{\cos^2 n}{2^n}$ 的敛散性.

解　因为 $0 \leq u_n = \frac{\cos^2 n}{2^n} \leq \frac{1}{2^n}$，而等比级数 $\sum\limits_{n=1}^{\infty} \frac{1}{2^n}$ 收敛，所以根据比较审敛法可知，级数 $\sum\limits_{n=1}^{\infty} \frac{\cos^2 n}{2^n}$ 也是收敛的.

例3　判别正项级数 $\sum\limits_{n=1}^{\infty} \frac{1}{n(n^2 + 1)}$ 的敛散性.

解　因为 $0 \leq u_n = \frac{1}{n(n^2 + 1)} = \frac{1}{n^3 + n} \leq \frac{1}{n^3}$，由例1结果可知级数 $\sum\limits_{n=1}^{\infty} \frac{1}{n^3}$ 是收敛的，所以根据比较审敛法可知级数 $\sum\limits_{n=1}^{\infty} \frac{1}{n(n^2 + 1)}$ 也是收敛的.

定理3(比较审敛法的极限形式)　设 $\sum\limits_{n=1}^{\infty} u_n$ 和 $\sum\limits_{n=1}^{\infty} v_n$ 都是正项级数，则

（1）如果 $\lim\limits_{n\to\infty}\dfrac{u_n}{v_n}=l(0\leqslant l<+\infty)$，且级数 $\sum\limits_{n=1}^{\infty}v_n$ 收敛，则级数 $\sum\limits_{n=1}^{\infty}u_n$ 收敛；

（2）如果 $\lim\limits_{n\to\infty}\dfrac{u_n}{v_n}=l>0$ 或 $\lim\limits_{n\to\infty}\dfrac{u_n}{v_n}=+\infty$，且级数 $\sum\limits_{n=1}^{\infty}v_n$ 发散，则级数 $\sum\limits_{n=1}^{\infty}u_n$ 发散.

证明： 由极限的定义可知，对 $\varepsilon=\dfrac{1}{2}l$，存在自然数 N，当 $n>N$ 时，有不等式

$$l-\frac{1}{2}l<\frac{u_n}{v_n}<l+\frac{1}{2}l,\ \text{即}\ \frac{1}{2}lv_n<u_n<\frac{3}{2}lv_n,$$

再根据比较审敛法的推论 1，即得所要证的结论.

例 4 判别级数 $\sum\limits_{n=1}^{\infty}\sin\dfrac{1}{n}$ 的敛散性.

解 因为 $\lim\limits_{n\to\infty}\dfrac{\sin\dfrac{1}{n}}{\dfrac{1}{n}}=1$，而级数 $\sum\limits_{n=1}^{\infty}\dfrac{1}{n}$ 发散，根据比较审敛法的极限形式，级数 $\sum\limits_{n=1}^{\infty}\sin\dfrac{1}{n}$ 发散.

例 5 判别级数 $\sum\limits_{n=1}^{\infty}\ln\left(1+\dfrac{1}{n}\right)$ 的敛散性.

解 因为 $\lim\limits_{n\to\infty}\dfrac{\ln\left(1+\dfrac{1}{n}\right)}{\dfrac{1}{n}}=1$，而级数 $\sum\limits_{n=1}^{\infty}\dfrac{1}{n}$ 发散，根据比较审敛法的极限形式，级数 $\sum\limits_{n=1}^{\infty}\ln\left(1+\dfrac{1}{n}\right)$ 发散.

例 6 判别级数 $\sum\limits_{n=1}^{\infty}\dfrac{1}{n(n^2+1)}$ 的敛散性.

解 因为 $\lim\limits_{n\to\infty}\dfrac{\dfrac{1}{n(n^2+1)}}{\dfrac{1}{n^3}}=1$，而级数 $\sum\limits_{n=1}^{\infty}\dfrac{1}{n^3}$ 收敛，所以级数 $\sum\limits_{n=1}^{\infty}\dfrac{1}{n(n^2+1)}$ 收敛.

定理 4（比值审敛法，达朗贝尔判别法） 设 $\sum\limits_{n=1}^{\infty}u_n$ 为正项级数，且

$$\lim_{n\to\infty}\frac{u_{n+1}}{u_n}=\rho,$$

则（1）当 $\rho<1$ 时，级数 $\sum\limits_{n=1}^{\infty}u_n$ 收敛；

（2）当 $\rho>1\left(\text{或}\lim\limits_{n\to\infty}\dfrac{u_{n+1}}{u_n}=\infty\right)$ 时，级数 $\sum\limits_{n=1}^{\infty}u_n$ 发散；

（3）当 $\rho=1$ 时，级数 $\sum\limits_{n=1}^{\infty}u_n$ 可能收敛也可能发散，此判别法失效.

例 7 判别级数 $\displaystyle\sum_{n=1}^{\infty} \frac{n}{3^n}$ 的敛散性.

解 因为

$$\lim_{n\to\infty} \frac{u_{n+1}}{u_n} = \lim_{n\to\infty} \frac{\dfrac{n+1}{3^{n+1}}}{\dfrac{n}{3^n}} = \frac{1}{3} \lim_{n\to\infty} \frac{n+1}{n} = \frac{1}{3} < 1,$$

所以根据比值审敛法可知, 级数 $\displaystyle\sum_{n=1}^{\infty} \frac{n}{3^n}$ 收敛.

例 8 判别级数 $\displaystyle\sum_{n=1}^{\infty} \frac{1}{(n-1)!}$ 的敛散性.

解 因为

$$\lim_{n\to\infty} \frac{u_{n+1}}{u_n} = \lim_{n\to\infty} \frac{\dfrac{1}{n!}}{\dfrac{1}{(n-1)!}} = \lim_{n\to\infty} \frac{(n-1)!}{n!} = \lim_{n\to\infty} \frac{1}{n} = 0 < 1,$$

所以根据比值审敛法可知, 级数 $\displaystyle\sum_{n=1}^{\infty} \frac{1}{(n-1)!}$ 收敛.

例 9 判别级数 $\displaystyle\sum_{n=1}^{\infty} \frac{2^n}{n^2}$ 的敛散性.

解 因为

$$\lim_{n\to\infty} \frac{u_{n+1}}{u_n} = \lim_{n\to\infty} \frac{\dfrac{2^{n+1}}{(n+1)^2}}{\dfrac{2^n}{n^2}} = 2\lim_{n\to\infty} \left(\frac{n}{n+1}\right)^2 = 2 > 1.$$

所以根据比值审敛法可知, 级数 $\displaystyle\sum_{n=1}^{\infty} \frac{2^n}{n^2}$ 发散.

例 10 判别级数 $\displaystyle\sum_{n=1}^{\infty} \frac{x^n}{n!}(x>0)$ 的敛散性.

解 因为

$$\lim_{n\to\infty} \frac{u_{n+1}}{u_n} = \lim_{n\to\infty} \frac{\dfrac{x^{n+1}}{(n+1)!}}{\dfrac{x^n}{n!}} = \lim_{n\to\infty} \frac{x}{n+1} = 0 < 1,$$

所以根据比值审敛法可知, 级数 $\displaystyle\sum_{n=1}^{\infty} \frac{x^n}{n!}(x>0)$ 收敛.

例 11 判别级数 $\displaystyle\sum_{n=1}^{\infty} \frac{1}{\sqrt{n(n+1)}}$ 的敛散性.

解 因为

$$\lim_{n \to \infty} \frac{u_{n+1}}{u_n} = \lim_{n \to \infty} \frac{\dfrac{1}{\sqrt{(n+1)(n+2)}}}{\dfrac{1}{\sqrt{n(n+1)}}} = \lim_{n \to \infty} \frac{\sqrt{n(n+1)}}{\sqrt{(n+1)(n+2)}} = 1,$$

所以级数 $\displaystyle\sum_{n=1}^{\infty} \frac{1}{\sqrt{n(n+1)}}$ 可能收敛，也可能发散，比值审敛法失效，无法判别敛散性.

定理 5（根值审敛法，柯西判别法）　设 $\displaystyle\sum_{n=1}^{\infty} u_n$ 为正项级数，如果

$$\lim_{n \to \infty} \sqrt[n]{u_n} = \rho,$$

则当 $\rho < 1$ 时级数收敛；当 $\rho > 1$（或 $\displaystyle\lim_{n \to \infty} \sqrt[n]{u_n} = +\infty$）时级数发散；当 $\rho = 1$ 时级数可能收敛，也可能发散.

例 12　判定级数 $\displaystyle\sum_{n=1}^{\infty} \left(1 + \frac{1}{n}\right)^{n^2}$ 的敛散性.

解　因为

$$\lim_{n \to \infty} \sqrt[n]{u_n} = \lim_{n \to \infty} \sqrt[n]{\left(1 + \frac{1}{n}\right)^{n^2}} = \lim_{n \to \infty} \left(1 + \frac{1}{n}\right)^n = e > 1,$$

所以根据根值审敛法可知，级数 $\displaystyle\sum_{n=1}^{\infty} \left(1 + \frac{1}{n}\right)^{n^2}$ 发散.

例 13　判别级数 $\displaystyle\sum_{n=1}^{\infty} \frac{n^5}{5^n}$ 的敛散性.

解　因为

$$\lim_{n \to \infty} \sqrt[n]{u_n} = \lim_{n \to \infty} \sqrt[n]{\frac{n^5}{5^n}} = \lim_{n \to \infty} \frac{(\sqrt[n]{n})^5}{5} = \frac{1}{5} < 1,$$

所以根据比值审敛法可知，级数 $\displaystyle\sum_{n=1}^{\infty} \frac{n^5}{5^n}$ 收敛.

定理 6（极限审敛法）　设 $\displaystyle\sum_{n=1}^{\infty} u_n$ 为正项级数.

（1）如果 $\displaystyle\lim_{n \to \infty} n u_n = l > 0$（或 $\displaystyle\lim_{n \to \infty} n u_n = +\infty$），则级数 $\displaystyle\sum_{n=1}^{\infty} u_n$ 发散；

（2）如果 $p > 1$，而 $\displaystyle\lim_{n \to \infty} n^p u_n = l (0 \leqslant l < +\infty)$，则级数 $\displaystyle\sum_{n=1}^{\infty} u_n$ 收敛.

例 14　判定级数 $\displaystyle\sum_{n=1}^{\infty} \ln\left(1 + \frac{1}{n^3}\right)$ 的敛散性.

解　因为 $\ln\left(1 + \dfrac{1}{n^3}\right) \sim \dfrac{1}{n^3}(n \to \infty)$，故

$$\lim_{n \to \infty} n^3 u_n = \lim_{n \to \infty} n^3 \ln\left(1 + \frac{1}{n^3}\right) = \lim_{n \to \infty} n^3 \cdot \frac{1}{n^3} = 1,$$

所以根据极限审敛法可知，级数 $\displaystyle\sum_{n=1}^{\infty} \ln\left(1 + \frac{1}{n^3}\right)$ 收敛.

9.2.2 交错级数及其审敛法

所谓任意项级数 $\sum\limits_{n=1}^{\infty} u_n$ 是指 u_n 可正可负，如级数 $\sum\limits_{n=1}^{\infty} n\sin(nx)$、$\sum\limits_{n=1}^{\infty} (-1)^n \dfrac{1}{n}$.

> **定义 2** 若 $u_n > 0(n = 1, 2, \cdots)$，则称级数 $\sum\limits_{n=1}^{\infty} (-1)^{n-1} u_n$ 为交错级数.

交错级数是任意项级数的一种，它的正负号交替出现. 例如，$\sum\limits_{n=1}^{\infty} (-1)^{n-1} \dfrac{1}{n}$ 是交错级数，但 $\sum\limits_{n=1}^{\infty} (-1)^{n-1} \dfrac{1 - \cos(n\pi)}{n}$ 不是交错级数. 下面给出交错级数敛散性的判别方法.

定理 7 (莱布尼茨定理) 如果交错级数 $\sum\limits_{n=1}^{\infty} (-1)^{n-1} u_n$ 满足条件：

(1) $u_n \geqslant u_{n+1}(n = 1, 2, \cdots)$，

(2) $\lim\limits_{n \to \infty} u_n = 0$，

则级数 $\sum\limits_{n=1}^{\infty} (-1)^{n-1} u_n$ 收敛，且其和 $s \leqslant u_1$.

证 前偶次项部分和为

$$\begin{aligned}
s_{2n} &= u_1 - u_2 + u_3 - u_4 + \cdots + u_{2n-1} - u_{2n} \\
&= (u_1 - u_2) + (u_3 - u_4) + \cdots + (u_{2n-1} - u_{2n}) \\
&= s_{2n-2} + (u_{2n-1} - u_{2n}).
\end{aligned}$$

由于 $u_n \geqslant u_{n+1}$，所以 $s_{2n-2} \leqslant s_{2n}$，即数列 $\{s_{2n}\}$ 为单调增加数列.

又由于 $s_{2n} = u_1 - (u_2 - u_3) - (u_4 - u_5) - \cdots - (u_{2n-2} - u_{2n-1}) - u_{2n} \leqslant u_1$，所以数列 $\{s_{2n}\}$ 有界. 综上可知数列收敛，即 $\lim\limits_{n \to \infty} s_{2n} = s$ 且 $s \leqslant u_1$.

考虑前奇次项部分和，由于 $s_{2n+1} = s_{2n} + u_{2n+1}$，所以

$$\lim_{n \to \infty} s_{2n+1} = \lim_{n \to \infty}(s_{2n} + u_{2n+1}) = \lim_{n \to \infty} s_{2n} + \lim_{n \to \infty} u_{2n+1} = s + 0 = s.$$

因此，$\lim\limits_{n \to \infty} s_n = s$，从而级数是收敛的，且 $s \leqslant u_1$.

需要注意的是，莱布尼茨定理是交错级数收敛的充分非必要条件.

例 15 判定交错级数 $\sum\limits_{n=1}^{\infty} (-1)^{n-1} \dfrac{1}{n}$ 的敛散性.

解 由于 $u_n = \dfrac{1}{n} > \dfrac{1}{n+1} = u_{n+1}(n = 1, 2, \cdots)$，且 $\lim\limits_{n \to \infty} u_n = \lim\limits_{n \to \infty} \dfrac{1}{n} = 0$，所以由莱布尼茨定理可知，级数 $\sum\limits_{n=1}^{\infty} (-1)^{n-1} \dfrac{1}{n}$ 是收敛的，且其和 $s \leqslant u_1 = 1$.

9.2.3 绝对收敛与条件收敛

> **定义 3** 设级数 $\sum\limits_{n=1}^{\infty} u_n$ 是任意项级数，如果级数 $\sum\limits_{n=1}^{\infty} |u_n|$ 收敛，则称级数 $\sum\limits_{n=1}^{\infty} u_n$ 绝对收敛；如果级数 $\sum\limits_{n=1}^{\infty} u_n$ 收敛，而级数 $\sum\limits_{n=1}^{\infty} |u_n|$ 发散，则称级数 $\sum\limits_{n=1}^{\infty} u_n$ 条件收敛.

例如，级数 $\sum\limits_{n=1}^{\infty} (-1)^{n-1} \dfrac{1}{n^2}$ 是绝对收敛的，而级数 $\sum\limits_{n=1}^{\infty} (-1)^{n-1} \dfrac{1}{n}$ 是条件收敛的.

下面给出级数绝对收敛与级数收敛的关系.

定理 8 如果级数 $\sum\limits_{n=1}^{\infty} u_n$ 绝对收敛，则级数 $\sum\limits_{n=1}^{\infty} u_n$ 必定收敛.

证明： 因为 $0 \leqslant u_n + |u_n| \leqslant 2|u_n|$，$\sum\limits_{n=1}^{\infty} 2|u_n|$ 收敛，所以由正项级数的比较判别法可知，正项级数 $\sum\limits_{n=1}^{\infty} (u_n + |u_n|)$ 也收敛. 因此，级数 $\sum\limits_{n=1}^{\infty} u_n = \sum\limits_{n=1}^{\infty} [(u_n + |u_n|) - |u_n|]$ 收敛.

推论 如果级数 $\sum\limits_{n=1}^{\infty} u_n$ 发散，则级数 $\sum\limits_{n=1}^{\infty} |u_n|$ 也发散.

但是，如果级数 $\sum\limits_{n=1}^{\infty} |u_n|$ 发散，通常不能由此推断出 $\sum\limits_{n=1}^{\infty} u_n$ 也发散.

例 16 判别级数 $\sum\limits_{n=1}^{\infty} \dfrac{\sin(na)}{3^n}(a \neq 0)$ 的敛散性.

解 因为 $\left| \dfrac{\sin(na)}{3^n} \right| \leqslant \dfrac{1}{3^n}$，而等比级数 $\sum\limits_{n=1}^{\infty} \dfrac{1}{3^n}$ 是收敛的，所以级数 $\sum\limits_{n=1}^{\infty} \left| \dfrac{\sin(na)}{3^n} \right|$ 也收敛，从而级数 $\sum\limits_{n=1}^{\infty} \dfrac{\sin(na)}{3^n}$ 绝对收敛.

例 17 讨论 p 级数 $\sum\limits_{n=1}^{\infty} (-1)^{n-1} \dfrac{1}{n^p}(p > 0)$ 的敛散性.

解 当 $p > 1$ 时，级数 $\sum\limits_{n=1}^{\infty} \left| (-1)^{n-1} \dfrac{1}{n^p} \right| = \sum\limits_{n=1}^{\infty} \dfrac{1}{n^p}$ 收敛，因此原级数是绝对收敛.

当 $0 < p \leqslant 1$ 时，级数 $\sum\limits_{n=1}^{\infty} \left| (-1)^{n-1} \dfrac{1}{n^p} \right| = \sum\limits_{n=1}^{\infty} \dfrac{1}{n^p}$ 发散. 对于级数 $\sum\limits_{n=1}^{\infty} (-1)^{n-1} \dfrac{1}{n^p}$，由于

$$u_n = \frac{1}{n^p} > \frac{1}{(n+1)^p} = u_{n+1}, \ \lim_{n \to \infty} u_n = \lim_{n \to \infty} \frac{1}{n^p} = 0,$$

因此级数 $\sum\limits_{n=1}^{\infty} (-1)^{n-1} \dfrac{1}{n^p}$ 是条件收敛.

§9.3 幂级数

前面介绍的级数，由于每项都是确定的常数，我们称为常数项级数. 本节将讨论每一项都是函数的级数.

9.3.1 函数项级数的概念

给定一个定义在区间 I 上的函数列 $\{u_n(x)\}$，则由该函数列构成的表达式

$$u_1(x) + u_2(x) + \cdots + u_n(x) + \cdots$$

称为定义在区间 I 上的(函数项)级数，记为 $\sum\limits_{n=1}^{\infty} u_n(x)$.

对于区间 I 内的一定点 x_0，若常数项级数 $\sum\limits_{n=1}^{\infty} u_n(x_0)$ 收敛，则称点 x_0 是函数项级数 $\sum\limits_{n=1}^{\infty} u_n(x)$ 的收敛点；若常数项级数 $\sum\limits_{n=1}^{\infty} u_n(x_0)$ 发散，则称点 x_0 是函数项级数 $\sum\limits_{n=1}^{\infty} u_n(x)$ 的发散点. 函数项级数 $\sum\limits_{n=1}^{\infty} u_n(x)$ 的所有收敛点的全体称为它的收敛域，所有发散点的全体称为它的发散域.

在收敛域上，函数项级数 $\sum\limits_{n=1}^{\infty} u_n(x)$ 的和是关于 x 的函数 $s(x)$，则 $s(x)$ 称为函数项级数 $\sum\limits_{n=1}^{\infty} u_n(x)$ 的和函数，即

$$s(x) = \sum_{n=1}^{\infty} u_n(x) = u_1(x) + u_2(x) + \cdots + u_n(x) + \cdots.$$

显然和函数的定义域就是级数的收敛域. 把函数项级数 $\sum\limits_{n=1}^{\infty} u_n(x)$ 的前 n 项的部分和记作 $s_n(x)$，即

$$s_n(x) = u_1(x) + u_2(x) + \cdots + u_n(x).$$

在收敛域上有 $\lim\limits_{n \to \infty} s_n(x) = s(x)$.

函数项级数 $\sum\limits_{n=1}^{\infty} u_n(x)$ 的和函数 $s(x)$ 与部分和 $s_n(x)$ 的差叫作函数项级数 $\sum\limits_{n=1}^{\infty} u_n(x)$ 的余项，记为 $r_n(x)$，即

$$r_n(x) = s(x) - s_n(x).$$

在收敛域上有 $\lim\limits_{n \to \infty} r_n(x) = 0$.

9.3.2 幂级数及其敛散性

定义 1 若函数项级数 $\sum\limits_{n=1}^{\infty} u_n(x)$ 的每一项都是幂函数，则称该函数项级数是幂级数.

形如

$$\sum_{n=1}^{\infty} a_n (x - x_0)^n = a_0 + a_1(x - x_0) + a_2(x - x_0)^2 + \cdots + a_n(x - x_0)^n + \cdots$$

的级数，称为 $(x - x_0)$ 的幂级数. 其中，常数 $a_0, a_1, a_2, \cdots, a_n, \cdots$ 称为幂级数的系数.

当 $x_0 = 0$ 时，级数

$$\sum_{n=1}^{\infty} a_n x^n = a_0 + a_1 x + a_2 x^2 + \cdots + a_n x^n + \cdots$$

称为 x 的幂级数，它的每一项都是 x 的幂函数.

由于以上两种幂级数可以相互转化，所以我们主要讨论的是形如 $\sum\limits_{n=1}^{\infty} a_n x^n$ 的幂级数. 对于幂级数 $\sum\limits_{n=1}^{\infty} a_n x^n$，给定 $x = x_0$ 时，级数变为

$$\sum_{n=1}^{\infty} a_n x_0^n = a_0 + a_1 x_0 + a_2 x_0^2 + \cdots + a_n x_0^n + \cdots.$$

定义 2　如果级数 $\sum_{n=1}^{\infty} a_n x_0^n$ 收敛，则称 x_0 为级数 $\sum_{n=1}^{\infty} a_n x^n$ 的收敛点；如果级数 $\sum_{n=1}^{\infty} a_n x_0^n$ 发散，则称 x_0 为级数 $\sum_{n=1}^{\infty} a_n x^n$ 的发散点.

定义 3　全体收敛点构成的集合称为幂级数 $\sum_{n=1}^{\infty} a_n x^n$ 的收敛域.

显然，由于任意幂级数 $\sum_{n=1}^{\infty} a_n x^n$ 在点 $x = 0$ 处都收敛，所以幂级数的收敛域不是空集.

定理 1(阿贝尔定理)　若幂级数 $\sum_{n=0}^{\infty} a_n x^n$ 在 $x = x_0 (x_0 \neq 0)$ 时收敛，则对任意满足不等式 $|x| < |x_0|$ 的点 x，幂级数 $\sum_{n=0}^{\infty} a_n x^n$ 绝对收敛；若幂级数 $\sum_{n=0}^{\infty} a_n x^n$ 在 $x = x_0$ 时发散，则对任意满足不等式 $|x| > |x_0|$ 的点 x，幂级数 $\sum_{n=0}^{\infty} a_n x^n$ 发散.

证明：先设幂级数 $\sum_{n=0}^{\infty} a_n x^n$ 在点 $x = x_0$ 处收敛，即常数项级数 $\sum_{n=0}^{\infty} a_n x_0^n$ 收敛，则根据级数收敛的必要条件有 $\lim_{n\to\infty} a_n x_0^n = 0$. 于是数列 $\{a_n x_0^n\}$ 有界，即存在一个常数 $M > 0$，使

$$|a_n x_0^n| < M \quad (n = 1, 2, \cdots).$$

因此，级数 $\sum_{n=0}^{\infty} a_n x^n$ 的一般项的绝对值为

$$\left| a_n x^n \right| = \left| a_n x_0^n \cdot \frac{x^n}{x_0^n} \right| = \left| a_n x_0^n \right| \cdot \left| \frac{x}{x_0} \right|^n \leq M \cdot \left| \frac{x}{x_0} \right|^n.$$

因为当 $|x| < |x_0|$ 时，等比级数 $\sum_{n=0}^{\infty} M \cdot \left| \frac{x}{x_0} \right|^n$ 收敛，所以级数 $\sum_{n=0}^{\infty} |a_n x^n|$ 收敛，也就是级数 $\sum_{n=0}^{\infty} a_n x^n$ 绝对收敛.

定理的第二部分可用反证法证明. 倘若幂级数当 $x = x_0$ 时发散，而有一点 x_1 适合 $|x_1| > |x_0|$ 使级数收敛，则根据本定理的第一部分，级数当 $x = x_0$ 时应收敛，与所设矛盾. 定理得证.

根据定理 1 可知，如果幂级数在 $x_0 \neq 0$ 处收敛，则对于区间 $(-|x_0|, |x_0|)$ 内的任意 x 幂级数都收敛；如果幂级数在 x_0 处发散，则对于区间 $(-\infty, -|x_0|)$ 和 $(|x_0|, +\infty)$ 内的任意 x 幂级数都发散.

推论　如果级数 $\sum_{n=0}^{\infty} a_n x^n$ 不是仅在点 $x = 0$ 一点收敛，也不是在整个数轴上都收敛，则必存在一个正数 R，使

(1)当 $|x| < R$ 时，幂级数绝对收敛；

(2)当 $|x| > R$ 时，幂级数发散；

(3)当 $x = R$ 与 $x = -R$ 时，幂级数可能收敛，也可能发散.

正数 R 称为幂级数 $\sum\limits_{n=0}^{\infty} a_n x^n$ 的收敛半径，而称开区间 $(-R, R)$ 是幂级数 $\sum\limits_{n=0}^{\infty} a_n x^n$ 的收敛区间. 幂级数 $\sum\limits_{n=0}^{\infty} a_n x^n$ 的收敛域就是它的收敛区间 $(-R, R)$ 加上使幂级数收敛的端点 $x = R$ 或 $x = -R$ 所组成的集合，即 $(-R, R)$、$[-R, R)$、$(-R, R]$、$[-R, R]$ 之一.

当幂级数 $\sum\limits_{n=0}^{\infty} a_n x^n$ 只在 $x = 0$ 收敛，则规定收敛半径 $R = 0$，收敛域为 $\{0\}$，没有收敛区间；当幂级数 $\sum\limits_{n=0}^{\infty} a_n x^n$ 对一切 x 都收敛，则规定收敛半径 $R = +\infty$，收敛域为 $(-\infty, +\infty)$.

下面的定理给出了求幂级数收敛半径的方法.

定理 2 设幂级数 $\sum\limits_{n=0}^{\infty} a_n x^n (a_n \neq 0, n = 1, 2, \cdots)$，且

$$\lim_{n \to \infty} \left| \frac{a_{n+1}}{a_n} \right| = \rho,$$

其中，a_n，a_{n+1} 为幂级数相邻两项的系数，则该幂级数的收敛半径是

$$R = \begin{cases} +\infty & \rho = 0 \\ \dfrac{1}{\rho} & \rho \neq 0 . \\ 0 & \rho = +\infty \end{cases}$$

证 利用比值判别法来判定幂级数 $\sum\limits_{n=0}^{\infty} a_n x^n$ 的绝对收敛性，即

$$\lim_{n \to \infty} \left| \frac{a_{n+1} x^{n+1}}{a_n x^n} \right| = \lim_{n \to \infty} \left| \frac{a_{n+1}}{a_n} \right| \cdot |x| = \rho |x|.$$

(1)如果 $\rho \neq 0$，则只当 $\rho |x| < 1$ 时幂级数收敛，故 $R = \dfrac{1}{\rho}$；

(2)如果 $\rho = 0$，则幂级数总是收敛的，故 $R = +\infty$.

(3)如果 $\rho = +\infty$，则只当 $x = 0$ 时幂级数收敛，故 $R = 0$.

求幂级数 $\sum\limits_{n=0}^{\infty} a_n x^n$ 收敛域的步骤如下：

(1)求幂级数的收敛半径 R，得到收敛区间 $(-R, R)$；

(2)讨论幂级数在收敛区间两个端点 $x = \pm R$ 处的敛散性，然后得到幂级数的收敛域.

例 1 求幂级数 $\sum\limits_{n=0}^{\infty} \dfrac{x^n}{(n+1)!}$ 的收敛半径和收敛域.

解 因为

$$\rho = \lim_{n \to \infty} \left| \frac{a_{n+1}}{a_n} \right| = \lim_{n \to \infty} \frac{\dfrac{1}{(n+2)!}}{\dfrac{1}{(n+1)!}} = \lim_{n \to \infty} \frac{(n+1)!}{(n+2)!} = \lim_{n \to \infty} \frac{1}{n+2} = 0,$$

所以收敛半径 $R = +\infty$，收敛域为 $(-\infty, +\infty)$.

例2 求幂级数 $\displaystyle\sum_{n=0}^{\infty} n! \, x^n$ 的收敛半径和收敛域.

解 因为

$$\rho = \lim_{n\to\infty} \left| \frac{a_{n+1}}{a_n} \right| = \lim_{n\to\infty} \frac{(n+1)!}{n!} = \lim_{n\to\infty}(n+1) = +\infty,$$

所以收敛半径为 $R = 0$，即级数仅在 $x = 0$ 处收敛，收敛域是 $\{0\}$.

例3 求幂级数 $1 + \dfrac{x}{2\cdot 5} + \dfrac{x^2}{3\cdot 5^2} \cdots + \dfrac{x^n}{(n+1)\cdot 5^n} + \cdots$ 的收敛半径与收敛域.

解 因为

$$\rho = \lim_{n\to\infty} \left| \frac{a_{n+1}}{a_n} \right| = \lim_{n\to\infty} \frac{\dfrac{1}{(n+2)\cdot 5^{n+1}}}{\dfrac{1}{(n+1)\cdot 5^n}} = \lim_{n\to\infty} \frac{(n+1)\cdot 5^n}{(n+2)\cdot 5^{n+1}} = \lim_{n\to\infty} \frac{n+1}{5(n+2)} = \frac{1}{5},$$

所以收敛半径为 $R = \dfrac{1}{\rho} = 5$，收敛区间是 $(-5, 5)$.

当 $x = 5$ 时，级数为 $1 + \dfrac{1}{2} + \cdots + \dfrac{1}{n} + \cdots$，是发散的；

当 $x = -5$ 时，级数为 $1 - \dfrac{1}{2} + \dfrac{1}{3} - \cdots + (-1)^{n-1}\dfrac{1}{n} + \cdots$，是收敛的.

因此，幂级数的收敛域为 $(-5, 5]$.

9.3.3 幂级数的运算

设幂级数 $\displaystyle\sum_{n=0}^{\infty} a_n x^n$ 的收敛半径为 R_1，$\displaystyle\sum_{n=0}^{\infty} b_n x^n$ 的收敛半径为 R_2，它们的和函数分别为

$$s(x) = \sum_{n=0}^{\infty} a_n x^n (-R_1 < x < R_1), \quad \sigma(x) = \sum_{n=0}^{\infty} b_n x^n (-R_2 < x < R_2).$$

若令 $R = \min\{R_1, R_2\}$，则两个幂级数在 $(-R, R)$ 内都收敛，并可以逐项进行四则运算.

性质1（加减法运算） 当 $x \in (-R, R)$ 时，有

$$\sum_{n=0}^{\infty} a_n x^n \pm \sum_{n=0}^{\infty} b_n x^n = \sum_{n=0}^{\infty} (a_n \pm b_n) x^n = s(x) \pm \sigma(x).$$

性质2（乘法运算） 当 $x \in (-R, R)$ 时，有

$$\left(\sum_{n=0}^{\infty} a_n x^n\right) \cdot \left(\sum_{n=0}^{\infty} b_n x^n\right) = a_0 b_0 + (a_0 b_1 + a_1 b_0)x + (a_0 b_2 + a_1 b_1 + a_2 b_0)x^2 + \cdots +$$

$$(a_0 b_n + a_1 b_{n-1} + \cdots + a_n b_0)x^n + \cdots.$$

下面再给出幂级数和函数的一些性质.

性质3 幂级数 $\displaystyle\sum_{n=0}^{\infty} a_n x^n$ 的和函数 $s(x)$ 在其收敛域 $(-R, R)$ 上连续.

如果幂级数在 $x = R$（或 $x = -R$）也收敛，则和函数 $s(x)$ 在 $(-R, R]$（或 $[-R, R)$）上连续.

性质 4(逐项积分运算) 幂级数 $\sum\limits_{n=0}^{\infty} a_n x^n$ 的和函数 $s(x)$ 在其收敛域 $(-R, R)$ 上可积,并有逐项积分公式

$$\int_0^x s(x)\,\mathrm{d}x = \int_0^x \left(\sum_{n=0}^{\infty} a_n x^n\right)\mathrm{d}x = \sum_{n=0}^{\infty} \int_0^x a_n x^n \mathrm{d}x = \sum_{n=0}^{\infty} \frac{a_n}{n+1}x^{n+1} \quad (-R < x < R),$$

且逐项积分后所得的幂级数和原级数有相同的收敛半径.

性质 5(逐项微分运算) 幂级数 $\sum\limits_{n=0}^{\infty} a_n x^n$ 的和函数 $s(x)$ 在其收敛区间 $(-R, R)$ 内可导,并有逐项求导公式

$$s'(x) = \left(\sum_{n=0}^{\infty} a_n x^n\right)' = \sum_{n=0}^{\infty} (a_n x^n)' = \sum_{n=1}^{\infty} n a_n x^{n-1} \quad (-R < x < R),$$

逐项求导后所得的幂级数和原级数有相同的收敛半径.

虽然求导数或积分后得到的幂级数的收敛半径不变,但端点处的敛散性可能改变. 求导后,所得的幂级数的收敛域不大于原级数的收敛域;积分后,所得的幂级数的收敛域不小于原级数的收敛域.

例 4 求幂级数 $\sum\limits_{n=1}^{\infty} \dfrac{x^n}{n}$ 的和函数.

解 先求幂级数的收敛域. 由

$$\rho = \lim_{n\to\infty} \left|\frac{a_{n+1}}{a_n}\right| = \lim_{n\to\infty} \frac{n}{n+1} = 1$$

知收敛半径为 $R = 1$,收敛区间为 $(-1, 1)$. 当 $x = 1$ 时,级数 $\sum\limits_{n=1}^{\infty} \dfrac{1}{n}$ 发散;当 $x = -1$ 时,级数 $\sum\limits_{n=1}^{\infty} \dfrac{(-1)^n}{n}$ 收敛. 因此,收敛域为 $[-1, 1)$.

设和函数为 $s(x) = \sum\limits_{n=1}^{\infty} \dfrac{x^n}{n}$,$x \in [-1, 1)$. 显然,$s(0) = 0$.

对 $s(x) = \sum\limits_{n=1}^{\infty} \dfrac{x^n}{n}$ 的两边逐项求导得

$$s'(x) = \left(\sum_{n=1}^{\infty} \frac{x^n}{n}\right)' = \sum_{n=1}^{\infty} \left(\frac{x^n}{n}\right)' = \sum_{n=1}^{\infty} x^{n-1} = \frac{1}{1-x}.$$

对上式从 0 到 x 积分,得到 $s(x)$ 的表达式. 由于 $\int_0^x s'(x)\,\mathrm{d}x = s(x) - s(0)$,所以

$$s(x) = \int_0^x s'(x)\,\mathrm{d}x + s(0) = \int_0^x \frac{1}{1-t}\,\mathrm{d}t = -\ln(1-x).$$

因此,和函数 $s(x) = -\ln(1-x)$,$x \in [-1, 1)$.

§9.4 函数展开成幂级数

上节讨论了幂级数的收敛区间及其和函数的性质,本节考虑相反问题,对于给定的函数

$f(x)$，求幂级数 $\sum\limits_{n=1}^{\infty} a_n (x-x_0)^n$ 或 $\sum\limits_{n=1}^{\infty} a_n x^n$，使其在某区间 D 内收敛，且其和是给定的函数 $f(x)$，即

$$f(x) = \sum_{n=1}^{\infty} a_n (x-x_0)^n, \ x \in D,$$

或

$$f(x) = \sum_{n=1}^{\infty} a_n x^n, \ x \in D.$$

这种将函数表示成幂级数的问题称为函数的幂级数展开问题.

9.4.1 泰勒级数

对于 n 次多项式函数
$$f(x) = a_0 + a_1(x-x_0) + a_2(x-x_0)^2 + \cdots + a_n(x-x_0)^n,$$
在 $x = x_0$ 处逐次求导，则 $f(x_0) = a_0$，$f'(x_0) = a_1$，$f''(x_0) = 2! \, a_2$，$f^{(n)}(x_0) = n! \, a_n$，即

$$a_0 = f(x_0), \ a_1 = f'(x_0), \ a_2 = \frac{f''(x_0)}{2!}, \ \cdots, \ a_n = \frac{f^{(n)}(x_0)}{n!}.$$

因此，上式可唯一表示为

$$P_n(x) = f(x_0) + f'(x_0)(x-x_0) + \frac{f''(x_0)}{2!}(x-x_0)^2 + \cdots + \frac{f^{(n)}(x_0)}{n!}(x-x_0)^n.$$

已知若 $f(x)$ 在点 x_0 的某邻域内具有各阶导数，则在该邻域内 $f(x)$ 可以表示成 $(x-x_0)$ 的一个 n 次多项式 $P_n(x)$ 与一个余项 $R_n(x)$ 之和，即

$$f(x) = P_n(x) + R_n(x)$$

$$= f(x_0) + f'(x_0)(x-x_0) + \frac{f''(x_0)}{2!}(x-x_0)^2 + \cdots + \frac{f^{(n)}(x_0)}{n!}(x-x_0)^n + R_n(x).$$

其中，$R_n(x) = \dfrac{f^{(n+1)}(\xi)}{(n+1)!}(x-x_0)^{n+1}$（$\xi$ 介于 x 与 x_0 之间）.

上式称为 $f(x)$ 在 $x = x_0$ 处的 n 阶泰勒公式，$R_n(x) = \dfrac{f^{(n+1)}(\xi)}{(n+1)!}(x-x_0)^{n+1}$ 称为拉格朗日型余项. 当 $x_0 = 0$ 时，泰勒公式化为

$$f(x) = f(0) + f'(0)x + \frac{f''(0)}{2!}x^2 + \cdots + \frac{f^{(n)}(0)}{n!}x^n + R_n(x),$$

称为 $f(x)$ 的麦克劳林公式.

如果去掉 $f(x)$ 的泰勒公式中的余项 $R_n(x)$，则在点 x_0 的某邻域内 $f(x)$ 近似等于多项式函数 $P_n(x)$，误差 $|R_n(x)|$ 随着 n 的增大而变小，即多项式的项数越多，精度越高，误差越小，但要求 $f(x)$ 具有更高阶的导数.

> **定义 1**　如果 $f(x)$ 在点 x_0 的某邻域内具有各阶导数，则称级数
>
> $$f(x_0) + f'(x_0)(x-x_0) + \frac{f''(x_0)}{2!}(x-x_0)^2 + \cdots + \frac{f^{(n)}(x_0)}{n!}(x-x_0)^n + \cdots = \sum_{n=0}^{\infty} \frac{f^{(n)}(x_0)}{n!}(x-x_0)^n$$

为函数 $f(x)$ 在点 $x = x_0$ 处的泰勒级数. 当 $x_0 = 0$ 时, 级数

$$\sum_{n=0}^{\infty} \frac{f^{(n)}(0)}{n!} x^n = f(0) + f'(0)x + \frac{f''(0)}{2!} x^2 + \cdots + \frac{f^{(n)}(0)}{n!} x^n + \cdots$$

称为 $f(x)$ 的麦克劳林级数.

显然, 当 $x = x_0$ 时, $f(x)$ 的泰勒级数收敛于 $f(x_0)$. 除 $x = x_0$ 外, $f(x)$ 的泰勒级数是否收敛? 如果收敛, 它是否一定收敛于 $f(x)$? 下面的定理给出了如何判断泰勒级数就是泰勒展开式.

定理 1 设函数 $f(x)$ 在点 x_0 的某一邻域 $U(x_0)$ 内具有各阶导数, 则 $f(x)$ 在该邻域内能展开成泰勒级数的充分必要条件是 $f(x)$ 的泰勒公式中的余项 $R_n(x)$ 当 $n \to \infty$ 时的极限为零, 即

$$\lim_{n \to \infty} R_n(x) = 0 \quad (x \in U(x_0)).$$

证明: 先证必要性. 设 $f(x)$ 在 $U(x_0)$ 内能展开为泰勒级数, 即

$$f(x) = f(x_0) + f'(x_0)(x - x_0) + \frac{f''(x_0)}{2!}(x - x_0)^2 + \cdots + \frac{f^{(n)}(x_0)}{n!}(x - x_0)^n + \cdots.$$

又设 $s_{n+1}(x)$ 是 $f(x)$ 的泰勒级数的前 $(n+1)$ 项的和, 则在 $U(x_0)$ 内有

$$\lim_{n \to \infty} s_{n+1}(x) = f(x),$$

而 $f(x)$ 的 n 阶泰勒公式可写成 $f(x) = s_{n+1}(x) + R_n(x)$, 于是

$$\lim_{n \to \infty} R_n(x) = \lim_{n \to \infty} [f(x) - s_{n+1}(x)] = 0.$$

再证充分性. 设对于一切 $x \in U(x_0)$, $\lim\limits_{n \to \infty} R_n(x) = 0$ 成立. 因为 $f(x)$ 的 n 阶泰勒公式可写成 $f(x) = s_{n+1}(x) + R_n(x)$, 于是

$$\lim_{n \to \infty} s_{n+1}(x) = \lim_{n \to \infty} [f(x) - R_n(x)] = f(x),$$

即函数 $f(x)$ 的泰勒级数在邻域 $U(x_0)$ 内的每一点都收敛于 $f(x)$, 即函数 $f(x)$ 在邻域 $U(x_0)$ 内可以展开成泰勒级数.

9.4.2 函数展开成幂级数的方法

1. 直接展开法

将函数 $f(x)$ 展开成 x 的麦克劳林级数, 可以按照以下步骤:

第一步, 求函数 $f(x)$ 的各阶导数, 即 $f'(x)$, $f''(x)$, $f'''(x)$, $\cdots$, $f^{(n)}(x)$, $\cdots$;

第二步, 求 $f(x)$ 及其各阶导数在 $x = 0$ 处的值, 即 $f(0)$, $f'(0)$, $f''(0)$, $f'''(0)$, $\cdots$, $f^{(n)}(0)$, $\cdots$;

第三步, 写出麦克劳林级数

$$f(0) + f'(0)x + \frac{f''(0)}{2!} x^2 + \cdots + \frac{f^{(n)}(0)}{n!} x^n + \cdots,$$

并求出收敛半径和收敛域;

第四步, 考察在收敛域内 $\lim\limits_{n \to \infty} R_n(x) = \lim\limits_{n \to \infty} \dfrac{f^{(n+1)}(\xi)}{(n+1)!} x^{n+1}$ 是否为零. 如果 $\lim\limits_{n \to \infty} R_n(x) = 0$, 则 $f(x)$ 在 $(-R, R)$ 内有展开式

$$f(x) = f(0) + f'(0)x + \frac{f''(0)}{2!}x^2 + \cdots + \frac{f^{(n)}(0)}{n!}x^n + \cdots \quad (-R < x < R).$$

例 1 将函数 $f(x) = e^x$ 展开成 x 的幂级数.

解 函数 $f(x)$ 的各阶导数为 $f^{(n)}(x) = e^x$, $(n = 1, 2, \cdots)$, 因此 $f^{(n)}(0) = 1$, $(n = 1, 2, \cdots)$. 于是得级数

$$\sum_{n=0}^{\infty} \frac{x^{(n)}}{n!} = 1 + x + \frac{1}{2!}x^2 + \cdots \frac{1}{n!}x^n + \cdots,$$

它的收敛半径 $R = +\infty$, 收敛区间为 $(-\infty, +\infty)$.

对于任何有限的数 x、$\xi(\xi$ 介于 0 与 x 之间)，由于拉格朗日型余项

$$|R_n(x)| = \left| \frac{e^\xi}{(n+1)!}x^{n+1} \right| < e^{|x|} \cdot \frac{|x|^{n+1}}{(n+1)!},$$

而 $\lim\limits_{n \to \infty} \frac{|x|^{n+1}}{(n+1)!} = 0$, $e^{|x|}$ 相对于 n 是常数，所以 $\lim\limits_{n \to \infty} |R_n(x)| = 0$. 因此，$e^x$ 的麦克劳林展开式为

$$e^x = 1 + x + \frac{1}{2!}x^2 + \cdots + \frac{1}{n!}x^n + \cdots \quad (-\infty < x < +\infty).$$

例 2 将函数 $f(x) = \sin x$ 展开成 x 的幂级数.

解 因为 $f^{(n)}(x) = \sin\left(x + n \cdot \frac{\pi}{2}\right)$ $(n = 1, 2, \cdots)$, 所以

$f(0) = 0$, $f'(0) = 1$, $f''(0) = 0$, $f'''(0) = -1$, $\cdots$, $f^{(2k)}(0) = 0$, $f^{(2k+1)}(0) = (-1)^k$, 于是得级数

$$x - \frac{x^3}{3!} + \frac{x^5}{5!} - \cdots + (-1)^n \frac{x^{2n+1}}{(2n+1)!} + \cdots,$$

它的收敛半径为 $R = +\infty$, 收敛区间为 $(-\infty, +\infty)$.

对于任意的 x、$\xi(\xi$ 介于 0 与 x 之间)，有

$$|R_n(x)| = \left| \frac{\sin\left[\xi + \frac{(n+1)\pi}{2}\right]}{(n+1)!}x^{n+1} \right| \leqslant \frac{|x|^{n+1}}{(n+1)!} \to 0 \quad (n \to \infty).$$

因此，得展开式

$$\sin x = x - \frac{x^3}{3!} + \frac{x^5}{5!} - \cdots + (-1)^n \frac{x^{2n+1}}{(2n+1)!} + \cdots \quad (-\infty < x < +\infty).$$

2. 间接展开法

由于幂级数的展开式唯一，所以可以利用一些已知函数的展开式，通过幂级数的运算，求出一些函数的幂级数的展开式.

已知的幂级数展开式如下：

$$e^x = 1 + x + \frac{1}{2!}x^2 + \cdots + \frac{1}{n!}x^n + \cdots = \sum_{n=0}^{\infty} \frac{x^n}{n!} \quad (-\infty < x < +\infty);$$

$$\sin x = x - \frac{x^3}{3!} + \frac{x^5}{5!} - \cdots + (-1)^n \frac{x^{2n+1}}{(2n+1)!} + \cdots$$

$$= \sum_{n=0}^{\infty} (-1)^n \frac{x^{2n+1}}{(2n+1)!} \quad (-\infty < x < +\infty);$$

$$\frac{1}{1-x} = \sum_{n=0}^{\infty} x^n = 1 + x + x^2 + \cdots + x^n + \cdots \quad (-1 < x < 1);$$

$$\frac{1}{1+x} = \sum_{n=0}^{\infty} (-1)^n x^n = 1 - x + x^2 - \cdots + (-1)^n x^n + \cdots \quad (-1 < x < 1);$$

$$(1+x)^\alpha = 1 + \alpha x + \frac{\alpha(\alpha-1)}{2!} x^2 + \cdots + \frac{\alpha(\alpha-1)\cdots(\alpha-n+1)}{n!} x^n + \cdots \quad (-1 < x < 1).$$

例 3 将函数 $f(x) = \cos x$ 展开成 x 的幂级数.

解 已知

$$\sin x = x - \frac{x^3}{3!} + \frac{x^5}{5!} - \cdots + (-1)^n \frac{x^{2n+1}}{(2n+1)!} + \cdots \quad (-\infty < x < +\infty),$$

对上式两边求导得

$$\cos x = 1 - \frac{x^2}{2!} + \frac{x^4}{4!} - \cdots + (-1)^n \frac{x^{2n}}{(2n)!} + \cdots \quad (-\infty < x < +\infty).$$

例 4 将函数 $f(x) = \dfrac{1}{1+x^2}$ 展开成 x 的幂级数.

解 因为 $\dfrac{1}{1+x} = 1 - x + x^2 - \cdots + (-1)^n x^n + \cdots \ (-1 < x < 1)$，把 x 换成 x^2，得

$$\frac{1}{1+x^2} = 1 - x^2 + x^4 - \cdots + (-1)^n x^{2n} + \cdots \quad (-1 < x < 1).$$

注：收敛半径的确定：由 $-1 < x^2 < 1$ 得 $-1 < x < 1$.

例 5 将函数 $f(x) = \ln(1+x)$ 展开成 x 的幂级数.

解 因为 $f'(x) = \dfrac{1}{1+x} = \sum_{n=0}^{\infty} (-1)^n x^n (-1 < x < 1)$，所以将上式从 0 到 x 逐项积分，得

$$\int_0^x f'(x)\,dx = f(x) - f(0) = \ln(1+x).$$

因此，

$$\ln(1+x) = \int_0^x \frac{1}{1+x}dx = \int_0^x \sum_{n=0}^{\infty} (-1)^n x^n dx = \sum_{n=0}^{\infty} (-1)^n \int_0^x x^n dx = \sum_{n=0}^{\infty} (-1)^n \frac{x^{n+1}}{n+1},$$

即

$$\ln(1+x) = x - \frac{x^2}{2} + \frac{x^3}{3} - \frac{x^4}{4} + \cdots + (-1)^n \frac{x^{n+1}}{n+1} + \cdots \quad (-1 < x \leq 1).$$

上述展开式对 $x=1$ 也成立. 这是因为上式右端的幂级数当 $x=1$ 时收敛，而 $\ln(1+x)$ 在 $x=1$ 处有定义且连续.

习题九

1. 根据级数收敛域发散定义讨论下列级数的敛散性.

(1) $\displaystyle\sum_{n=1}^{\infty} \frac{1}{(2n-1)(2n+1)}$；

(2) $\displaystyle\sum_{n=1}^{\infty} n^2$；

(3) $\displaystyle\sum_{n=1}^{\infty} \frac{1}{n(n+1)}$;

(4) $\displaystyle\sum_{n=1}^{\infty} \left(\sqrt{n+1} - \sqrt{n}\right)$.

2. 判断下列级数的敛散性.

(1) $\dfrac{1}{5} + \dfrac{1}{10} + \dfrac{1}{15} + \cdots + \dfrac{1}{5n} + \cdots$;

(2) $\left(\dfrac{1}{2} - \dfrac{1}{3}\right) + \left(\dfrac{1}{2^2} - \dfrac{1}{3^2}\right) + \left(\dfrac{1}{2^3} - \dfrac{1}{3^3}\right) + \cdots + \left(\dfrac{1}{2^n} - \dfrac{1}{3^n}\right) + \cdots$;

(3) $\left(\dfrac{1}{2} + \dfrac{1}{3}\right) + \left(\dfrac{1}{4} + \dfrac{1}{9}\right) + \left(\dfrac{1}{6} + \dfrac{1}{27}\right) + \left(\dfrac{1}{8} + \dfrac{1}{81}\right) + \cdots$;

(4) $\dfrac{1}{15} + \dfrac{1}{16} + \dfrac{1}{17} + \cdots + \dfrac{1}{n} + \cdots$;

(5) $\dfrac{1}{3} + \dfrac{2}{5} + \dfrac{3}{7} + \cdots + \dfrac{n}{2n+1} + \cdots$;

(6) $1 + \dfrac{3}{7} + \displaystyle\sum_{n=1}^{\infty} \dfrac{1}{5^n}$.

3. 利用比较审敛法及其极限形式判断下列级数的敛散性.

(1) $\displaystyle\sum_{n=1}^{\infty} \frac{1}{3^n + 2}$;

(2) $\displaystyle\sum_{n=1}^{\infty} \frac{1}{\sqrt{n(n+1)}}$;

(3) $\displaystyle\sum_{n=1}^{\infty} \frac{2 + (-1)^n}{2^n}$;

(4) $\displaystyle\sum_{n=1}^{\infty} 3^n \sin \frac{\pi}{2^n}$;

(5) $\displaystyle\sum_{n=1}^{\infty} \ln\left(1 + \frac{1}{n^2}\right)$;

(6) $\displaystyle\sum_{n=1}^{\infty} \frac{1}{\sqrt{n} + 1}$;

(7) $\displaystyle\sum_{n=1}^{\infty} \frac{1}{n^2 - 1}$;

(8) $\displaystyle\sum_{n=1}^{\infty} \frac{n+1}{n^2 + 1}$;

(9) $\displaystyle\sum_{n=1}^{\infty} \frac{1}{n(n+1)}$;

(10) $\displaystyle\sum_{n=1}^{\infty} \frac{\ln n}{n}$.

4. 利用比值审敛法判断下列级数的敛散性.

(1) $\displaystyle\sum_{n=1}^{\infty} \frac{n!}{n^n}$;

(2) $\displaystyle\sum_{n=1}^{\infty} \frac{3^n n!}{n^n}$;

(3) $\displaystyle\sum_{n=1}^{\infty} \frac{n!}{5^n}$;

(4) $\displaystyle\sum_{n=1}^{\infty} \frac{n^2}{3^n}$.

5. 利用根值审敛法判断下列级数的敛散性.

(1) $\displaystyle\sum_{n=1}^{\infty} \left(1 - \frac{1}{n}\right)^{n^2}$;

(2) $\displaystyle\sum_{n=1}^{\infty} \left(\frac{3n}{n+1}\right)^n$;

(3) $\displaystyle\sum_{n=1}^{\infty} \left(\frac{n}{2n+1}\right)^n$;

(4) $\displaystyle\sum_{n=1}^{\infty} \frac{n^3}{3^n}$;

(5) $\displaystyle\sum_{n=1}^{\infty} \left(\arcsin \frac{1}{n}\right)^n$.

6. 判别下列级数是绝对收敛、条件收敛，还是发散.

(1) $\displaystyle\sum_{n=1}^{\infty} \frac{\sin(nx)}{n^4}(x \in \mathbf{R})$；

(2) $\displaystyle\sum_{n=1}^{\infty} \frac{\cos(2n)}{n^2}$；

(3) $\displaystyle\sum_{n=1}^{\infty} (-1)^{n-1} \frac{2n+1}{2^n}$；

(4) $\displaystyle\sum_{n=1}^{\infty} (-1)^{n-1} \frac{n^3}{5^n}$；

(5) $\displaystyle\sum_{n=1}^{\infty} (-1)^{n-1} \frac{1}{\ln(1+n)}$；

(6) $\displaystyle\sum_{n=1}^{\infty} (-1)^n 2^n \sin \frac{1}{3^n}$.

7. 求下列幂级数的收敛域.

(1) $\displaystyle\sum_{n=0}^{\infty} \frac{x^n}{n!}$；

(2) $\displaystyle\sum_{n=1}^{\infty} (-1)^{n-1} \frac{x^n}{n}$；

(3) $\displaystyle\sum_{n=0}^{\infty} \frac{n}{2^n} x^n$；

(4) $\displaystyle\sum_{n=0}^{\infty} n^n x^n$.

8. 求下列幂级数的和函数.

(1) $\displaystyle\sum_{n=1}^{\infty} n x^{n-1}$；

(2) $\displaystyle\sum_{n=1}^{\infty} n x^n$；

(3) $\displaystyle\sum_{n=0}^{\infty} (n+1) x^n$；

(4) $\displaystyle\sum_{n=0}^{\infty} \frac{x^n}{3^n}$；

(5) $\displaystyle\sum_{n=1}^{\infty} \frac{1}{n} x^{n-1}$.

9. 将下列函数展开成麦克劳林级数.

(1) $\arctan x$；

(2) 2^x；

(3) $(1+x)e^x$；

(4) $e^{-\frac{x}{3}}$；

(5) $\sin^2 x$；

(6) $\dfrac{1}{2-x}$.

习题九答案

1. (1)收敛；(2)发散；(3)收敛；(4)发散.

2. (1)发散；(2)收敛；(3)发散；(4)发散；(5)发散；(6)收敛.

3. (1)收敛；(2)发散；(3)收敛；(4)发散；(5)收敛；(6)发散；(7)收敛；(8)发散；(9)收敛；(10)发散.

4. (1)收敛；(2)发散；(3)发散；(4)收敛.

5. (1)收敛；(2)发散；(3)收敛；(4)收敛；(5)收敛.

6. (1)绝对收敛；(2)条件收敛；(3)绝对收敛；(4)绝对收敛；(5)条件收敛；(6)绝对收敛.

7. (1) $(-\infty, +\infty)$；(2) $(-1, 1]$；(3) $(-2, 2)$；(4) $\{0\}$.

8. (1) $s(x) = \dfrac{1}{(1-x)^2}$，$x \in (-1, 1)$；(2) $s(x) = \dfrac{x}{(1-x)^2}$，$x \in (-1, 1)$；

(3) $s(x) = \dfrac{1}{(1-x)^2}$，$x \in (-1, 1)$；(4) $s(x) = \dfrac{3}{3-x}$，$x \in (-3, 3)$；

$$(5)\ s(x) = \begin{cases} -\dfrac{1}{x}\ln(1-x) & x \in [-1,\ 0) \cup (0,\ 1] \\ 1 & x = 0 \end{cases}.$$

9. （1）$\arctan x = x - \dfrac{x^3}{3} + \dfrac{x^5}{5} - \dfrac{x^7}{7} + \cdots + (-1)^n \dfrac{x^{2n+1}}{2n+1} + \cdots = \sum\limits_{n=0}^{\infty}(-1)^n \dfrac{x^{2n+1}}{2n+1}$，$x \in [-1,\ 1]$；

（2）$2^x = \sum\limits_{n=0}^{\infty} \dfrac{(\ln 2)^n}{n!} x^n$，$x \in (-\infty,\ +\infty)$；

（3）$(1+x)e^x = 1 + 2x + \dfrac{3x^2}{2!} + \cdots + \dfrac{(n+1)x^n}{n!} + \cdots = \sum\limits_{n=0}^{\infty} \dfrac{n+1}{n!} x^n$，$x \in (-\infty,\ +\infty)$；

（4）$e^{-\frac{x}{3}} = 1 - \dfrac{x}{3} + \dfrac{1}{2!}\left(\dfrac{x}{3}\right)^2 - \cdots + (-1)^n \dfrac{1}{n!}\left(\dfrac{x}{3}\right)^n + \cdots = \sum\limits_{n=0}^{\infty}(-1)^n \dfrac{1}{n!}\left(\dfrac{x}{3}\right)^n$，$x \in (-\infty,\ +\infty)$；

（5）$\sin^2 x = \dfrac{1}{2} - \dfrac{1}{2}\sum\limits_{n=0}^{\infty}(-1)^n \dfrac{(2x)^{2n}}{(2n)!}$，$x \in (-\infty,\ +\infty)$；

（6）$\dfrac{1}{2-x} = \dfrac{1}{2} + \dfrac{x}{2^2} + \dfrac{x^2}{2^3} + \cdots + \dfrac{x^n}{2^{n+1}} + \cdots = \sum\limits_{n=0}^{\infty} \dfrac{x^n}{2^{n+1}}$，$x \in (-2,\ 2)$.

第10章 微分方程

微分主要的研究对象是函数，其反映了客观事物之间的数量关系．确定函数关系，建立函数关系式自然就成了一项重要工作．但在很多情况下，有时并不能直接找出所需要的函数关系，但是根据问题的实际情况，却可以列出含有要找的函数及其导数或微分之间的关系式，这样的关系式称为微分方程．在微分方程建立以后，应用数学方法，求出未知函数，这就是解微分方程．

本章只是对微分方程做一些初步介绍，介绍一些基本概念和常见的几类微分方程，以及其求解问题．

§10.1 微分方程的概念

例1 求过点 $(2,5)$，且切线的斜率为 $2x$ 的曲线方程．

解 设所求曲线的方程为 $y = y(x)$．根据题意，未知函数 $y = y(x)$ 应满足关系式（称为微分方程）

$$\frac{\mathrm{d}y}{\mathrm{d}x} = 2x. \tag{10.1}$$

此外，未知函数 $y = y(x)$ 还应满足下列条件：

$$x = 2 \text{ 时}, y = 5, \quad \text{简记为 } y|_{x=2} = 5. \tag{10.2}$$

把式(10.1)两端积分，得（称为微分方程的通解）

$$y = \int 2x\mathrm{d}x, \text{ 即 } y = x^2 + C, \tag{10.3}$$

其中，C 为任意常数．

把条件" $x = 2$ 时，$y = 5$ "代入式(10.3)，得

$$5 = 2^2 + C,$$

由此，解出 $C = 1$．把 $C = 1$ 代入式(10.3)，得所求曲线方程（称为微分方程满足条件 $y|_{x=2} = 5$ 的解）为

$$y = x^2 + 1.$$

10.1.1 微分方程的定义

定义 1 含有自变量、未知函数及未知函数的导数（或微分）的方程，称为微分方程．未知函数是一元函数的微分方程叫作常微分方程．未知函数是多元函数的微分方程叫作偏微分方程．

注：本章只讨论常微分方程，后面提到的微分方程或方程都是指常微分方程．例如，$\dfrac{\mathrm{d}y}{\mathrm{d}x} = 2x$，$x^2 y'' + xy' + y = 0$，$(7x - 6y)\,\mathrm{d}x + (x + y)\,\mathrm{d}y = 0$ 都是微分方程．

定义 2 微分方程中出现的未知函数的最高阶导数或微分的阶数，称为微分方程的阶．

例如，$\dfrac{\mathrm{d}y}{\mathrm{d}x} = 2x$ 和 $(7x - 6y)\,\mathrm{d}x + (x + y)\,\mathrm{d}y = 0$ 是一阶微分方程；$x^2 y'' + xy' + y = 0$ 是二阶微分方程；$x^2 y^{(6)} + y''' + y = 0$ 是六阶微分方程；$xy' + (y')^2 + y = 0$ 也是一阶微分方程．

n 阶微分方程的一般形式为

$$F(x,\ y,\ y',\ y'',\ \cdots,\ y^{(n)}) = 0,$$

其中，y 为 x 的函数．

10.1.2 微分方程的解

定义 3 满足微分方程的函数，称为微分方程的解．设函数 $y = \varphi(x)$ 在区间 I 上有 n 阶连续导数，如果在区间 I 上，

$$F[x,\ \varphi(x),\ \varphi'(x),\ \varphi''(x),\ \cdots,\ \varphi^{(n)}(x)] \equiv 0,$$

则称函数 $y = \varphi(x)$ 是微分方程在区间 I 上的一个解．

例如，函数 $y = x^2 + C$ 就是微分方程 $\dfrac{\mathrm{d}y}{\mathrm{d}x} = 2x$ 的一个解．

定义 4 含有与微分方程阶数相同个数的任意（且相互独立）常数的解，称为微分方程的通解；不含任意常数的解称为微分方程的特解．

例如，$y = x^2 + C$ 是微分方程 $\dfrac{\mathrm{d}y}{\mathrm{d}x} = 2x$ 的通解，而 $y = x^2 + 1$、$y = x^2 - 3$ 都是微分方程 $\dfrac{\mathrm{d}y}{\mathrm{d}x} = 2x$ 的特解．

显然，n 阶微分方程通解的一般形式为

$$y = y(x,\ C_1,\ C_2,\ \cdots,\ C_n) \ \text{或} \ F(x,\ C_1,\ C_2,\ \cdots,\ C_n) = 0,$$

其中，常数 $C_1,\ C_2,\ \cdots,\ C_n$ 相互独立．

定义 5 由实际情况提出的，用于确定通解中任意常数的条件，称为微分方程的初始条件．如当 $x = x_0$ 时，$y = y_0$，$y' = y_0'$，一般写成

$$y\big|_{x = x_0} = y_0,\ y'\big|_{x = x_0} = y_0' \ \text{或} \ y(x_0) = y_0,\ y'(x_0) = y_0'.$$

显然，初始条件的个数＝通解中任意常数的个数＝方程的阶数．

定义6　求微分方程满足初始条件的解的问题称为初值问题.

例如，求微分方程 $y' = f(x, y)$ 满足初始条件 $y(x_0) = y_0$ 的特解问题，记为

$$\begin{cases} y' = f(x, y) \\ y(x_0) = y_0 \end{cases}.$$

定义7　微分方程解的图形是一条曲线，叫作微分方程的积分曲线.

例2　验证函数 $y = x + Ce^y$ 是微分方程 $(x - y + 1)y' = 1$ 的解.

解　由于所给函数的导数为

$$y' = 1 + Ce^y \cdot y',$$

所以

$$y' = \frac{1}{1 - Ce^y}.$$

代入所给方程左端，得

$$(x - y + 1)y' = (x - y + 1) \cdot \frac{1}{1 - Ce^y} = (x - y + 1) \cdot \frac{1}{1 + x - y} \equiv 1.$$

因此，函数 $y = x + Ce^y$ 是方程 $(x - y + 1)y' = 1$ 的解.

例3　已知微分方程 $y'' + y = 0$ 有通解 $y = C_1 \sin x + C_2 \cos x$，求满足初始条件 $y(0) = 1$，$y'(0) = 0$ 的特解.

解　由条件 $y(0) = 1$ 及 $y = C_1 \sin x + C_2 \cos x$，得 $C_2 = 1$.

对函数 $y = C_1 \sin x + C_2 \cos x$ 求导，得

$$y' = C_1 \cos x - C_2 \sin x.$$

将条件 $y'(0) = 0$ 代入 $y' = C_1 \cos x - C_2 \sin x$，得 $C_1 = 0$.

因此，方程满足初始条件的特解为 $y = \cos x$.

§10.2　可分离变量的微分方程

一阶微分方程的一般形式为

$$F(x, y, y') = 0 \text{ 或 } y' = f(x, y).$$

其中，x 为自变量；y 为 x 的未知函数；y' 为 y 的一阶导数.

从本节开始我们将讨论这类方程中几种特殊的微分方程.

一阶微分方程也可写成对称的形式，即

$$P(x, y) \mathrm{d}x + Q(x, y) \mathrm{d}y = 0.$$

若一个一阶微分方程能化成

$$\frac{\mathrm{d}y}{\mathrm{d}x} = f(x) \cdot g(y) \tag{10.4}$$

或

$$M_1(x)N_1(y) \mathrm{d}x + M_2(x)N_2(y) \mathrm{d}y = 0, \tag{10.5}$$

其中，$f(x)$、$g(y)$ 分别为关于 x 和 y 的连续函数，则称此方程为一阶可分离变量的微分方程.

可分离变量的微分方程是最简单、最基本的一阶微分方程. 此类方程的解法是其他一阶

微分方程求解的基础. 显然, 经过简单的代数运算, 微分方程式(10.4)和式(10.5)都可化为以下一阶微分方程:

$$g(y)\,\mathrm{d}y = f(x)\,\mathrm{d}x, \qquad\qquad (10.6)$$

即将变量 x 和 y 完全分离开, 因此称微分方程式(10.6)为可分离变量的微分方程的标准形式. 这种将微分方程化为分离变量的形式求解方程的方法, 称为可分离变量法.

下面给出可分离变量微分方程 $\dfrac{\mathrm{d}y}{\mathrm{d}x} = f(x) \cdot g(y)$ 的求解步骤.

第一步, 分离变量, 化为标准型. 此时要求 $g(y) \neq 0$, 则方程变形为

$$\frac{1}{g(y)}\mathrm{d}y = f(x)\,\mathrm{d}x.$$

第二步, 两端积分. 当 $f(x)$ 和 $\dfrac{1}{g(y)}$ 可积时, 方程两边同时积分, 得

$$\int \frac{1}{g(y)}\mathrm{d}y = \int f(x)\,\mathrm{d}x.$$

由此得到方程的通解

$$G(y) = F(x) + C,$$

其中, C 为任意常数. 称这种类型的通解为方程的隐式通解.

例 1 求微分方程 $\dfrac{\mathrm{d}y}{\mathrm{d}x} = 2(x-1)^2(1+y^2)$ 的通解.

解 此方程为可分离变量方程, 分离变量, 得

$$\frac{1}{1+y^2}\mathrm{d}y = 2(x-1)^2\mathrm{d}x,$$

两边积分, 得

$$\int \frac{1}{1+y^2}\mathrm{d}y = \int 2(x-1)^2\mathrm{d}x,$$

即得到通解

$$\arctan y = \frac{2}{3}(x-1)^3 + C,$$

其中, C 为任意常数.

例 2 求微分方程 $\dfrac{\mathrm{d}y}{\mathrm{d}x} = -\dfrac{y}{x}$ 的通解.

解 分离变量, 得

$$\frac{1}{y}\mathrm{d}y = -\frac{1}{x}\mathrm{d}x,$$

两边积分, 得

$$\ln|y| = -\ln|x| + C_1 \quad (C_1\text{ 为任意常数}),$$

则 $$\ln|xy| = C_1,$$

即 $$|xy| = \mathrm{e}^{C_1},$$

$$xy = \pm\,\mathrm{e}^{C_1},$$

其中, e^{C_1} 为任意正常数. 记 $C = \pm\,\mathrm{e}^{C_1}$, 因此方程通解为

$$xy = C \text{ 或 } y = \frac{C}{x} \quad (C \text{ 为任意常数}).$$

注：为了简化过程，后面遇到类似需要去掉绝对值符号的，可将正负号转移到常数上，不需要详细记录处理绝对值符号的过程. 因此，本例还可如下求解.

分离变量，得

$$\frac{1}{y}\mathrm{d}y = -\frac{1}{x}\mathrm{d}x,$$

两边积分，得

$$\ln y = -\ln x + \ln C.$$

因此，方程通解为

$$xy = C \text{ 或 } y = \frac{C}{x} \quad (C \text{ 为任意常数}).$$

例3 求微分方程 $8x\mathrm{d}x - 5y\mathrm{d}y = 5x^2 y\mathrm{d}y - 2xy^2\mathrm{d}x$ 的通解.

解 合并同类项，得

$$5y(x^2 + 1)\mathrm{d}y = 2x(4 + y^2)\mathrm{d}x.$$

分离变量，得

$$\frac{2x}{x^2 + 1}\mathrm{d}x = \frac{5y}{4 + y^2}\mathrm{d}y,$$

两边积分，得

$$\ln(x^2 + 1) = \frac{5}{2}\ln(4 + y^2) + \ln C.$$

其中，C 为任意常数，则方程通解为

$$1 + x^2 = C(4 + y^2)^{\frac{5}{2}} \quad (C \text{ 为任意常数}).$$

例4 求微分方程 $y' = 1 - x^2 + y^2 - x^2 y^2$ 满足初始条件 $y(0) = 0$ 的特解.

解 方程变形为

$$\frac{\mathrm{d}y}{\mathrm{d}x} = (1 - x^2)(1 + y^2).$$

分离变量，得

$$\frac{1}{1 + y^2}\mathrm{d}y = (1 - x^2)\mathrm{d}x,$$

两边积分，得

$$\int \frac{1}{1 + y^2}\mathrm{d}y = \int (1 - x^2)\mathrm{d}x.$$

因此，方程通解为

$$\arctan y = x - \frac{1}{3}x^3 + C \quad (C \text{ 为任意常数}).$$

由初始条件 $y(0) = 0$，代入通解，得 $C = 0$.

因此，方程的特解为

$$\arctan y = x - \frac{1}{3}x^3.$$

§10.3 齐次方程

如果一阶微分方程可表示为

$$\frac{dy}{dx} = f(x, y) = \varphi\left(\frac{y}{x}\right)$$

的形式，则称此一阶微分方程为齐次微分方程，简称齐次方程.

对于一般的微分方程 $M(x, y)\, dx + N(x, y)\, dy = 0$，若函数 $M(x, y)$，$N(x, y)$ 是同次的齐次函数，则此微分方程也是齐次方程.

例如，方程 $\dfrac{dy}{dx} = \dfrac{y^2 - xy}{3x^2}$ 是齐次方程，这是因为等式右边的分子和分母同时除以 x^2，原

方程化为 $\dfrac{dy}{dx} = \dfrac{\left(\dfrac{y}{x}\right)^2 - \dfrac{y}{x}}{3}$. 但方程 $\sqrt{1 - x^2}\, y' = \sqrt{1 - y^2}$ 不是齐次方程，因为方程可化为

$$\frac{dy}{dx} = \sqrt{\frac{1 - y^2}{1 - x^2}}.$$

齐次方程的标准形式是

$$\frac{dy}{dx} = f\left(\frac{y}{x}\right) \text{ 或 } \frac{dx}{dy} = f\left(\frac{x}{y}\right),$$

其中，f 为已知的连续函数.

求解齐次方程的关键是变量代换，即令 $u = \dfrac{y}{x}$，则 $y = xu$，代入原方程，则原方程化为

关于 x 和 u 的可分离变量方程，再利用分离变量法求解.

下面给出求解齐次方程的具体步骤：

(1)先将齐次方程化为标准型：$\dfrac{dy}{dx} = f\left(\dfrac{y}{x}\right)$；

(2)令 $u = \dfrac{y}{x}$，则 $y = xu(u$ 是新的未知函数$)$；

(3)对 $y = xu$ 求导，则 $\dfrac{dy}{dx} = u + x\dfrac{du}{dx}$；

(4)将 $\dfrac{dy}{dx} = u + x\dfrac{du}{dx}$ 代入原方程，得 $u + x\dfrac{du}{dx} = f(u)$；

(5)分离变量得 $\dfrac{1}{f(u) - u} du = \dfrac{1}{x} dx$，设 $\dfrac{1}{f(u) - u}$ 的原函数为 $F(u)$，则积分得

$$F(u) = \ln x + C \quad (C \text{ 是任意常数})；$$

(6)将 $u = \dfrac{y}{x}$ 回代，得齐次方程通解为

$$F\left(\frac{y}{x}\right) = \ln x + C \quad (C \text{ 是任意常数}).$$

例 1　求齐次方程 $\dfrac{\mathrm{d}y}{\mathrm{d}x} = \dfrac{y}{x} + \tan \dfrac{y}{x}$ 的通解.

解　令 $u = \dfrac{y}{x}$，则 $y = xu$，因此 $\dfrac{\mathrm{d}y}{\mathrm{d}x} = u + x\dfrac{\mathrm{d}u}{\mathrm{d}x}$.

代入原方程，得
$$u + x\frac{\mathrm{d}u}{\mathrm{d}x} = u + \tan u,$$
即
$$x\frac{\mathrm{d}u}{\mathrm{d}x} = \tan u,$$

分离变量，得
$$\frac{\mathrm{d}u}{\tan u} = \frac{1}{x}\mathrm{d}x,$$

两边积分，得通解
$$\ln|\sin u| = \ln|x| + \ln|C|,$$
即
$$\sin u = Cx.$$

将 $u = \dfrac{y}{x}$ 回代，得所给方程的通解为

$$\sin \frac{y}{x} = Cx \quad (C \text{ 是任意常数}).$$

例 2　求方程 $(x^3 - 2xy^2)\,\mathrm{d}y + (2y^3 - 3x^2 y)\,\mathrm{d}x = 0$ 的通解.

解　方程是齐次方程，化为标准型 $\dfrac{\mathrm{d}y}{\mathrm{d}x} = \dfrac{3\dfrac{y}{x} - 2\left(\dfrac{y}{x}\right)^3}{1 - 2\left(\dfrac{y}{x}\right)^2}$.

令 $u = \dfrac{y}{x}$，则 $y = xu$，因此 $\dfrac{\mathrm{d}y}{\mathrm{d}x} = u + x\dfrac{\mathrm{d}u}{\mathrm{d}x}$.

代入原方程，得
$$u + x\frac{\mathrm{d}u}{\mathrm{d}x} = \frac{3u - 2u^3}{1 - 2u^2},$$
即
$$x\frac{\mathrm{d}u}{\mathrm{d}x} = \frac{2u}{1 - 2u^2},$$

分离变量，得
$$\left(\frac{1}{2u} - u\right)\mathrm{d}u = \frac{1}{x}\mathrm{d}x,$$

两边积分，得通解为
$$\frac{1}{2}\ln u - \frac{1}{2}u^2 = \ln x + \frac{1}{2}\ln C,$$

整理，得
$$\ln u - \ln e^{u^2} = 2\ln x + \ln C.$$

因此，
$$ue^{-u^2} = Cx^2,$$

将 $u = \dfrac{y}{x}$ 回代，得所给方程的通解为

$$ye^{-\frac{y^2}{x^2}} = Cx^3 \quad （C \text{ 是任意常数}）.$$

§10.4 一阶线性微分方程

形如
$$y' + P(x)y = Q(x) \tag{10.7}$$
的微分方程，称为一阶线性微分方程. 该方程中未知函数 y 及其导数 y' 都是一次的，其中 $P(x)$、$Q(x)$ 是已知的连续函数.

如果 $Q(x) \neq 0$，则称方程式(10.7)为一阶非齐次线性微分方程；如果 $Q(x) \equiv 0$，则称方程
$$y' + P(x)y = 0 \tag{10.8}$$
为对应于一阶非齐次线性微分方程式(10.7)的一阶齐次线性微分方程.

例如，方程 $y' + 2y^3 = e^x$、$yy' + xy = x^2$、$(y')^2 - xy = x^2 + 1$ 不是线性微分方程，而方程 $\dfrac{dy}{dx} + xy = e^x$、$y' + y = x^2 + 1$ 是线性方程.

为了求一阶非齐次线性微分方程式(10.7)的解，需要先求一阶齐次线性微分方程式(10.8)的通解.

10.4.1 一阶齐次线性微分方程的通解

显然，一阶齐次线性微分方程式(10.8)是可分离变量方程，分离变量，得
$$\frac{1}{y}dy = -P(x)dx,$$

两边积分，得
$$\ln|y| = -\int P(x)dx + C_1,$$

整理，得
$$y = Ce^{-\int P(x)dx}(C = \pm e^{C_1}),$$
这就是一阶齐次线性微分方程式(10.8)的通解(积分中不再加任意常数).

例1 求方程 $(x - 2)\dfrac{dy}{dx} = y$ 的通解.

解 这是一阶齐次线性方程，分离变量，得
$$\frac{dy}{y} = \frac{dx}{x - 2},$$

两边积分，得
$$\ln|y| = \ln|x - 2| + \ln C.$$

因此，方程的通解为
$$y = C(x - 2).$$

10.4.2 一阶非齐次线性微分方程的通解

下面利用齐次线性微分方程式(10.8)的通解来求非齐次线性微分方程式(10.7)的解.

已知齐次线性方程式(10.8)的通解为 $y = Ce^{-\int P(x)dx}$，用待定函数 $C(x)$ 来代替通解中的任意常数，即设非齐次线性方程式(10.7)的解为

$$y = C(x)e^{-\int P(x)dx},$$

则

$$y' = C'(x)e^{-\int P(x)dx} - C(x)e^{-\int P(x)dx}P(x).$$

把 y 和 y' 代入非齐次线性方程式(10.7)中，则

$$C'(x)e^{-\int P(x)dx} - C(x)e^{-\int P(x)dx}P(x) + P(x)C(x)e^{-\int P(x)dx} = Q(x),$$

化简，得

$$C'(x) = Q(x)e^{\int P(x)dx},$$

$$C(x) = \int Q(x)e^{\int P(x)dx}dx + C.$$

于是，非齐次线性方程式(10.7)的通解为

$$y = e^{-\int P(x)dx}\left[\int Q(x)e^{\int P(x)dx}dx + C\right],$$

即

$$y = Ce^{-\int P(x)dx} + e^{-\int P(x)dx}\int Q(x)e^{\int P(x)dx}dx.$$

其中，第一项 $C(x)e^{-\int P(x)dx}$ 是非齐次线性方程式(10.7)对应的齐次线性方程的通解；第二项 $e^{-\int P(x)dx}\int Q(x)e^{\int P(x)dx}dx$ 是非齐次线性方程式(10.7)的通解中当 $C = 0$ 时的特解. 以上求非齐次线性方程通解的方法称为常数变易法.

非齐次线性方程式(10.7)的通解可以表示为对应的齐次线性方程通解与非齐次线性方程的一个特解之和.

综上，一阶非齐次线性方程式(10.7)的求解步骤为：

(1)求对应于非齐次线性方程式(10.7)的齐次线性方程式(10.8)的通解 $y = Ce^{-\int P(x)dx}$；

(2)设 $y = C(x)e^{-\int P(x)dx}$，计算 y'；

(3)将 y 和 y' 代入非齐次线性方程式(10.7)中，得

$$C(x) = \int Q(x)e^{\int P(x)dx}dx + C;$$

(4)将 $C(x) = \int Q(x)e^{\int P(x)dx}dx + C$ 代入 $y = C(x)e^{-\int P(x)dx}$ 中，得到非齐次线性方程式(10.7)的通解为

$$y = e^{-\int P(x)dx}\left[\int Q(x)e^{\int P(x)dx}dx + C\right].$$

例2 求方程 $y' + y = x$ 的通解.

解 这是一个非齐次线性方程，且 $P(x) = 1$，$Q(x) = x$.

代入通解公式，得

$$y = e^{-\int P(x)dx}\left[\int Q(x)e^{\int P(x)dx}dx + C\right] = e^{-\int 1dx}\left[\int xe^{\int 1dx}dx + C\right]$$

$$= e^{-x}\left(\int xe^x dx + C\right) = e^{-x}(xe^x - e^x + C) = Ce^{-x} + x - 1.$$

因此，方程通解为

$$y = Ce^{-x} + x - 1 \quad (C \text{ 是任意常数}).$$

例 3 求方程 $x^2 y' + xy = 1$ 的通解.

解 这是一阶非齐次线性方程，先化为标准型，得 $y' + \dfrac{1}{x}y = \dfrac{1}{x^2}$，且 $P(x) = \dfrac{1}{x}$，$Q(x) = \dfrac{1}{x^2}$.

代入通解公式，得

$$\begin{aligned}
y &= e^{-\int P(x)\,dx}\left[\int Q(x)e^{\int P(x)\,dx}\,dx + C\right]\\
&= e^{-\int \frac{1}{x}dx}\left[\int \frac{1}{x^2}e^{\int \frac{1}{x}dx}\,dx + C\right]\\
&= e^{-\ln x}\left(\int \frac{1}{x^2}e^{\ln x}\,dx + C\right)\\
&= \frac{1}{x}\left(\int \frac{1}{x}\,dx + C\right)\\
&= \frac{1}{x}(\ln x + C) \quad (C \text{ 是任意常数}).
\end{aligned}$$

§10.5 二阶线性微分方程

所谓的线性微分方程，是指方程中的未知函数 y 及其各阶导数 y'，y''，$\cdots$，$y^{(n)}$ 都是一次的.

如一阶线性微分方程的一般形式为

$$y' + P(x)y = Q(x).$$

将形如

$$y'' + P(x)y' + Q(x)y = f(x) \tag{10.9}$$

的方程称为二阶线性微分方程，其中 $P(x)$、$Q(x)$、$f(x)$ 为定义在区间 I 上的连续函数.

当 $f(x) \neq 0$ 时，称方程式(10.9)为非齐次线性微分方程；

当 $f(x) \equiv 0$ 时，方程式(10.9)变为

$$y'' + P(x)y' + Q(x)y = 0, \tag{10.10}$$

称为对应于非齐次线性微分方程式(10.9)的齐次线性微分方程.

本节将讲解方程式(10.9)和方程式(10.10)解的结构.

10.5.1 二阶齐次线性微分方程的通解

先讨论二阶齐次线性微分方程

$$y'' + P(x)y' + Q(x)y = 0$$

通解的结构.

定理 1(齐次线性方程解的叠加原理) 设函数 $y = y_1(x)$ 与 $y = y_2(x)$ 是二阶齐次线性方程式(10.10)的两个解，则

$$y = C_1 y_1(x) + C_2 y_2(x)$$

也是方程式(10.10)的解，其中 C_1 和 C_2 是任意常数.

证 由于 $y = y_1(x)$ 与 $y = y_2(x)$ 是方程式(10.10)的两个解，所以

$$y_1'' + P(x)y_1' + Q(x)y_1 = 0,$$
$$y_2'' + P(x)y_2' + Q(x)y_2 = 0.$$

又 $\quad [C_1 y_1(x) + C_2 y_2(x)]' = C_1 y_1'(x) + C_2 y_2'(x),$
$\quad\quad [C_1 y_1(x) + C_2 y_2(x)]'' = C_1 y_1''(x) + C_2 y_2''(x),$

代入方程式(10.10)左端，得

$$[C_1 y_1(x) + C_2 y_2(x)]'' + P(x)[C_1 y_1(x) + C_2 y_2(x)]' + Q(x)[C_1 y_1(x) + C_2 y_2(x)]$$
$$= [C_1 y_1''(x) + C_2 y_2''(x)] + P(x)[C_1 y_1'(x) + C_2 y_2'(x)] + Q(x)[C_1 y_1(x) + C_2 y_2(x)]$$
$$= C_1 [y_1''(x) + P(x)y_1'(x) + Q(x)y_1(x)] + C_2 [y_2''(x) + P(x)y_2'(x) + Q(x)y_2(x)]$$
$$= 0.$$

因此，$y = C_1 y_1(x) + C_2 y_2(x)$ 也是方程式(10.10)的解.

思考：解 $y = C_1 y_1(x) + C_2 y_2(x)$ 中含有两个任意常数，它是否是方程式(10.10)的通解？

不一定. 如果 $y_2(x) = 3y_1(x)$，则

$$y = C_1 y_1(x) + C_2 y_2(x) = (C_1 + 3C_2) y_1(x)$$
$$= C y_1(x)$$

其中，$C = C_1 + 3C_2$. 此时解中只含有一个任意常数，显然不是方程式(10.10)的通解.

为表示方程式(10.10)的通解，下面给出函数线性相关和线性无关的概念.

定义1 设 $y_1(x)$，$y_2(x)$，$\cdots$，$y_n(x)$ 为定义在区间 I 上的 n 个函数，如果存在 n 个不全为零的常数 k_1，k_2，$\cdots$，k_n，使当 $x \in I$ 时有

$$k_1 y_1(x) + k_2 y_2(x) + \cdots + k_n y_n(x) \equiv 0$$

成立，则称这 n 个函数在区间 I 上线性相关；否则，称为线性无关.

例如，函数 1、$\cos^2 x$、$\sin^2 x$ 是线性相关的. 因为当 $k_1 = 1$，$k_2 = k_3 = -1$ 时，有

$$1 - \cos^2 x - \sin^2 x = 0$$

成立.

判别两个函数线性相关性的常用方法：

对于两个函数 $y_1(x)$ 与 $y_2(x)$，如果存在常数 k，使

$$\frac{y_1(x)}{y_2(x)} = k \quad 或 \quad y_1(x) = k y_2(x)$$

成立，则称 $y_1(x)$ 与 $y_2(x)$ 线性相关；否则，称线性无关.

由此可以给出二阶齐次线性方程通解的结构定理.

定理2(齐次线性方程解的结构定理) 设函数 $y_1(x)$ 与 $y_2(x)$ 是方程式(10.10)的两个线性无关的特解，则

$$y = C_1 y_1(x) + C_2 y_2(x) \quad (C_1 和 C_2 是任意常数)$$

是方程式(10.10)的通解.

例1 证明 $y = C_1 \cos x + C_2 \sin x$ 是二阶齐次线性方程 $y'' + y = 0$ 的通解.

证 令 $y_1 = \cos x$，则 $y_1' = -\sin x$，$y_1'' = -\cos x$，因此

$$y_1'' + y_1 = 0,$$

即 $y_1 = \cos x$ 是方程 $y'' + y = 0$ 的解. 同理, $y_2 = \sin x$ 也是方程 $y'' + y = 0$ 的解.

又

$$\frac{y_1}{y_2} = \frac{\cos x}{\sin x} = \cot x \neq k (k \text{ 是常数}),$$

因此, 根据定理 1 可知, $y = C_1 \cos x + C_2 \sin x$ 是方程 $y'' + y = 0$ 的通解.

10.5.2 二阶非齐次线性微分方程的通解

从 10.4 节, 我们知道一阶非齐次线性微分方程

$$y' + P(x)y = Q(x)$$

的通解

$$y = C e^{-\int P(x)dx} + e^{-\int P(x)dx} \int Q(x) e^{\int P(x)dx} dx$$

是由两部分构成的, 即对应的一阶齐次线性微分方程的通解和一阶非齐次线性微分方程的特解. 据此, 下面可类似给出二阶非齐次线性微分方程的通解.

定理 3(非齐次线性方程解的结构定理) 设 y^* 是二阶非齐次线性方程式(10.9)的一个特解, Y 是对应的齐次线性方程式(10.10)的通解, 则

$$y = y^* + Y$$

是二阶非齐次线性方程式(10.9)的通解.

例 2 验证 $y = C_1 e^x + C_2 e^{2x} + \frac{1}{12} e^{5x}$ 是二阶非齐次线性方程 $y'' - 3y' + 2y = e^{5x}$ 的通解.

解 令 $y_1 = e^x$, $y_2 = e^{2x}$, $y_3 = \frac{1}{12} e^{5x}$, 显然 y_1 和 y_2 都是齐次方程 $y'' - 3y' + 2y = 0$ 的解, 且

$$\frac{y_1}{y_2} = \frac{e^x}{e^{2x}} = e^{-x} \neq \text{ 常数},$$

即 y_1 和 y_2 线性无关, 则 $y = C_1 y_1 + C_2 y_2 = C_1 e^x + C_2 e^{2x}$ 是齐次方程 $y'' - 3y' + 2y = 0$ 的通解.

又可验证, $y_3 = \frac{1}{12} e^{5x}$ 是非齐次线性方程 $y'' - 3y' + 2y = e^{5x}$ 的一个特解. 因此, 根据非齐次线性方程通解的结构定理可知,

$$y = C_1 e^x + C_2 e^{2x} + \frac{1}{12} e^{5x}$$

是二阶非齐次线性方程 $y'' - 3y' + 2y = e^{5x}$ 的通解.

定理 4 设 $y = y_1(x)$ 与 $y = y_2(x)$ 是二阶非齐次线性方程式(10.9)的两个解, 则

$$y = y_1(x) - y_2(x)$$

是对应的齐次线性方程式(10.10)的解.

定理 5(非齐次线性方程解的叠加原理) 设 y_1^* 和 y_2^* 分别是方程

$$y'' + P(x)y' + Q(x)y = f_1(x)$$

和

$$y'' + P(x)y' + Q(x)y = f_2(x)$$

的特解, 则 $y_1^* + y_2^*$ 是方程

$$y'' + P(x)y' + Q(x)y = f_1(x) + f_2(x) \tag{10.11}$$

的特解.

证 把 $y = y_1^* + y_2^*$ 代入方程式(10.11)的左端，得

$$[y_1^* + y_2^*]'' + P(x)[y_1^* + y_2^*]' + Q(x)[y_1^* + y_2^*]$$
$$= [y_1^{*''} + P(x)y_1^{*'} + Q(x)y_1^*] + [y_2^{*''} + P(x)y_2^{*'} + Q(x)y_2^*]$$
$$= f_1(x) + f_2(x).$$

因此，$y = y_1^* + y_2^*$ 是方程式(10.11)的特解.

§10.6　二阶常系数线性微分方程

二阶常系数线性微分方程的一般形式为

$$y'' + py' + qy = f(x), \tag{10.12}$$

其中，p 和 q 均为常数；$f(x)$ 为定义在某个区间上的连续函数.

若 $f(x) \neq 0$，则称该方程为二阶常系数非齐次线性微分方程；若 $f(x) \equiv 0$，则方程变为

$$y'' + py' + qy = 0, \tag{10.13}$$

称为二阶常系数非齐次线性微分方程(10.12)对应的二阶常系数齐次线性微分方程.

下面我们分别讨论方程式(10.12)和方程式(10.13)的求解方法.

10.6.1　二阶常系数齐次线性微分方程

根据二元齐次线性方程解的结构定理可知，求二阶常系数齐次线性方程式(10.13)通解的关键是找到方程式(10.13)的两个线性无关的特解 y_1 和 y_2，则方程式(10.13)的通解为

$$y = C_1 y_1 + C_2 y_2.$$

问题：方程式(10.13)的特解应具有什么特点？如何求？通过观察可知，y''、y'、y 应属于同一类函数，表达式仅相差常数倍. 用指数函数 $y = e^{rx}$ 进行尝试，显然 $y' = re^{rx}$、$y'' = r^2 e^{rx}$，看看能否找到合适的 r，使 $y = e^{rx}$ 满足方程式(10.13). 为此，将 $y = e^{rx}$ 代入方程式(10.13)，得

$$(r^2 + pr + q)e^{rx} = 0.$$

由于 $e^{rx} \neq 0$，因此只要 r 满足代数方程

$$r^2 + pr + q = 0, \tag{10.14}$$

函数 $y = e^{rx}$ 就是方程式(10.13)的解. 因此，方程式(10.13)的求解问题，就转化为一元二次方程式(10.14)的求根问题. 我们把方程 $r^2 + pr + q = 0$ 称为微分方程 $y'' + py' + qy = 0$ 的特征方程，并把特征方程的根 r 称为微分方程式(10.13)的特征根. 特征方程的两个根 r_1 和 r_2 可用公式

$$r_{1,2} = \frac{-p \pm \sqrt{p^2 - 4q}}{2}$$

求出.

下面根据特征方程式(10.14)的判别式的三种不同情况，分别给出微分方程式(10.13)的通解.

（1）当 $p^2 - 4q > 0$ 时，特征方程有两个不相等的实根 r_1 和 r_2，则函数 $y_1 = e^{r_1x}$、$y_2 = e^{r_2x}$ 是微分方程式（10.13）的两个解．由于

$$\frac{y_1}{y_2} = \frac{e^{r_1x}}{e^{r_2x}} = e^{(r_1-r_2)x} \neq 常数,$$

因此 $y_1 = e^{r_1x}$、$y_2 = e^{r_2x}$ 是微分方程式（10.13）的两个线性无关的解．此时，微分方程式（10.13）的通解为

$$y = C_1 e^{r_1x} + C_2 e^{r_2x}.$$

（2）当 $p^2 - 4q = 0$ 时，特征方程有两个相等的实根，$r_1 = r_2 = -\dfrac{p}{2}$，得到方程式（10.13）的一个特解 $y_1 = e^{r_1x}$，还需再找一个与 y_1 线性无关的特解 y_2.

令 $\dfrac{y_2}{y_1} = u(x) \neq 常数$，则 $y_2 = e^{r_1x} \cdot u(x)$．取 $y_2 = xe^{r_1x}$，可验证它是微分方程式（10.13）的一个特解，因此微分方程式（10.13）的通解为

$$y = (C_1 + C_2 x)e^{r_1x}.$$

（3）当 $p^2 - 4q < 0$ 时，特征方程有一对共轭复根 $r_{1,2} = \alpha \pm \beta i$．此时，微分方程式（10.13）有两个线性无关的解，即

$$y_1 = e^{(\alpha+\beta i)x} = e^{\alpha x}[\cos(\beta x) + i\sin(\beta x)],$$
$$y_2 = e^{(\alpha-\beta i)x} = e^{\alpha x}[\cos(\beta x) - i\sin(\beta x)].$$

因此，方程的通解为

$$y = e^{\alpha x}[C_1\cos(\beta x) + C_2\sin(\beta x)].$$

由上面的分析可知，求二阶常系数齐次线性方程 $y'' + py' + qy = 0$ 的通解步骤为：

（1）写出微分方程式（10.13）的特征方程（10.14），即

$$r^2 + pr + q = 0;$$

（2）求出特征方程的两个根 r_1 和 r_2；

（3）根据两个特征根的不同情况，按照下列表格写出微分方程式（10.13）的通解.

特征方程判别式 $\Delta = p^2 - 4q$	特征根	微分方程的通解
$\Delta > 0$	$r_{1,2} = \dfrac{-p \pm \sqrt{p^2 - 4q}}{2}$	$y = C_1 e^{r_1x} + C_2 e^{r_2x}$
$\Delta = 0$	$r_1 = r_2 = -\dfrac{p}{2}$（二重根）	$y = (C_1 + C_2 x)e^{r_1x}$
$\Delta < 0$	$r_{1,2} = \alpha \pm \beta i$	$y = e^{\alpha x}[C_1\cos(\beta x) + C_2\sin(\beta x)]$

例1 求微分方程 $y'' + 3y' - 4y = 0$ 的通解.

解 所求微分方程的特征方程为

$$r^2 + 3r - 4 = 0,$$

即

$$(r - 1)(r + 4) = 0.$$

它有两个不相等的实数根 $r_1 = 1$，$r_2 = -4$，因此所求通解为

$$y = C_1 e^x + C_2 e^{-4x} \quad (C_1 \text{ 和 } C_2 \text{ 是任意常数}).$$

例 2 求方程 $y'' - 4y' + 4y = 0$ 的通解.

解 特征方程是 $r^2 - 4r + 4 = 0$，即 $(r - 2)^2 = 0$. 有重根 $r_1 = r_2 = 2$，因此微分方程的通解为

$$y = (C_1 + C_2 x) e^{2x} \quad (C_1 \text{ 和 } C_2 \text{ 是任意常数}).$$

例 3 求微分方程 $y'' - 4y' + 13y = 0$ 的通解.

解 特征方程为 $r^2 - 4r + 13 = 0$，有一对共轭复根 $r_{1,2} = 2 \pm 3i$. 因此，原方程的通解为

$$y = e^{2x} [C_1 \cos(3x) + C_2 \sin(3x)] \quad (C_1 \text{ 和 } C_2 \text{ 是任意常数}).$$

10.6.2 二阶常系数非齐次线性微分方程

已知二阶常系数非齐次线性微分方程

$$y'' + py' + qy = f(x)$$

的通解是该方程的一个特解 y^* 和对应的齐次方程的通解 Y 之和，即

$$y = y^* + Y.$$

前面已经介绍了二阶常系数齐次线性方程通解的求法，现在只讨论求二阶常系数非齐次线性方程特解 y^* 的方法. 只考虑当 $f(x)$ 为两种常见形式时，特解 y^* 的求法.

1. $f(x) = e^{\lambda x} P_m(x)$ 型

对于微分方程

$$y'' + py' + qy = e^{\lambda x} P_m(x), \tag{10.15}$$

其中，λ 为确定的常数；$P_m(x)$ 为 x 的 m 次多项式，即

$$P_m(x) = a_0 x^m + a_1 x^{m-1} + \cdots + a_{m-1} x + a_m (a_0 \neq 0).$$

$f(x)$ 是指数函数与多项式的乘积. 可以猜想，方程的特解 y^* 也应具有这种形式. 因此，假设方程特解为

$$y^* = e^{\lambda x} Q(x),$$

其中，$Q(x)$ 为待定函数，则

$$y^{*\prime} = e^{\lambda x} [\lambda Q(x) + Q'(x)],$$

$$y^{*\prime\prime} = e^{\lambda x} [\lambda^2 Q(x) + 2\lambda Q'(x) + Q''(x)].$$

把 y^*、$y^{*\prime}$、$y^{*\prime\prime}$ 代入方程式 (10.15)，得

$$Q''(x) + (2\lambda + p) Q'(x) + (\lambda^2 + p\lambda + q) Q(x) = P_m(x). \tag{10.16}$$

式 (10.16) 等号两侧都是 x 的 m 次多项式. 为求满足式 (10.16) 的 $Q(x)$，分以下三种情况讨论.

(1) 如果 λ 不是对应齐次方程

$$y'' + py' + qy = 0$$

的特征方程 $r^2 + pr + q = 0$ 的特征根，即 $\lambda^2 + p\lambda + q \neq 0$，则 $Q(x)$ 一定为 x 的 m 次多项式. 设

$$Q(x) = Q_m(x) = b_0 x^m + b_1 x^{m-1} + \cdots + b_{m-1} x + b_m,$$

其中，$b_0, b_1, \cdots, b_{m-1}, b_m$ 为待定常数. 将 $Q_m(x)$ 代入式 (10.16)，通过比较等式两边同次幂的系数，可确定 $b_0, b_1, \cdots, b_{m-1}, b_m$ 的具体值，并得到方程式 (10.15) 的一个特解，即

$$y^* = Q_m(x) e^{\lambda x}.$$

(2) 如果 λ 是特征方程 $r^2 + pr + q = 0$ 的单根，即 $\lambda^2 + p\lambda + q = 0$，但 $2\lambda + p \neq 0$，要使式 (10.16)

$$Q''(x) + (2\lambda + p) Q'(x) + (\lambda^2 + p\lambda + q) Q(x) = P_m(x)$$

成立，等式左端最高次 m 次一定出现在 $Q'(x)$ 中，因此 $Q(x)$ 应为 $(m + 1)$ 次多项式．设

$$Q(x) = xQ_m(x),$$

其中，$Q_m(x) = b_0 x^m + b_1 x^{m-1} + \cdots + b_{m-1} x + b_m$ 为 m 次多项式，系数 b_0，b_1，$\cdots$，b_{m-1}，b_m 为待定常数．

通过比较式（10.16）两边同次幂系数，可确定 b_0，b_1，$\cdots$，b_{m-1}，b_m，并得所求方程特解为

$$y^* = xQ_m(x) e^{\lambda x}.$$

（3）如果 λ 是特征方程 $r^2 + pr + q = 0$ 的二重根，即 $\lambda^2 + p\lambda + q = 0$，$2\lambda + p = 0$．要使式（10.16）

$$Q''(x) + (2\lambda + p) Q'(x) + (\lambda^2 + p\lambda + q) Q(x) = P_m(x)$$

成立，等式左边多项式的最高次 m 次一定出现在 $Q''(x)$ 中，因此 $Q(x)$ 应设为 $(m + 2)$ 次多项式，且

$$Q(x) = x^2 Q_m(x),$$

其中，$Q_m(x)$ 为 m 次多项式，系数 b_0，b_1，$\cdots$，b_{m-1}，b_m 为待定常数．通过比较式（10.16）两边同次幂系数，可确定 b_0，b_1，$\cdots$，b_{m-1}，b_m，并得所求方程特解为

$$y^* = x^2 Q_m(x) e^{\lambda x}.$$

综上所述，二阶常系数非齐次线性方程

$$y'' + py' + qy = e^{\lambda x} P_m(x)$$

的特解为

$$y^* = x^k Q_m(x) e^{\lambda x},$$

其中，$Q_m(x)$ 为与 $P_m(x)$ 同次数的多项式；当 λ 不是特征方程的根、是特征方程的单根或是特征方程的二重根时，k 的值依次为 0，1 或 2．

例 4 求微分方程 $y'' + y = 2x^2 - 3$ 的通解．

解 这是二阶常系数非齐次线性方程，对应的齐次方程

$$y'' + y = 0$$

的特征方程为

$$r^2 + 1 = 0,$$

它有一对共轭复根 $r_{1,2} = \pm i$，因此对应齐次方程的通解为

$$Y = C_1 \cos x + C_2 \sin x.$$

由 $f(x) = 2x^2 - 3$，知 $m = 2$，$\lambda = 0$．

显然，$\lambda = 0$ 不是特征方程的根，则设方程的特解为

$$y^* = ax^2 + bx + c.$$

求 $y^{*'}$、$y^{*''}$，代入所给方程，得 $ax^2 + bx + (2a + c) = 2x^2 - 3$．

比较等式两端同次幂的系数，得

$$\begin{cases} a = 2 \\ b = 0 \\ 2a + c = -3 \end{cases},$$

由此求得

$$a = 2,\ b = 0,\ c = -7.$$

于是，求得所给方程的一个特解为
$$y^* = 2x^2 - 7.$$

因此，原方程的通解为
$$y = Y + y^* = C_1\cos x + C_2\sin x + 2x^2 - 7,$$

其中，C_1 和 C_2 为任意常数.

例 5 求微分方程 $y'' + 2y' + y = x\mathrm{e}^{2x}$ 的一个特解.

解 所给方程对应的齐次方程 $y'' + 2y' + y = 0$ 的特征方程为
$$r^2 + 2r + 1 = 0,$$

它有两个相等的实根 $r_1 = r_2 = 1$.

又由于 $f(x) = x\mathrm{e}^{2x}$，可知 $P_m(x) = x$，$m = 1$，$\lambda = 2$.

由于 $\lambda = 2$ 不是特征方程的根，所以应设方程的特解为
$$y^* = Q(x)\mathrm{e}^{2x} = (ax + b)\mathrm{e}^{2x},$$

求 $y^{*\prime}$、$y^{*\prime\prime}$，代入所给方程，得
$$9ax + 6a + 9b = x.$$

比较等式两端 x 同次幂的系数，得
$$\begin{cases} 9a = 1 \\ 6a + 9b = 0 \end{cases},$$

由此求得
$$a = \frac{1}{9}, \quad b = -\frac{2}{27}.$$

于是，求得所给方程的一个特解为
$$y^* = \left(\frac{1}{9}x - \frac{2}{27}\right)\mathrm{e}^{2x}.$$

2. $f(x) = \mathrm{e}^{\lambda x}\left[P_l(x)\cos(\omega x) + P_n(x)\sin(\omega x)\right]$ 型

微分方程
$$y'' + py' + qy = \mathrm{e}^{\lambda x}\left[P_l(x)\cos(\omega x) + P_n(x)\sin(\omega x)\right], \tag{10.17}$$

其中，λ、ω 为确定的常数；$P_l(x)$、$P_n(x)$ 分别为 x 的 l 次和 n 次多项式.

对于此种类型，我们直接给出结论和求解方法，对特解公式的推导过程不做详细讨论.

设方程式(10.17)的特解为
$$y^* = x^k\mathrm{e}^{\lambda x}\left[Q_m(x)\cos(\omega x) + R_m(x)\sin(\omega x)\right],$$

其中，$Q_m(x)$、$R_m(x)$ 为 m 次多项式，$m = \max\{l, n\}$；k 取 0 或 1. 当 $\lambda \pm \omega\mathrm{i}$ 不是特征方程的根时，$k = 0$；当 $\lambda \pm \omega\mathrm{i}$ 是特征方程的根时，$k = 1$.

例 6 求微分方程 $y'' + 4y = 2\cos(2x)$ 的一个特解.

解 所给方程对应的齐次方程为
$$y'' + 4y = 0,$$

它的特征方程为
$$r^2 + 4 = 0,$$

它有一对共轭复根 $r_{1,2} = \pm 2\mathrm{i}$.

又由于 $f(x) = 2\cos(2x)$，其中 $P_l(x) = 2$，$P_n(x) = 0$，$l = n = 0$，$\omega = 2$，$\lambda = 0$. 因此，$m = \max\{l, n\} = 0$，$\lambda \pm \omega\mathrm{i} = \pm 2\mathrm{i}$ 是特征方程的根，则 $k = 1$.

因此，设所求方程的特解为

$$y^* = x[a\cos(2x) + b\sin(2x)],$$

求导后代入所给方程，得

$$4b\cos(2x) - 4a\sin(2x) = 2\cos(2x),$$

比较两端同类项的系数，得

$$\begin{cases} 4b = 2 \\ -4a = 0 \end{cases},$$

解得 $a = 0$，$b = \dfrac{1}{2}$.

因此，求得原方程的一个特解为

$$y^* = \frac{1}{2}x\sin(2x).$$

§10.7　差分及差分方程的概念

微分方程中的自变量是连续取值的，但在经济和管理等其他实际问题中，变量要按一定的离散时间取值．例如，银行储蓄按照设定的时间等间隔计算利息，工厂产品的产量按月统计等．数学上把这种变量称为离散型变量．差分方程是研究离散型变量间变化规律的有效方法.

10.7.1　差分的概念

设自变量 t（通常表示时间）的取值为离散的等间隔整数值，即 $t = \cdots$，-2，-1，0，1，2，$\cdots$．因变量 y_t 是 t 的函数，记为 $y_t = f(t)$.

定义 1　设函数 $y_t = f(t)$，$t = 0$，± 1，± 2，$\cdots$，$\pm n$，$\cdots$，称

$$y_{t+1} - y_t = f(t+1) - f(t)$$

为函数 y_t 在 t 时刻的一阶差分，记作 Δy_t，即 $\Delta y_t = y_{t+1} - y_t$.

其中，符号 Δ 称为差分，Δy_t 表示对 y_t 进行差分，Δy_{t+1} 表示对 y_{t+1} 进行差分.

函数 y_t 在 t 时刻的一阶差分 Δy_t 的差分 $\Delta(\Delta y_t)$ 称为函数 y_t 在 t 时刻的二阶差分，记作 $\Delta^2 y_t$，即

$$\Delta^2 y_t = \Delta(\Delta y_t) = \Delta y_{t+1} - \Delta y_t = (y_{t+2} - y_{t+1}) - (y_{t+1} - y_t)$$
$$= y_{t+2} - 2y_{t+1} + y_t.$$

一般地，函数 y_t 在 t 时刻的 $(n-1)$ 阶差分 $\Delta^{n-1} y_t$ 的差分 $\Delta(\Delta^{n-1} y_t)$ 称为函数 y_t 在 t 时刻的 n 阶差分，记为 $\Delta^n y_t$，即

$$\Delta^n y_t = \Delta(\Delta^{n-1} y_t) = \Delta^{n-1} y_{t+1} - \Delta^{n-1} y_t.$$

二阶及二阶以上的差分统称为高阶差分.

例 1　求 $\Delta(t^2)$，$\Delta^2(t^2)$，$\Delta^3(t^2)$.

解　设 $y_t = t^2$，则

$$\Delta y_t = \Delta(t^2) = (t + 1)^2 - t^2 = 2t + 1;$$

$$\Delta^2 y_t = \Delta^2(t^2) = \Delta(2t + 1) = [2(t + 1) + 1] - (2t + 1) = 2;$$

$$\Delta^3 y_t = \Delta(\Delta^2 y_t) = \Delta(2) = 2 - 2 = 0.$$

10.7.2 差分方程的概念

定义2 含有自变量 t、未知函数 y_t 和未知函数的差分 Δy_t，$\Delta^2 y_t$，$\cdots$ 的函数方程，称为常差分方程，简称差分方程. 差分方程中最高阶差分的阶数，称为差分方程的阶.

n 阶差分方程的一般形式为

$$F(t, y_t, \Delta y_t, \Delta^2 y_t, \cdots, \Delta^n y_t) = 0.$$

其中，$F(t, y_t, \Delta y_t, \Delta^2 y_t, \cdots, \Delta^n y_t)$ 为 t，y_t，Δy_t，$\Delta^2 y_t$，$\cdots$，$\Delta^n y_t$ 的已知函数.

差分方程一定要含有各阶差分 $\Delta^n y_t$，自变量 t 和未知函数 y_t 可以不显含.

例如，$\Delta^2 y_t - 3\Delta y_t - 2y_t + t = 0$，$\Delta^2 y_t + \Delta y_t = 0$ 都是差分方程.

由差分定义可知，任何阶的差分都可表示为函数在不同时刻值的代数和. 因此，给出差分方程的另一个定义.

定义3 含有自变量 t 和函数值 y_t，y_{t+1}，$\cdots$（不少于两个）的函数方程，称为常差分方程，简称差分方程. 差分方程中未知函数下角标的最大差，称为差分方程的阶.

例如，$y_{n+2} + y_{n+1} - 2y_n = 0$ 是二阶差分方程.

定义4 如果一个函数代入差分方程后能使方程成为恒等式，则称此函数是该差分方程的解.

如果差分方程的解中含有相互独立的任意常数个数与差分方程的阶相同，则称该解为差分方程的通解. 确定了任意常数的解称为特解. 用来确定通解中任意常数的条件称为初始条件.

习题十

1. 求下列一阶可分离变量方程的通解或特解.

(1) $\dfrac{dy}{dx} = -\dfrac{x}{y}$；

(2) $4x\,dx - 3y\,dy = 3x^2 y\,dy - 2xy^2\,dx$；

(3) $2(3 + e^x)\,dy + ye^x\,dx = 0$；

(4) $4x\,dx - 3y\,dy = 3x^2 y\,dy$；

(5) $y' = \dfrac{1 + y^2}{xy(1 + x^2)}$，$y(1) = 2$；

(6) $xy(y\,dx - x\,dy) + x\,dx - y\,dy = 0$，$y(0) = 1$；

(7) $xy' + y = 0$，$y(1) = 1$；

(8) $(1 + x^2)\,dy = \sqrt{1 - y^2}\,dx.$

2. 求下列齐次方程的通解或特解.

（1）$y^2 + x^2 \dfrac{\mathrm{d}y}{\mathrm{d}x} = xy \dfrac{\mathrm{d}y}{\mathrm{d}x}$；

（2）$(x^3 + y^3)\,\mathrm{d}x = 3xy^2\mathrm{d}y$；

（3）$x \dfrac{\mathrm{d}y}{\mathrm{d}x} = \dfrac{3y(2x^2 + y^2)}{3x^2 + 2y^2}$；

（4）$y' = \dfrac{y}{y - x}$；

（5）$(3x^2 + 2xy - y^2)\,\mathrm{d}x + (x^2 - 2xy)\,\mathrm{d}y = 0$；

（6）$x\mathrm{d}y = y(1 + \ln y - \ln x)\,\mathrm{d}x$.

3. 求下列一阶线性微分方程的通解或特解.

（1）$\dfrac{\mathrm{d}y}{\mathrm{d}x} - \dfrac{2y}{x + 1} = (x + 1)^{\frac{5}{2}}$；

（2）$xy' + y = \sin x$；

（3）$xy' + 2y = x\ln x, \ \ y(1) = -\dfrac{1}{9}$；

（4）$y\mathrm{d}x - 2(x + y^4)\,\mathrm{d}y = 0, \ \ y(0) = 1$.

4. 若函数 $f(x)$ 满足方程 $f(x) = \displaystyle\int_0^{2x} f\left(\dfrac{t}{2}\right)\mathrm{d}t + \ln 2$，求 $f(x)$.

5. 已知 $f(x)$ 是微分方程 $y' + P(x)y = Q(x)$ 的一个特解，则该方程的通解是_____.

A. $y = Cf(x) + \mathrm{e}^{\int P(x)\,\mathrm{d}x}$ 　　　　　B. $y = f(x) + C\mathrm{e}^{\int P(x)\,\mathrm{d}x}$

C. $y = Cf(x) + \mathrm{e}^{-\int P(x)\,\mathrm{d}x}$ 　　　　　D. $y = f(x) + C\mathrm{e}^{-\int P(x)\,\mathrm{d}x}$

6. 设一阶非齐次线性微分方程 $y' + P(x)y = Q(x)$ 有两个不同的解 y_1 和 y_2，C 为任意常数，则方程的通解为_____.

A. $C(y_1 + y_2)$ 　　　　　B. $y_1 + C(y_1 + y_2)$

C. $C(y_1 - y_2)$ 　　　　　D. $y_1 + C(y_1 - y_2)$

7. 求下列二阶常系数齐次方程的通解.

（1）$y'' - 2y' - 3y = 0$；　　　　　（2）$y'' + 2y' + y = 0$；

（3）$y'' + 4y' + 5y = 0$；　　　　　（4）$y'' - 5y' + 6y = 0$.

8. 求微分方程 $y'' - 3y' + 2y = x\mathrm{e}^x$ 满足条件 $y(0) = y'(0) = 0$ 的特解.

9. 微分方程 $y'' - y' - 2y = x\mathrm{e}^{2x}$ 的一个特解形式为_____.

A. $y^* = (ax + b)x^2\mathrm{e}^{2x}$ 　　　　　B. $y^* = ax\mathrm{e}^{2x}$

C. $y^* = (ax + b)\mathrm{e}^{2x}$ 　　　　　D. $y^* = (ax + b)x\mathrm{e}^x$

10. 求微分方程 $y'' - 7y' + 6y = \sin x$ 的通解.

习题十答案

1.（1）$x^2 + y^2 = C^2$；　　　　　（2）$1 + x^2 = C(4 + y^2)^{\frac{3}{2}}$；

（3）$y = \dfrac{C}{\sqrt{3 + \mathrm{e}^x}}$；　　　　　（4）$1 + x^2 = C\mathrm{e}^{\frac{3}{4}y^2}$；

(5) $(1 + x^2)(1 + y^2) = 10x^2$;　　　　(6) $y^2 - 2x^2 = 1$;

(7) $y = \dfrac{1}{x}$;　　　　(8) $\arcsin y = \arctan x + C$.

2. (1) $y = Ce^{\frac{y}{x}}$;　　　　(2) $x^3 - 2y = Cx$;

(3) $y\sqrt{3x^3 + y^2} = Cx^3$;　　　　(4) $2xy - y^2 = C$;

(5) $xy^2 - x^2y - x^3 = C$;　　　　(6) $y = xe^{Cx}$.

3. (1) $y = (x + 1)^2\left[\dfrac{2}{3}(x + 1)^{\frac{3}{2}} + C\right]$;　(2) $y = \dfrac{1}{x}(-\cos x + C)$;

(3) $y = \dfrac{1}{3}x\ln x - \dfrac{1}{9}x$;　　　　(4) $x = y^4 - y^2$.

4. $f(x) = e^{2x}\ln 2$.

5. D.

6. D.

7. (1) $y = C_1e^{-x} + C_2e^{3x}$;　　　　(2) $y = (C_1 + C_2x)e^{-x}$;

(3) $y = e^{-2x}(C_1\cos x + C_2\sin x)$;　　　　(4) $y = C_1e^{2x} + C_2e^{3x}$.

8. $y = e^{2x} - \left(\dfrac{x^2}{2} + x + 1\right)e^x$.

9. D.

10. $y = C_1e^{6x} + C_2e^x + \dfrac{7}{74}\cos x + \dfrac{5}{74}\sin x$.

参 考 文 献

[1]同济大学数学系. 高等数学：上、下册[M]. 北京：高等教育出版社，1998.

[2]龚德恩，范培华. 微积分[M]. 2版. 北京：高等教育出版社，2013.

[3]吴赣昌. 高等数学理工类简明版：上、下册[M]. 5版. 北京：中国人民大学出版，2017.

[4]黄立宏. 高等数学：上、下册[M]. 上海：复旦大学出版社，2006.